イワシと愛知の水産史

片岡 千賀之

北斗書房

まえがき

　本書は、私がここ数年間に行ったイワシ漁業とその加工、愛知県の水産業の近現代史の研究を纏めたものである。これまで主に東シナ海・黄海の漁業、長崎県の漁業を扱ってきた(巻末参照)ことからすると対象が大きく変わった。また、イワシ漁業と愛知県の水産業はほとんど関係しておらず、偶々両者の研究時期が重なっただけである。対象時期は一部の章を除いて、明治初期からアジア・太平洋戦争までの近代である。執筆方針は以下の3点である。①表題に沿って、全体の流れを叙述する。研究論文のように特定の事項、時期に焦点をあてることはせずに、実態に即して長期にわたる展開過程を叙述する。②漁業・養殖業、水産物の流通・加工の全体を経済と経営の視点から取り上げる。特定の地域、あるいは特定の業種についてその生成、発展、衰退の過程を叙述する。③資料として、雄松堂の「企業史料統合データベース」(2012年)にある企業の「営業報告書」を活用する。水産業は大手企業が少ないので、「営業報告書」も少ないが、経営に立ち入るには不可欠な資料である。「営業報告書」から営業を取りまく状況、営業方針、営業成績を拾い上げた。業界の動向と個別経営の動向を並記することになる。

　本書は7章からなる。各章について若干のコメントをしておきたい。

　第1章　近代におけるイワシ漁業と油肥製造の発達

　これは拙稿「近代におけるイワシ産業の発達」伊藤康宏・片岡千賀之・小岩信竹・中居裕編著『帝国日本の漁業と漁業政策』(北斗書房、2016年)を大幅に加筆したものである。そもそもイワシ漁業・加工に関心を引かれた理由は、①イワシは最大の漁獲魚種で、関係者も多数にのぼる重要業種でありながらまとまった文献がない。②イワシの資源変動＝漁獲変動は大きく、増大して戦前最大の漁獲高を記録し、戦後の早急な漁業復興をもたらした。こうした資源変動を抜きにして総漁獲高だけをみると戦前の漁業生産力の増強、戦後復興の目覚ましさ、大戦中の生産力の破壊を過大に評価することになる。そうした論説が多いことに警鐘を鳴らす必要を感じた。③イワシ漁業・加工は内地だけでなく、植民地・朝鮮でも大きく発達した。朝鮮での事業は日本人も多くかかわり、内地資本が投下され、製品の多くが内地に送られた。内地と植民地の水産業が一体化した代表例である。従来の研究は植民地の水産業を扱わないものが多いという反省がある。

　本章では内地と朝鮮におけるイワシ漁業とイワシ加工の展開過程を明治・大正期と昭和戦前期、戦時統制期に分けて叙述した。イワシは鮮度落ちが早く、一時に大量に水揚げされると生食はもとより食用加工も限度があって、大部分は油肥製造に向けられた。このため、本章では生食用、食用加工は省略して油肥製造に焦点をあてた。イワシ缶詰製造については先進県・長崎県を事例に取り上げたことがある(拙著『西海漁業史と長崎県』(長崎文献社、2015年)所収)。

　第2章　戦前のイワシ硬化油工業の発展と統制

　イワシの大半が油肥加工され、イワシ油は硬化油に加工されて、石鹸、火薬、ろうそく等の原料となった。数少ない水産物の工業利用である。こうした利用途の拡大・消費需要の増

大がイワシ漁業の発展の背景にあった。著者が所属する漁業経済分野は水産加工も取り上げるが、一次加工だけであって二次加工以後には触れないことが多い。イワシ油は当初は〆粕製造の副産物であったが、次第に主産物となっており、その消費需要に関心を広げざるを得ない。第1章の続編としてイワシ油の二次加工分野に分け入った。油脂工業(硬化油工業はその一部)は初めて触れる分野で、製法、設備、製品名、需給関係など基礎から学ばなければならなかった。

イワシ油は日本独特の硬化油原料であり、硬化油工業には魚油から硬化油を製造する企業(後に新興財閥となる企業)と硬化油を利用する企業(大手石鹸企業)の双方から参入している。そのうち最大の油脂企業は内地、朝鮮の双方で君臨する日本油脂(株)で、同社はイワシ漁業・油肥製造も統合した点で特徴がある。日本産業(株)の水産部門は日本水産(株)に集約されたとばかり思っていたので、同じ系列の日本油脂がイワシ漁業・油肥製造で最大手になっていたとは驚きであった。この他、注目されたのは石鹸原料をめぐる輸入派（牛脂等）と硬化油工業界との対立、硬化油工業界のトラスト結成、戦時統制下での軍需向けへの集中化など、一方でイワシの豊凶、他方で世界の経済・軍事情勢に大きく左右される油脂業界のダイナミックな動きであった。

油脂企業には多くの『社史』があり、また、「営業報告書」が残っていて、イワシ漁業とのかかわり、硬化油工業界や企業の動向が跡づけられる。

第3章　愛知県水産業の近現代史

私は愛知県出身でいくらか土地勘があるので、『愛知県史　通史編近代1、2、3、現代』(愛知県、2017～20年)の執筆者の一員に加えていただき、水産業を担当した（している）。しかし、割り当てられた分量は全体的に少なく、かつ巻によってばらばらなので、大幅に加筆して分量も揃えた。また、製塩業については割愛した。時期区分は巻全体と同様、戦前は明治初期～日露戦争～昭和恐慌～戦時体制とした。それぞれについて漁業制度・政策、漁業・養殖業、水産物加工、流通について記述した。戦後については時期区分をせずに平成初期までの主な事項について概説を試みた。

愛知県水産業で特徴は、漁業はイワシ漁業と打瀬網漁業が、養殖業はノリ養殖とウナギ養殖が2本柱になっていること、伊勢湾、三河湾といった内湾漁業が主体で農業兼業も多いこと、水産物流通では産地・消費地ともに拠点市場が形成され、また、統合された塩干魚市場が出現したことなどである。打瀬網やウナギ養殖については初めて扱う業種で、打瀬網・機船底曳網は制度と実態との角逐、ウナギ養殖は養殖方法の発展過程が興味深かった。また、高度経済成長期の漁業構造改善事業、港湾整備と工業用地造成による漁業の犠牲、名古屋市中央卸売市場の形成過程も興味深かった。

第4章　明治38年の「水産業経済調査」－愛知県と全国－

明治38年に国会で決議された水産銀行設立のための基礎資料となる水産業経済調査が全国的に実施された。調査結果は稿本として纏められたが、印刷公表はされず、各府県の調査報告はほとんどが逸散している。わずかに長崎県では市郡から県にあてた報告資料が残っていたので、それについての論考は拙著『長崎県漁業の近現代史』(長崎文献社、2011年)に収録したが、『愛知県史』に参加する過程で県が調査結果を纏め、国へ提出したものが雑

誌『尾三水産会報』に載っていることがわかったので、その内容紹介と全国との比較を試みた。

水産業経済調査では主要な漁業、養殖業、水産加工業について水産金融だけでなく、業種の全体と経営内容が示されている。同一業種について全国と比較することによって愛知県の位置を知ることができる。

第5章～第7章は愛知県の水産物流通と魚市場について述べたものである。

第5章　近代の愛知県の魚市場と鮮魚流通

名古屋市と豊橋市などの魚市場について、運搬手段の発達と流通圏の拡大、魚市場数、市場制度、取引高の動向、市場業者の問屋－仲買人－小座人(仲買人の名義で売買に参加する小売商)の関係、取引方法、代金決済について叙述した。注目点は、市場秩序の形成過程、市場経営と市場間競合、出荷側・買受側との利害調整、仲買人は仲卸をせず、小座人も取引に参加する制度、市場規模の大小と立地による違い、である。市場秩序の形成過程で、市場法の制定、市場業者の分化、取引原則の確立、問屋資本から商業資本への脱皮、荷主重視から買い手重視への転換が進行した。仲卸をしない仲買人、仲買人名義で取引に参加する小座人の存在は新しい発見で、こうした事例は愛知県だけでなく、九州でもみられることがわかった。戦後、小売商の取引参加はなくなり、仲買人から仕入れる常態に戻っている。

第6章　愛知県における鮮魚の産地流通と漁業組合共販の発展過程

鮮魚の産地流通を漁業の発達、運搬手段の発達、漁業組合の共同販売(組合共販)に関する政策を背景とし、拠点市場と組合共販、組合共販も知多南部、知多北部・西三河、東三河に分けて考察した。産地拠点市場には、伊勢湾奥に位置し、名古屋市に隣接する愛知郡下之一色町と三河湾に面し、東海道線で出荷する宝飯郡三谷町があり、地元漁民の水揚げだけでなく、他地域の漁獲物の集散拠点となった。組合共販は知多南部で漁業組合結成前から萌芽し、組合設立後組合共販に移行し、知多北部、西三河にも普及した。東三河は水産加工品の共販が主体。拠点市場、知多南部、知多北部、西三河、東三河の組合共販について販売手数料、負担者、歩戻し、代金決済を比較した。

産地商人と対立しながら組合共販が創始される過程が実証的となったこと、組合共販の初期には運転資金の不足から買い手から代金を回収して後に荷主に支払ったり、販売代金の一部を運転資金に利用したりしたこと、知多南部では販売手数料が売り手と買い手双方から徴収していたが、次第に売り手負担にするとともに、他の魚市場なみに販売手数料の引き上げ、代金決済方法をとるようになった。販売手数料の荷主負担しか念頭になかったので驚きであった。

第7章　塩干魚市場の展開と経営－名古屋水産市場(株)の事例－

塩干魚は保存性があることから塩干魚専門市場は少なく、鮮魚や青果との兼業であったり、場外問屋として展開する。名古屋水産市場(株)は塩干魚問屋が統合した例外的な例で、その「営業報告書」が利用でき、実態が不明なことが多かった塩干魚市場の営業、経営状況が把握できた。当社の取扱品はカツオ節、塩干魚、北海産物、ノリ、乾物、缶詰、果物、そして鮮魚に及ぶが、そのうち北海産物、ノリ、乾物、果物は昭和恐慌期に場外問屋と合同して分社化した。当社は子会社を含めて名古屋市及び近郊の塩干魚流通で支配的な地位にあった。

昭和恐慌期の組織・業務改革、ノリの組合共販・入札市が広がっていく過程(第6章とも

関係する)、戦時体制下の塩干魚統制と戦後の塩干魚流通の実態を知ることができたことは収獲であった。

　7編のうちいくつかは水産史研究会(伊藤康宏島根大学教授、小岩信竹東京海洋大学名誉教授主宰)や漁業経済学会で発表し、そこでのコメント等を参考にした。愛知県に関する資料の多くは、県史編さんにかかわった機会に収集した。県史編さん室の方々から諸種の便宜を提供いただいた。深くお礼申し上げます。

元号が令和になった年の7月

　表紙の口絵の魚は長崎大学附属図書館所蔵の「グラバー図譜」から再録した。「グラバー図譜」は日本で最初に汽船トロール漁業を始めた倉場富三郎(貿易商トーマス・グラバーの子)が長崎魚市場に水揚げされた魚介類を日本画家に描かせて編集したもので、インターネットのホームページ上で公表されており、図集も出ている。

目　次

まえがき　　3

第1章　近代におけるイワシ漁業と油肥製造業の発達

第1節　イワシの漁獲動向と本章の目的……………………………………………… 11
第2節　明治・大正期の内地のイワシ漁業と油肥製造………………………………… 13
第3節　昭和戦前期における内地のイワシ産業の発達………………………………… 18
第4節　朝鮮におけるイワシ産業の発達とイワシ油肥の統制………………………… 24
第5節　イワシ油脂の戦時統制………………………………………………………… 32
第6節　イワシ油肥の需給及びまとめ………………………………………………… 35

補論　朝鮮イワシ油脂統制……………………………………………… 45〜57

第2章　戦前のイワシ硬化油工業の発展と統制

第1節　本章の目的と視角……………………………………………………………… 61
第2節　イワシ油とイワシ硬化油の生産動向………………………………………… 63
第3節　第一次大戦〜昭和恐慌：イワシ硬化油工業の勃興と停滞…………………… 65
第4節　昭和恐慌期〜日中戦争：イワシ硬化油工業の回復と発展…………………… 73
第5節　日中戦争〜アジア・太平洋戦争：戦時統制と企業経営……………………… 82
第6節　要約…………………………………………………………………………… 87

第3章　愛知県水産業の近現代史

第1節　明治初年〜日露戦争：水産業の近代化……………………………………… 96
第2節　日露戦争〜昭和恐慌：水産業の発展………………………………………… 109
第3節　昭和恐慌〜戦時体制：水産業の変転と統制…………………………………… 118
第4節　第二次大戦後の水産業の展開………………………………………………… 129

第4章　明治38年の「水産業経済調査」－愛知県と全国－

第1節　「水産業経済調査」と水産金融………………………………………………… 151
第2節　愛知県の「水産業経済調査」と「水産銀行ニ関スル調査書」……………… 154
第3節　愛知県の重要水産業の経済と経営…………………………………………… 158
第4節　愛知県における重要水産業の発展経過と操業………………………………… 167
第5節　全国の重要水産業の経済と経営……………………………………………… 171

おわりに ……………………………………………………………………………… 176

第5章　近代の愛知県の魚市場と鮮魚流通

　　はじめに ……………………………………………………………………………… 183
　　第1節　明治期：鮮魚流通の拡大と魚市場の近代化 ……………………………… 183
　　第2節　明治末・大正期：魚市場の発展 …………………………………………… 195
　　第3節　昭和恐慌による魚市場の停滞と回復 ……………………………………… 203
　　第4節　戦時体制下の鮮魚の配給統制 ……………………………………………… 208
　　第5節　要約 …………………………………………………………………………… 212

第6章　愛知県における鮮魚の産地流通と漁業組合共販の発展過程

　　はじめに ……………………………………………………………………………… 219
　　第1節　明治中・後期：拠点市場と漁業組合共販の形成 ………………………… 219
　　第2節　明治末・大正期：拠点市場と組合共販の発展 …………………………… 224
　　第3節　昭和戦前期：拠点市場と組合共販の停滞 ………………………………… 229
　　第4節　戦時体制下の組合共販の拡大と出荷統制 ………………………………… 233
　　第5節　要約 …………………………………………………………………………… 236

第7章　塩干魚市場の展開と経営－名古屋水産市場(株)の事例－

　　はじめに ……………………………………………………………………………… 243
　　第1節　名古屋水産市場（株）の創立と取引 ……………………………………… 244
　　第2節　昭和恐慌期における名古屋水産市場（株）の再編 ……………………… 247
　　第3節　昭和戦前期の塩干魚商と名古屋水産市場（株）の経営 ………………… 254
　　第4節　戦時統制下の名古屋水産市場（株） ……………………………………… 259
　　おわりに ……………………………………………………………………………… 265

第1章
近代における
イワシ漁業と油肥製造業の発達

朝鮮のイワシ巾着網　1941年頃
『朝鮮鰯油脂統制史』（朝鮮油脂製造業水産総合連合会、1943年）

第 1 章

近代におけるイワシ漁業と油肥製造業の発達

第 1 節　イワシの漁獲動向と本章の目的

　近代のイワシ漁業には 4 つの特徴がある。
　①イワシは魚種別漁獲量では 1 位ないしニシンに次いで 2 位と高く、資源変動＝漁獲変動が極めて大きいので総漁獲量の変動をも左右する。最盛期には内地のイワシ漁獲量は総漁獲量の 4 割、朝鮮のマイワシ漁獲量は総漁獲量の 3 分の 2 を占めるという類をみない水準に達した。戦前も戦後も総漁獲量のピークはイワシの豊漁時であった。
　②イワシ漁業は全国各地で営まれる沿岸漁業であるうえ、イワシは地元で加工されるので従事者も多く、漁村経済の基盤となっている。
　③イワシの利用途は生食、食用加工だけでなく、肥料として干鰯(ほしか)、〆粕(しめかす)(搾粕)に、飼料として魚粉(ミール)に製造され、魚油は油脂工業の原料になった。イワシの漁獲量が少ないと食用向けの、多いと非食用向けの割合が高まる。漁獲量が高水準にあった 1939 年度の内地の例では食用加工向けが 22％、非食用向けが 56％、工業用(油)が 22％と推計されている[1]。朝鮮では(1934 年)、漁獲高が 899 万円、鮮魚及び塩魚が 14 万円、缶詰が 86 万円、魚粉が 99 万円、肥料(〆粕)が 958 万円、油が 569 万円で、圧倒的に油肥製造に向けられた[2]。また、魚油・魚油製品及び魚粉は重要輸出品であった。肥料としての位置は 1900 年頃まで魚肥が主用されたが、10 年代には大豆油粕が、20 年代には化学肥料が主用されるようになった。ただし、化学肥料が主用となっても魚肥や大豆油粕も相当量使用された[3]。内地の肥料総生産量に占める魚肥の割合は、1912 ～ 34 年の期間、4 ～ 9％であって特に高いわけではない[4]。イワシの利用は非食用向けが大部分を占めるので、イワシ漁業だけで完結するのではなく、油肥製造業と合わせて本章ではイワシ産業と

表 1-1　内地と外地の魚肥及びイワシ粕・魚粉生産量　万トン

	1934 年	1935 年	1936 年	1937 年
内地魚肥	42.4	37.4	45.1	31.3
うちイワシ〆粕・魚粉	27.1	22.7	30.7	18.5
朝鮮魚肥	12.4	17.1	21.4	26.2
うちイワシ〆粕・魚粉	12.1	16.8	20.9	25.9
樺太魚肥	8.0	4.4	5.1	4.2
うちイワシ〆粕・魚粉	0.2	0.4	0.5	1.0
台湾・露領魚肥	0.1	0.1	0.2	0.2
合計魚肥	63.0	59.7	71.8	59.4
うちイワシ〆粕・魚粉	39.4	39.9	52.1	43.0

資料：『各国に於ける魚粉魚粕に関する統計』(日本フィッシュミール水産組合、1938 年) 1 ～ 4 頁。
注：イワシ〆粕・魚粉以外は、ニシン、タラ、鯨、カレイ粕・魚粉、荒粕、胴ニシン、干鰯等である。
注：1937 年の合計値が合わないがそのままとした。
注：台湾・露領にはイワシ〆粕・魚粉がないので省略した。

呼び、対象とする。

④イワシ産業は主に内地と朝鮮で行われ、朝鮮の事業には日本人もかかわり、内地資本が投下され、製品は内地に移出されて、両者は一体的である。表1-1は生産量が最大となる1930年代半ばの内地、外地における魚肥とイワシ魚肥（〆粕と魚粉）の生産高を示したものである。魚肥全体の生産量は60〜70万トン、うちイワシ魚肥は40〜50万トンで、ほぼ3分の2を占める。魚肥の生産は内地と朝鮮が主で、樺太がそれに次ぐ。イワシ魚肥は内地と朝鮮がほとんどを占め、樺太は少ない。内地では魚肥全体に占めるイワシ魚肥の割合は6〜7割であるが、朝鮮は魚肥のほとんどがイワシ魚肥である。

イワシにはこうした重要性があるのに、イワシ産業の展開過程の全貌を捉えた研究は見られない。内地と朝鮮、イワシ漁業と油肥製造を一体的に扱ってこなかったのである。

まず、内地と朝鮮のイワシ漁獲量の推移をみよう（図1-1）。内地は、1910年代初めまで

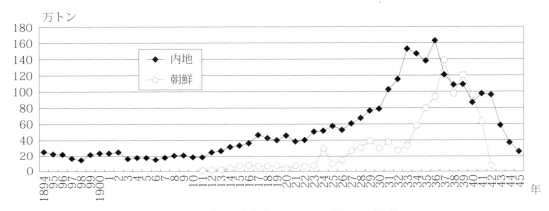

図1-1　内地、朝鮮のイワシ漁獲量の推移

資料：内地は農林省統計情報部・農林統計協会編『水産業累年統計　第2巻　生産統計・流通統計』（農林統計協会、1979年）、
　　　朝鮮は『朝鮮水産統計　昭和10年、13年』（朝鮮総督府）、『朝鮮総督府統計年報』
注：内地はイワシ類、朝鮮はマイワシ（1929年以前はカタクチイワシを含む）

は20万トン前後で推移したが、その後、大幅に増加して20年代半ばには60万トンに達した。その後も増加を続けて1930年代は100万トンを超え、なかでも33〜36年は140〜160万トンを記録した。その後は急落して大戦末には30万トン前後となった。朝鮮は、内地のそれより数年遅れて同様な軌跡を辿った。1920年代初めまでは低水準であったが、その後、増加して30年前後には30〜40万トンとなった。その後は急増に転じ、35年から80万トンを超え、37年には140万トンに達した。その後、内地より早く急落し、大戦末にはほぼゼロとなった。内地と朝鮮の漁獲動向がずれるのはイワシの系群や回遊状況の違いによるものと思われる。

イワシ漁獲量の大きな変動は漁獲能力の変化と一致しておらず、1930年代の増産、40年代の減産を漁獲能力の変化だけで説明することはできない。マイワシは数十年のタームで資源変動（レジームシフトと呼ばれる）をする代表的魚種で、1940年代の減少を戦時体制下で漁獲能力が低下したためだという説明は正しくないし、戦後の漁獲量を戦前の最大漁獲量となった1930年半ばと比べる場合には30年代半ばは異例な魚種構成であったことを考

慮する必要がある。したがって、イワシの資源変動に対し、どのようにして漁獲の増加をなし得たのか、利用消費がどのように変化したのかに注意が払われなければならない。

　イワシの種類はマイワシが大部分で、一部がカタクチイワシである。ウルメイワシは非常に少ない。カタクチイワシは沿岸で漁獲され、利用途は食用加工向け、とくに煮干し向けが多い。マイワシはサイズによって小羽、中羽、大羽に分けられるが、大羽イワシは沖合で漁獲され、漁獲変動が極めて大きい。大羽イワシが多獲されると漁獲量が多くなり、非食用向け、油肥製造の割合が高くなる。以下、イワシの大量漁獲、大量処理を問題とするので、種類はマイワシ、なかでも大羽イワシに焦点をあてる。

　内地の漁場は九州から北海道まで、太平洋岸、日本海岸の双方で漁獲される。漁期は地域によって様々で、年次によっても変わるが、北海道は噴火湾方面は10～12月、釧路方面は7～9月、青森県、岩手県、宮城県は6～8月と10～12月、福島県は11～1月、茨城県、千葉県は12～7月、日本海側は春季の北上回遊（索餌回遊）、秋季の南下回遊（産卵回遊）に合わせて、北海道は6～9月、富山県、石川県、山口県は1～4月、長崎県は1～3月、8～10月が主である[5]。朝鮮の漁場は東岸沖で、漁期はイワシの回遊による春秋の2回である。

　本章では、内地と朝鮮におけるイワシ産業の発展過程をイワシの漁獲高が少なかった明治・大正期（1868～1925年）と急増してピークをなし、その後急落する昭和戦前期（1926～45年）に分けて考察する。このうち政治経済情勢の変化では、第一次世界大戦期の魚油を原料とした油脂工業の発展と魚油需要の増大、世界恐慌期の漁船の動力化とまき網漁業の主力化、朝鮮における油肥の販売統制、巨大油脂企業の形成、日中戦争後の統制が画期となる。また、イワシの利用では、生食用、食用加工は扱わず、非食用の油肥製造に限定する。イワシ産業が内地と朝鮮においてイワシの資源変動や政治経済情勢の変化のなかでどのように展開したのかを明らかにすることを目的とする。なお、朝鮮におけるイワシ油肥の販売統制については補論で、イワシ油の利用に関わる油脂工業、とくに硬化油工業については第2章で詳述するので、本章では簡略に留める。

第2節　明治・大正期の内地のイワシ漁業と油肥製造

1. イワシ漁業の展開

　図1-1でみたように、内地のイワシ漁獲量は明治後期は横ばい、大正期は増加傾向にあった。漁業生産力は綿糸漁網の普及、イワシの沿岸来遊を待つ漁法の衰退と沖合に出漁する漁法の発達、動力曳船の利用、定置網の改良等で高まった。

　日本で最初の水産統計である『水産事項特別調査』により1891年の状況をみると、主要なイワシ漁業地は千葉県、石川県、山口県、長崎県、神奈川県、富山県、島根県、茨城県、愛媛県、愛知県、北海道となっている[6]。後に主産地となる北海道の順位は低く、三陸地方は上位に入っていない。

　漁獲方法は地域、地形条件等によって異なり、千葉県、茨城県は地曳網と八田網（はちだあみ）（敷網）、

富山県は台網(定置網)、石川県は地曳網と刺網、島根県、山口県は大敷網(定置網)、長崎県は縫切網(敷網形式のまき網、1890年頃に始まり、1910年頃まで全盛を極めた)、愛媛県は船曳網、愛知県は揚繰網(まき網)と地曳網、北海道は噴火湾地方の地曳網と建網(定置網、なかでも角網)が主であった。

　これらイワシ漁業は刺網を除いて1880年代以降、次第に衰退した。理由として、①魚群の沿岸来遊を待って獲る漁法は潮流等の変化で沿岸来遊が減り、漁獲量が減った。②地曳網、八田網等多数の漁夫を使用する漁業は、明治維新とともに網主・網子の主従関係が弛緩して漁夫の確保が難しくなった。③不漁が続くと肥料商(問屋・仲買人)からの仕込みがなくなり、金融、漁獲物や製品の流通が立ち行かなくなった、ことがあげられる。

　他方、1890年前後に巾着網や改良揚繰網(ともにまき網)といった「沖取り網」が出現した。巾着網は農商務省技師・関澤明清が米国から導入し、効率的な漁法であることを唱導したことにより各地で試験操業が行われ、岩手県等で定着した。改良揚繰網は千葉県の千本松喜助らが従来の揚繰網(三重県、愛知県で発祥し、全国に伝搬していた)に関澤明清が示した巾着網の長所(とくに網裾の締結)を取り入れて考案した[7]。改良揚繰網は八田網に比べて沖合で操業でき、漁獲効率も高く、漁夫、漁船が少なくて済むことから八田網から転換する者が続出し、千葉県、茨城県、愛知県、三重県、青森県、高知県、長崎県、瀬戸内海へと広がった。九十九里浜では、1892年に地曳網業者が改良揚繰網が沖合で先取りするので、魚群の沿岸来遊がなくなったといってその禁止を県に訴えた。改良揚繰網の方はその営業認可を県に申請した。県は沖合での操業を条件に改良揚繰網に許可を与えている[8]。なお、地曳網地帯での改良揚繰網の担い手はイワシ〆粕製造業者らであって、地曳網から改良揚繰網に転換した者はほとんどいない[9]。地曳網は農業との兼業を基盤としており、専業漁夫からなる改良揚繰網とは労働力編成が異なるためとみられる。

　巾着網、改良揚繰網(以下、揚繰網という)はともに沖合で操業でき、網裾に環綱を通し、網裾を急速に締め括り、魚群が網の下から逃げるのを防ぐので、漁獲効率が高い。揚繰網は2艘まき、巾着網は2艘まきと1艘まきがある。巾着網は作業がやや複雑で、揚繰網より多くの時間がかかるが、まわした網両端の隙間を分銅を使って塞ぐので揚繰網を使用できない深所(沖合)でも効率的に操業できる[10]。後に両網は改良が重ねられ、漁法上の差が小さくなって呼称も混同されるようになった。1艘まきと2艘まきの違いは、1艘まきは船の操縦がし易く、魚群の追跡に便利、乗組員が少なくて済む、出漁日数も長いという特性がある。2艘まきは魚群を囲い込むのは有利だが、両船が連携して作業をするので、風波が高いと操業が困難になるため沿岸で操業しがちとなり、出漁日数は短くなる。巾着網、揚繰網とも「沖取り網」とはいえ、無動力船では水深が深く、潮流の早い沖合で敏活な大羽イワシを漁獲することは難しかった。

　一方、定置網、刺網は異なった発展を遂げた。定置網は大敷網(敷網の形状が箕形で、魚は入りやすいが出やすい。西南地方の大敷網、北陸の台網、北海道の行成網等がある)から大謀網(敷網の形状は楕円形か紡錘形で、魚は入りにくいが一旦入ったら出にくい。東北・北海道の角網、日高式大謀網等がある)へ、さらに落網(大敷網、大謀網に袋網を付け、魚は入りにくいが一旦入れば逃げられない構造とした。袋網だけを揚げればいいので省人化で

きる)へと進化した。これら定置網はブリ等の漁獲で改良が進んだが、綿糸網の普及と相まってイワシの漁獲にも応用された。綿糸網は網目を小さくすることができる、機械編みができることから1890年代以降、網漁業に画期的な進歩をもたらした。

　イワシ刺網は在来の大型の網漁業、漁村の支配層と対立した。大分県では地曳網、長崎県では縫切網との間で紛争が生じた。大分県の例でいうと、県は1880年に一旦、イワシ刺網は漁業の妨害、資源繁殖に悪影響を及ぼすという理由で禁止令を出した。しかし、密漁が繰り返され、地曳網漁業者との乱闘事件も起った。刺網が横行するのは少人数で操業できる、創業費が少なくてすみ利益が高いからである。地曳網との対立についても刺網漁業者は、刺網は沖合で操業し、沿岸来遊の魚道を遮っているわけではない、地曳網では漁獲できない大羽イワシを対象としている、地曳網によるイワシ不漁は刺網が原因ではない、と主張した。県は少数の地曳網主による漁村支配、漁業独占の弊害を指摘し、他県の取扱いを参考に刺網を許可漁業とする方向に政策転換した[11]。

　イワシ刺網は、新潟県、山口県の水産試験場が大羽イワシ用に改良流網(沖合で操業する刺網)を作り、好成績を収めたことから日本海方面で普及した。山口県外海では1900年代まで大羽イワシのために刺網が使われてきたが、09、10年に水産試験場が流網漁業試験を行い、好成績を収めると着業船が急増し、5，6年後には出漁船は1,200隻、漁獲高40万円に達した。漁場は10～30カイリ沖で、在来のイワシ漁業の漁場とは離れているし、少人数(平均7人乗り)で操業できた[12]。

　大正期になるとイワシ漁獲量は大幅に増加するが、府県別では千葉県、長崎県、石川県が一段と多くなり、北海道が突出し、三陸地方の青森県、岩手県が伸長した。漁法としては「沖取網」の揚繰網、巾着網、刺網が普及し、定置網も改良が進んでいる。日本海の流網では発動機船を使用する者が現れ、荒天時の出漁、魚群の追跡が可能となった。北海道では1918～21年に大羽イワシ流網試験を行い、奨励指導に努めた結果、西岸各地で勃興し、重要漁業の1つとなった。1923年の出漁船は361隻であったが5年間で3倍となり、動力漁船を使用するものも現れた[13]。

　まき網漁船の動力化は、1917、18年頃、千葉県で揚繰網漁船を発動機船が曳航する方式が考案され、続いて20年代半ばに機船片手まわし廻巾着網(動力1艘まき)の操業試験が各府県の水産試験場で行われた。動力1艘まき試験の目的は、第一次大戦後に魚価が低落してイワシ漁業経営が困難となったため、漁夫数の削減、冬季の大羽イワシを漁獲＝周年操業化することにあった[14]。漁船の動力化、網の大型化、網巻き揚げ機の改良は沖合への出漁、魚群の追跡、網入れ・網揚げが迅速となって大羽イワシの漁獲が充分可能となった。

2. イワシ油肥製造の展開

　イワシ漁獲量の増加とともに油肥製造量も増加した。種類は干鰯から肥料効果の高い〆粕製造へと移り、製造技術も進歩した。魚油は〆粕生産の副産物として精製して輸出されるか、粗製油の状態で下級灯用向けとされたが、第一次大戦を契機として油脂化学技術が発達し、魚油から石鹸、火薬、ろうそく等の原料となる硬化油、グリセリン、脂肪酸を製造するようになって利用途が一挙に拡大した。

1891年のイワシ加工は、食用加工が121万円であるのに対し、肥料の干鰯（生イワシを日乾したもの）が70万円、〆粕(煮熟−圧搾−日乾したもの)が79万円で食用加工よりもいくらか多い(価格は安いので量ははるかに多い)。干鰯と〆粕の生産高は拮抗していた。他にイワシ油が4万円ある。干鰯は千葉県、長崎県、山口県、〆粕は北海道、千葉県、茨城県、愛知県、青森県に多い[6]。ちなみに同年のニシン〆粕はイワシ魚肥の2.5倍、ニシン油はイワシ油の2倍あった（ともに金額）。1900年代になるとイワシ〆粕が460〜740万円、干鰯が300〜530万円で〆粕の方が高くなった[15]。とはいえ、干鰯は製造が簡単で、圧搾機も不要なため、とくに油分の少ない時などにその後も製造され続けた。

　北海道ではイワシはほとんどが〆粕に製造されるが、反対に島根県や新潟県では干鰯製造がほとんどであった。農家が干鰯に含まれる油分も作物の成長には良いと信じていたので、干鰯の需要もあった。愛知県では干鰯より〆粕の方がよほど多く、かつ干鰯は減少傾向、〆粕は増加傾向にあった。油分は作物の生長を阻害することを農家が認識するようになったからである。だが、〆粕の製造は粗雑で、圧搾が不十分で油水分が残り、これが黴の発生、腐敗を招き、その防止のため多量の塩が使われたりした[16]。また、イワシの漁獲が減少して魚肥の価格が高騰すると需要が落ちるので、夾雑物を混ぜた廉価品が出まわったりした。「魚粕等ニハ種々ノ雑物ヲ混合シテ販売シ其弊今ヤ殆ンド救済スヘカラサルニ至レリ。就中此弊ハ仲買ヨリ需要者ニ移ルノ間ニ最モ多キガ如シ」[17]。

　主要な生産地や集散地には肥料問屋(仲買人を含む)がおり、問屋による仕込みが行われ、油肥製造業者は漁業者に仕込みを行って原料確保に努めた。明治前期の千葉県では、九十九里、夷隅及び外房地区は干鰯、銚子は主に〆粕、内房から内湾にかけては〆粕を製造した。東京湾のイワシは春季に小晒網(刺網)で漁獲され、脂肪分が多かったので〆粕に製造された。〆粕製造は家族及び日雇い人がイワシ購入−浜揚げ−釜炊きと圧搾−乾燥に分かれて作業し、深川や浦賀の肥料問屋に販売するか、産地仲買人、地元農家に販売した。明治中期に粗製乱造、他の魚肥との競合で衰退した。魚油は下級灯用、ろうそく、イナゴ駆除に使われるか、海外輸出された。1882年頃から輸出商が精製して輸出するようになった[18]。九十九里では食用加工向けが多いが、魚肥では干鰯の方が多かった。漁法が地曳網から揚繰網中心に替わってもイワシは浅海域で漁獲され、脂肪分が少ないこと、日干しにする砂浜があるからである。これは、揚繰網の導入で沖合に出漁し、脂肪分の多い大羽イワシを漁獲し、〆粕製造に特化した銚子と著しく対照的であった。

　1910年代から20年代にかけてイワシ〆粕製造高は飛躍的に高まった。とりわけ金額は第一次大戦中の価格急騰で著しく伸長した。量はニシン〆粕の方が多かったが、金額はイワシ〆粕が勝った。製造高の増加は、原料魚の増加、製造能力の増強、消費需要の拡大、干鰯製造から〆粕製造への移行によってもたらされた。干鰯製造は1910年代には減少の一途を辿り、〆粕生産に追い越され、その差は拡大する一方であった。北海道の〆粕製造は、冬場は乾燥できないので貯蔵し、春になってから乾燥する。主産地の噴火湾地方では自家加工を主とするが、委託加工の場合、漁業者と製造業者は製品売上高を歩合制で按分する方式が取られた[19]。1925年のイワシ〆粕の生産高は68,300トン、1,070万円で、主産地は北海道が断然高く(金額21％)、青森県、岩手県、石川県、長崎県が5〜7％で続く。干鰯の生

産高は 7,080 トン、80 万円で、主産地は千葉県、富山県であった[20]。1891 年と比べると、〆粕の生産高が著しく高まったこと、日本海側で生産を伸ばしたことが目に付く。

　〆粕製造の圧搾機は簡便な槓桿(梃)式が使われたが、1910 年代には螺旋式(ネジで締める)に替わった。図 1-2 は、一人が釜の横に 2 台の圧搾機（挺式）を置いて搾ったこと（圧搾は煮熟の約 2 倍の時間を要する）、油は樋を通って槽に集められる様子を示している。槽は複数あって、経由する毎に不純物が取り除かれる。螺旋式は槓桿式に比べて操作が簡単で、

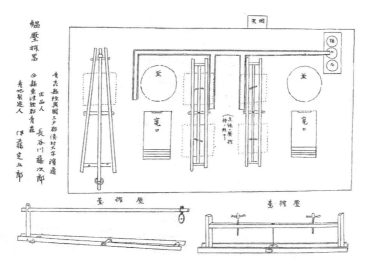

図 1-2　イワシ圧搾機（青森県）

資料：『第二回水産博覧会要録附録』（新潟県出品奨励会、1899 年）64 頁。

時間も短縮され、小型の器具なので設置場所は狭くてもよいし、価格も安い。欠点は圧搾力が弱く、螺旋の回転を止めれば圧力も停止することであった。1927 年頃、螺旋式にジャッキを付け圧搾力を強めた改良型が北海道で考案された（図 1-3）。

　副産物のイワシ油もそのまま肥料問屋へ送った。不純物が混じっているので悪臭がするし、同じ産地でも品質はバラバラで、容器も種々であった。需要も少なく、しばしば廃棄された。問屋は油蝋をとり（紙でろ過し、ろうそくの原料とする）、粗製油とする。1880 年代に石油の輸入が増加して魚油の需要は減少したが、他方で太平洋捕鯨が衰退して鯨油価格が高騰したため輸出機会が現れた。横浜の外商に売り込み、外商が精製（1883 年にカセイソーダを加

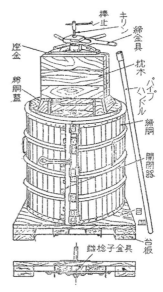

図 1-3　螺旋式圧搾機

資料：森高次郎・橋本芳郎『水産利用学』（朝倉書店、1951 年）294 頁。

えて精製する方法が発明された）して輸出した。東京にも魚油魚蝋製造業者が現れ、精製した。精製油は機械用、製革用に供された[21]。

　1902年頃の状況をみると、魚油の中心はニシン油で、ほとんどを粗製のまま輸出された。採算が合わないので自らは精製しなかった。魚油の輸出は欧州における油脂工業の発展・需要の増加で伸びていった[22]。

　大正期になると、国内でも魚油に水素を添加して硬化油を製造し、さらにそれを油脂分解して脂肪酸とグリセリンを生成する硬化油企業、油脂企業が出現した。それまでは魚油を輸出して硬化油を輸入していたが、硬化油を輸出するまでになった。魚油は悪臭のため石鹸原料にはならないが、硬化（脱臭できる）することで石鹸原料になるし、しかも安い。また、第一次大戦で火薬の原料となるグリセリンの需要が高まり、反面、原料の牛脂の輸入が途絶えたので、魚油硬化油から製造するようになった[23]。油脂の最大の消費者である石鹸業界にとって原料が牛脂から魚油硬化油に代替するのは革命的であり、魚油の利用にとっても画期的であった。ただし、大正期までは魚油硬化油の原料の中心はニシン油であった。ニシン油の方が価格は高かったが、硬化油原料としての品質は高い。イワシ油が中心となるのは昭和に入ってからである。

　第一次大戦後、硬化油の需要が減少して輸出はストップし、輸入が再開された牛脂の価格が急落したため石鹸業界は再び牛脂を使うようになって、魚油硬化油製造は停滞した。それは魚油需要の停滞でもあった。

第3節　昭和戦前期における内地のイワシ産業の発達

1. イワシ漁業の発達

　昭和に入ってイワシ漁獲量は急増し、1933〜36年をピークとしてその後急落する。イワシ漁獲量の急増は主にまき網漁船の動力化で大羽イワシを漁獲するようになったことで達成された。1920年代半ばにまき網漁船のほとんどが動力化した。千葉県以北のイワシまき網の発展は目覚ましく、漁船規模は20トンを超えて40〜60トンのものも登場した。府県別漁獲量は、北海道、青森県から千葉県に至る東日本6県、石川県、長崎県が多い（図1-4）。1930年代はこの9道県で全体の8割前後を占めた。

　漁獲動向は地域によって異なり、北海道は1930年代は30〜40万トンを安定的に漁獲したが、40年代の凋落が著しい。漁具は、噴火湾の定置網は角網から落網への転換が進み、日本海側で発達した流網は衰退に傾き、まき網は太平洋側で発達した（日本海側と太平洋側とは系群が異なる）[24]。1930年代の主産地は渡島、胆振、日高、釧路支庁管内の太平洋岸で、6、7月〜12月を最盛期とし、漁具は落網、地曳網、まき網、刺網などである。日本海側は6、7月を最盛期とし流網、刺網が主である。1937年では定置網850統（統は漁労体の単位）、まき網160統、流網1,850統、刺網250統が出漁している[25]。

　青森県から千葉県までの東日本6県の漁獲量は1930年代に急増し、全体の3分の1を占めるようになった。うち千葉県のまき網は沖合化で先行し、他県沖合に出漁したが、他の

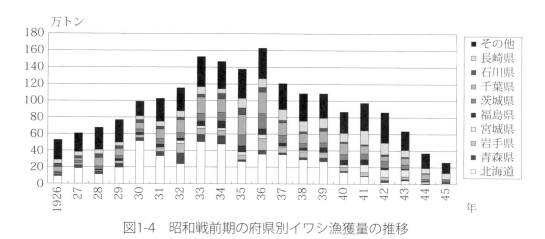

図1-4　昭和戦前期の府県別イワシ漁獲量の推移

資料：農林省統計情報部・農林統計研究会編『水産業累年統計第3巻都道府県統計』（農林統計協会、1968年）

県でもイワシまき網が急速に普及し、自県沖の操業を許可制とし、他県からの入漁を抑止するようになった(1936年には6県とも許可制とした)。許可制の採用は、その海域へ出漁していた船団にとっても、他県船の水揚げに依存する製造業者にとっても大きな打撃である。こうして1937年に東日本6県で入漁協定が結ばれた。千葉県でいえば、自県の許可数は133統で、福島県沖に31統、茨城県沖に114統が入漁できる、反対に宮城県の35統、福島県の44統、茨城県の92統、計304統の入漁を受け入れる、という内容である。入漁協定が結ばれても漁獲競争がますます激化したので翌1938年には東海区鰮揚繰網漁業連合会を結成し、自治的統制に乗り出した[26]。千葉県の漁獲高の半分以上は銚子港に水揚げされた。加工施設が集中している、漁港が優れていることが理由だが、銚子の魚市場ではイワシを取り扱わず、イワシは場外で相対取引された[27]。

　流網を主要漁具とする石川県は1930年代半ばまで好調であったが、その後、不振となった。長崎県は主要漁具が縫切網からまき網に変わり、刺網は衰退したが、1930年代後半に漁獲を伸ばしている。

　漁具の地域的分布(1934年)をみると、まき網が主要漁具であり、太平洋岸一帯にはまき網があるが、日本海側は石川県、富山県、北海道のように定置網が多い[28]。

　1938、39年のイワシまき網統数は1,290統ほどで、長崎県と千葉県が100統を超え、愛媛県、茨城県、三重県、青森県、岩手県、静岡県が続く。ほとんどが2艘まきである。1艘まきは九州に集中し、なかでも長崎県は1艘まきの方が多い。漁船動力化の試験操業は1艘まきが多かったが、使い慣れた2艘まきが続いたのである。2艘まきは潮流、風波が強い沖合を避ける傾向があった。

　北海道、東日本はほとんどが動力化しているが、沿岸で操業する愛媛県、大分県等はほとんどが無動力であった(動力曳船を使うことが多い)。北海道と東日本は、許可件数は全体の約3分の1だが、乗組員数、漁獲高は過半(7割を超えることもあった)を占めており、漁業規模が大きく、生産性も高い。漁船規模は1艘まき、2艘まきとも15～20トン(動力船であれば30～60馬力)が多い。操業形態は魚群の密集度によって異なり、東日本6県

は昼間操業、三重県、和歌山県は昼間操業と火光利用を併用、瀬戸内海、北部九州はほとんどが火光利用である。従業者は 48,000 人、漁獲高は 3,500 万円という一大漁業であった[29]。

1932 年の内地と朝鮮におけるイワシの漁法別漁獲高は、まき網 42％、定置網 27％、その他は刺網、曳網の順であった[30]。1941 年の内地の漁法別イワシ漁獲高は、まき網 63％、定置網 17％、刺網 6％、地曳網 4％、船曳網 3％、その他 7％であり[31]、1930 年代に比べてまき網の割合がさらに高まり、定置網、刺網等の割合が下がっている。

2. イワシ油肥製造業の発達
1) イワシ油肥製造業の発達

図 1-5 で内地のイワシ油肥生産量（油、〆粕、魚粉の合計）の推移をみると、

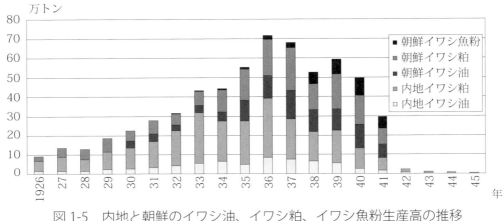

図 1-5　内地と朝鮮のイワシ油、イワシ粕、イワシ魚粉生産高の推移

資料：内地は松下七郎編著『魚油とマイワシ』（恒星社厚生閣、1991 年）6〜7 頁、朝鮮は『水産食糧問題参考資料漁業・漁船　中巻』（水産食糧問題協議会、1941 年）300〜301 頁、『朝鮮鰯油肥統制史』（朝鮮鰯油肥製造業水産組合連合会、1943 年）、他。

1926 年は 8 万トンであったが 30 年代に急増し、36 年には 40 万トンに迫った。その後、急落して 1941 年には 8 万トン、さらに終戦年には 1 万トンを割った。

1937 年のイワシ〆粕生産量の内訳は北海道が 41％、東日本 6 県が 48％を占めた。イワシ油は北海道 55％、東日本 6 県 36％で、北海道の割合はさらに高い。イワシ漁獲量は北海道 31％、東日本 6 県 27％なので、両地域は脂肪分の多い大羽イワシの割合が高く、油肥製造向けの割合が高いことを示している。油肥製造業者は 15,400 人ほどで、うち漁業との兼業が 63％、専業が 37％であった。1 人あたり生産高は 5,000 貫 (18,750 トン) 程度と小規模で、肥料商による仕込み制が広く行われていた[32]。

北海道の噴火湾地方にはイワシ定置網の数だけ油肥製造場があり、漁業者が自家加工した。太平洋岸のまき網地帯では専業の油肥製造業者、油肥問屋が続々と誕生した。1940 年代に入ると、北海道のイワシ油肥生産は急激に低下した。

千葉県、茨城県では漁業と製造業は分化していて、比較的小規模な製造場が銚子に 300 か所、波崎に 180 か所ほどあった。千葉県では銚子にイワシ揚繰網、イワシ加工（缶詰や〆粕製造）が集中した。〆粕の製造法は旧式で、煮熟と圧搾を出来高賃金で請負い、製品は

青田売買され、問屋により鉄道便で横浜、名古屋、東京方面に送られた。問屋の利幅は小さいが、県営検査が実施されて以来、土砂の混入がなくなり、品質の保証を得たので、リスクは少なくなった[33]。茨城県久慈町では 1934 年にイワシ油肥統制を目的に海産物商業組合が結成され、資材の共同購入、原料売買について漁業組合との協定、製品の全量検査と入札販売を決めている。漁業組合との協定では、原料は自家用か縁故売りが多いので、縁故売りと入札販売との割合を決めた。漁業、製造業、仲買業は互いに兼業したり、縁故関係で結ばれていて複雑である。漁業者、製造業者の所得は非常に低いが、漁業と製造を兼業すれば原料買い入れ競争を免れる、労賃を低下させることができるためいくらか増しであった。新規に製造業を始める場合には問屋、仲買人から資金を借りることが多く、そうすると製品の販売権を失い、不利な時でも製品を渡さなければならなかった[34]。

長崎県では（1934 年）、イワシ漁業者 683 人、漁獲高 61,390 トンに対し油肥製造業者 826 人、〆粕製造高 3,290 トン、魚油製造高 830 トンと、小規模加工が多く、イワシ油肥製造向けの割合が非常に低い。イワシ水揚高のうち〆粕原料向けは東日本 6 県は 6 ～ 9 割、日本海側の富山県、石川県、山口県は 5 ～ 8 割なのに、長崎県は 2 ～ 3 割と非常に低い（その分、煮干し向けが高い）。長崎県の主要〆粕産地は五島灘（沖合）を漁場とする南松浦郡奈良尾村、北松浦郡生月村の 2 地区のみである。原料取引は自家加工以外は漁業者と製造業者は協定取引がほとんどである。

主産地におけるイワシ〆粕の販売方法は、仲買人への販売が多いが、岩手県、宮城県、長崎県の一部では漁業組合・産業組合を通じた共同販売を実施している[35]。

水産事務協議会（1935 年開催）で協議された魚油肥の品質、製品検査、販売組織についてみよう。魚油肥は主に個人経営の小規模かつ季節的製造なので設備投資がなされず品質が悪いことが多い。岩手県では「現在搾粕製造工程中最モ遺憾ナル点ハ煮熟用水ノ供給不如意ナル装置ナルト燃料節約ノ為差湯ヲ殆ド用フルモノナク、煮熟ニ拠ル脱脂ハ極メテ不十分ナリ。又煮釜ノ能率ニ付キテモ改良ノ要スルモノ多ク、圧搾機ニ至リテハ其ノ圧力理想圧ノ三分ノ一ニモ満タザル状態ナルヲ以テ、圧力ノ増大ト搾玉ノ寸法縮小トハ刻下ノ急務ナリ」、「現在魚油ヲ煮汁ヨリ分離スベキ「ハチゴ」設備ハ不完全不統一ニテ且ツ其ノ後ノ取扱モ統一合理ヲ欠クモノ多シ」状態であった。

製品検査は主要産地では各府県が水産製品取締規則を制定し、府県水産会・郡市水産会等が実施している。北海道、千葉県、長崎県、京都府では昭和恐慌後に道県営に移管している。道県営に移すことによって規格の統一、品質向上が進んだ。

販売組織では、一部産地で産業組合や漁業組合等が共同販売を行っているが、多くは製造人と仲買人が相対取引をしている。岩手県では「業者ノ大部分ハ仲買人ヨリ事業資金ヲ借入運用シ居ル為取引価格ハ時下ノ相場ヨリ安キヲ普通トシ、又受渡時期等モ製造業者ノ自由ニ為シ得ザル為相場ノ高騰ヲ予見シツツ其ノ時期ヲ待チ得ザル損失ニ合算スレバ、製造業者ガ借用資金ニ対シ支払フ利子ハ蓋シ甚大ナルト言ヒ得ベシ」。仕込み制度は各地で見られ、青森県では「業者ノ過半ハ仲買人ヨリ資金ノ供給ヲ受ケ其ノ製品ヲ委託スルヲ通例トセリ」、千葉県では「水産製造業者ハ漁業者ト分立シ製造ヲ専業トスル者ニシテ多クハ資力乏シク仲買人問屋ヨリ資金ノ融通ヲ受クル者多ク販売上ノ不利多」し、という状況であった[36]。魚

油の取引方法は地方によって異なるが、代金決済は荷為替が多い。受け取り場所は買い手の港沖 (C.I.F.) または最寄り駅渡し、朝鮮産は産地港渡し (F.O.B.) となる。

家畜飼料向けの魚粉の製造は、昭和恐慌期に〆粕製造が購買力の低下、化学肥料の進出で価格が惨落したのに対し、為替安と欧米の需要増＝輸出拡大で発展した。当初は貿易港の油肥問屋が粉砕機で〆粕を粉砕していたが、その後、近代的工場は魚粉製造機(煮熟－圧搾－

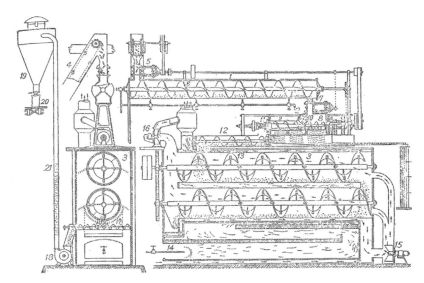

図1-6　ミーキ式魚粉製造装置

資料：図1-3と同じ。307頁。

乾燥－粉砕の工程を連続的に行う機械)を導入するものの、製造業者の多くは〆粕を粉砕して魚粉とした。自動魚粉製造機(図1-6)は第一次大戦後に米国から輸入され、主に北洋魚粉、水産加工残滓魚粉で使われていたが、イワシ魚粉のために本格的に使われたのは1930年から朝鮮においてである。この頃から国産機種も種々開発された[37]。

〆粕製造においても規模が大きい工場では水圧式圧搾機(または油圧式。大豆粕製造用の圧搾機を改良)が普及した(図1-7)。小規模ながら強圧がかけられる。日乾は天候に左右されることから乾燥機を使用する工場も現れた。油水分離の工程では遠心分離機も導入されたが、機械が高価で生産費も高くなることから、多くはコンクリート製の油水分離槽を使った。

1937年の魚油肥工場は大手でいうと、(株)林兼商店は長崎県2、朝鮮10工場であったが、日本油脂(株)は直営工場が北海道・樺太等に34、投資会社の工場は樺太・内地に15、朝鮮に28があ

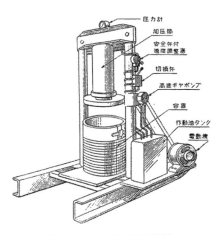

図1-7　水圧式圧搾機

資料：東秀雄『魚粉と魚油』(朝倉書店、1949年)15頁。

り、他に共同経営が 6 あった (1937 年から 38 年にかけて投資、吸収合併が相次いで工場数、会社数が変わる)。日本油脂は朝鮮、北海道を中心に魚油肥製造で圧倒的な地位を築いた[38]。

　日本油脂は、新興財閥の日本産業 (株) のもと、1937 年に日本食料工業 (株) とベルベット石鹸 (株) が合併して設立 (旧日本油脂) され (油脂原料以外の水産部門は日本水産 (株) に統合された)、さらに合同油脂 (株) と合同して新日本油脂となった。直営工場は日本食料工業が経営していたもので、投資会社の大半も日本食料工業系であった。日本油脂はイワシ漁業・油肥製造業では最大の企業であり、油脂企業のなかでも最大規模を誇り、原料部門を擁している点で特異であった。

　その形成過程を跡づけると、合同水産工業 (株) (日本食料工業の前身) は 1932 年度から朝鮮・漁大津 (オデジン) で旭水産 (株) と共同経営をしたのを皮切りに、33 年度には「需用激増セルモ生産之レニ伴ハサリシニ鑑ミ、三陸、常磐、北海道方面ニ於テ事業ノ提携又ハ拡張ノ計企ヲ樹テ」[39]、34 年度には資本金を 350 万円から 1,500 万円に増やして (増資分はすべて日本産業の鮎川義介名義、主に製氷・冷凍・冷蔵事業の強化) 日本食料工業に改組した。それを契機に魚糧部 (油肥部門) は三陸、常磐に 3 工場を建てた他、内地に 3 工場、北海道・樺太に各 1 工場、朝鮮に直営 1 工場、投資会社 1 工場を建設することにした。1935 年度末には魚糧工場は朝鮮、樺太、北海道、内地で直営 6、投資会社 18 となった。魚糧の輸出、内地販売網の整備を進め、魚油は朝鮮の入札に始めて参加した。1936 年には「魚油ハ魚糧工場網ノ拡大ニ因ル魚油自給ノ確立ト共ニ朝鮮油脂及ベルベット石鹸ノ両者ヲ傘下ニ加工茲ニ一貫作業ノ途ヲ開キ油脂業界ニ進出スルコトトナリ」[40]。

　日本油脂は 1937 年から 38 年にかけて水産部の拡張を進めた結果、日本油脂系のニシン・イワシ漁獲高は内地、朝鮮、樺太を合わせて 14 万トン余で、全体の 6％を占めた。魚油は 11％、〆粕・魚粉は 12％を占めるようになった。日本油脂は、朝鮮の油肥会社は朝鮮油脂 (株) に、内地の油肥会社の多くは日本油脂に統合した。内地の統合は、北海道と千葉県に 4 つのまき網漁業、魚糧会社を設立するとともに投資会社 14 社を吸収して直営工場とした。このうち 8 社は噴火湾周辺にあり、他に噴火湾周辺の水産会社 4 社を買収している。内地の直営工場、投資会社の漁業は定置網 153 統、まき網 40 統、流網 12 統で、その漁獲高は 85,300 トン (ほとんどはイワシ) である。朝鮮の事業については後述する[41]。

　日本油脂釧路魚糧工場は 1932 年に日本食料工業がホワイトミールの製造会社に投資し、38 年に日本油脂に合併した工場である。原料は底曳網のスケトウダラ（ホワイトミール用）からまき網のイワシの購入へ、さらにまき網と定置網の直営へと展開した。同社の室蘭出張所は噴火湾で獲れるイワシを原料として油肥を製造するもので、管内に 3 工場を有し、100 統前後の定置網を経営した。両者とも魚粉製造機、油水分離には油水分離槽を使うが遠心分離機を備えていた。日本油脂は長万部にも魚糧工場を持っているが、製法は在来式で規模も小さい[42]。

2）魚油市場の拡大

　1930 年代のイワシ漁業の発展を支えたのは、油肥の 2 次加工、3 次加工ともいうべき魚粉製造、イワシ油を原料とした油脂工業の発展であった。油脂工業については第 2 章で詳

述するので、ここでは魚油市場の拡大について簡単に述べる。魚油から硬化油を製造することは第一次大戦中に始まったが、大戦後は沈滞し、さらに昭和恐慌で需要、価格が低落して不況のどん底に落ちた。しかし、カルテルの結成で不況に耐え、金輸出再禁止による為替安で立ち直り、高率関税を課して競合する輸入牛脂を駆逐し、国内需要の喚起、輸出の好転、イワシの豊漁があって油脂工業(直接的には硬化油工業)は大躍進を遂げた。魚油は最早〆粕製造の副産物ではなくなった。グリセリンの輸入はなくなり、火薬原料の自給が達成された。石鹸は輸入国から輸出国へと変化した。硬化油を分解してできるグリセリン、脂肪酸、魚油を精製して得られる食用油脂、重合化した重合油の利用途が開け、市場が拡大した。硬化油は価格が安い魚油が原料の中心となり、魚油のなかでもニシン油からイワシ油に、供給地は内地から朝鮮に中心が移った。イワシ油の8割は硬化油とされ、硬化油の7割は石鹸原料となった[43]。硬化油工業を先導し、油脂工業界に君臨したのは合同油脂(株)であり、後の日本油脂(株)であった。

第4節　朝鮮におけるイワシ産業の発達とイワシ油肥の統制

1. イワシ漁業の発達

　朝鮮のイワシ漁獲量(図1-1)は、1920年代半ばまでは低位にあったが、その後、昭和恐慌期に停滞する以外、急伸して1936～40年は100万トンを超えた。その後は一転、急落した。

　朝鮮東岸でイワシ漁業が発展するのは1923年以降である。それ以前は、朝鮮南部でのカタクチイワシの漁獲と煮干し加工が中心であった。漁法は朝鮮人及び日本人による地曳網や権現網(船曳網)であった。

　1923年からマイワシの漁獲量が急増するようになった。当初の漁具は刺網や地曳網で、沖合の範囲、漁期が限られていたが、動力漁船が登場して漁場が拡大し、漁期も長くなった[44]。イワシ油でいうと、1923年に大羽イワシの大群があったが、漁具、製造設備の準備はなく、1.6万缶(缶は1斗缶)の生産に留まった。2年目、3年目は準備を進めたことで7.5万缶、18万缶と飛躍的に増え、メンタイ漁業やタラ漁業からの転換と九州、北陸、山陰方面からの出漁者が急増した。1929年には300万缶という空前の大量生産をみた。

　イワシ漁業は咸鏡北道、咸鏡南道、江原道、慶尚北道、慶尚南道の東岸5道で営まれた(図1-8)。漁場形成によって漁期、漁法が異なり、南部の慶尚南道、慶尚北道の漁期は4～7月の北上期で、漁場は沖合に形成され、魚群が薄いので流網を用いる。江原道は5～7月の北上期は流網、10～11月の南下期は漁場が沿岸近くに形成され、魚群が濃いので巾着網が主体となる。北部の咸鏡南道、咸鏡北道は流網は7～11月、巾着網は7～12月頃を漁期とする。南下期には定置網でも漁獲される。

　漁法別のイワシ漁獲量は、1929年は流網87％、巾着網10％、定置網(落網)3％で、流網が圧倒的であった[45]。1937年は表1-2でみるように、流網24％、巾着網68％、定置網7％、その他1％となって、巾着網中心に一変した。同期の内地と比べて、巾着網、流網

の割合が高く、定置網、その他漁法の割合が低い。漁法がほぼ3種類に限られることが特徴である。流網は5道に広く分布しているが、巾着網は咸鏡北道、咸鏡南道、江原道、定置網は咸鏡北道、咸鏡南道にほぼ限られている。道別漁獲量は咸鏡北道が48％と抜きんでて多く、次いで咸鏡南道の24％、江原道の20％が続く。慶尚北道、慶尚南道は少ない。

1936年の巾着網は194統で、1統あたり漁獲高は95,500円、流網は約5,000隻で1隻あたり1,360円、定置網は280統、1統あたり5,700円で、漁法による生産性の格差が大きい(生産性は同じ漁法でも道によって異なるし、年次変動も大きい)。

定置網は1928・29年頃、北陸の小台網が導入されて、一時、東岸一帯に普及したが、沖合漁業の発展とともに下火になった。流網漁船はタラ延縄、サバ刺網からの転換が多い。江原道の刺網は1926・27年に長崎県のイワシ刺網が導入されて本格化した。1928・29年頃から動力船が出現し、最盛期の37年は帆船8,200隻、動力船1,000隻余となった。帆船も動力船に曳航された。朝鮮人経営がほとんどで、多くは油肥製造業者から仕込みを受けた[46]。咸鏡北道・雄基(ウンキ)でイワシ流網が使われたのは1924年からで、26年には180隻の出漁をみた。うち20隻が石川県からの出漁であった。石川県船は動力船1隻が帆船3隻を曳航した。朝鮮人の漁船は無動力で1隻あたり漁獲高は700円ほどであり、石川県船の4,000円に比べるとはるかに低い(この後、朝鮮人の漁船も動力化して生産性が急上昇する)。雄基で製造された油肥は内地に移出された。製法は内地と同

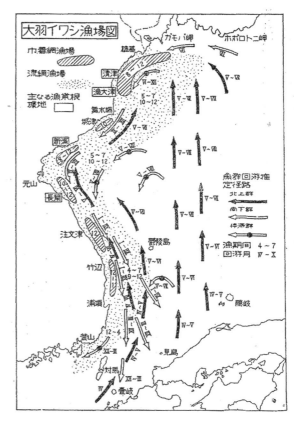

図1-8 朝鮮東岸における大羽イワシの回遊路と漁場

資料：吉田敬市『朝鮮水産開発史』(朝水会、1954年) ●頁。

表1-2 朝鮮におけるマイワシの道別漁法別漁獲高（1937年）

	咸鏡北道		咸鏡南道		江原道		慶尚北道		慶尚南道		計	
	万トン	万円	万トン	万円	万トン	万円	万トン	万円	万トン	万円	万トン	万円
流網	11.1	337	4.3	114	11.4	229	4.3	81	2.8	63	33.9	824
巾着網	47.8	1,253	26.8	703	16.7	324	2.5	43	0.1	2	93.9	2,325
定置網	7.1	180	2.9	69	0.1	2	0.2	3	-	-	10.4	256
その他	0.2	4	-	-	-	-	0	0	0.4	11	0.7	15
計	66.2	1,774	34.0	887	28.2	555	7.0	127	3.3	74	138.8	3,419

資料：『昭和十二年 朝鮮近海の海況並漁況』(朝鮮総督府水産試験場、1940年)
注：全羅南道は少ないので省く（合計値には含む）。

第1章 近代におけるイワシ漁業と油脂製造業の発達

様で、圧搾機には螺旋式が使われた[47]。

イワシ巾着網も1923年に出現した。サバ、ニシン巾着網であったのがニシンの不漁からイワシに切り換えたケースが多い。巾着網は創業費、経営費が高いことから多くが日本人経営で、油肥製造を兼業する者に許可された。巾着網は1艘まきがほとんどで、内地は2艘まきが主体であるのとは異なる。漁場が沖合に形成されること、朝鮮でサバの1艘まきが開発された(方魚津(バンオジン)を根拠とした林兼商店)ことが影響したのだと思われる。咸鏡北道の許可統数(巾着網と機船流網は道の許可制)の推移を示す(図1-9)と、1923年は

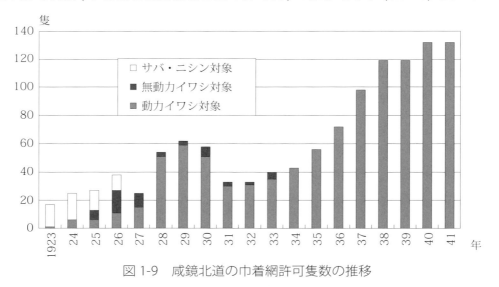

図1-9 咸鏡北道の巾着網許可隻数の推移

資料:図1-8と同じ。341頁。

17統でほとんどがサバ、ニシンを対象としていたが、26年には主にイワシを対象とする38統に増えた。1927年頃から漁船の動力化が進み、34年には全て動力船となった。1930年代前半から後半にかけて統数は30～40統から100統余に増え、漁船は大型化・高馬力化が進んだ[48]。

1935年のイワシ巾着網の許可は153隻で、咸鏡南道以南は20トン以下が主力、咸鏡北道は30～50トンが主力であり、民族別では日本人が4分の3、朝鮮人が4分の1を所有した。朝鮮人経営者は海産物商、海運業、底曳網・定置網漁業者等で、油肥製造業も兼業した[49]。許可の発行にあたっては10倍もの申請者があったほど、非常に利益率が高かった。許可上、漁場は1934年度から咸鏡北道と咸鏡南道以南に分かれ、相互入会はなく、許可統数も制限したので、権利が高騰した。1統に約30人が乗り、昼間操業である[50]。漁期を過ぎる(冬季)と一部は根拠地を朝鮮南部に移して他の漁業に従事したが、多くの日本人は内地に戻った。1937・38年では、咸鏡北道が50トン・150馬力、咸鏡南道以南が40トン・120馬力平均に大型化している。それに先漕ぎ船(15～20トン・30～60馬力)1隻、伝馬船1隻、運搬船は咸鏡北道は5、6隻、咸鏡南道以南は2、3隻を傭船した[51]。

咸鏡北道と咸鏡南道以南にはそれぞれ巾着網漁業水産組合があり、燃油・漁具の共同購買、魚代金の共同取り立て、銀行から借りた資金の貸与、共済積み立てを行っている。咸鏡北道

の水産組合は 1935 年に漁獲物の共同処理場を建設した[52]。両組合は 1937 年度は飛行機を使って魚群探索を試みている。

　1936 年に咸鏡南道以南の水産組合は、組合員 82 人、許可件数 95 統で発足し、39 年には 158 人、180 統に倍増した (咸鏡南道以南は 1 人 1 統で大規模経営体がいない)。漁獲高は 1934 年度の 110 万樽・147 万円から 37 年度の 393 万樽・959 万円に飛躍的に高まった (漁獲量以上に漁獲金額が増加した) が、38 年度は 359 万樽・780 万円に留まった。1 統平均では減少が続いて「本漁業ノミニテハ総括的ニ見レバ損ノ状態ナルモ多クハ加工施設ヲモ併設シ居リ之ニ拠ル利潤ヲ充当補足シ漸ク継続シ居ル状態」となった。1 統あたり平均 (1934 〜 37 年度) は咸鏡南道以南は 2.0 〜 2.7 万樽・2.7 〜 5.7 万円、咸鏡北道は 2.8 〜 4.8 万樽・3.3 〜 11.1 万円で大きな差があり、咸鏡南道以南は頭打ちとなったのに咸鏡北道は著しく増加した。生産性の違いから入会問題が起こり、咸鏡南道以南は漁場区域分けの撤廃を請願した。内地の東日本 6 県と同じようにイワシの漁場形成の偏りで入会紛争が生じた。朝鮮総督府は 1937 年から咸鏡南道以南の新規許可を停止し、39 年には咸鏡北道沖への入漁を一部認めるようにした[53]。しかし、咸鏡北道沖も資材の不足で生産維持が難しくなり、不漁もあって 1941 年に全体の許可数を 296 統から 247 統に減らした[54]。それでも歯止めとならず、イワシ漁獲量が激減した。1942 年は日本海全体のイワシ資源が激減したうえ朝鮮沿岸への遊泳量が減少した (内地沿岸は餌が大量発生して魚群を引き寄せた) ことで、内地より早く減っている[55]。朝鮮のイワシ漁業、油肥製造業はせいぜい 20 年間のことであり、最盛期は 1930 年代半ばを中心とした 10 年間ほどである。

2. イワシ油肥製造業の発達

　朝鮮におけるイワシ油肥製造 (前掲図 1-5) は 1920 年代半ばに始まり、30 年代半ばから 40 年代初めにかけてピークを迎える。魚肥生産量は内地と肩を並べ、油は内地を上回るようになった。魚粉は 1930 年代半ばに現れるが、ほとんどが朝鮮で製造された。朝鮮ではイワシの食用向けは数％と低く、油肥加工向けが圧倒的であること、魚粉の生産が一定の割合を占めることが特徴である。油肥の生産額は漸増を続けたが、昭和恐慌期には半減した。1934 年から急回復して、37 年には 5,000 万円を超え、40 年はピークとなる 1 億 1,000 万円を記録した。戦時統制期前後は異常な高値となった。魚油と〆粕・魚粉はほぼ半々である。

　朝鮮イワシ産業の特徴をまとめると、①原料のイワシは豊富で、漁期が長く、品質がよく均一である。内地では北海道を除くとイワシの大きさ、成分が時期によって異なる。朝鮮のイワシは大羽イワシだけで、油脂含有量は多く、均一である。製造上有利であり、製品の品質も一定する。

　②天候、気候に恵まれている。朝鮮は雨期を除き降雨、降雪量が少なく、湿度も低いので玉粕 (〆粕の塊) の乾燥に有利である。北海道では冬季は玉粕を貯蔵しなければならないが、朝鮮では乾燥することができる (雪解けまで貯蔵することもある)。

　③原料が豊富なことから企業的経営が多い。内地の家内工業的設備とは異なり、魚粉の連続製造機を装備した工場もあり、大量製造、品質の均一化がし易い。

　④企業的経営は漁業と油肥製造を兼業し、小規模経営も各道の鰯油肥製造業水産組合 (後

述）が仕込み金の供給、製品の販売を行っているので、商人資本の収奪から脱していて、製造・販売・製品改良に有利であった[56]。

イワシ油肥の歩留まり、品質に大きく影響するのは原料の鮮度である。とくに夏から秋にかけての時期は気温が高く、漁場は遠くて往復に時間を要する。無動力船の場合はなおさら時間を要するし、漁具が刺網であれば羅網後時間がかかったものは帰港する頃には腐敗が進む。動力漁船の増加、動力曳船の普及、食塩での防腐によって改善したが、刺網が多く、漁船動力化が遅れた朝鮮人漁業者の鮮度は低かった[57]。

表 1-3 は、最盛期における道別のイワシ〆粕・魚粉生産量を示したものである。1936 年から 37 年にかけて〆粕・魚粉ともに増加している。全羅南道、慶尚南道、慶尚北道は魚粉は製造していないし、〆粕生産も少なく、増えていない。江原道は〆粕生産が落ち込み、増加した咸鏡南道に追い抜かれた。両道ともに魚粉生産量は少ない。咸鏡北道は〆粕、魚粉とも最も多く、かつ両方とも大きく増加した。〆粕の生産は全体の4割弱、魚粉はほとんどが咸鏡北道で製造されている。

表 1-3　朝鮮における道別イワシ〆粕・魚粉生産量　トン

		1936 年	1937 年
合計	〆粕	189,207	221,764
	魚粉	20,281	37,731
全羅南道	〆粕	121	15
慶尚南道	〆粕	7,732	8,460
慶尚北道	〆粕	14,796	13,342
江原道	〆粕	59,105	45,822
	魚粉	444	962
咸鏡南道	〆粕	37,998	67,944
	魚粉	2,109	3,974
咸鏡北道	〆粕	69,455	86,181
	魚粉	17,728	32,795

資料：表 1-1 と同じ。10 頁。
注：全羅南道、慶尚南道、慶尚北道はイワシ魚粉がないので省略した。

表 1-4 は、道別のイワシ油肥製造業の状況 (1934 年) をみたものである。5、6 年前と比べて製造戸数は増えていないが、煮釜数、圧搾機は増加し、1 戸あたりの製造能力は高まった。在来式の製造場は煮釜3、4個、圧搾機はその2、3倍を装備していて、内地の製造場に比べて規模は相当大きい。慶尚南道は煮釜、圧搾機とも少なく、生産性も低い。他の4道は煮釜、圧搾機の数はそれほど違わないのに生産性は咸鏡北道が飛び抜けて高い。

表 1-4　朝鮮における道別イワシ油肥製造業（1934 年）

			咸鏡北道	咸鏡南道	江原道	慶尚北道	慶尚南道	計・平均
製造戸数		戸	366	376	495	90	91	1,418
1戸あたり	煮釜数	枚	3.9	3.9	3.8	3.5	3.0	3.8
	圧搾機	台	7.1	9.4	9.6	8.6	4.6	8.5
	魚肥生産高	トン	143.1	47.2	71.3	79.6	21.6	80.8
	〃	千円	12.0	4.1	6.3	3.9	1.8	6.8
	魚油生産高	千缶	3.6	1.4	2.1	1.2	0.5	2.1
	〃	千円	6.4	2.7	4.0	2.5	1.0	4.0

資料：清水淳三『鰮事業に関する朝鮮出張報告』(1936 年) 58 頁。

1935 年 9 月現在、連続式魚粉製造機を備えた工場は 12 か所あるが、うち 10 工場は咸鏡北道にあり、とりわけ清津府に 7 工場が集中する。各工場は在来式の煮釜、圧搾機を多数備え、1 日生魚 300～500 トンの処理能力がある。貯油槽は 27 基（容量 4,510 トン）あり、うち咸鏡北道が 2 地区、

7基(2,510トン)、咸鏡南道が8地区、19基(1,000トン)、江原道が1基(1,000トン)である。咸鏡北道は合同油脂等の企業が、咸鏡南道は鰯油肥製造業水産組合が各漁港に小型のものを設置している。また、同年中に清津府に企業経営の5基(3,600トン)が設置予定であった[58]。

　油肥製造業者は世界恐慌期に減少するが、その後回復して1,200〜1,400人となり、さらに1937年には2,100人余となった。道別では江原道が最も多く、次いで咸鏡北道、咸鏡南道が続く。道別生産高は咸鏡北道50％、咸鏡南道26％、江原道18％、慶尚北道3％、慶尚南道3％なので[59]、巾着網が多い咸鏡北道で生産高、生産性が高く、流網が主体の江原道は製造業者は多いが、生産性は低い。咸鏡南道はその中間に位置する。

　事例をあげると、1929年度の旭水産(株)は漁大津(オデジン)、西水羅(ソステ)、清津(チョンジン)で、動力船4隻、帆船48隻を有し、漁業は流網、定置網(4統)、巾着網を経営し、さらに流網35隻に仕込みをして油肥製造をした。釜、圧搾機は35組あり、自動魚粉製造機も2台導入していた。イワシ3万樽を漁獲し、油8.0万缶、〆粕1.4万俵、魚粉1.4万俵を製造した。イワシ油はうまく売れたが、〆粕と魚粉は世界恐慌で価格が低下し、しかも売れ残った。このため、1932年度には合同水産工業(株)(日本食料工業の前身)との共同経営になった。漁獲は少なかったが、「魚糧、魚油、魚粉共市価騰貴セシ為メ予期以上ノ好成績ヲ挙ゲタ」[60]。

　日本食料工業(後の日本油脂)は各地に13工場を擁し、漁労から硬化油製造まで一貫体制を構築した。(株)林兼商店も10工場を設立した[61]。

　近代工場は「イワシの都」と称された咸鏡北道・清津府に集中立地した。清津の水産業は飛躍的に発展して、1935年度に油肥製造工場は129か所に及んだ。その大部分は漁港付近に散在する比較的小規模で旧来の製法による〆粕工場であるが、近代的機械生産工場は新漁港に集結した。清津の町は、「誰でもあたりに充満しているあの酸っぱいやうな腐臭に思はず鼻をつまむだろう。・・・広い道幅いっぱいに埃りを濛々とたてて、雪崩のやうに後から後からと際限もなく続く牛車(イワシを積んだ－引用者)に恐をなす。まったくもって辟易させられるのである。・・・これが盛漁期の鰮の町・清津の姿だ。この異臭こそ海の北鮮景気のシンボルであり、清津港を根拠とする四十余隻の鰮巾着網漁船と、無数の鰮刺網漁船、定置漁場などから昼夜兼行で陸揚げする北鮮の寵児鰮の臭ひなのだ」。

　商港の片隅を利用していた旧漁港は狭隘になったので1933年から新漁港の築造工事が始まった。初年度には朝鮮油脂(株)が硬化油工場を、(株)林兼商店が缶詰工場と魚糧(油肥)工場を建てた。さらに翌年には清津魚糧(株)が水圧式〆粕工場、咸鏡北道機船巾着網漁業水産組合が共同処理工場、公海興産(株)、北鮮水産工業(株)、日本食料工業(株)が魚糧工場といったように数千坪の敷地を擁する大工場が進出し、林立する大煙突からは濛々と黒煙を吐く水産工業地帯に変身した[62]。

　近代的工場も巾着網を経営しており、林兼商店は巾着網船6隻を有し、最大規模の清津魚糧は巾着網船3隻と運搬船13隻を有し、運搬船12隻を用船した。北鮮水産工業(日本油脂系)は巾着網船5隻を所有し、6隻を用船した。他の工場も巾着網船を1〜2隻有した[63]。

　朝鮮油脂は、1933年に朝鮮唯一の油脂会社として資本金150万円で清津府に設立された。

日本産業(株)は1936、37年に同社の株式を取得し、日本産業の傘下にあった日本食料工業の経営下に置いた。1937年に日本食料工業と合同油脂が合併して日本油脂(株)が設立されると、内地の魚糧事業はすべて日本油脂の下に、朝鮮の事業は朝鮮油脂の下で統合された。その後、朝鮮油脂は1938年に資本金を600万円、さらに1,000万円に増資して魚糧会社7社を吸収合併し、日本油脂の直営4工場を譲り受け、朝鮮における独占的油脂会社となった。当初、水産部、油脂部の2部門であったが、後に火薬部が加わった。水産部はイワシ漁業と魚油、魚粕、魚粉の製造を担い、それぞれにおいて日本油脂の内地の生産高を上廻った。水産部の所有する漁業権(1940年)は、まき網が咸鏡北道で11件、咸鏡南道以南で4件、定置網漁業権は23件であり、工場は10工場(清津府1、咸鏡北道5、咸鏡南道3、江原道1)に及んだ。水産部で生産された魚油は油脂部で硬化油、グリセリン、分解製品、ダーク油、石鹸に製造され、相当量の魚油は内地の日本油脂の工場に送られた。魚粕は内地で肥料として販売され、魚粉は飼料として輸出された[64]。

　工場設備も一様ではなく、魚粉製造機を備えている近代的工場から、各工程の機械・設備を部分的に導入するもの、在来製法の零細業者まで様々であった。〆粕製造では1935年から水圧式(または油圧式)圧搾機が導入された。水圧式は搾胴を連結させることができる、圧力を一定にすることができるので品質、歩留まりは良いが、機械は高価だし、熟練と技術を要する。したがって、比較的規模が大きく、労働力が不足する工場に広まった[65]。〆粕製造専業者は全て旧製法に拠っており、煮熟は直火式、圧搾は主として螺旋式(手動式)である。小規模工場ではジャッキ付き螺旋式が安価で簡便な構造で操作が容易なため広く使われた。〆粕の製法は、煮熟約25分、圧搾は螺旋式(手動式)で約50分、乾燥は盛期の10、11月は約10日間日乾するので広大な乾燥場を要する。11月以降は降雪等のため翌春まで玉粕として貯蔵し、雪解けを待って日乾する。漁大津、清津では乾燥場が砂原なので風が吹くと砂塵が舞い上がり、〆粕に降りかかる(品質の低下)。歩留まりは季節や場所によって大きく変わるが、イワシ1樽に対し、油は7升3合、〆粕は5貫700匁〜6貫である。油水分離は1936年から遠心分離機も導入されたが、一般にはコンクリート製油水分離槽が使われた[66]。

　魚粉製造は、1930年代に急速な発展を辿り、輸入関税がなかったこともあって重要輸出品となった。当初は〆粕を粉砕機にかけるやり方であったし、その後も支配的であった。魚粉製造機が朝鮮に導入されたのは1930年のことで、日本油脂系企業や林兼商店等に設置された。当初は米国式の全自動魚粉製造機が導入され、後、各種国産機が開発された。機械製造は設備費が高く、燃料も多く使うので生産費が高くなるため、原料供給期間が長いことが必要であり、魚粉の需要は海外であることから大資本経営に限られた[67]。大資本経営でも多数の人力圧搾機、水圧式圧搾機を備えており、天日乾燥も併用している。

　朝鮮でのイワシ油を原料とした硬化油生産は内地より大きく遅れて1933年に始まる。朝鮮窒素肥料(株)が火薬原料のグリセリン製造を目的に硬化油生産を始め、朝鮮油脂(株)は油肥製造から始め、硬化油、脂肪酸の生産へと拡大し、後に日本油脂の傘下に入った。さらに朝鮮油肥連(後述)は三井物産等と朝鮮協同油脂(株)(後の協同油脂(株))を設立し、硬化油製造を通して魚油、硬化油の需給調整を行った。朝鮮での硬化油工業は朝鮮油肥連に

よる油肥統制のなかで、原料の優先割当てを得て優遇された。

3. 油肥製造業界の自主統制

　朝鮮のイワシ油肥統制は業界の不況対策として1931年に始まる。この時期、朝鮮のイワシ〆粕価格（下関沖渡し10貫あたり、毎年1月）は1929年が5円50銭、30年が3円90銭、31年が2円80銭、32年が2円75銭に、イワシ油（神戸沖渡し1缶あたり、毎年1月）は29年が4円40銭、30年が2円40銭、31年が1円10銭、32年が70銭に暴落した[68]。

　朝鮮のイワシ産業には、漁業者約5,000人、乗組員約35,000人、その他（網外し、運搬等）30,000人、油肥製造業者約1,300人、その従事者約10,000人、計81,300人が従事していた。油肥製造業者は元々、問屋（約150人）等から仕込みを受けており（漁業者は油肥製造業者から仕込みを受けた）、世界恐慌で負債が累増したため、その対策を朝鮮総督府に要望し、総督府は新興のイワシ産業を保護するために統制を強力に推進した[69]。詳細は補論に譲るとして、経過を簡単に説明する。

　関係5道に鰯油肥製造業水産組合を設立し、生産制限、販売統制を行った。うち慶尚北道、慶尚南道は製造高が少なく、製造業者のほとんどが漁業者なので途中から漁業組合連合会（道漁連）が業務代行した。生産制限は行政側がイワシ漁業の許可及び油肥製造の免許を制限し、水産組合が製造量の個別割当てを行う。漁業許可割当ては巾着網85統、機船流網400隻、帆船流網3,270隻、数量制限は油210万缶、〆粕63万俵とし、各道に実績に応じて割り当てる。販売統制は販売組合（問屋等の取引業者が組合員）を通して販売することとし、〆粕は三菱商事（株）[70]、油は合同油脂（株）と一定価格で売買契約を結んだ。販売組合を設立して販売を委託したのは仕込み金を回収する上での便宜と従来の取引業者を一挙に排除すると倒産しかねないためで、総督府は仕込み金のための低利融資を朝鮮拓殖銀行に斡旋した（水産組合が起債）。油肥の販売先を1社としたのは、市場はいずれも内地であり、それぞれに取引実績があったこと、協定価格としたのは、競争入札をすると製造原価を下回りかねないため、製造原価を確保するためであった。すなわち、市価が協定価格を上回れば、超過生産分を双方で折半し、下回っても協定価格を保証するとした。

　初年度の1931年度はイワシは豊漁に恵まれ、制限数量を大幅に上回わり、市価は不況の深化もあって協定価格を大きく割り込んだ。超過分については市価で買い取られた。

　2年目には、生産制限は漁船数を制限しても漁獲量は大幅に増加したし、製造量の制限は強制力がなく、朝鮮だけが制限しても価格維持には限界があるとして撤廃された。販売組合は手数料が二重になる等の理由で廃止し、水産組合が直接、販売事業を行なうようにした。問屋等への旧債償還や低利資金への借り換えが進んだことで販売組合を残す必要が薄れたからである。一定価格での買い取り制は買い手側が大きな損失を蒙ったことから、油は製品の硬化油の価格とその製造費及び魚油の基礎価格の合計との差を両者で折半することにした。油肥製造側にもリスクを負わせるようにした。〆粕は三菱商事への委託販売に切り換えた。

　価格は統制がはじまった1931年を底にして徐々に回復に向かった[71]。

　1934年度から硬化油製造が好調で、価格の上昇が予想されたので競争入札制を取り入れ

た。魚油の一定割合は合同油脂と朝鮮内企業に割当て、残りを競争入札とした。指定入札者は9社(入札者数はその後増加する)で、内地と朝鮮の硬化油企業が顔を揃えた。〆粕は三菱商事への委託販売が続いた。

基本契約の5年が過ぎて1936年度は5道の水産組合は朝鮮鰯油肥製造業水産組合連合会(朝鮮油肥連)を設立、一元的統制へと進んだ。以後、朝鮮油肥連は融資や共同購買事業等の他、〆粕は三菱商事への委託販売の他、全国購買組合連合会、三菱商事、三井物産(株)、日本油脂(株)等への直売を始めた。また、油の生産・販売調整のため硬化油会社の朝鮮協同油脂(株)を設立したり、日中戦争後、製品運送のための船舶が不足したので輸送船を建造、購入して朝鮮協同海運(株)を設立し、流通経費の削減と流通の円滑化を図った。

第5節　イワシ油肥の戦時統制

1. 内地のイワシ油肥の戦時統制

戦時体制下でイワシは国民栄養の確保、食糧増産、輸出振興、軍需品生産の役割を負うが、他方、漁業・製造用資材、労働力、運搬手段が逼迫し、その効率的利用、重点配分が進められた。

日中戦争後、イワシ加工は減少の一途を辿った。とくに非食用加工の減少が著しい。漁獲量が急速に減少して価格の低い非食用加工から先に減り、それに戦時統制の影響が加わった。イワシ、イワシ製品の価格は戦時インフレで急騰した。イワシ油肥の価格も生食用、食用加工品ほどではないものの急騰した。原料の減少に加えて無機肥料の供給が欧州大戦の勃発で急減し、有機肥料、とくに大豆粕、魚肥への需要が高まったからである[72]。

有機肥料として大豆粕に次ぐ位置にあった魚肥の生産は急激に低下し、イワシ漁業とニシン漁業の合同、油肥製造業者の合同、歩留りの向上、品質向上、生産資材の計画的重点的配給、製造許可を大臣に移して生産・配給統制の一元化を図ることが必須となった[72]。だが、油肥製造業者は数が多く、各地に分散していること、集荷・配給をめぐる漁業組合系統と商業資本との対立からその統制は遅れた。

農林省は価格の統制、魚粉の増産、中間搾取の排除＝配給の合理化を目標に魚肥統制に踏み切り、1939年11月に有機肥料の一元的統制機関・有機肥料配給(株)を設立し、40年1月に大豆粕とイワシ〆粕の買い入れ命令、有機肥料配給への売渡し命令(当面は内地産イワシ〆粕は除外)を出した。同年3月に内地産イワシ油肥の集荷機関・日本油肥水産組合の設立、6月に販売統制機関・日本油肥販売(株)の設立、8月に内地産魚肥の売渡し命令が出て、これで魚肥の集荷配給機構は整備された(図1-10)。これと併行して内地及び朝鮮産イワシ〆粕、朝鮮産魚粉に公定価格が設定された。食用加工に比べて非食用加工の価格は低く、非食用加工は原料高製品安となった。有機肥料配給の購入価格は10貫あたり12円50銭、同社から指定販売店への販売価格は13円70銭とした(製品検査済みの2等品の標準価格)。

有機肥料配給は、大豆粕、イワシ粕(後に魚粉も対象となった)の買い入れ、販売、輸移出を担う。資本金は1,500万円で、出資者は大豆粕・イワシ〆粕等の製造業者、輸移入業者、

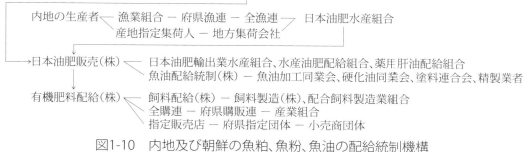

図1-10　内地及び朝鮮の魚粕、魚粉、魚油の配給統制機構

資料：有機肥糧配給株式会社調査課編『有機肥糧関係資料』（1941年）2頁、『魚油、魚粕、魚粉及其の他有機質肥料の集荷統制に就て』（北海道油肥集荷配給（株）、1941年）6～8頁。

全国購買組合連合会（全購連）、全国漁業組合連合会（全漁連）、飼料配給業者、朝鮮油肥連等である。

日本油肥水産組合は、内地産油肥の集荷の他、規格の統一、資材の共同購入、輸出振興等を業務とする。資本金は300万円で、全漁連を始めとする漁業組合系統が6割、日本油脂を筆頭とする商業資本が4割を出資した。その比率は漁業者と非漁業者の割合に準じている。

集荷・配給組織をめぐって、全漁連と商業資本（日本油脂、北海道の小幡商店、三陸の古座商店、亀井商店等）が主導権争いをし、油肥製造業者への仕込みを全漁連は産業組合中央金庫から資金を借りて清算させ、全漁連が集荷・販売することを目指した。商業資本は仕込みを楯に非漁業者に対して地方集荷会社（北海道の北海油肥集荷会社、東北太平洋岸の東日本油肥集荷会社、日本海側の北日本油肥集荷会社の3社）を設立して対抗したが、その後、商業資本ルートが廃止されて一元化した[74]。一方、日本油肥販売から有機肥料配給に販売された〆粕、魚粉は、一部は飼料として飼料配給会社に、肥料は産業組合系統は全購連－府県購連－市町村産業組合、商業資本系統は実績を有する府県卸商（36店）－市町村小売店を経由して農家に配給された。適当な業者がいない道府県は有機肥料配給から直売することになった（1道17県）。内地産と朝鮮産が併せて取り扱われた[75]。

日本油肥販売は、日本油肥水産組合の指定共販機関として買い取り販売・委託販売を行なう。資本金は300万円で、漁業組合系統と商業本が6：4の割合で出資した[76]。

日本油肥販売の事業実績をみよう。「当会社は設立当時（1940年6月－引用者）ニ在リテハ取扱製品ノ公定価格未設定等ノ関係上事業ノ進捗意ノ如クナラザリシモ、其ノ後逐次価格公定セラレ、更ニ魚油配給統制規則及魚肥売渡命令ノ発布ヲ見ルニ及ビ、公ニ之ガ集荷配給統制機関トシテ指定セラレ今ヤ一元的集荷統制ノ実ヲ挙ゲルニ至レリ」。第1年度（1940年度）は「近年稀ニ見ル不漁ニシテ加フルニ資材及労力等ノ不足ニ因リ生産額激減シ、為ニ之ガ取扱高予定数量ニ達セザリシ」となった。取扱高は〆粕・魚粉80,735トン・2,340万円、魚油31,542トン・1,371万円であった、〆粕と魚粉はほとんどを有機肥料配給に、魚油のうちイワシ油、ニシン油はほとんどを魚油配給統制（株）（後述）に売渡した[77]。受託手数料、資材配給手数料、売買益金、収入利息、雑益で55万円の収入があり、事業費・その他の支出は39万円で、純利益は14万円となり、8％の配当をした[78]。

1941年度は「前年度ニ比シ鰮ノ如キハ更ニ一層不漁ナリシノミナラズ食料ニ供給セラルルモノ益々多ク魚油魚肥共ニ著シク減産ノ趨勢ニ在リ、為ニ取扱高予定数量ニ達セザリシ」となった。魚粕・魚粉の取扱高は129,407トン・3,643万円、魚油は26,603トン・1,174万円であった[79]。本年度も利益を出し、6％の配当をした。集荷量でみると、〆粕は99,030トン、2,809万円（うちイワシ〆粕は42,543トン・1,271万円）、その集荷機関は全漁連43％、地方集荷会社等57％であった。魚粉は42,705トン（うちイワシ魚粉6,560トン）の集荷で、集荷機関は全漁連30％、直接集荷29％、その他41％であった。魚粕原料15,845トンを加えた集荷量計は157,580トンとなった。魚油は149万缶（うちイワシ油99万缶）である。初年度より増加したが、初年度は8月から事業が始まり、正味8か月であったことからすれば、増えたとは言い難い。とくに油肥に占めるイワシ油肥の割合は大きく低下したことが窺える。

　魚油統制については、1940年8月に魚油配給統制規則が制定され、共販機関として魚油配給統制(株)(資本金100万円)が設立された。魚油配給統制規則は、イワシ油とニシン油だけを対象として全量を日本油肥販売(株)へ、日本油肥販売は魚油配給統制へ売り渡すことになった。魚油配給統制は硬化油企業で構成された。内地の硬化油企業は直接産地から購入することができず、魚油配給統制から配給を受けることになった。朝鮮産は朝鮮油肥連から直接、魚油配給統制に販売するようになった。販売価格は内地、朝鮮と同一にした（産地渡し価格1等1缶6円68銭）。魚油、魚粉の輸出は日本油脂輸出業水産組合を通じる仕組みとなった[80]。

　魚油配給統制の取扱高をみると、1940年度は292万缶（うちイワシ油93％）で、不漁、容器不足等で所期の成績をあげることができなかった。前述した日本油肥販売の魚油取扱高は内地産だけなので魚油配給統制の取扱高よりはるかに少ない。朝鮮産は朝鮮油肥連から、樺太産は樺太油脂集荷配給(株)から、内地産は日本油肥販売から買い受けた。北海道（室蘭、函館）は日本油脂の、東北（塩釜、宮古）は(株)亀井商店のタンク等を借りて集荷し、実需者にはタンカーで配給した[81]。内地・樺太の魚油は産地駅出価格で買い受け、実需者には最寄り駅価格で売り渡す。両者の差を収入とし、運賃、貨車積み込み料、保険料、漏損、金利、営業費等を負担する。初年度は赤字となった。1941年度は、「鯡油ハ昨年ト同様ノ生産アリタルモ鰮油ハ事変下燃料及労力不足ト魚群ノ回遊状況悪シク昨年ニ比較シ半数ノ生産ニテ不漁ニ終レリ」。漁業用燃料、容器包装資材の入手難、運送手段の逼迫、漁獲の減少に加えて食料向けへの転換で原油の確保が困難となった。一方、農林省の指令でナガス鯨の油の配給業務があった。取扱高は293万缶（イワシ油は82％）と鯨油14,250トンに終わった[82]。

　1942年9月に物資統制令に基づき植物油脂原料及植物油脂等配給統制規則と動物油脂配給統制規則を制定して、従来の油性別に分立した統制機関を一元化した帝国油糧統制(株)が設立された。統合は、軍需工業、重工業での需要が急増したこと、国民栄養の確保の観点から行われた。これによって、従来はイワシ油とニシン油だけが対象であったが、その他の魚油、鯨油、陸産動物油を含めた。集荷ルートは日本油肥販売が収買し、漁業組合・同連合会、集荷人を指定した[83]。

1941年度以降、油肥の生産は減少し、集荷・配給量は激減した。帝国油糧統制の1942年度下半期の成績は、南方産、中国産、内地産油脂原料の確保に努めたが、南方産、中国産は集荷が進まず、内地産はイワシの大不漁等もあって確保が難しくなった[84]。日本油脂の水産部は機構が縮小され、休業状態に陥っている。

2. 朝鮮のイワシ油肥の戦時統制

1940年から朝鮮油肥連の自主統制は国策統制に変質し、内地との一体的統制が進んだ。前述の有機肥料配給(株)が朝鮮産イワシ〆粕・魚粉を買い取ることになり(図1-10)、従来、〆粕、魚粉を移入していた三菱商事等にとって替わった。魚油の販売は、内地の硬化油企業が直接購入することは認められず、魚油配給統制(株)から配給を受けることになり、朝鮮油肥連が行ってきた入札も廃止された。

配給は、1940年4月から朝鮮産イワシ〆粕は全購連、三菱商事、イワシ魚粉は全購連、三菱商事、日本油脂、三井物産を第一次配給機関とし、同機関を通じて道府県に配給したが、42年8月からは有機肥料配給から直接、道府県統制団体に配給することになった。道府県の配給団体は内地産と朝鮮産を合わせて取り扱った[85]。

朝鮮のイワシ産業は1939、40年をピークとして、その後急落した。朝鮮油脂(株)の事業は1942年には壊滅状態となった。朝鮮油肥連の事業も1941年度下半期以降は実質的に休止した。

1944年に企業整理として動物性油脂製造業、硬化油脂肪酸グリセリン製造業が指定され、その設備、労働力はより重要な戦力増強部門に振り向けられた。動物性油脂製造業は朝鮮工業のなかで最も数が多い1,236工場(朝鮮人経営937、日本人経営299)で、すべてが魚油肥製造であったが、イワシは獲れず、休業状態であった[86]。イワシ油肥製造工場が朝鮮工業の中で最多数であったことは、イワシ産業が重要な位置を占めたこと、逆にいうと朝鮮工業の脆弱性を物語っている。

第6節　イワシ油肥の需給及びまとめ

1. イワシ油肥の需給－内地産と朝鮮産－
1) 朝鮮産イワシ油肥の輸移出

朝鮮の水産業はイワシ漁業、イワシ油肥製造、製品の内地移出に偏った構造であった。1934～41年の平均漁獲量は158万トンで、うちイワシは95万トン(61％)を占めた。水産物の輸移出高は107万トン(以下、原魚換算)で、うち内地移出は87万トン、内地移出のうち非食用品は75万トンであった[87]。

朝鮮産イワシ油肥の大部分が内地に移出され、内地で消費されるか、内地経由で輸出された。朝鮮は内地を市場とする原料産地であった。イワシ油肥は内地産、朝鮮産が一体的に扱われた。

イワシ油肥は朝鮮の主要な水産交易品であった。内地への移出は、〆粕は内地で消費され

るので大阪、神戸、東京、敦賀、名古屋、門司、下関等の穀倉地帯や魚肥の流通拠点に分散して移出された。魚粉は輸出向けで神戸に集中する。魚油は主に大阪、神戸、東京に向けられた[88]。

　内地への移出 (内地経由の輸出を含む)、直輸出、朝鮮内での消費の割合を生産量がピークとなった 1937 年でみると、〆粕は 23 万トン・2,508 万円が生産され、0.3 万トン・42 万円が直輸出、21 万トン・2,305 万円が内地移出された。輸移出の割合を金額で単純計算すると 94% となる。魚粉は 4 万トン・420 万円の生産、0.3 万トン・30 万円の直輸出、3 万トン・300 万円の内地移出で、輸移出割合は 79% である。油は 141 万キロリットル・2,680 万円の生産だが、輸移出はイワシ油、硬化油、グリセリンの形で行われ、輸出 (ほとんどがイワシ油) は 230 万円、内地移出は 2,150 万円であった[89]。輸移出割合は 89% となるが、製品輸移出を含むので、朝鮮内の消費も相当あった。すなわち、朝鮮で硬化油企業の朝鮮窒素肥料、朝鮮油脂、協同油脂が創業して、イワシ油の優先配分がなされたことから急速に高まった。イワシ油の朝鮮内消費は 1931 年に始まり、1930 年代半ばには 6 割に及んだ。製品はほとんどは内地に移出された (一部石鹸などは朝鮮内で消費)。油肥の直輸出が始まったのは航路が開設された 1930 年代半ばのことで、以前は全てが内地経由であった。

　イワシ〆粕については、朝鮮では元々、肥料として魚肥を使う習慣がなかったので、ほとんどが内地に移出され、朝鮮の農家は内地から来る硫安や満州から来る大豆粕を使った[90]。1929 〜 34 年は 98% が内地に送られた。1935 年には 91% に下がった。大豆粕の価格が高騰してイワシ〆粕が使われるようになったのであり、朝鮮内での消費は移出検査で不合格となったものが多かった[91]。

2) イワシ油肥の輸出

　イワシ油肥製品のうち魚粉はほとんどが輸出に向けられ、油、油製品の一部も輸出された (〆粕の輸出はほとんどない)。魚油は輸入はなく、輸出一方であった。図 1-11 は、魚油、硬化油、魚粉の輸出高の推移を示したものである。これには朝鮮の直輸出分（少量）を

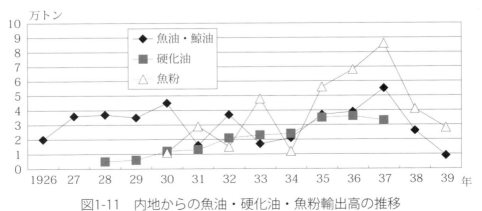

図1-11　内地からの魚油・硬化油・魚粉輸出高の推移

資料：各年次『本邦外国貿易状況』（商工省貿易局）、『日本水産物貿易統計表』（農林省水産局、1937年）、『日本水産年報 第5輯』（水産社、1941年）
注：朝鮮からの直輸出は1937年から始まる。

含まないが、内地経由で輸出されたものを含んでいる。ほとんどがイワシ原料である。魚油・鯨油は2～4万トンの範囲で推移しており、生産高のようには増えていない。油脂工業の発達で国内需要が高まったためで、硬化油の輸出は増加している。その硬化油にしても国内需要が急速に高まった。魚粉の輸出は 1930 年以降急増している。魚粉のほとんどは近代的工場の多い朝鮮産である。しかし、1937 年以降、主な輸出先であった米国の輸入規制等で急落する。

製品ごとにみると、魚油は第一次大戦までは相当輸出されていたが、戦後は激減し、1920 年代後半に回復する。1936 年は生産量 23 万トンのうち 4 万トンが輸出された。輸出は三井物産、日清製油 (株)、その他神戸の輸出商社が担った。輸出先は欧米諸国である。硬化油は生産量 12 万トンのうち 4 万トンが輸出された。魚粉は 9 万トン余の生産で、うち 7 万トンが輸出され、サケ・マス缶詰、カニ缶詰、イワシ缶詰に次ぐ重要水産輸出品となった。

1938 年以降、イワシ漁獲の激減、漁業・製造資材の不足、欧米等の輸入制限によって油肥の生産、輸出もまた激減した。国内での価格高騰と欧米での増産、輸出価格の下落も輸出の減少要因である。

2．まとめ

イワシの漁獲量は、魚種別漁獲量の 1、2 位を占め、とくに 1930 年代半ばには内地、朝鮮で合計 250 ～ 260 万トンを記録し、内地漁獲量の 4 割、朝鮮漁獲量の 6 割余を占めた。漁獲物の大部分は油肥に加工され、肥料は農業向けに、油は油脂工業の原料となった。

本章ではイワシの漁獲から油肥加工・消費に至るイワシ産業の展開過程を考察した。時期は漁獲量が低迷した明治期及び漁獲量が漸増した大正期と漁獲量が激増した昭和戦前期に大きく 2 期に分け、内地と朝鮮それぞれについて考察した。

(1) 明治・大正期の内地のイワシ漁業と油肥製造

内地のイワシ漁獲量は明治後期は横ばいで、大正期は増加に向かったが、この間、漁業生産力はイワシの沿岸来遊を待って獲る地曳網や八田網の衰退と沖合に出漁する刺網・流網や改良揚繰網・巾着網の発達がみられ、定置網は大敷網から大謀網、落網へと進化し、漁獲効率を高めた。大正期にはまき網の動力曳船使用が始まった。イワシ漁業地は太平洋岸、日本海方面の全国各地に分散していた。

油肥製造は商業的農業の発達とともに干鰯からより肥料効果の高い〆粕生産へと重心が移った。油肥製造は漁業者の兼業か、専業者によって製造され、魚油は灯用、ろうそく原料、殺虫剤として使われるか、貿易商が精製して輸出した。零細経営が多く、問屋の仕込み支配が一般的であった。製法は圧搾工程では槓桿式から簡便な螺旋式へと変化した。第一次大戦中に油脂工業が勃興して、価格が安く、国産原料である魚油の需要が高まり、魚油は〆粕製造の副産物の地位を脱するようになった。

(2) 昭和戦前期における内地のイワシ産業の発達

昭和戦前期にイワシの漁獲量は急増し、1930 年代半ばに未曾有の水準に達したが、40年代には急落した。漁獲量の増加は、まき網の動力化が進み、沖合で大羽イワシを漁獲するようになったことによる。主産地は北海道、東日本、長崎県等に偏在するようになった。日

本海側では流網が発達し、定置網の漁獲も堅調であった。

　漁獲量の増加とともに油肥の生産量も増加したが、昭和恐慌で〆粕の需要が縮小すると〆粕を粉砕した魚粉の輸出が始まった。近代的工場では魚粉製造機も導入された。〆粕製造では圧搾機は螺旋式の改良型、水圧式（または油圧式）が普及した。

　魚油の需要は昭和恐慌後に油脂工業が発達したことで急増した　そのなかから日本産業(株)が漁業・油肥製造、油脂企業を吸収合併して日本油脂(株)を設立し、油脂工業界に君臨した。油脂工業界において原料生産からの一貫体制を築いた点は特異であった。

　日中戦争後、総動員体制が組まれ、イワシは国民栄養の確保、輸出増進、軍需品生産の役割が課され、一元的な集荷・配給体制が築かれたが、イワシ漁業と油肥生産の急落と漁業・製造資材、労働力、運搬手段の逼迫により終焉を迎えた。

(3) 朝鮮におけるイワシ産業の発達

　朝鮮のイワシ漁獲量は1923年以来急増し、30年代半ばにピークを迎え、40年代に急落する。漁業地は東岸、とくに北部の咸鏡北道、咸鏡南道、江原道である。漁法は当初は流網で始まったが、1930年代になると漁船の動力化が進行し、生産性の高い巾着網が急増して支配的漁法となった。他には定置網がある。流網は主に朝鮮人、巾着網は主に日本人が経営した。流網は油肥製造と分業することが多いが、巾着網の許可は油肥製造との兼業が条件であった。漁業者はニシン、タラ漁業からの転換、朝鮮人、日本人の新規参入で急増した。

　イワシ油肥の生産は漁獲量に比例して伸び、内地のそれを上回った。油肥製造は、機械・設備を充実して魚粉の製造も行なう近代工場から在来製法によって〆粕と魚油を小規模に製造するものまで階層差が大きい。朝鮮で硬化油生産に乗り出したのは1933年と遅く、内地資本が主導した。イワシ漁獲から油肥生産、硬化油製造まで大半が日本人経営によって担われ、その上層は内地の巨大産業資本が占めた。

　朝鮮では世界恐慌の発生で朝鮮総督府の強い指導力のもと、道別に鰯油肥製造業水産組合を作り、生産販売統制を行った。統制は、問屋仕込み支配の解消、事業資金の低利融資、資材の共同購入と合わせて実施された。生産統制は実効性がなく1年で断念したが、販売統制は不況下で価格下支えの役割を果たした。魚油の需要が高まると競争入札を導入する一方、一定量を当初からの販売先と朝鮮内企業に優先配分した。1936年度からは朝鮮鰯油肥製造業水産組合連合会が一元的統制をするようになった。1940年から自主統制は国策統制と替わり、内地向け販売は内地の集荷・配給機構に組み入れられた。しかし、イワシの漁獲量・油肥製造は激減して、油肥統制も実態を失った。

(4) イワシ油肥生産における朝鮮の特徴と位置

　朝鮮のイワシ産業の特徴及び内地との関係は次のようにとめられる。

　①漁業地は朝鮮東岸、魚種は大羽イワシ、漁法はまき網、流網、定置網、利用途は非食用向けの〆粕、魚粉、油、期間は1923年から大戦末に限られる。

　②朝鮮のイワシは資源が豊富で、漁期も長く、脂肪分の多い大羽イワシを対象とするので油肥加工に適し、企業的経営も多い。生産量は最盛期には内地を凌駕し、朝鮮最大の水産業、朝鮮最大の工業となった。

　③イワシ産業は新規産業で、その担い手は、生産力の高い日本人経営、内地資本の進出に

よる近代的工場制生産と小規模な漁業と油肥製造業が支配的な朝鮮人経営が併存した。

　④世界恐慌対策として朝鮮では水産組合を結成し、油肥の販売と統制を行った。規模の大きさ、効果、発展性において内地水産業にその例をみない。イワシ産業に多数の人が従事していたこと、数少ない新興産業であったことで政策保護対象となり、朝鮮総督府の権力の強さが統制を可能にした。統制とともに行われた水産組合による低利融資で、商人資本による収奪から脱出した。この点も内地との大きな違いである。

　⑤イワシ油肥の市場は主に内地と内地を経由した輸出であった。〆粕は内地の農業肥料、魚粉は欧米への輸出品、油は硬化油工業の原料となった。朝鮮に内地資本が進出したのは油脂工業の原料確保が主目的であった。こうして、朝鮮のイワシ産業は帝国日本の産業構造の中に位置づけられた。

注

1) 『鰮製品と其の統制』(水産経済研究所、1942年)34～36頁。
2) 清水淳三『鰮事業に関する朝鮮出張報告』(1936年)56頁。
3) 寺田省一「魚肥の統制－有機質肥料配給統制要綱」『水産公論 第28巻第1号』(1940年1月)150～151頁。
4) 川面洋司「内地に於ける鰮の漁獲と利用(二)」『水産公論 第24巻第3号』(1936年4月)29～30頁。
5) 農林省水産局『主産地ニ於ケル鰮粕及鰮油ニ関スル調査』(1935年)4頁。
6) 農商務省農務局『水産事項特別調査 上巻』(農商務省、1894年)
7) 『第二回水産博覧会審査報告 第一巻第一冊 第一部漁業』(農商務省水産局、1899年)66～69頁。
8) 「九十九里濱に於ける地曳網と改良揚繰網」『大日本水産会報 第137号』(1893年11月)37～38頁、松浦真二「明治後期の千葉県における揚繰網の登場と発展－漁具改良と普及に貢献した漁業家たち－」『千葉県史研究』(1993年2月)78～79頁。
9) 二野瓶徳夫『明治漁業開拓史』(平凡社、1981年)86～88頁。
10) 川合角也『漁撈論』(水産書院、1913年)162～169頁。
11) 「南北両海部郡鰮刺網漁業利害調査」『漁業調査復命書』(大分県内務部、1892年)1～52頁。
12) 熊田頭四郎「山口県下に於ける大羽鰮流網漁業」『大日本水産会報 第393号』(1915年6月)14～16頁。
13) 『昭和二年度大羽鰮流網漁業調査輯録』(北海道水産試験場)1～4頁。
14) 大川定次郎「片旋式機船巾着網に就いて」『水産界 第447号』(1919年12月)18～20頁。
15) 農務彙報 第12 肥料ニ関スル調査書』(農商務省農務局、1910年)17～21頁。
16) 『愛知県史 上巻』(愛知県、1914年)8～33頁。
17) 『水産諮問紀事』(大日本水産会・大日本塩業協会、1898年)100～101頁。
18) 山口和雄「明治前期を中心とする内房北部の漁業と漁村経済下」『日本常民生活資料叢書 第12巻関東東北篇』(三一書房、1973年)82～88頁。
19) 農林省農務局『主要販売肥料ニ関スル調査』(1926年)124～133頁。
20) 『重要貨物情況 第21編 肥料ニ関スル調査』(鉄道省運輸局、1928年)107～110頁。
21) 舵川温編『魚油蝋編』(農務局、1891年)5～9、20～22頁。
22) 『水産貿易要覧 後篇』(農商務省水産局、1903年)803、812～815頁、「魚油株式会社の創立」『大日本水産会報 第135号』(1893年9月)61頁。
23) 辻本満丸『海産動物油』(丸善、1918年)728～729、735頁。
24) 『北海道漁業史』(北海道水産部漁業調整課・北海道漁業制度改革記念事業協会、1957年)719～727、827～830頁。
25) 北海タイムス社商況部編『北海道農海産物統計要覧』(1939年)105、111頁。
26) 海洋漁業協会編『本邦海洋漁業の現勢』(水産社、1939年)256～258頁。
27) 本山次郎「躍進する鰮の銚子」『水産公論 第28巻第2号』(1940年2月)63～65頁。
28) 川面洋司「内地に於ける鰮の漁獲と利用(一)」

『水産公論 第24巻第2号』(1936年3月)20〜22頁、前掲『主産地ニ於ケル鰮粕及鰮油ニ関スル調査』17〜18頁。

29) 農林省水産局『鰮揚繰網漁業ニ関スル調査書(一)、(二)』(1939年、41年)、前掲「内地に於ける鰮の漁獲と利用(一)」23、26、28頁、水産食糧問題協議会『水産食糧問題参考資料 第2漁業・漁船』(同協議会、1941年)128〜133頁。

30) 高山伊太郎・酒井森三郎「重要漁業現勢調査 其三いわし漁業」『水産試験場報告 第7号』(水産試験場、1936年)288〜311頁。

31) 山口和雄『日本漁業史』(東京大学出版会、1957年)87頁。

32) 宮城生「魚肥配給統制の結実」『水産公論 第28巻第6号』(1940年6月)118頁。

33) 松本良香「千葉県に於ける鰮搾粕製造状況(一)」『水産界 第637号』(1935年12月)38〜39頁。

34) 前掲「内地に於ける鰮の漁獲と利用(二)」22〜25頁、同「同(四)」『同 第24巻第7号』(1936年7月)41〜44頁。

35) 前掲『主産地ニ於ケル鰮粕及鰮油ニ関スル調査』19〜25、61〜63頁。

36) 『昭和十年五月開催 水産事務協議会要録』(農林省水産局)94、96〜97、100、110頁。

37) 「本邦に於ける機械製造に依るフィッシュミール」『水産彙報 第5号』(1932年11月)47〜48頁。

38) 『各国に於ける魚粉魚粕に関する統計』(日本フィッシュミール水産組合、1938年)22〜29頁。

39) 「合同水産工業株式会社 第7期(1932年度下半期)報告書」。下半期は8月から翌年1月まで。

40) 「日本食料工業(株)式会社 第10期(1934年上半期)〜第14期(1936年度上半期)営業報告書」。上半期は2〜7月。

41) 『日本油脂三十年史』(同社、1967年)321〜325、335〜337頁。

42) 水産講習所製造学科第4学年「昭和13年度、14年度、16年度調査旅行報告」(東京海洋大学図書館所蔵)

43) 『日本水産年報 第1輯 躍進水産業の全展望』(水産社、1937年)175〜186頁。

44) 岩倉守男『朝鮮水産業の現況と将来』(民衆時論社出版部、1932年)314〜318頁。

45) 朝鮮総督府水産課「朝鮮の鰯水産業の概勢」『朝之水産 第97号』(1933年6月)14頁、西田敬三「朝鮮の鰮及鰊」『帝水 第20巻第12号』(1941年12月)16頁。

46) 斉藤陽三「朝鮮鰮漁業の現勢と将来」『水産公論 第26巻第11号』(1938年10月)95〜96頁。

47) 『昭和3年度 新潟県水産試験場事業概要』5〜10頁。

48) 『水産食糧問題参考資料 漁業・漁船 中巻』(水産食糧問題協議会、1941年)304、307頁。

49) 金秀姫「朝鮮植民地漁業と日本人漁業移民」(東京経済大学博士論文、1996年)152〜154頁。

50) 大島幸吉『朝鮮の鰮漁業と其加工業』(水産社、1937年)14〜15頁。

51) 前掲『本邦海洋漁業の現勢』264頁。

52) 共同加工処理場は油肥製造工場7棟(16の作業場)、蒸気の供給、イワシ運搬用のクレーン、〆粕の乾燥場、〆粕運搬用の軌道を設備していた。前掲『朝鮮の鰮漁業と其加工業』103〜104頁。

53) 『朝鮮東海鰮巾着網漁業水産組合要覧』(1939年)69〜70、127〜136頁、前掲『本邦海洋漁業の現勢』264〜266頁。

54) 『昭和16・17年版 朝鮮経済年報』(改造社、1943年)118頁。

55) 「朝鮮鰮の不漁原因判明」『水産経済 第3巻第5号』(1940年5月)36頁。

56) 前掲『鰮事業に関する朝鮮出張報告』65〜68頁。

57) 大迫芳明『いわしの油』(本人発行、昭和10年)47〜49頁。

58) 前掲『鰮事業に関する朝鮮出張報告』59〜61頁。

59) 宮城雄太郎「朝鮮に於ける鰮油肥事業－朝鮮実情調査 その四－」『水産公論 第27巻第6号』(1939年6月)80、83頁。

60) 「旭水産株式会社 第1回(1929年度)営業報告書」、「合同水産工業(株)式会社 第7期(1932年度下半期)報告書」

61) (株)林兼商店は鮮魚運搬、各種漁業、水産加工、製氷・冷凍・冷蔵、鉄鋼・造船、漁業用資材の製造・販売等を多角的に営み、内地、外地に多数の支店、営業所、出張所を配置した。水産加工のうち油肥製造は、清津（チョンジン）、西水羅（ソステ）、方魚津（パンオジン）、雄尚洞（ウンサンドン）、新浦（シンポ）、長箭（チャンジョン）(以上、朝鮮)、厚岸、銚子、興津、相浦、土井首(以上、内地)で行っていた。うち清津、長箭、方魚津、相浦、土井首は缶詰製造と兼業。明石市教育会編『中部幾略伝』(同会、1941年)101頁。

62) 田口新治「北鮮の鰮産業を観る」『水産公論 第23巻第11号』(1935年11月)93〜95頁、山内超一「北鮮の鰯製造業瞥見(一)」『朝鮮之

水産 第141号』(1937年11月)36頁。
63) 前掲「鰮を中心に朝鮮の水産業を観る」53〜55頁。
64) 前掲『日本油脂三十年史』365〜368頁。
65) 前掲『朝鮮の鰮漁業と其加工業』40〜42頁。
66) 山内超一「北鮮の鰯製造業瞥見(承前)」『朝鮮之水産 第142号』(1937年3月)11〜12頁。
67) 大島幸吉「魚粉輸出上改良すべき諸点」『水産公論 第23巻第4号』(1935年4月)50頁。
68) 朝鮮総督府水産課「朝鮮の鰯水産業の概勢」『朝鮮之水産 第97号』(1933年6月)14〜17頁。
69) 朝鮮のイワシ油肥の統制については、『朝鮮鰯油肥統制史』(朝鮮鰯油肥製造業水産組合連合会、1943年)1〜498頁が詳しい。
70) 三菱商事による朝鮮イワシ〆粕の販売独占は、それまで産地直買いの途を開いてきた大阪・靱肥料商等の打撃となって対立した。三菱商事が北海道・天塩の〆粕販売権の独占を企てると敦賀、神戸の肥料商組合と組んで反対運動を起こして撤回させ(1934年)、朝鮮〆粕取引の改訂時には三菱商事の販売独占に割り込むべく運動した(36年)。この後、三菱商事は肥料商との対立を避け、協調に転じた。平野茂之『大阪靱肥料市場沿革史』(大阪府肥料卸売商業組合、1941年)472〜480頁。
71) 〆粕1俵あたり1931年6円25銭、32年7円、33年8円、34・35年8円25銭、イワシ油1缶あたり(各年5月)1931年1円15銭、32年1円29銭、33年2円7銭、34年2円30銭、35年2円58銭、36年3円65銭と3円76銭となった。前掲『朝鮮の鰮漁業と其加工業』90〜93、96〜99頁。
72) 前掲「鰮製品と其の統制」30〜32、37〜40頁。
73) 『水産経済資料 第11輯 魚油肥配給統制上の諸問題』(水産経済研究所、1942年)33〜39頁。
74) 前掲『水産経済資料 第11輯 魚油肥配給統制上の諸問題』8〜29頁、『魚油、魚粕、魚粉及其他有機質肥料の集荷統制に就て』(北海道油肥集荷配給株式会社、1941年)1〜8頁、前掲「魚肥の統制－有機質肥料配給統制要綱－」151〜155頁、前掲「魚油配給統制の結実」119〜120頁。
75) 『肥料統制三ケ年計画第二年度の実績』(全国購買組合連合会、1940年)14〜15、17頁。全購連(1923年設立)は1930年以来、政府の肥料配給改善政策に呼応して産業組合による配給割合を高めた。1939年の魚肥の配給実績は8.6万トンで、前年の内地消費量44.8万トンの19％にあたる。魚肥の需給関係は1936〜38年の平均で、内地生産高32.2万トン、移入19.1万トン、輸出6.5万トン、消費見込額45.2万トンであった。『同上』11頁。
76) 前掲「魚肥配給統制の結実」116〜124頁。
77) 「日本油肥販売株式会社 第一事業年度(昭和15年度)決算報告書」
78) 水産経済研究所編『水産経済年報 第一輯 昭和十七年上半期版』(水産経済研究所)561〜563頁。
79) 「同 第二事業年度(昭和16年度)決算報告書」
80) 『日本水産年報 第4輯 水産新秩序の諸問題』(水産社、1940年)305〜315頁、『同 第5輯 水産新体制の展開』(水産社、1941年)230頁。魚油の全量集荷と魚油の代替燃料化とで矛盾が生じた。魚油配給統制規則(後の動物油脂配給統制規則)は自家消費(魚油の代替燃料化)を禁止している。合法的な方法は農商務大臣に特別配給の許可を得ること、漁業増産に必要な限り生産された魚油の半分以下(1942年からは3割以下)であれば認められた。瓜生仁「魚油の配給統制と代用燃料化を如何に調整すべきか」『水産経済 第3巻第12号』(1943年12月)19〜20頁。
81) 「魚油配給統制株式会社 第1期(1940年度)営業報告書」
82) 「同 第2期(1941年度)営業報告書」
83) 農林省総務局「油脂及油脂原料の綜合統制」『帝水 第22巻 第1号』(1943年1月)59、61、64〜65頁。
84) 「帝国油糧統制株式会社 第1期(1942年度下半期)決算報告書」
85) 『有機肥糧関係資料』(有機肥料研究会、1943年)49〜50頁。
86) 許粹烈「1940年代朝鮮における資本整備－朝鮮人工業を中心に－」"The 4th East Asian Economic Historical Symposium 2008"142〜143頁。
87) 関壮二「朝鮮沿岸漁業と内地消費市場との関係」『水産界 第732号』(1943年11月)61〜62頁。
88) 朝鮮水産局調「朝鮮水産物移出の現況」『朝鮮之水産 第142号』(1937年3月)31頁。
89) 『昭和十三年 朝鮮水産統計』(朝鮮総督府、1940年)、魚肥類については『昭和十年 本邦外国貿易状況』による。
90) 中谷竹三郎「水産業と農家の肥料」『朝鮮之水産 第44号』(1927年11月)8〜9頁。
91) 前掲『朝鮮の鰮漁業と其加工業』95頁

補論
朝鮮のイワシ油脂統制

油水分離槽（左）と油タンク（右）、1941年頃
『朝鮮鰯油脂統制史』（朝鮮鰯油脂製造業水産組合連合会、1943年）

補論　朝鮮のイワシ油肥統制

はじめに

　朝鮮のイワシ油肥統制については本章でも簡単に触れたが、再度とりあげるのは、業界による自主統制が画期的であり、効果をあげたこと、油肥製造業の内実、とくに油肥の販売を詳しく知ることができる、資料として『朝鮮鰯油肥統制史』(朝鮮鰯油肥製造業水産組合連合会、1943年) という大部な記録本を利用できる、からである。朝鮮のイワシ油肥統制は、朝鮮のイワシ油肥全体を統制した、内地を含めた全体の魚油肥生産に占める割合が高い、イワシ漁業、硬化油工業と深く結びついている、朝鮮総督府 (以下、総督府という) による強力な指導と補助が行われた点で重要である。業界による自主統制とはいえ、総督府は統制機構の立ち上げ、融資銀行の斡旋、買受人側との価格交渉、買受人の承認、連合会理事長の推薦等を行っており、事務所は当初、総督府及び道庁の庁舎内（水産課）に置いたことから、監督官庁以上のものがあった。

　朝鮮のイワシ油肥統制は世界恐慌対策として1931年に始まり、太平洋戦争終結まで15年ほど続くが、41年からイワシの漁獲が激減したので、その時点で実質的には終焉している。資料として使う『朝鮮鰯油肥統制史』は10周年記念誌として発行され、1941年度まで触れているが、その後は事業活動は休止状態なので、大きな不足はない。

　イワシ油肥統制の効果について、専門家の大島幸吉は以下のように述べている。①1930・31年の不況時において製造業者に採算的基礎を与え、斯業の壊滅を防ぎ、維持することができた。②仕込み支配からの脱却で高金利と物資の高価買い入れを免れ、製品の販売で中間経費を排除することができた。③統制組合からの資金供給で円滑な融通が得られ、斯業の発展につながった。④製品販売代金の回収不安がなくなった。⑤設備の進捗で生産費の低下と品質の向上が図られた。⑥運送統制により運賃負担の均衡と軽減が図られた。⑦販売統制で公正な価格の維持、取引の円滑が図られた[1]。

　朝鮮のイワシ油肥統制は3期に区分することができる。第1期は1931年にイワシ漁業地の5道に鰯油肥製造業水産組合(後、2道は道漁業組合連合会(以下。道漁連という)が業務を引き継いだ)を設立して買受人と5年間の基本契約を結んだ期間で、イワシ漁獲量が急増する時期である。第2期は1936年に5つの水産組合の連合会・朝鮮鰯油肥製造業水産組合連合会(以下、朝鮮油肥連という)ができて、一元統制がなされた時期で、イワシ漁獲量がピークを迎えた。第3期は1940年から国家統制に移行した時期で、イワシの漁獲量が激減して、終戦を待たずして油肥統制も壊滅した。上記の時期区分は、水産組合による統制は協同組合精神に立脚して組合員の利益増進を目的としたが、日中戦争以後は営利本位から生産の拡充、貿易の振興等の戦時国策への順応を目的としたものに、太平洋戦争に突入すると軍需及び食糧優先等の戦時緊急需要に対応したものに変化する過程であった。

1. イワシ油脂生産と製品検査

最初に朝鮮のイワシ油肥生産の推移をみよう。図補-1は道別水産組合・漁連のイワシ油

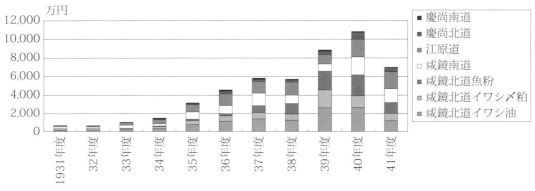

図補-1　道別イワシ油肥委託販売高の推移

資料：『朝鮮鰮油肥統制史』（朝鮮鰮油肥製造業水産組合連合会、1943年）

肥委託販売高（ほぼ生産高に等しい）の推移を示したものである。生産高が最大の咸鏡北道についてはイワシ油、イワシ〆粕、魚粉別に示した。①全体の販売高は世界恐慌期には1,000万円未満と低かったが、1934年度あたりから急増し、生産量が最大となる37年度で6,000万円に近づいた。1939・40年度は価格が暴騰し、1億円を超えた。1941年度は不漁と公定価格の設定で低下した。②咸鏡北道は常に全体の過半を占めた。内容的には油と〆粕が半々であったが、1937年度から魚粉が急増して〆粕を上回るようになった。ただし、魚粉が〆粕を上回るのは咸鏡北道だけで、咸鏡北道には魚粉製造機を備えた近代的工場が多かった。③咸鏡北道に次いで販売額が多いのは江原道、咸鏡南道で、慶尚北道は少なく、慶尚南道は極めて少ない。咸鏡北道以外は魚粉の販売高は少ないか、ない。

水産製品の検査制度についてみると、1913年に税関で海藻の輸移出検査が始まり、18年には水産製品検査規則が発布され、検査対象が水産製品一般に拡大された（イワシ〆粕も対象となった）。イワシ油は1929年から検査が実施された。

1931年にイワシ油肥の生産・販売統制が実施されたので、検査規則もそれに合わせて抜本改正された。1934年にはイワシ貯油槽の増加に対応してその規制が加わった。1937年になると、輸移出検査から生産検査への切り換え、検査品目、検査委員の増加で独立した検査機関の朝鮮総督府水産製品検査所が創設された。

イワシ油は4等級に分かれていて、3分の2が1等品、次いで2等品で、3等品、4等品は少ない。〆粕も4等級に分かれていて、3等品、2等品、4等品の順に多く、1等品は極少ない。大漁年は、天候状況もあるが、造り急ぎで〆粕の品質が低下する傾向にあった。等級による価格差が小さく、製造業者も需要側も等級を重視していないことが影響している。魚粉は〆粕とは用途も仕向先も違うのに同じ外見を重視した等級付けであったので、検査標準はその成分によるべきと批判された。

2. イワシ油肥統制の始まり

世界恐慌によって朝鮮のイワシ油肥の価格は暴落した。1927年を100とすると31年には生イワシは39、イワシ油は49、イワシ〆粕は54に落ちた。当時のイワシ漁業（刺網が主体）は油肥製造業者から仕込みを受け、その支配下にあった。供与される資材の価格は不当に高く、仕込み金の金利は高く、漁獲物は買い叩かれるので負債が累積していた。油肥製造業者は1,700人ほどいたが、その油肥製造業者も小規模なことから油肥問屋等（取引業者）から資金の融通を受けていた。釜山の油肥問屋等にしても価格の暴落で資金が供給できないばかりか破産する者もいた。製造業者は資金の梗塞と採算がとれないことから休業が相次いだ。また製造業者から仕込みを受けていた漁業者は製造場の閉鎖でイワシ漁業を断念した。加えて1931年に江原道を中心に台風が襲来し、漁業者、製造業者に致命的打撃を与えた。

　このため総督府に救済を求める陳情が殺到した。総督府にしてみれば、折角、成長したイワシ漁業、油肥製造業を保護するため生産・販売統制に乗り出した。油肥価格の暴落は、世界恐慌の影響の他にイワシ油肥の過剰生産、販売方法の欠陥、他の植物油・化学肥料の増産が影響しているので、生産の抑制、販売方法の改善が必要と考えられた。イワシ油肥はともに内地に移出されるが、〆粕は問屋による苛烈な販売競争が行われている、油は買い手が内地の硬化油業者だけである、仕込み支配を断絶するためには資金が必要であることから水産組合を設けて対応することになった。

　水産組合の設立には釜山の問屋等約150人（専業約50人、兼業約100人）のうち65人が仕込み金の回収、資金貸付けができなくなるという理由で反対した。咸鏡北道、咸鏡南道、江原道、慶尚北道、慶尚南道の5道に鰯油肥製造業水産組合(1929年の朝鮮漁業令による朝鮮水産組合規則に基づく)は1930年10月～31年3月に設立された。

　水産組合の事業は、製造設備の改善に関する共同施設の整備、油肥製造に必要な物資の共同購入、資金の供給、〆粕運送の統制、イワシ油肥の委託販売である。統制を円滑に実施するにはどれも欠かせない。

　水産組合の組織を咸鏡北道の例でみると、本部は清津府庁内、支部を各郡の庁内に置き（後に庁外に出る）、役員は組合長、副組合長、理事、監事を、議員は特別議員と通常議員合わせて約30人からなっていた。役員は日本人が、議員は朝鮮人が多かった。組合員は1930年代初めは300人台であったが、30年代末には500人台へと増加している。咸鏡南道、江原道もほぼ同様で、慶尚北道と慶尚南道は1933年度から道漁連に業務を引き継いでいる。

　統制方法は生産制限と販売統制の2つであった。

(1) 生産制限

　数量制限として油は、生産量が1928年180万缶、29年300万缶、30年200万缶弱であることから、合同油脂グリセリン（株）(1931年から合同油脂（株）に改称されるので以下、合同油脂という)は一手買受人となる際に200万缶（1缶は4貫＝15kg入り）に制限することを条件とした。〆粕は50万俵（1俵は25.6貫＝96kg入り）となった。

　数量制限の根拠は、帆船刺網は3,440隻×450樽＝154.8万樽（1樽は25貫＝約94kg入り。以下、容量は資料によって異なる）、機船刺網は480隻×1,250樽＝60万樽、機船巾着網は50統×5,000樽＝25万樽、定置網は10.2万樽とし、合計250万樽から油200万缶、〆粕50万俵をはじき出した。制限の方法は総督府（水産課）が漁業許可、肥料製造

免許の制限を行い、水産組合は製造量を各道、各製造業者に割り当てることにした。

当局、水産組合は数量制限を超過しないように最善を尽くす。もし超過したら買受人と協議する。数量制限は油が210万缶、粕が63万俵とした(200万缶、50万俵の5％増し)とし、各道への割当量は過去の実績に準じて表補-1の通りとし

表補-1　イワシ油肥統制にあたっての各道への割当て数量（1931年3月）

			咸鏡北道	咸鏡南道	江原道	慶尚北道	慶尚南道	合計
油肥	油	万缶	110	48	40	9	3	210
	〆粕	万俵	29.9	15.0	12.5	3.8	1.8	63.0
起債	油	万円	15.7	6.9	5.7	1.3	0.4	29.9
	〆粕	〃	21.3	10.7	8.9	2.7	1.3	44.7
	仕込み金計	〃	36.9	17.5	14.6	4.0	1.7	74.7
	共同購入	〃	3.1	5.0	3.0	2.0	-	13.1
許可	帆船流網	隻	1,700	650	360	260	300	3,270
	機船流網	隻	200	50	100	25	25	400
	巾着網	統	40	15	10	10	10	85

資料：図補-1と同じ。57〜60頁。

た。割当量は咸鏡北道が約半数を占め、咸鏡南道、江原道が次ぎ、慶尚北道、慶尚南道は少ない。

1930年の漁業許可は帆船刺網3,270隻、機船刺網400隻、機船巾着網85統、31年度は帆船刺網4,957隻、機船刺網451隻、機船巾着網109統、定置網15統となった。漁業許可数は予想を外れて帆船刺網、機船巾着網で著増し、小漁業者と資本制経営とに分化し始めた。漁業の許可は道に権限があり、総督府の制御は限られていた。

水産組合は仕込み金71.1万円を起債して問屋等からの仕込み金の借換え用として製造業者に貸すことにした。その根拠は、帆船刺網は1隻150円(漁業収入900円)として51.6万円、機船刺網は1隻250円(漁業収入2,500円)として12万円、機船巾着網は1統1,500円(漁業収入10,000円)として7.5万円を見込んだ。起債は仕込み金と共同購入資金があり、仕込み金は74.7万円(71.1万円の5％増し)、共同購入資金は13.1万円とした。

(2) 販売統制

各道の水産組合の下にイワシ油肥移出業者、製造業者に仕込みをしている問屋業者からなる指定仲介業者約30人で販売組合を組織する。販売組合の手数料は油1缶につき7銭、〆粕1俵につき20銭を標準とする。

販売組合は製造業者に運転資金を融通する、水産組合費、水産組合が製造業者に貸した仕込み金の回収を行う、製造業者は全量を販売組合に出荷する、指定仲介業者は直接製造業者から買い付けできない、販売組合は買受人以外には販売しない、これに違反した場合(抜け売り)の罰則を決めた。

各販売組合は水産組合から委託を受けた製品全量を一定の価格で買受人に引き渡す。水産組合、販売組合、買受人が協議のうえ漁業が存続できる以上の価格で1年分を前売りする。

買受人は競争入札ではなく、一手買受人を指定することになった。競争入札を主張する声もあったが、競争入札では代金回収の安全性を考慮すると入札者は限られる、少数者の入札となれば資金に困っている製造業者の足下をみるので、公正な競争となるか疑問、とくに油は需要者の硬化油企業が重要産業統制法で結束しているので競争入札は望みがたい。一手販売では資本による圧迫が考えられるが、総督府が介在しているのでその心配はないとして一手販売とした。油は合同油脂 (株) が選定された。輸出が望めない当時、大量取引きしうる企業は他にないし、朝鮮イワシ油の販売に協力的であったことが理由。〆粕は三井物産 (株) と三菱商事 (株) が候補にあがったが、油と〆粕は一体なので合同油脂と協調できる三菱商事を選択した。

　油肥販売契約の締結には波乱があった。仮契約書では、数量の標準は油は200万缶、〆粕60万俵とし、2か月ごとに価格協定を結び受け渡しする、価格は油は過去2か月の平均相場、〆粕は前年同期の平均相場を基準とし、関連状況を斟酌して決定する、価格はF.O.B.(本船渡し) 価格とする、契約期間は5年間とする、となった。

　具体的に、油は協定価格 (保証価格) を1等品1缶あたり1円15銭とし、それを超えたら差額を折半する、それを下回ったら後年度 (1932・33年度) の価格協定で考慮する。〆粕は価格の基準を2等品10貫あたり3円とする、相場 (内地の重要市場の平均価格) が2円80銭を下回ると後年度の価格協定で水産組合が補償 (総督府が保証) する、相場が3円を超えれば差額は折半する。価格の決定は総督府が最も苦心したところで、当時の市価は生産費をはるかに下回っているなかで、漁業、製造業の維持を図らなければならなかった。

　販売価格と生産原価の関係をみると、イワシ1樽から油8升 (22斤＝13.2kg、歩留まり14％)、〆粕6貫 (38斤＝22.5kg、歩留まり24％) が出来るが、協定価格が油1等品1円15銭、〆粕2等品2円80銭とすると、1樽から油92銭、〆粕1円68銭、計2円60銭が得られる。その生産原価はイワシ1樽1円36銭5毛、製造費1円、組合費16銭9厘5毛、船運賃7銭、計2円60銭で、販売価格と釣り合う。

　油価格について咸鏡北道が強硬に反対した。協定価格では生産費が賄えない、競争入札にすべしと主張した。総督府は補給金 (低利融資) を35銭つける、競争入札では仕込み金融通の見込みがつかない、補給金が出せないとして説得した。〆粕については仮契約当時から価格は低落しており、買受人の三菱商事との間で協定価格と補償金を巡って難航した。結果、協定価格を2円50銭とし、三菱商事が25銭を融通 (貸与) する、後年度の価格協定で水産組合が補償するとして妥結した。

(3) 海上輸送の統制

　イワシ油肥のほぼ全量が内地に輸送されており、輸送費の低減が課題となった。従来、製造業者または問屋がそれぞれ船会社と契約して輸送していた。総督府は5水産組合が同一歩調をとり、輸送は一括して朝鮮郵船 (株) に取り扱わせることとし、買受人の合同油脂、三菱商事と朝鮮郵船との間で契約を結ばせた。この結果、運賃は従来の約半額に引き下げられた。こうして1931年6月に油脂統制の体制が構築された。

3. 水産組合による統制 (1931～35年度)

(1) 1931年度

　イワシが豊漁で製造量は数量制限を大きく超過した。油は60万缶、〆粕は13万俵も超過した(油の歩留まりが良く、油の生産超過が際立った)。市価は協定価格の半額に近い1缶65銭にまで下がった。数量制限はとくに魚油で守られず、合同油脂から200万缶以上は引き受けられないと申し入れがあり、超過分については合同油脂と咸鏡北道水産組合は市価の55銭で買い取る契約をした。この売り渡し価格に反対する者、統制そのものに反対する運動が高まって総督府は同情金8万円、1缶19銭5厘を出すことにした。咸鏡南道、江原道は模様眺めのあげく、価格の上昇もあって咸鏡北道以上の1円5銭で売り渡した。〆粕の超過分については三菱商事と水産組合が折衝し、三菱商事が2円35銭で引き取ることになった。

　イワシ油は最大手の硬化油企業である合同油脂に一手販売契約をしたが、実際は合同油脂が引き受けた200万缶を内地硬化油企業の間(総督府は朝鮮イワシ油共同購入組合を設置させた)で分配する協議が行われ、合同油脂155万缶、旭電化工業(株)18万缶、大阪酸水素(株)15万缶、日本曹達(株)6万缶、ベルベット石鹸(株)6万缶で分けた。

　一方、朝鮮窒素肥料(株)は咸鏡南道で余剰電力を利用してダイナマイト製造を計画し、生産費の低廉な硬化油に着目し、原料のイワシ油を求めてきた。合同油脂に分譲を打診したが、競争相手になることから話がまとまらなかった。それが、超過生産が明らかになると総督府の立ち会いのもとで30万缶と超過分3割の分譲が実現した。分譲価格は、合同油脂と水産組合との契約価格とした。次年度から(1932～35年度)は合同油脂8割、朝鮮窒素肥料2割で買い受ける、朝鮮窒素肥料は水産組合と契約することにした。

　油肥製造業者はイワシ漁業者への仕込み金と工場設備資金を問屋等から借りていた。水産組合は販売組合と協議して販売代金の約1割を返金にあてることにした。しかし、価格が暴落して困難となり、問屋等も銀行等から借り入れていて、連鎖倒産が危惧された。水産組合が調査したところ、旧債は130万円で、うち30万円は組合員が自力で返済できる、水産組合は100万円の借換資金を要するとした。総督府の斡旋で朝鮮殖産銀行から借り入れさせ、次いで大蔵省預金部低利資金に借り換えさせ、旧債償還、協定価格の補給金(1缶35銭)とした。銀行は油肥製造業は信用がないとして渋り、大蔵省低利資金の融通は見通しがつかず、三菱商事や合同油脂からの融資かまたは銀行融資の保証人になることを依頼した。価格が下落していたので、起債は当初予定(71.1万円)した半額の35万円を朝鮮殖産銀行から借り入れ、合同油脂が保証人となることでようやくまとまった。ところが、この低利資金を借り入れたのは咸鏡南道水産組合だけで、咸鏡北道、江原道の水産組合は借りず、自力償還をしている。

　イワシ漁業、油肥製造に必要な物資の購入は統制前は主に問屋等から供給されていた。これを共同購入することになり、1931年度は咸鏡北道、咸鏡南道、江原道の3道で販売組合に代行させた。品物は空き缶、筵、漁網等である。

　こうして統制初年度は、①価格が一定したことで漁業者、油肥製造業者の事業基礎ができた。②一手買受人を決めたので、製造業者は全量を販売することができた。③一手に運搬でき、

運賃の著しい低下をみた。④政府資金の融通により低金利となった。⑤資材の共同購入により生産費が低下した。⑥販売組合の手数料は公のものになり、問屋等によって利益が壟断される恐れがなくなった。こうして一時危殆に瀕したイワシ漁業、油肥製造業が起死回生した。

(2) 1932・33年度

　1932年春以来、経済不況、とくに農村不況は深刻の度を増し、購買力が低減し、前年度の生産過剰もあって肥料価格は続落した。前年度は生産制限が守られなかったので1932年度は生産制限は行わないことにした。同時に、殖産局長は各道知事に当分の間、新規漁業許可は慎重にという通牒を出した。

　販売価格は、前年度は市価が低落して買い手の合同油脂、三菱商事が大きな損失を蒙ったので1932年度は共存共栄の観点から油の販売は合同油脂、朝鮮窒素肥料に行い、価格は市価と原料油の生産費＋硬化油製造費＋硬化油販売費の差額を折半することにした。油は重要産業統制法によって硬化油の公表価格が判明する(硬化油価格は商工省に届け出)し、数量、価格は硬化油の共販会社が把握しているので、それを基礎とする。従来は内地の相場、輸出価格を基礎としていたが、朝鮮の魚油は魚油供給の過半数を占め、硬化油工業側の需要の基本を賄っているので、朝鮮の魚油価格が基本となるべきだとして改めた。1トンの硬化油を製造するのに80円、魚油72缶を要する、魚油1缶の生産費は1円20銭として計算された。

　〆粕は直接肥料として消費されるので、基本契約の5年間は市価で三菱商事に販売委託することにした。委託販売でも指し値(最低価格)がついた。販売手数料は販売価格の2.5～3.0％とした。三菱商事の〆粕販売経路は、水産組合から京城支店が受け取り、大阪支店へ送り、そこから各地の支店、出張所に配分し、地域の買受人(問屋、農会、農家)に販売する。大阪支店を通すのは内地イワシ〆粕の二大流通拠点である大阪と敦賀を管轄域としていることによる。

　魚粉の販売については、製造業者は〆粕とは資本力、製法、製品、販売方法が異なるので販売統制をしないことを要望したが、適用外にすると全体の油肥統制が崩れかねないとして三菱商事への委託販売とした。

　もう1つの大きな変更は販売組合による販売をやめ、水産組合が直接販売することにしたことである。前年度は販売組合に委任し、設備資金や製造原料購入のための仕込み金の貸付も行った。問屋等の営業を一挙に奪わないため、問屋等が仕込み金を一挙に回収することがないようにするためである。だが、販売代行は二重の手数料を徴収することになり、すでに役割を終えたとして大きな問題もなく廃止となった。

　水産組合からの仕込み金は前年度は74万円であったが、物価騰貴、隻数増加を踏まえて1932年度は100万円とした。漁業者への仕込み金なので漁業組合が行うのが相応しいが、償還が油肥の販売代金によってなされるので、水産組合を通じて行われた。仕込み金の償還は順調であった。共同購入資金は前年度なみの13万円とした。

　また、慶尚北道水産組合は深刻な経済不況とイワシの漁獲不振で貸付金、立替金の未回収が多く、経営困難に陥った。組合員の大部分は漁業組合の組合員でもあったので、1932年度は道漁連に水産組合の業務を委託し、33年度からは引き継いだ。慶尚南道水産組合も1932年度をもって事業を道漁連に継承して解散した。

1933年度の油肥販売は前年度とほぼ同じ方法がとられた。変わった点は、硬化油の販売は内地売りと輸出とがあり、価格が違うので、価格の騰落を緩和するために内地売り55％、輸出45％と決めた。また、イワシ油の生産費を1932年度の1等品1缶1円20銭〜1円40銭から1円50銭〜1円70銭に引き上げた。

(3) 1934・35年度

　1934年度は油脂工業が大きく発展し、朝鮮では朝鮮油脂（株）(1934年3月設立)が設立され、内地では有力な石鹸会社が硬化油製造に進出した。内地、朝鮮合わせてイワシ油の生産高は580万缶なのに需要は780万缶に膨らんだ。このため、価格は各道を通じ同一とする、全体の6割を競争入札とする（翌月の販売量を対象、予定価格に達しない場合は随意契約とする）、4割は保留量とし、落札価格で買い取る（合同油脂6、朝鮮窒素肥料3、朝鮮油脂1の割合で配分する）とした。入札資格は販売統制に参加した硬化油企業、輸出または硬化油企業に販売する者で総督府が指定する者とした。指定されたのは合同油脂、旭電化工業、大阪酸水素、日本曹達、ベルベット石鹸、朝鮮窒素肥料、朝鮮油脂、三菱商事、三井物産の9社である。〆粕・魚粉の販売は、これまで通り、三菱商事への販売委託とした。

　1935年度は、〆粕の売買は従来通り、イワシ油の入札法は変更（前年度は不調で随意契約が多かった）して前年度の不定量入札（毎月、1〜20日の組合委託分を入札に新たに定量入札（毎月下旬に予め定められた数量の入札）を加えて月2回入札を行う。市価を敏速に反映するため売り手側が主張した（買受人側は前年度と同じ競争入札を主張した）。指定入札業者として（株）林兼商店、日本食料工業（株）が加わり、11社となった。

　当時の内地・朝鮮のイワシ油生産量は11〜12万トンで、うち1万トンほどが輸出され、他は全て油脂工業（ほとんどが硬化油工業）の原料となる。油脂工業の原料需要は14万トンで供給量を上回っていた。朝鮮産イワシ油は全部水産組合を通じて硬化油企業に直売され、原油商人の活動余地がない点が内地との大きな違いである。

　5年間の基本契約が満了するので、連合会を設立することになった。統制を始める当初から連合会を設立する方針であったが、咸鏡北道が生産量が半分を占めるのに議決権は5分の1になることから反対して実現しなかった。イワシ油肥統制の解消、現状維持、強化拡大を巡って白熱した議論が行われた。解消論は油肥統制で失職した取引業者（水産組合員にも同業を兼業する者もいた）の主張で、油肥統制の実績を認めないものとして一蹴された。道別分離案もあった。生産量、生産性が高い咸鏡北道が主張した。各道それぞれ生産量、地理的条件、経済条件が異なることを理由にしたが、各道単独では微力となって買受人を牽制できなくなる）、特殊事情は内部で調整すればよいとして退けられた。水産組合が合併して単一組合とする案もでたが、理想的ではあるが当業者の理解が得られない、組合財産の処分等の難点が立ちはだかった。連合会による一元的販売によって単一組合の長所を実現する、咸鏡北道が反対した平等議決権の問題は、総会の他に委員会を設けて利害を調整する、慶尚北道、慶尚南道には水産組合がなく連合会に加われない問題については技術的に解決（関連団体として参加）することにした。

4. 朝鮮鰯油肥製造業水産組合連合会による統制（1936年度〜）

表補-2は朝鮮油肥連によるイワシ油肥販売高を示したものである。〆粕は1936年度から、

表補-2 朝鮮油肥連の販売高

			1936年度	1937年度	1938年度	1939年度	1940年度	1941年度
〆粕	販売高	万俵	170	226	135	137	155	84
		万円	1,690	2,676	1,973	3,310	4,386	2,276
	委託販売	万俵	126	154	80	83	155	84
	直売	万俵	45	73	55	53	-	-
	価格	円／10貫	3.88	4.62	5.72	9.46	11.02	10.60
油	販売高	万缶			841	534	737	423
		万円			2,778	2,857	4,798	2,800
	価格	円／缶			3.31	5.34	6.51	6.63
魚粉	販売高	トン			67,157	90,619	89,648	60,510
		万円			1,080	1,937	2,589	1,769
	価格	円／10貫			6.65	8.83	11.94	10.95

資料：図補-1と同じ。
注：〆粕の価格は2等品、油の価格は1等品。〆粕の直売は1940年度以降は廃止。

油と魚粉は1938年度から取り扱っている。販売高は1937年度をピークに高水準を続けたが、41年度に急落した。販売高は油が最も高く、〆粕が続くが、魚粉も相当高い。

〆粕の販売は委託販売と直売とがある。委託販売が中心で、販売先は1936～39年度は三菱商事だけであったが、40～41年度は有機肥料配給、三菱商事、日本油脂、三井物産、他となった。直売先は全国購買組合連合会(全購連)、三菱商事、三井物産、日本油脂、朝鮮農会、他であったが、1940年度から直売は廃止される。魚粉は、三菱商事、日本油脂、三井物産、全購連(1939年度から有機肥料配給)、他に委託販売された。価格は1936年度以来、大幅に高騰し続けた。1941年度は公定価格の設定で価格が抑えられた。

表補-3は、朝鮮油肥連の事業活動の概要(1936、38、41年度の3年間)を示したものである。損益では収入、支出とも急増している。剰余金は横ばい。収入の主な費目は販売手数料、貸付金利子、賦課金で、販売手数料は1936年度は〆粕だけ（わずかに魚粉がある）であったが、38年度からは油、魚粉が加わる。手数料率は〆粕と魚粉は2％弱だが、油は0.5％弱と低い。したがって取扱高に比べ油の販売手数料に占める割合は低い。水産組合への貸付金は殖産銀

表補-3 朝鮮油肥連の事業活動概要

	1936年度	1938年度	1941年度
収入	14.6	109.1	216.8
うち販売手数料	13.3	76.8	90.2
支出	8.2	96.7	206.9
剰余金	6.4	12.4	9.9
共同購入費	-	-	307.7
借入金合計	160.4	727.0	979.5
貸付資金借入金	160.0	670.8	534.5
事業資金借入金	0.4	56.2	445.0
貸付金合計	160.0	302.8	545.0
咸鏡北道水産組合	60.0	116.3	230.0
咸鏡南道水産組合	40.0	75.0	135.0
江原道水産組合	60.0	110.0	180.0
その他	0	1.5	0

資料：図補-1と同じ。

行からの借入金を元にしている。

　共同購入費は、朝鮮油肥連が独自に行ったもので1940年度から始まっている。麻袋、筵、ドラム缶などを扱う。借入金は急増している。貸付資金借入金と事業資金借入金とがあり、前者が多い。貸付金も急増している。咸鏡北道、咸鏡南道、江原道の3水産組合へ貸し出される（わずかに慶尚北道、慶尚南道の非漁業者への個人融資がある－漁業者は道漁連から借り入れる）。事業資金貸付金が主で、他は共同購入貸付金である。1938年度に借入金と貸付金との間に大きな差があるのは、協同油脂工場の建設、タンカー・タンクの建造、朝鮮協同海運の設立などのためだとみられる。

(1) 1936年度

　朝鮮油肥連は、5道の水産組合・道漁連は相互の連携がなく、製品販売上不利である、〆粕は三菱商事に販売委託しているが、その数量、価格は各水産組合まちまちで、買受人につけ込まれる、イワシ油肥の一元的販売を実施し、三菱商事への委託を廃し、朝鮮油肥連が直売すれば理想的統制となる、として1936年5月に設立された。業務は所属組合への資金貸付、イワシ油肥の委託販売、イワシ油肥製造に必要な物資の供給、その他で、所属組合の業務に対する指導も行う。所属組合は咸鏡北道、咸鏡南道、江原道の3水産組合、関係団体は慶尚北道、慶尚南道の道漁連、事務所は京城府、出張所は東京、大阪に置かれた。水産組合の監督官庁は各道庁、連合会は総督府である。

　〆粕の大部分と魚粉の一部の販売は三菱商事に委託（1936～38年度の3年間契約）し、〆粕の一部と魚粉の大部分を朝鮮油肥連が直売した。三菱商事への委託は、三菱商事が情報収集、決済能力、販売網を持ち、これに替わる者がいないことから継続し、魚粉については内地でも輸出を三菱商事に委託しているし、魚粉は輸出状況が変動し、〆粕との生産調整が必要となるので、〆粕と合わせて取り扱うことが必要ということで三菱商事に委託した。

　一方、〆粕の直売先は消費者団体（朝鮮農会、全購連）、朝鮮内直売先は三井物産、三菱商事、魚粉は対独輸出組合（1936年に主要仕向け先のドイツが輸入数量を制限したため内地、朝鮮を通じた輸出統制がなされた）、輸出業者及び販売業者（三菱商事、日本食料工業、三井物産）である。

　このなかで、全購連（産業組合の共同購入中央機関として1923年に設立）の肥料取扱いは1930年に肥料配給改善政策が実施されて以来著しく拡大し、三菱商事を通じて仕入れてきた朝鮮産〆粕にも注目するようになった。その意を受けて農林省が総督府に対し1935年度の朝鮮イワシ〆粕生産高130万俵のうち30万俵を全購連に配給することを要請した。翌年、朝鮮油肥連の設立により、朝鮮油肥連と全購連との契約により、〆粕と魚粉の直売が決まった。

　イワシ油の基本販売契約は1年契約で合同油脂、朝鮮窒素肥料、朝鮮油脂の3社と契約した。保留量は前年度の4割を3割に下げた。3社内での配分比率は合同油脂14％、朝鮮窒素肥料9.5％、朝鮮油脂6.5％とした。指定入札社は11社で前年度と同数だが、業界再編で(株)林兼商店が抜け、ライオン石鹸(株)が加わった。不定量入札と定量入札の2種類があることは同じ。入札価格は1等品の朝鮮沖本船渡しについてで、2等品、3等品、4等品との価格差も定めている。入札価格が予定価格（総督府が決定する）に達しない場合は

随意契約とする。入札事務は朝鮮油肥連が行い、落札者または随意契約の買受人に対する配給事務は合同油脂に委任された。朝鮮内の石鹸業者に対して自家用原料として入札によらず直売するようになった。

(2) 1937年度

　イワシ油基本販売契約は硬化油業界の再編が進行した(合同油脂が日本油脂に改組した)ことから有効期間を延長した後、買受人は従来の3社、保留量は全体の2割、入札については定量入札分を増やした。世界的な動植物油の生産過剰、内地と朝鮮のイワシ油生産が急増したことで価格が低下し、売れ行きが不振となった。11月分の定量入札から入札価格が予定価格を下回り、未売約数量は約270万缶に達した。朝鮮協同油脂(株)(後述)に割り当てたり、朝鮮油肥連から前渡金を交付して凌いだ。

　イワシ油の過剰生産、価格低下の恐れから需給調整のため、5月に朝鮮協同油脂(株)が設立された。資本金500万円は、朝鮮油肥連及びその所属水産団体が中心となり、硬化油企業団体、それに硬化油の輸出販路をもつ三井物産が加わった。事業は魚油を主原料とする油脂の加工、販売、原油の保管売買などで、総督府の監督を受ける。工場建設等に時間を要し、清津、江原道の両工場が完成して本格操業を入るのは1939年度となり、社名も協同油脂(株)に変更した。以後、ほぼ順調に稼働したが、1941年にはイワシ漁獲が不振で操業短縮を余儀なくされた。

　また、産地に油タンクの設置が推進され、産地タンクは水産組合・漁連が、要地タンク(3～4基、3万トン程度の貯油)は朝鮮油肥連が設置することにした。併せてタンカーの建造も予定した。

　1937年から38年にかけて巨大油脂企業のもとでイワシ関連産業が再編された。朝鮮では日本油脂(株)の傘下に入った朝鮮油脂(株)がイワシ漁業・油肥製造企業を次々と吸収合併し、硬化油原料の自給を図った。従来、自家用原料には統制が及ばなかったが、朝鮮油肥連はそれも統制することにした。

　〆粕販売は従来通り三菱商事、全購連と契約した。

(3) 1938・39年度

　1938年度のイワシ油の保留量は37％で、うち2％は朝鮮協同油脂に割り当て、35％を従来の3社に配分した。不定量入札は廃止し、定量入札のみとした。内地では買い受け硬化油企業が共同購入会社・魚油購買(株)を設立し、カルテルを結んだ。朝鮮油肥連は基本契約に逆行するとして反対し、同年度はカルテルの適用除外となった。前年度に合同油脂から不定量入札で一時に大量に持ち込まれても買い受けできない、硬化油業界では各社の所要量をまとめて入札ではなく共同購入をしたいと要望していた。

　イワシ油の増産で空き缶の使用量が増加の一途を辿ったが、空き缶の統制で入手が困難となり、価格も急騰した。船舶も不足して円滑な積み出しが望めなくなった。それでタンカー輸送を始めることにした。タンカー輸送が可能なのは266万缶と見積もり、朝鮮油肥連ではタンカーの建造及び購入のため朝鮮殖産銀行に起債をした(1938・39年度で112万円)。

　朝鮮油肥連による魚粉統制は、新興事業であること、官営製品検査体制が整備中であることから1938年度からの実施となった。これでイワシ油肥は全て朝鮮油肥連が一手販売する

ことになった。
　魚粉の製造は、1936、37年から清津府を中心に急増し、清津からの直輸出、内地経由輸出を行い、朝鮮の水産品輸出の王座を占めた。朝鮮油肥連と日本フィッシュミール統制販売(株)(1938年5月設立)がイワシ魚粉輸出に関する協定を結び、輸出統制機関の日本魚粉輸出統制販売(株)(資本金10万円)を設立し、輸出量、価格につき内地と朝鮮の一元的統制を行うこととした。株主は朝鮮油肥連、日本フィッシュミール水産組合の組合員、輸出魚粉製造業者からなり、三井物産、三菱商事と米国向け直輸出、内地経由輸出委託の契約した。製造数量の割り当ても行った。1939年7月に米国が通商条約の破棄通告をしたことで、輸出の先行きは暗雲となったが、翌年3月まで有効なので輸出を推進した。1940年度も輸出を検討したが、輸出価格と国内価格とで相当の開きが生じ、滞貨が発生したので、前渡金を交付した。
　1939年度の油の販売は、従来の競争入札一本による売買、保留量制度を廃止し、朝鮮油肥連が随意契約、入札、委託のどれかで行なうようにした。指定販売先は15社、指定委託先は協同油脂、三井物産、三菱商事の3社とした。内地の魚油購買による共同購入は、供給過剰、価格低下のもとで休止となった。
　イワシ油肥の価格が暴騰し、戦時統制の支障となることから物価統制、配給統制が進められた。物価統制では価格高騰による売り惜しみ、供給の不円滑が生じたので、総督府の要請により朝鮮油肥連は油肥に一定の価格帯を設定し、それを超えれば徴収し、それを下回われば補填するようにした。1939年9月に価格等統制令が出て価格が凍結されたが、内地の油肥は統制がないため朝鮮産より高くなり、これが固定されると不公平になるので、内地産と同一価格とした。油は朝鮮沖渡し1等品1缶につき裸5円95銭、缶入り6円59銭、〆粕は阪神沖渡し2等品10貫が9円25銭、魚粉は25銭プラスの9円50銭。魚粉の販売価格は対米輸出の停止で、〆粕価格を下回った。
　日中戦争以降、運賃の高騰、船腹の不足で油肥運送にも影響が出始めた。〆粕輸送は朝鮮郵船と一手契約、油は裸油の一部を除いて朝鮮郵船に輸送させていた。朝鮮郵船はタンカー、帆船を所有しておらず、委託していた。江原道水産組合が〆粕の帆船輸送を主目的に朝鮮協同海運(株)の設立を計画していたのを朝鮮油肥連が主体となった。資本金100万円を朝鮮油肥連、江原道水産組合、他の水産組合・道漁連、朝鮮郵船、協同油脂が出資して1939年9月に設立し、帆船9隻を建造及び購入した。朝鮮郵船と割り振りを決め、朝鮮協同海運は江原道と慶尚北道の〆粕輸送の一部を担当した。

5. イワシ油肥の国家統制
(1)1940年度
　イワシ油肥に戦時統制が適用された。1939年度に無機肥料の統制強化、第二次世界大戦の勃発で有機肥料に対する投機によって価格等統制令を無視して価格が暴騰した。1939年12月に臨時肥料配給統制法に基づいて有機肥料関係者が出資して有機肥料配給(株)が設立された。朝鮮油肥連は静観した。
　1940年1月にイワシ〆粕は朝鮮油肥連から直接有機肥料配給へ販売するようにした。2

月から有機肥料配給より第一次配給機関(後述)を経て各道府県へ配給するようになった。各道府県では産業組合系統は県購連、商業資本系統は既存の統制団体を第二次配給機関とした。従来、朝鮮産イワシ〆粕、魚粉を内地に移入していた三菱商事、全購連、三井物産、日本油脂は移入権限を失ったが、代償として内地における第一次配給機関となった。

　魚油統制については、内地の共同購入機関の魚油購買(株)(1938年設立)は朝鮮窒素肥料、朝鮮油脂が脱退して有名無実の団体となったが、1940年5月に魚油配給統制(株)(資本金100万円)として更生した。硬化油企業のカルテル組織から国策統制組織となった。8月に魚油配給統制規則が公布され、内地の硬化油企業は魚油を直接産地から購入することが禁止され、魚油配給統制から配給を受けることになった。朝鮮油肥連は販売先としていた11社の指定を取り消し、魚油配給統制に販売するようにした。販売価格は内地と同一とした。イワシ油(朝鮮沖渡し)は1等品1缶6円68銭、〆粕(阪神沖渡し)は2等品10貫12円50銭、魚粉は25銭プラスの12円75銭となった。前年に比べ、イワシ油はわずかに、〆粕・魚粉は大幅に高騰した。

(2) 1941年度

　油肥制産が激減するなかで、油肥運送が大きく変化した。朝鮮イワシ油肥の運送は従来、朝鮮郵船、朝鮮協同海運両社との輸送契約に基づいて行われてきた。

　①朝鮮郵船との間では日中戦争後、近海航路の貨物船舶の逼迫、燃油統制で毎年運賃の値上げが行われた。1941年度から海運中央統制輸送組合との契約に移行した。

　②朝鮮協同海運は利益は二の次としてきたが、燃料補給の不円滑、荷役力の低下、滞船日数の増加、各種船舶用品及び船舶修理代の高騰、船員給与の上昇のため1941年9月から運賃を大幅に引き上げた。1942年度上半期には重要物資輸送計画に組み込まれた。

　③朝鮮油肥連所有のタンカーの運営は1941年度はイワシ油の減産と重油その他資材の入手難のため悪化し、42年2月頃には荷物も少なくなり、新製品が出回わる8、9月頃まで大部分が繋船の見通しとなった。また、代替燃油のイワシ油は機関故障が続出した。

注

1) 大島幸吉『朝鮮の鰮漁業と其加工業』(水産社、1937年)86～87頁。

第 2 章
戦前のイワシ硬化油工業の発展と統制

朝鮮油脂㈱の工場風景(昭和 11 年頃)
『朝鮮油脂株式会社事業概要』(同社、昭和 12 年)

第2章

戦前のイワシ硬化油工業の発展と統制

第1節　本章の目的と視角

　イワシ、とくにマイワシの資源変動は著しく、内地と朝鮮では1930年代から40年代初めにかけて未曾有の大豊漁となった。漁獲されたイワシは大部分が油肥製造に向けられた。イワシ油のほとんどは硬化油にされて油脂製品原料となったが、硬化油の一部は脂肪酸、グリセリン、食用油脂となり、脂肪酸はステアリン酸、オレイン酸に分解された[1]。硬化油に占める魚油、とくにイワシ油の占める割合は非常に高く、イワシ漁獲量の増大は、イワシ油を原料とする油脂産業(硬化油工業、油脂製品工業の総称)の発展をもたらした、といえる。

　油脂産業における魚油、イワシ油の位置をみておこう。油脂製品の原料には固体脂肪(牛脂、豚脂、ヤシ油等)と液体油(魚油、大豆油、アマニ油、綿実油等)があるが、このうち国産原料は魚油だけといってよく、価格が最も安いため、油脂原料の優先種となった。魚油の原料割合が高い点が日本の特徴であった。魚油の種類はニシン油、鯨油等もあったが、イワシの漁獲が増えるとほとんどがイワシ油となった[2]。イワシ油に比べてニシン油は、製造時期が短かい、生産量が少ない、産地が北海道、樺太等に限られる、欧州で多産されるので輸出が難しい、硬化油原料としては品質は高いが、価格も高い[3]。

　硬化油の製法は、触媒を用いて魚油に水素を添加し、液体を固体に変える(硬化＝高度不飽和脂肪酸を飽和状態にする)。油脂の需要は固体脂肪が断然多いので液体油は硬化して使われる。魚油は硬化により脱臭することができる。硬化油は魚油の加工品であると同時に各種油脂製品の原料になる。硬化油の最大の利用途は石鹸で、ろうそく、食用油脂、紡績用が続く。また、硬化油を加水分解して脂肪酸とグリセリンに分け(油脂分解)、脂肪酸はさらに固体のステアリン酸(用途は石鹸、ろうそく、化粧品等)と液体のオレイン酸(紡糸油、研磨油、潤滑油等)に分解できる。油脂分解あるいは脂肪酸の分解いかんは技術の発達と消費需要の拡大いかんにかかっている。石鹸は硬化油から製造する場合(当初は洗濯石鹸だけであったが、後には化粧石鹸も製造できるようになった)もあれば、脂肪酸やステアリン酸から製造する場合もある。グリセリンは硬化油を鹸化して石鹸を作る際の石鹸廃液から回収することもできるし、油脂分解によって得ることもできる。火薬、医薬品等の原料になる。魚油の脱臭法には硬化法の他に加熱重合法がある。加熱重合法は魚油を加熱して高度不飽和脂肪酸の二重結合を互いに結合させ、飽和状態にする。硬化法は多くの固定設備と加工費を要するうえ、副原料として多量の水素が必要となるので、中小企業ではなし得ない。重合法は比較的簡単な装置で操作でき、特殊なガスも不要なので加工費は低廉である。重合油の用

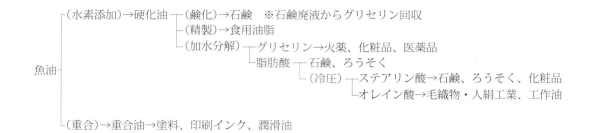

図 2-1　魚油の加工と油脂製品

資料：小林良正・服部之総『花王石鹸五十年史』（同編集委員会、1940 年）638 頁、他。
注：（　）内は製造工程

途は洗濯石鹸、塗料、印刷ワニス等である[4]（図 2-1 魚油の加工と油脂製品を参照のこと）。

　本章は、第 1 章で述べたイワシ漁業・油肥生産の発展を硬化油工業の側面から考察するものである。イワシ硬化油が油脂製品原料の中心となったことから、硬化油工業の発展過程は日本の油脂産業の発展過程でもある。水産物の工業的利用の例は少ないが、硬化油は生産高が高く、油脂産業の動向を左右するので、産業上、軍事上に果たした役割は大きい。だが、この分野の研究はまったく行われていない。そもそも著者の所属する水産経済学にとって水産物の二次加工はほとんど取り上げられなかったし、他方、化学工業史の研究分野は原料となるイワシ油、硬化油の生産と流通にまでは遡らなかったからである。

　以下では、内地と朝鮮における硬化油の生産と消費の動向、担い手企業の性格と経営、政治経済変動に対する行政と業界の対応を明らかにしたい。対象時期は硬化油工業が勃興した第一次大戦期から壊滅状態に陥るアジア・太平洋戦争までとし、時期区分は、硬化油は油脂化学技術の発展と油脂産業の動向に左右される、グリセリンは火薬原料として戦時に需要が高まることから、戦争や経済変動を指標として次の 3 期に分けることにする。①魚油の硬化油製造が始まった第一次大戦期から大戦後の反動恐慌、金融恐慌を経て昭和恐慌（世界恐慌）に至るまでの期間。②昭和恐慌で大打撃を受けてから、イワシの漁獲増、油脂産業の発展、為替安による輸出の増加でV字回復を遂げ、大躍進する時期。③日中戦争からアジア・太平洋戦争までの戦時統制期で、イワシの凶漁のため硬化油工業が瓦解する時期である。この時期区分はイワシの漁獲変動ともほぼ合致している。

　分析視角は以下の 2 点である。①イワシ硬化油（工業）の特性とかかわる。イワシ油－硬化油－油脂製品の工程上から硬化油工業は中間財の製造業であって、一貫経営でない限り、前後の工程企業と取引関係にあり、利害を異にする。また、魚油、硬化油は油脂製品原料の一部（一種）であり、硬化油から民需品（石鹸等）と軍需品（グリセリン等）が同時に産出されるという二面性を持っている。これら相互の利害、二面性が対立・競合する場合と代替・補完する場合とがある。したがって、本論では硬化油（工業）だけでなく、イワシ油肥生産、石鹸、グリセリン工業、あるいは硬化油製造にあたって水素を供給する電解（電気分解）工業といった関連業種との関係にも注目する。

　②油脂原料、油脂製品の市況は国内外の戦争と経済に大きく左右され、硬化油業界は不況

対策としてカルテルを結成したり、政府に保護を要請している。政府も重要産業として保護し、戦時統制下では軍需用に集約化した。業界、政府の対応、政策関与に注目する。

研究方法は、硬化油企業、関連企業・団体の「営業報告書」によって経営動向と対応をみていく。通時的には最大の油脂企業となった日本油脂(株)をとりあげる。日本油脂は、上記の時期区分ごとに合同油脂グリセリン(株)、合同油脂(株)、日本油脂(株)と名称を変え、改編されている。その他、横浜魚油(株)、日本グリセリン工業(株)、ベルベット石鹸(株)、戦時期の統制団体である硬化油販売(株)、日本硬化油統制(株)、硬化油グリセリン統制(株)の経営動向と対応を明らかにする。

第2節　イワシ油とイワシ硬化油の生産動向

図2-2は、内地と朝鮮におけるイワシ油の生産量の推移を示したものである。内地と朝鮮

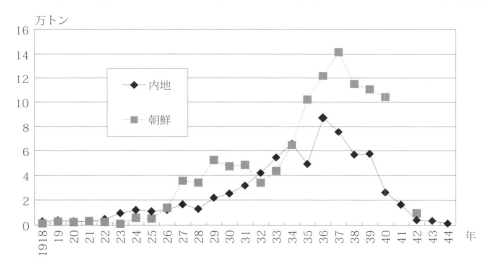

図2-2　内地と朝鮮のイワシ油生産量の推移

資料：各年次『農林省統計表』、『朝鮮総督府統計年報』、『昭和十年朝鮮水産統計』

とはかなり似た動向を示している。第一次大戦後から1920年代前半までは漸増しながらも多くて1万トン余の生産であった。内地の方がやや多い。1920年代後半から急増するようになり、また、朝鮮が内地を上回るようになった。1930年代半ばがピークで、両地を合わせると1936年と37年は20万トンを超える。内地と朝鮮の差が大きく開いた。1940年代には、内地、朝鮮の生産は急減して低水準となった。

イワシ油の生産額(図では省略)は、内地は1920年代半ばまでは100万円未満であったが、その後増加して29年には290万円となった。昭和恐慌期には生産量は増加したのに金額は半減した。1932年から目覚ましい伸長をみせ、生産量が最大となる36年には1,610万円を記録した。軍需インフレの影響を受けて生産量の伸び以上に高まった。朝鮮の生産額は、1920年代半ばまでは10万円に満たなかったが、その後激増して29年には770万円

となった。昭和恐慌で3分の1に惨落したが、その後は飛躍して生産量が最大となる1937年は2,680万円となった。戦時統制下で価格が暴騰して1940年は4,060万円に達している。

イワシ油の一部は輸出され、あるいは重合油等に使われるが、大半は硬化油の原料となる。図2-3は、内地における硬化油の生産量と輸移出入高の推移を示したものであ

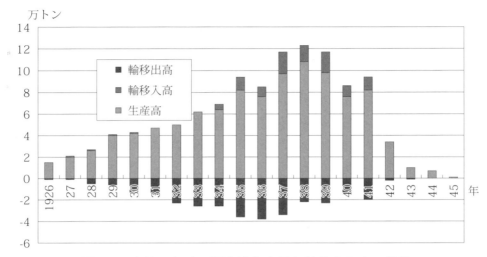

図2-3　内地における硬化油生産量と輸移出入高の推移

資料：『花王石鹸七〇年史』（同社、昭和35年）資料編118頁。原典は「日本油脂工業会年報」

る。硬化油の原料はイワシ油が大半を占めるが、他にはニシン油、大豆油、タラ油、鯨油等がある。①生産量は1920年代後半から増加を続け、38年には最高の10万トン余を記録した。前掲図2-2ではイワシ油生産量のピークは1936年で、38年の硬化油生産量は6万トン弱なので、両者の差は朝鮮から移入したイワシ油が原料として使われたことになる。

図では省略したが、硬化油の生産額は1920年代初めの130万円前後から増加傾向となるが、昭和恐慌期には低落した。その後回復に向かい、1930年代後半から急伸して40年に4,400万円を記録する。その後は急落して終戦年には200万円となった。

硬化油の生産地は、1937年の例では、東京府と兵庫県が7割近くを占め、新潟県、福岡県、北海道が続く。原料である魚油の産地というより、その集散地であり、硬化油生産に必要な電力、水素の供給が立地を大きく左右している。

硬化油についても朝鮮からの移入と輸出がある。朝鮮でも硬化油生産は1933年に始まり、翌年から内地に移出している。その量は最大2万トン程度である（他に油脂製品での移出がある）。朝鮮からの移出は1941年で途切れる。

硬化油の輸出（朝鮮から移入された硬化油を含む）は第一次大戦直後まで行われたが、1920年代前半には杜絶し、20年代後半から回復し始めた。その量は最盛期の1930年代半ばには4万トンに近づいたが、その後減少して41年以降は極少量となった。魚油、硬化油は主要な輸出水産物であった[5]。

図2-4は、朝鮮におけるイワシ油と硬化油生産高の推移を示したものである。イワシ油生産量は前述のように1937年をピークに増加から減少に転じる。朝鮮での硬化油生産は

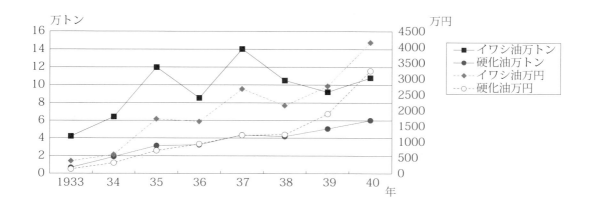

図 2-4　朝鮮におけるイワシ油と硬化油生産高の推移
資料：各年次『朝鮮総督府統計年報』

1933年に始まり、以後、着実に増加傾向を辿った。1940年は6万トンを生産し、イワシ油の半分以上が朝鮮で加工されるようになった。内地の硬化油生産はピーク時が10万トン前後であったから、朝鮮産はその6割水準に高まった。また、硬化油を分解した脂肪酸、オレイン酸、ステアリン酸の生産量も硬化油生産量と肩を並べて増加した。イワシ油生産量と硬化油生産量の差は、内地に移出され、内地で加工されるか、魚油のまま輸出された部分である。内地と比べて硬化油生産を始めた時期は遅く、硬化油の約半分が内地に移出された。朝鮮からの直輸出は少しで、残りは朝鮮内で消費（主に石鹸原料）された。イワシ油と硬化油の生産金額は生産量に比例して推移していたが、1939・40年は価格が急騰した。イワシの不漁と統制前の駆け込み需要が大きな原因である。なお、朝鮮ではイワシ油は朝鮮人も生産したが、硬化油生産は全面的に内地資本によって担われた。

第3節　第一次大戦～昭和恐慌：イワシ硬化油工業の勃興と停滞

1. 硬化油工業の勃興

　硬化油工業は第一次大戦期に勃興し、大戦後に経営不振に陥る。魚油等の硬化法は1901・02年にフランス、ドイツで考案され、06年以降工業化が始まった。日本では1913年に英国のリバー・ブラザーズ社が尼崎に硬化油工場を建設したのが最初であり、その後、横浜魚油、鈴木商店製油所等が硬化油製造に乗りだして急速に発展する。第一次大戦で石鹸やグリセリンの主原料であった豪州産牛脂の輸入が杜絶したこと、他方、需要が急増して原料価格が急騰したことから代替原料として魚油の硬化事業が発展した。

　魚油硬化油の発見は油脂産業界にとって原料革命ともいうべき事態であり、魚油の利用途としても画期的であった。輸入原料から国産原料に代替する過程の始まりでもあった。戦場となった欧州ではバター不足、油脂の欠乏が顕著となり、日本の硬化油生産は輸出産業となった。硬化油を製造するのに使う水素、石鹸製造に使うカセイソーダ（輸入に依存していたが、第一次大戦で輸入が杜絶した）はともに食塩水や水を電気分解して得られる。硬化油工業の

勃興と発展は電解工業の勃興と発展とともにあった。

英国のリバー・ブラザーズ社（Lever & Brothers Co.）は以前から日本へグリセリン、石鹸を輸出していたが、日本が石鹸の輸入関税を引き上げた（1906年）のを機に10年に尼崎に工場を建設し、油脂分解装置(オートクレーブ)等を輸入して、13年から石鹸、グリセリン製造を開始し、併せて硬化油工場を建設した(資本金150万円)。尼崎は大阪、神戸間の鉄道網が発達していたことから選ばれた。資材は英国から運び込まれた。日本の油脂産業における革命の始まりであるが、石鹸は中国へ輸出されたので、石鹸業界に与えた影響は大きくはない。硬化油の製造は自社用で、原料は最初は大豆油が使われたが、後に価格の安いイワシ油に替わった。国内最大の石鹸工場と比べても職工数、鹸化釜の大きさと個数に大きな開きがあり、技術面では国内企業は魚油の精製装置も、硬化油製造装置もなく、遅れていた[6]。

国産第1号は魚油を精製して輸出する横浜魚油(株)で、1914年から硬化油生産を開始した。原料はニシン、イワシ、カレイ、鯨の油であった。続いたのは神戸の商社・鈴木商店で、北海道から集荷した魚油を精製してドイツ等に輸出していたが、朝鮮が併合されると朝鮮からも魚油を集荷して輸出した。輸出した魚油が石鹸、ろうそくの原料になることが分かると1916年から硬化油を製造するようになり（兵庫工場、水電解工場、魚油精製工場等も整備した）、翌17年には横浜・保土ヶ谷工場(大豆硬化油工場、保土谷曹達が水素を供給した)、東京・王子工場(硬化油、脂肪酸、グリセリンを製造、水素は隣接の関東酸曹－後の大日本人造肥料－が供給)を建設した。製造した硬化油は主に輸出された。石鹸工業界は硬化油を原料としなかった。それは技術的に牛脂に代替し得なかったこと、価格は牛脂と比べてそれほど安くなかったためである。

一方、グリセリンの製法には石鹸廃液からとる方法(油脂にカセイソーダを加えて煮沸し、鹸化作用が起こった時、食塩を加えて石鹸分とグリセリンを分離する方法)と油脂分解による方法とがある。グリセリン企業のうち、石鹸を製造しない企業は後者を、石鹸を製造する企業は両者を併用した。日本で石鹸廃液からグリセリンを回収したのは欧米に20年遅れた1911年のことで、(合)長瀬商会（後の花王石鹸(株)長瀬商会）が最初である。グリセリンは石鹸業界にとって副産物であったが、第一次大戦でグリセリンの輸入が杜絶すると価格が急騰して石鹸廃液からグリセリンを回収する石鹸企業が増え、石鹸よりもグリセリンの売り上げが高い企業も出現した。

油脂分解によるグリセリンの製造は1909年の東京油脂工業(合)が最初で、12年に(合)ライオン石鹸工場(後のライオン石鹸)、13年に帝国魚油精製(株)(1911年創業)が続いた[7]。第一次大戦が勃発すると国防上、グリセリン工業の自立が重要であるとして帝国魚油精製は国庫補助を受けるようなり、1916年には日本精油工業(株)と合併して日本グリセリン工業(株)となった。原料は当初は魚油を用いたが、増産するにつれ豪州産牛脂、ヤシ油等に替えた。第一次大戦で豪州産牛脂の輸入がストップすると、原料を硬化油の油脂分解に切り換えた。石鹸廃液からの回収も行った[8]。

このように、硬化油製造に乗り出すのは、英国企業を除くと魚油の精製、輸出を手がける商社であった。第一次大戦で欧州（植民地豪州）からの牛脂、グリセリン、カセイソーダの

輸入が途絶えると、魚油の硬化技術を導入し、硬化油を生産してその大半を欧州へ輸出するようになった。

2. 第一次大戦後の停滞と企業動向

1) 第一次大戦後の停滞

　第一次大戦終戦直後の硬化油工業の状況は、8社9工場、硬化油生産高は12,764トン、763万円であった。原料は大部分が大豆油で、魚油を使用するのは4工場ほどであった。生産量の大半は主に欧州に輸出され、残った分が石鹸工業にまわった。第一次大戦後、牛脂の輸入が再開され、大量に流入すると価格が急落したので、石鹸業者は割安となった牛脂に流れ、硬化油生産はほとんど休止状態となった。魚油は最適な原料といえるが、生産量は多くないし、しかも輸出されることが多かった。国産硬化油は品質が悪く、輸出が止まった。硬化油の生産量は、1918～20年は1万トン台であったのに、その後激減し、24～27年は1万トン台に戻している。この回復は、①硬化技術の発達により品質が向上し、硬化油の輸出が再開されたこと、②輸入牛脂に対する関税は第一次大戦直後に撤廃されたが、1926年に再課税されて、石鹸業者は安価な硬化油を使うようになったこと、が影響している。この間、イワシ油の生産は1918～21年は3千トン台であったが24年以降は1万トン台となった。硬化油原料に占めるイワシ油の割合は次第に高まり、1924年からは過半がイワシ油になった。

　一方、グリセリン工業は7社8工場で硬化油企業と重なっている。生産高は870トン、174万円で、輸出はなく、輸入は生産高の約2倍もあった。第一次大戦後は需要の減退、価格の低落で4社しか操業していない。石鹸廃液で作るのも油脂分解で作るのも不採算となった[9]。

　石鹸廃液からグリセリンを回収するには廃液をオートクレーブ(高圧反応釜)で煮詰め、さらに蒸留するので、その装置を備える大手石鹸企業は自社の廃液から回収したが、家内制企業では回収できず、石鹸廃液を廃棄するか、グリセリン専業者に売り渡した。需要量の3分の1しか生産できず、1926年から輸入関税を引き上げて自給率の向上が図られた[10]。

2) 硬化油企業の動向

　第一次大戦後の各硬化油企業の動向をみよう。リバー・ブラザーズ社は魚油の買付競争が激化したこと、日本の石鹸工業が著しく発展したこと、石鹸の輸出が激減したことで、1925年に工場を神戸瓦斯(株)に売却し、中華民国へ拠点を移した[11]。工場は大日本石鹸(株)と名乗ったが、翌年にベルベット石鹸(株)と改称した。神戸瓦斯が買収した目的は、石鹸製造の副産物であるグリセリンとガス製造の副産物であるベンゼンを化合して爆薬を製造することであった。硬化油はほとんどが自社用で、硬化油から化粧石鹸を製造した。業績は芳しくなく、赤字が続いた[12]。

　横浜魚油は、戦後不況に見舞われて倒産した。鈴木商店製油所は、大戦後、グリセリン価格が暴落したので硬化油生産を中心とするようになり、硬化油の輸出が振るわないとみるや石鹸製造に向かった。硬化油の国内販売が困難(石鹸業界の多くは硬化油を原料としていな

かった)なため、石鹸企業を買収して石鹸製造に乗り出した。1921年に王子工場を事業不振に陥っていた鈴木商店から切り離し、化粧石鹸製造会社と合併してスタンダード油脂(株)(資本金150万円)とした。硬化油を原料として脂肪酸、グリセリン、洗濯石鹸、オレイン酸、ステアリン酸、ろうそく等の一貫生産をした。洗濯石鹸の製造技術はリバー・ブラザーズ尼崎工場のそれを参考にした。日本の会社として初めて本格的に洗濯石鹸を製造した。1922年には鈴木商店の兵庫工場、保土ヶ谷工場及び小樽製油工場を吸収(資本金420万円)、23年には日本グリセリン工業(株)と合併して合同油脂グリセリン(株)(資本金630万円)となった。日本グリセリン工業は、大戦後、グリセリン需要が激減したことから統合による合理化を求めていた。日本グリセリン工業は牛脂から、スタンダード油脂は硬化油からグリセリンを製造したが、両社の品質は同じであったことから統合による合理化を求めたのである。合併早々、関東大震災で関東の工場が大打撃を受けたため、減資を余儀なくされた(資本金500万円)。さらに1927年の金融恐慌で大株主の鈴木商店が倒産すると合同油脂グリセリンは大日本人造肥料(株)(1919年創業)の傘下に入った。王子工場は隣接する大日本人造肥料から水素の供給を受けていた関係にある[13]。

　第一次大戦中に硬化油製造に着手した企業はこのように倒産、あるいは再編された。この過程で石鹸工業と第一次大戦で確立したグリセリン工業が統合された。

　この他、油脂分解によってできる脂肪酸は、大戦中はグリセリンの価格が急騰して顧みられなかったが、大戦後、グリセリンの価格が急落するとその利用が模索されるようになった。脂肪酸から石鹸を製造するには高い技術が求められ、良質の石鹸ができなかった。帝国魚油精製は脂肪酸からオレイン酸、ステアリン酸を生産して脂肪酸利用の先鞭をつけたが、オレイン酸は羊毛工業で、ステアリン酸はろうそくの原料(従来は石鹸製造の副産物であるパラフィン蝋が原料であった)として使われるようになった(脂肪酸から石鹸を製造するのは1932、33年頃から)[14]。

　一方、第一次大戦後から昭和恐慌までの期間、旭電化工業、大阪酸水素、山桝硬化油製造所、日本曹達、奥山石鹸の5社が硬化油製造に着手した。旭電化工業(株)は、電解ソーダ企業の先駆けである。第一次大戦が勃発すると英国はカセイソーダの輸出を禁止したので、価格が暴騰した。そのため国内で電解ソーダ工業が興り、1915年に東京電化工業所が設立され、それが17年に旭電化工業となった。ところが第一次大戦が終結すると英米からカセイソーダが大量に流入し、価格が暴落してたちまち経営難になった。それで1919年から副産物の水素を利用した硬化油を、20年から石鹸を製造するようになった。こうしてソーダ工業と硬化油工業、石鹸工業が結合した。原料の魚油は当初、北海道のニシン油が主であったが、三陸沖、千葉、九州方面でイワシの豊漁があり、イワシ油も使うようになった。イワシ油はニシン油よりいくらか安く、他社もイワシ油を使うようになり、各地の漁業会社と専属契約を結び、魚油を確保した[15]。

　1922年には大阪酸水素(株)(19年創業、水の電気分解により酸素と水素を製造販売)、山桝硬化油製造所(後の小倉化学工業)が硬化油製造に参入した。大阪曹達(株)(1915年創業)小倉工場では硬化油を製造していたが、戦後不況で休止し、隣接する山桝硬化油製造所に水素を供給するようになった。日本曹達(株)(1920年創業)は電解ソーダ会社として設立され、

26 年から硬化油製造に着手した。奥山石鹸 (個人経営、1920 年創業) が硬化油生産を始めたのは 34、35 年頃のことである。こうしてみると、硬化油工業はいずれも水素を供給するソーダ企業か電解企業と結びついている。第一次大戦中に硬化油生産を始めた企業とは系譜が異なる。

　石鹸原料は主に牛脂、ヤシ油であったが、1915 年に豪州牛脂の輸入が杜絶すると、石鹸業界は代用として中国牛脂を使うようになった。硬化油生産は始まったばかりで、全面的な代用はできず、一部の洗濯石鹸で使われたに過ぎない。第一次大戦後、豪州牛脂の輸入再開と牛脂関税の撤廃で輸入が急増し、硬化油製造は打撃を受けたが、1926 年には再び関税が課されて牛脂の輸入が増加から減少に転じた。こうして硬化油使用の頻度は大幅に高まった。牛脂の輸入量と硬化油生産量を比べると 1919 年は牛脂輸入の方が多かったが、25 年には硬化油生産の方が上回って、以後、石鹸原料は硬化油が中心となっている。硬化油の中ではニシン油、鯨油が中心であったが、次第にイワシ油が中心となった。1920 年の時点で石鹸工業における硬化油使用量は牛脂使用量の 1 割にも満たず、品質が粗悪で牛脂の代用品にはならないと見なされ、使われるとしても洗濯石鹸用で、化粧石鹸には使われなかった。1934 年では、洗濯石鹸の主原料は硬化油、化粧石鹸は高級品は牛脂、低級品は硬化油となった[16]。硬化油使用の増加は、石鹸のなかでもとくに洗濯石鹸の普及によるところが大きい。

　1930 年頃の石鹸原料は約 5 万トンで、うち牛脂 1.2 〜 1.3 万トン、硬化油約 2 万トン、ヤシ油 6 〜 7 千トン、その他 1 万トンであった。硬化油の割合は高まったが、まだ絶対的ではない。また、脂肪酸から石鹸を製造することは極一部で行われていただけであった[17]。石鹸製造に使用するカセイソーダはソーダ工業の発達によって増産されたが、なお、多くが輸入された。副産物の晒粉の利用が広がらず、ソーダ工業発達のネックとなっていた。

3．第一次大戦後不況と統制

　第一次大戦後、硬化油の輸出は石鹸原料としての品質が劣るため杜絶し、価格は暴落した。牛脂の価格も輸入が急増して 1920 年には 100kg あたり 48 円 50 銭から 30 円、23 円へと暴落し、翌 21 年には 18 円 50 銭にまで低落した[18]。牛脂価格の暴落に対し、硬化油業界は牛脂輸入への課税運動を展開したが、逆に 1920 年に石鹸業界の長年の運動が実って牛脂やヤシ油の輸入関税 (100 斤＝ 60kg あたり 80 銭) が撤廃された。石鹸業界は品質が不安定な魚油硬化油より使い慣れた牛脂が安く手に入ればそれに越したことはない、石鹸の中国輸出を推進するため牛脂の関税撤廃を強く望んでいた。政府保護のもとで誕生した日本グリセリン工業が牛脂からグリセリンを製造していたことも関税撤廃を後押しした。これにはようやく軌道に乗り始めた硬化油業界に冷や水を浴びせた[19]。硬化油業界は硬化油は石鹸原料として、また、グリセリン自給のために保護されるべきだとし、石鹸業界との間で数年間にわたって白熱した論争が続いた。

　1926 年 1 月になって牛脂への再課税 (100 斤あたり 1 円 20 銭) とグリセリン関税の引き上げ (100 斤あたり 3 円 20 銭から 18 円に) がなされた。硬化油業界は牛脂に比べ魚油、大豆油の硬化に多くの生産費がかかるので関税保護がないと価格競争ができないと主張していたのが認められた形で、これで硬化油業界は愁眉を開いた。関税政策転換の背景には、硬

化技術の進歩、硬化油の品質改良によって石鹸原料として重用されるようになったこと、硬化油から製造したグリセリンの品質が向上したことがある。油脂原料の輸入関税について硬化油業界と石鹸業界の立場は逆転して、牛脂、グリセリンの輸入に関税をかけて自給率を高める方向に向かった。この保護政策を契機に硬化油工業は順調に成長するようになり、反対に牛脂の輸入は減少し始めた。

　同じ1926年、合同油脂グリセリンと旭電化工業が価格協定を結んだ。価格協定は充分な効果がなく、共同出資で東京硬化脂販売(株)を設立して販売窓口を一本化し、生産過剰分を輸出に振り向けた[20]。硬化油・石鹸兼業の双璧が提携してカルテルを結んだことは中小の洗濯石鹸業界に脅威を与えた。

　この他、硬化油企業7社(合同油脂グリセリン、ベルベット石鹸、大阪酸水素、日本曹達、山桝硬化油製造所、旭電化工業、北海油脂工業)は激しい生産販売競争を展開して、互いに疲弊したので1928年3月に販売協定を結んだ。日本硬化脂共同販売組合を設立してようやく安定を取り戻した。不況対策として当初生産制限を検討したが、後に方針を一転して増産によって生産費を下げることにした。魚油のまま輸出されている分を硬化油として輸出する見込みが立ったことによる。販売価格は100kgあたり22円50銭としたが、この価格は原料魚油の相場を無視し、牛脂の価格に依っており、高利潤を見込んだ不当な価格であるとして石鹸業界は非難の声を上げた[21]。

　硬化油業界は1年後の1929年3月に協定の1年延長を決議したが、共販組合は輸出統制の不一致、国内需要の不振で決裂(5月)し、競争が再燃した。日本曹達、北海油脂工業は硬化油製造を休止した。一方では販路確保のため石鹸業者と提携する動きがあり、他方では合同油脂グリセリンと旭電化工業は7社カルテル実施中、休業状態にあった東京硬化脂販売の機能を復活させた[22]。

4. 硬化油企業の経営

　第一次大戦から昭和恐慌に至る油脂産業の勃興と縮小過程を企業経営の動向と対応からみていこう。

(1) 横浜魚油(株)

　横浜魚油(1893年創業)は魚油の精製、輸出企業であったが、1914年から硬化油製造に乗り出した。魚油は欧州からの活発な注文があったが、「欧州戦乱突発シ為メニ輸出ヲ杜絶シ、取引一切停止ノ止ムヲ得ザルノ大々不幸ニ遭遇セリ。・・・輸出停滞品処分ノ為メ兼テ考案中ノ硬化油ノ製造ヲ急速ニ着手シ、停滞魚油ヲ硬化油ノ原料ニ消化シ、此不幸ヲ免レンコトヲ計画」(以下、適宜、句読点をつける。また、誤字等があってもそのままとした)したのであった。取り扱うのは魚油と植物油で、魚油はニシン油と鯨油が中心であった[23]。定款を改正し、業務は魚油の精製販売であったのを魚油硬化油、植物油、酸素ガスの製造販売、及びこれに付随する肥料、洋樽の製造販売とした[24]。

　硬化油の製造販売は順調に伸長し、1916年度下半期は「硬化油ハ全力ヲ注ギ製造シツツアルモ各方面ヨリノ多大ナル注文ニ応ジ難ク、近ク工場ノ増設ト共ニ其生産額モ倍加スベク、従テステアリン、グリセリンノ製造モ亦順次拡張セラルベシ」とした[25]。

しかし、第一次大戦が終結すると一転、不況に落ち込んだ。「欧州戦雲漸ク終局ヲ萌シ、海外市況頓ニ沈静ヲ来シ、休戦条約締結後ハ取引完ク杜絶シ、各油類共値段ニ拘ラズ更ニ注文ヲ見ザルニ至レリ」となった[26]。

1920年度下半期では、「前期末突如襲来セル経済界ノ激変ハ日ヲ経ルニ従ヒ益々険悪ノ度ヲ増シ、遂ニ未曾有ノ恐慌状態ト化シ、為メニ我油脂関係事業モ亦痛撃ヲ受ケ極度ノ悲境ニ陥リ、同業者中事業ヲ休止スル者相踵ギ、生産著シク減少セルモ投売的売品常ニ市場ヲ圧シ、価格ハ逐日激落ヲ続ケ、不況不安ノ裡ニ本期ヲ終レリ」[27]。

横浜魚油は1921年度上半期から大幅な欠損を出すようになり、22年には倒産した。主な要因は南洋方面からヤシ油原料を収集するために吸収した南太平洋貿易(株)の業績が振るわなかったことによる。

(2) 日本グリセリン工業(株)

日本グリセリン工業(1916年創業)の経営は第一次大戦中は好調であった。製品はオレイン酸、ステアリン酸、グリセリン、石鹸蝋であり、原料は豪州産牛脂、ヤシ油、魚油であった。魚油はニシン油であった。第一次大戦が終結すると状況は一変した。1918年度下半期は、「対独休戦ニ引続キ講和会議ノ開設ヲ見、又続ヒテ交戦諸国ニ於テ薬品其他ノ輸出ヲ解禁セル等斯界ハ頗フル恐慌ノ状態ヲ呈セリ」[28]。

1920年度下半期は、「欧州大戦中欧米殊ニ米国グリセリン事業ハ驚クベキ発達ヲナシ、生産額亦頗ル多量ニシテ之ガ一時ニ我国ヘ輸入セラレシタメ、我邦ニ於ケル供給頗ル過剰ヲ来セシニ加ヘテ一面財界ノ恐煌ヨリ鉱業ノ不況トナリ頓ニダイナマイトノ需用ヲ減ゼシ為メ、グリセリンノ需用ハ非常ニ減退シ頗ル軟弱ナル商状ヲ持続セリ」となった。そのうち「鰊油ハ前年鰊漁ノ収獲豊量ナリシニヨリ其産額モ亦従ッテ多量ナリシニ欧米財界ノ恐煌ハ直チニ本品ノ輸出不振トナリ、国内需要ノ減退ト相俟ッテ価額ハ奔落シ、而モ商議ハ尚成立ヲ見ザルノ状況」となった[29]。

同社は1919年度下半期から大幅な欠損を出し、政府補助金を受けるようになったが、23年1月にスタンダード油脂と合併して合同油脂グリセリンとなった。

(3) 合同油脂グリセリン(株)

図2-5は、合同油脂グリセリン、合同油脂、日本油脂の資本金、事業収入、純利益を示したものである。昭和恐慌期までの動きをみると、合同油脂グリセリン（1923～31年）は、資本金630万円で創立されるが、創業直後に関東大震災で被災して500万円に減資した。事業収入は1927年の金融恐慌まで足踏み状態が続いたが、その後は増収に転じ、昭和恐慌期に落ち込む。純利益は、利益率が5％前後で推移したが、昭和恐慌で赤字に転落して合同油脂に改組された。

原料は魚油が中心で、北海道、樺太のニシン油、朝鮮のイワシ油が使われた。以前は函館、三陸のイワシ油が中心であった。他に豪州産牛脂、ヤシ油、松脂も使われた。製品は硬化油、グリセリン、オレイン酸、ステアリン酸、石鹸、ろうそく等である。

1923年度上半期は、「営業状態ハ可ナリ順調ナリシモ当期一月以来合併ニ伴ヒ各工場ノ生産調節、設備ノ新設移転、人員ノ整理等ノ為メ作業ニ障害ヲ来シ、搗テ加ヘテ原料ノ需給不円滑ハ之ガ作業ニ影響ヲ及ボス等多大ナル支障ヲ来シ、為ニ予定ノ収益ヲ挙ゲ得ザリシ」

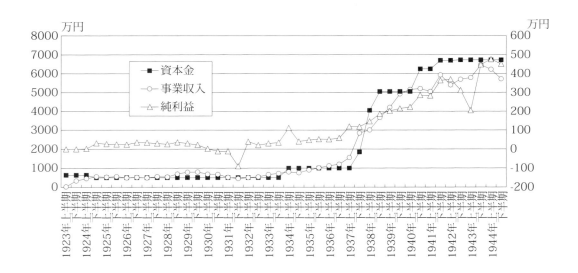

図 2-5　合同油脂グリセリン、合同油脂、日本油脂の資本金、事業収入、純利益

資料：合同油脂グリセリン（1923年上半期～）、合同油脂（1932年上半期～）、日本油脂（1937年下半期～）の各期営業報告書
注：上半期は前年12月～5月、下半期は6～11月、資本金と事業収入は左目盛り、純利益は右目盛り

となった[30]。

　1923年9月の関東大震災で王子工場の硬化油工場と保土ヶ谷工場が全壊し、さらに兵庫工場が火災で焼失した。そのため1924年度上半期は、「営業状態ハ可ナリ順調ナリシモ工場ノ復旧意ノ如ク進捗セス・・・予期ノ成績ヲ挙ゲ得ザリシ」に終わった[31]。

　1924年度下半期は、「一般商況不振ノ折柄ニ拘ハラズ各種製品何レモ相当ノ売行ヲ見タルト且ツハ工場ノ復旧整備ニ伴ヒ極力生産費ノ節約ヲ図リ、一面専ラ営業費ノ緊縮ニ勤メタル結果、幸ニ予期ノ収益ヲ得タ」[32]。

　主要原料の魚油は、ニシン、イワシの豊凶と含脂量、魚油の輸出、為替相場、他社の買付状況によって、魚油価格、製品価格が大きく変わった。1923、24年度は三陸、函館方面のイワシが豊漁で品質も良く、製品の売れ行きも好調だったので、他社との争奪戦となった。1925年度は朝鮮のイワシが意外の豊漁となり、品質も良かったので大部分を一手買いした。1926年度は函館方面のイワシ油に買いが多く、高値になったが、同社は前年度に格安の朝鮮イワシ油を仕入れていたので相場が下落してから買いに入った。同年度は北海道、樺太のニシン、朝鮮のイワシともに豊漁で、硬化油生産はかつてなく高まったが、経済不況で市価は低落した。

　その後、経営動向は斑模様で、1927年度下半期は、「深刻ナル財界不況ノ影響ヲ受ケ市価一般ニ軟勢ヲ辿レルヲ以テ収益率挙ラサリシモ、幸ニ販売量ニ於テ著シキ増加ヲ見タル為メ相当ノ成績ヲ収ムルヲ得タ」[33]。1927年に大日本人造肥料の傘下に入るが、経営上の大きな変化は見られない。

　1928年度上半期は、「一般経済沈静ノ為メ石鹸ハ不況裡ニ推移シ、尚グリセリンノ如キモ海外市場暴落ノ影響ニ依リ終始軟勢ヲ辿リ、商況更ニ振ハザリシト偶兵庫佃両工場罹災ノ為メ硬化油生産量減少シタルトニ依リ予期ノ収益ヲ見ザリシ」となった[34]。

1928 年度下半期は、「製造販売共ニ順調ニ経過シタリ。硬化油類ハ内地需要ノ外海外販路ノ拡張ニ依リ多量ノ輸出ヲ見ル・・・石鹸、蝋燭ノ如キモ比較的良好ノ売行・・・グリセリンハ・・・市況一般ニ軟勢ナリシモ販売数量著シク増加ノ為メ罹災工場復旧設備ノ改善ニ依ル生産量ノ増加ト生産費ノ低下ト相俟ツテ幸ニ相当ノ成績ヲ挙クルヲ得タ」[35]。

1929 年度上半期は、「一般経済ノ不況ニ連レ概ネ沈静裡ニ推移セリ。殊ニ硬化油類ハ海外市場不振ノ為メ輸出減退シ、又石鹸、蝋燭ノ如キモ売行思ハシカラザリシガ、幸ニグリセリンハ順調ニシテ販売数量増加ノ為メ概ネ予期ノ成績ヲ収メ得タ」[36]。

1930・31 年には昭和恐慌で製品価格は急落し、手持ち原料油も暴落して多額の欠損を出し、1931 年に合同油脂(株)に改組した。

第 4 節　昭和恐慌〜日中戦争：イワシ硬化油工業の回復と発展

1. イワシ硬化油工業の発展

イワシ硬化油工業は昭和恐慌で大打撃を受けたが、その後、急速に回復、発展した。その理由として 3 点があげられる。①油脂産業が発達し、硬化油の用途と市場が拡大したこと。グリセリンは満州事変以後の軍備拡張のため爆薬用として、脂肪酸はゴム、毛織物、人絹工業用、石鹸原料として需要が著しく増加し、食用油脂(人造バター、製菓用クリーム等)、ろうそく向けとして硬化油精製の道が開けた。脂肪酸が石鹸原料として注目されたのは 1932、33 年のことで、それ以前はろうそく原料であった。②金輸出再禁止後の為替安によって輸出が急増したこと。硬化油の輸出は 1928、29 年は 5 千トン台、30、31 年は 1 万トン台、32〜34 年は 2 万トン台、35〜37 年は 3 万トン台と段階的に増加した。③満州事変後の軍事予算の膨張、インフレの増進で国内需要が高まり、硬化油の生産が著しく増加した。1929・30 年と 36・37 年の生産量を比較すると硬化油が 4 万トン前後から 10 万トン前後に、脂肪酸が 2 千トン弱から 2 万数千トンに、グリセリンは 4 千トンから 1 万トン前後に増加した。グリセリンの輸入がなくなり、爆薬原料の自給が達成された。魚油は魚粕の副産物の地位から主産物に昇格した。

関税政策も硬化油工業の発展を後押しした。1932 年に一般輸入従量税の改正で牛脂は 100 斤あたり 1 円 20 銭から 1 円 62 銭に 35％の増税となった。石鹸業界はその軽減のために奔走したが、当局の容れるところとはならなかった。さらに 1936 年に日豪関係が悪化して豪州産牛脂の輸入は従価 50％の禁止的措置がとられた。その代償として硬化油用の大豆油に限り 100 斤あたり 3 円 37 銭の輸入税が戻し税の形で免除された[37]。

油脂産業の発展とともに油脂業界の再編が進んだ。即ち、硬化油企業が石鹸製造に進出し、大手石鹸企業が硬化油部門に進出して原料自給力を高めた。1934、35 年に大手石鹸企業のライオン石鹸(19 年創業)、花王石鹸長瀬商会(25 年株式会社)、奥山石鹸(20 年から石鹸製造)が硬化油自給に乗りだし、他方、硬化油企業でも既に石鹸を製造していた合同油脂、ベルベット石鹸、旭電化工業に加え、34 年に朝鮮窒素肥料(27 年創業)、日本曹達、35 年に大阪酸水素等が石鹸製造に進出した。こうして 1934、35 年をもって硬化油工業と石鹸工業は双

方の大資本によって統合され、新たな段階に踏み込んだ。規模、技術、製品の多様性において在来の中小石鹸企業を大きく引き離した。この過程は後述するように新興財閥が確立する過程でもあった。また、1936年以降、日産コンツェルンが油脂部門に進出し、油脂業界に君臨するようになった。

最盛期の1937年の硬化油工業は内地11社、朝鮮3社、計14社となった(表2-1参

表2-1 硬化油製造企業一覧（1937年）

企業名	創業年	工場所在地	製造能力トン	硬化油以外の製造油脂製品
合同油脂（株）	1932	東京、大阪	36,000	蝋、ステアリン、オレイン、食用油脂、石鹸、グリセリン
日本油脂（株）	1937	兵庫	6,000	石鹸、グリセリン、重合油
旭電化工業（株）	1917	東京	18,000	蝋、石鹸、グリセリン、食用油脂、人造バター、重合油
大阪酸水素（株）	1919	伏見	12,000	蝋、ステアリン、オレイン、食用油脂、石鹸、グリセリン
小倉化学（株）		小倉	4,800	
日本曹達（株）	1920	新潟	18,000	蝋、グリセリン
奥山石鹸		大阪	4,800	石鹸
朝鮮窒素肥料（株）	1932	朝鮮興南	24,000	グリセリン
朝鮮油脂（株）	1933	朝鮮清津	12,000	蝋、ステアリン、オレイン、グリセリン、食用油脂
北海油脂工業（株）	1924	小樽、室蘭	3,600	蝋
ライオン石鹸（株）	1919	東京	6,000	石鹸、グリセリン
木津川油脂（株）		大阪	3,000	
大日本油脂（株）	1935	東京	5,000	石鹸原料油脂、食用油脂
北日本油脂工業(株)	1935	函館	3,600	蝋

資料：都新聞経済部『生産力拡充産業読本－国防産業の新体制－』（千倉書房、1937年）223～224頁、他。
注：蝋はステアリン蝋
注：小倉化学は旧山桝硬化油製造所、日本油脂は旧ベルベット石鹸、大日本油脂は花王石鹸から分立。

照)。以下の特徴があげられる。①硬化油専業が2社、硬化油、石鹸、グリセリン製造が数社、多様な製品を製造するのが数社で多角化が進んでいる。②硬化油は油脂に水素を吹き込んで作るので電解企業、化学肥料企業が兼営している（旭電化工業、大阪酸水素、日本曹達、朝鮮窒素肥料）。③日産系の6社(合同油脂、日本油脂、奥山石鹸、朝鮮油脂、北海油脂工業、北日本油脂工業)が硬化油製造能力15万トンの4割を占め、グリセリン、洗濯石鹸等の生産でも支配的地位を確立した[38]。④朝鮮における硬化油工業の勃興。朝鮮窒素肥料、朝鮮油脂、朝鮮協同油脂(1937年創業)の3社が設立された。⑤魚油の買付競争の激化で価格が吊り上がるようになったため、合同油脂はイワシ漁業・油肥製造に乗りだし、朝鮮の公海興産(株)、能美漁業(株)、北海道の昭和漁業(株)、函館漁業(株)を買収して原料を確保するようになった。イワシ油は1933年1月の3円20銭前後(2缶あたり)であったのが34年1月には5円を突破し、反対に硬化油は18円60銭（100斤あたり）から13円80銭に値下がりした[39]。⑥8社がグリセリンを製造しており、グリセリン生産はこれら兼業者によって担われた。⑦硬化油の製造能力(15.7万トン)は実際の生産高を大幅に上回っ

ており、原料の増産、硬化油需要の増加を見込んで積極的な投資が行われた[40]。

1936 年の硬化油 (12 万トン) の利用は、洗濯石鹸用 38%、化粧石鹸用 8%、硬化油及び脂肪酸の輸出 33%、ろうそく原料 10%、食用油脂向け 4%、紡織用 3%、オレイン・ステアリン原料 2%、脂肪酸 2% であった[41]。その特徴は、①洗濯石鹸は大手硬化油・石鹸企業による製造で魚油が主原料である。②化粧石鹸は牛脂、ヤシ油、パーム油、大豆油が主原料で中小石鹸企業も製造している。③ろうそく原料はステアリンの低級品と石鹸工場の副産物であるパラフィンを混合して製造する。④石鹸は硬化油から製造し、グリセリンの製造も石鹸廃液からの回収が多かったが、脂肪酸から洗濯石鹸を製造することが増えてきた。脂肪酸の生産高は 1933 年以降急増し、ピークの 1938 〜 41 年は 6 〜 8 万トン (内地) となって、硬化油利用の過半を占めるようになった。

2. 昭和恐慌と硬化油の統制

話を昭和恐慌期に戻し、どのように硬化油企業が昭和恐慌に対峙したのかをみよう。1929 年の金解禁、緊縮財政で経済不況となり、直接には豪州産牛脂の暴落による硬化油の乱売競争、グリセリンの生産過剰＝価格崩落が発生したため、各業種で不況カルテルが結ばれた。そのうちの 1 つが 1931 年 9 月に設立された日本硬化油同業会である。設立に至った要因は、①同年 4 月に重要産業統制法が公布され、重要産業ではカルテルの結成が奨励されたこと、②硬化油工業界の競争が激化し、混乱したこと、③第 1 章及び補論で述べたように朝鮮でイワシ油肥の生産・販売統制が始まった (同年 6 月) こと、である。重要産業統制法は、同業者間の生産または販売の統制協定の締結を保護助成するもので、一般のカルテルと違い、法律によって企業組合が結成されると加入が強制される[42]。日本硬化油同業会は 10 月に適用を受け、生産販売協定を結んだ。

同業会には硬化油生産企業全 7 社が加入した。協定は生産協定と販売協定があり、生産協定は今後 3 年間は施設を増設しないことが決められた。販売協定は、①各社の国内 (朝鮮・台湾を含む) 販売数量を定め、その余は共同輸出する、②輸出価格が国内販売価格を下まわった場合は差額を同業会が補填する、③各社の販売数量、価格は毎月協定する、④各社は全量を東京硬化脂販売 (株) (1929 年に合同油脂グリセリンと旭電化工業が設立) に委託販売する、とした。統制によって生産量の増加を抑制し、販売数量、価格を規制した。

市価は、1931 年 1 月が 100kg あたり 21 円 60 銭、10 月が 15 円 50 銭と低落したが、32 年 1 月が 19 円 50 銭、12 月が 28 円、33 年 12 月が 25 円と回復基調となった[43]。需要側の石鹸業界、とくに石鹸製造専業者は過去の共販組合の動向からして市場独占、独占利益に繋がることを警戒し、統制排撃を唱えた。しかし、一般には硬化油業界の統制は長年の赤字による生産不安を避けるためとみて静観した。石鹸業界の階層分化と原料自給力の有無で対応が分かれるようになった。大手石鹸業者は硬化油を自給するようになり、硬化油を買って石鹸を製造する中小業者との利害の違いが表面化したのである。

グリセリン業界は 1933 年に統制機関のグリセリン販売 (株) を設立した。製造業者 11 社のうち硬化油・石鹸企業の合同油脂、旭電化工業、ベルベット石鹸、花王石鹸長瀬商会、ライオン石鹸、ミヨシ石鹸、大阪酸水素とグリセリン専業の浪速リスニンの 8 社が加盟し

た[44]。また、洗濯石鹸に関する協定も合同油脂、旭電化工業、ベルベット石鹸、ライオン石鹸の4社で結ばれた。

　1933年に同業会の販売機関であった東京硬化脂販売を改組して日本硬化油販売(株)とした。カルテルは順調に推移したが、朝鮮に誕生した3社の内地販売が脅威となった。内地側は共販カルテルへの加入を要請、朝鮮窒素肥料は事実上加盟した。同社は内地における販売統制に参加することを条件に朝鮮産魚油の一手買受人の合同油脂はその配分を認めた[45]。朝鮮油脂は大阪の大手需要3社を株主としているのでこの株主には直接販売し、その他の内地売りについては共販会社に一任した。

　1934年10月に重要産業統制法の指定期間3年が満期となったので、次の3年間は自主調整とし、従来、重点を置いた生産統制は行わず、共同販売による価格協定に限ることにした。統制内容は、加盟各社は4か月先までの責任供給量を販売会社に申告することとした。朝鮮窒素肥料、朝鮮油脂も同業会に加盟したので加盟は9社となった。さらに1934、35年にはライオン石鹸、奥山石鹸、大日本油脂(花王石鹸の硬化油部門)、木津川油脂(後の第一工業製薬)の4社が加盟して13社となった。その後、1937年10月に同業会は再び重要産業統制法の適用を受けたが、全員一致とはならず、洗濯石鹸に関する7社協定にとどまった。7社は合同油脂、旭電化工業、大阪酸水素、朝鮮窒素肥料、ライオン石鹸、奥山石鹸、日本曹達である[46]。洗濯石鹸は硬化油の混合割合が高く、生産が急増しており、その分、販売競争も激しかった。協定は硬化油の販売価格を決めたが、原料魚油の購入、兼業者の自家用硬化油、石鹸の販売価格には統制がないため、兼業者と専業者の間で大きな価格差が生じ、専業者の淘汰を招いた。

3. 朝鮮におけるイワシ油の販売統制

　朝鮮では、世界恐慌によって油肥の需要と価格が惨落したのを契機に1931年度からイワシ油肥製造業者によって生産・販売統制が始まった[47]。イワシ漁業地の咸鏡北道、咸鏡南道、江原道、慶尚北道、慶尚南道の5道が鰯油肥製造業水産組合を設立(後、2道は道漁連が業務を引き継ぐ)し、生産・販売統制を始めた(生産統制は初年度のみ)。以下ではイワシ油の販売統制について述べる。初年度は輸出が望めず、朝鮮魚油の取引実績があり、統制に協力的であった合同油脂(株)に協定価格(魚油の製造価格を保証する水準)で全量を販売する契約を結んだ。実際の価格はそれを下回ったので、合同油脂は大きな損失を蒙った。合同油脂は内地の有力4社(旭電化工業、日本曹達、大阪酸水素、ベルベット石鹸)が組織した朝鮮魚油購入組合に分売している。

　1932年度から硬化油の販売価格と魚油の生産費＋硬化油の製造・販売経費の差額を折半することにした。初年度とは違い、売り手側、買い手側双方に利益とリスクを分け合う形とした。また、朝鮮窒素肥料の硬化油生産にあたって、朝鮮産業の育成、保護の観点から魚油の一部を割り当てた。

　1934年度は硬化油工業が順調で、魚油の需要が供給を上回ったので、入札制を導入した。全体の4割を保留(留保割合は年度により異なる)し、合同油脂、朝鮮窒素肥料、朝鮮油脂の3社に分売し(価格は入札価格)、残り6割を指定9社(上記3社を含む。その後、入札

社は増加した)で入札する方式とした。

　1936年度には5道の水産組合・漁連が朝鮮鰯油肥製造業水産組合連合会(以下、朝鮮油肥連という)を結成して、朝鮮油肥連が一元的に販売統制をするようになった。入札者の中に魚油の輸出を行なう三菱商事(株)、三井物産(株)も含めた。また、朝鮮油肥連は朝鮮内石鹸業者に直売するようにした。

　1937年度には朝鮮油肥連、三井物産等が共同出資して朝鮮協同油脂(株)(後、協同油脂と改称)を設立し、江原道と清津府に硬化油工場を建設することにした。朝鮮油肥連から優先的に原料を買付け、硬化油を生産し、需給、価格調整の役割を担う。朝鮮協同油脂の設立理由は、①入札による販売方法は談合が行われたりして市価が攪乱される傾向がある。②イワシが豊漁の時は原油のまま輸出されていたが、今後は硬化油に加工してから輸出する。③内地の硬化油カルテルに参加し、価格統制上の役割を果たす。④製品の移輸出のために三井物産も出資した[48]。

　1938年度に向けて朝鮮油肥連と9社との間で売買基本契約が結ばれた。基本契約締結直後に硬化油企業側が魚油の共同購入会社・魚油購買(株)を設立したので朝鮮油肥連は反発し、同年度は基本契約に基づいた取引となった。油の供給過剰で入札価格が予定価格を下回って滞貨が増えたので、1939年度は入札以外に随意契約、委託販売も取り入れるようにし、保留量制度も廃止した。内地の魚油購買による共同購入は休止状態となった[49]。

　朝鮮油肥連による統制は1940年から国策統制へと向かった。

4. 硬化油企業の動向

　主な硬化油企業の動向を、朝鮮における硬化油企業の誕生、大手石鹸企業の硬化油自給、電解ソーダ企業の硬化油・石鹸生産への進出、巨大油脂企業の誕生という4つの側面からみておこう。油脂産業における事業多角化の進展、関連産業と結合したコンツェルン体制の構築過程を窺うことができる。

(1) 朝鮮における硬化油企業の誕生

　朝鮮の硬化油企業は上記の朝鮮協同油脂を含む3社である。

　①朝鮮の魚油生産は1925年以降本格化するが、最初に硬化油を生産したのは朝鮮窒素肥料(株)で、日本窒素肥料(株)によって1927年に設立され、32年に興南工場(咸鏡南道)内に硬化油工場を併設して硬化油生産、さらにグリセリン、脂肪酸、石鹸製造に乗り出した。日本窒素肥料は化学肥料会社であったが、電力、肥料、人絹工業を柱とするコンツェルンに成長し、火薬部門にも進出しようとしていた。硬化油生産に乗り出した理由は、朝鮮には内地の統制が及ばない、潤沢な魚油の供給がある、硫安製造の副産物である水素を利用して火薬原料のグリセリンを自給するためであった。硬化油は全部加水分解して極力グリセリンをとった。副産物の脂肪酸は石鹸業者に売れず、当初、工場内に滞貨の山ができた。イワシ油の買い受けにあたって、内地では販売しないことを条件に合同油脂と魚油の分譲契約を結んだ[50]。

　②朝鮮油脂(株)は、1933年に合同油脂が大日本人造肥料の傘下に入った際に退職した長久伊勢吉(ながひさいせきち)(朝鮮の油脂統制にあたって合同油脂を一手買受人とした中心人物)によって清

津府(咸鏡北道)に設立された。清津府にはイワシ巾着網、近代的油肥工場が集中し、朝鮮最大のイワシ漁業、油肥産地に成長した。清津府に立地した理由は、朝鮮のイワシ油生産高が激増していること、清津漁港の造成地は魚油収集に便利で、運賃が低廉なうえ、容器が不要(タンクからタンカーへ直接積み込む)なこと、イワシが不漁となれば満州産大豆の搾油を行なうことができること、関西・九州の工業都市に近く、運賃、製品販売、物資購入に便利であり、製品輸出では上海定期航路が開かれていること、であった。

朝鮮油脂はイワシ油肥、硬化油の製造販売を始めたが、1935年に日本食料工業(後述)と一緒に北鮮水産工業(株)を設立して油肥製造部門をそこへ移し、硬化油生産に専念した。人絹、羊毛工業が急速に発達し、脂肪酸とその加工品の需要が急増していることから、脂肪酸、ステアリン酸、オレイン酸の生産を先行し、石鹸製造は後回しとした。同社は1937年に日本油脂(後述)によって社名存続のまま合併された[51]。

日本油脂の下で朝鮮の事業は朝鮮油脂が統合することになり、1938年には資本金を600万円、さらには1,000万円に増資して、魚糧会社(油肥会社、漁業と兼業することが多い)7社を吸収合併し、日本油脂直営の4工場を譲り受け、朝鮮における独占的油脂企業(再び原料部門を持った)となった。事業内容は、当初は水産部と油脂部からなり、水産部ではイワシ漁業と魚油、魚粕、魚粉を製造した。その生産高は日本油脂全体の生産高の過半を占めた。油脂部では魚油から硬化油、分解製品、グリセリン、ダーク油を製造し、また石鹸工場を買収して石鹸を製造した。魚油の相当量は内地の日本油脂直営工場へ送られた。1939年から火薬事業に進出し、資本金を2,000万円に高めた。1940年頃からイワシ漁獲の減少で水産部、油脂部の活動は縮小し、42年には休業状態となった[52]。

③朝鮮協同油脂は、1937年5月の創立以来、工場建設等に時間を要し、清津府、江原道の両工場が完成して本格操業に入るのは39年度上半期からで、社名も協同油脂(株)に変更した。以後、ほぼ順調な活動で、純利益も出し、配当も行ったが、1941年度上半期はイワシの漁獲が不振で操業短縮を余儀なくされ、そのうえソーダの入手が困難となって石鹸製造も縮小した[53]。

(2) 大手石鹸企業の硬化油自給

大手石鹸企業2社の硬化油自給の過程をみよう。ライオン石鹸(株)(1919年小林商店から分社、後、ライオン油脂と改称)は硬化油を自給してコストを下げるため34年に硬化油工場、35年にグリセリン工場、36年に新石鹸工場を建設した。原料の魚油は岩手県下の漁業組合を通じて確保した。硬化油は他の石鹸専業企業にも供給した。硬化油の販路を確保することで大量生産によるコスト削減を図った。水素は水を電気分解して得、その際できた酸素は販売した[54]。

花王石鹸(株)長瀬商会(1925年に合資会社を株式会社とした)は、27年に食用油脂のため硬化油製造を始めたが、34年に硬化油工場を作り、硬化油の自給を果たした。それに先立つ1932年に硬化油カルテルに反対する石鹸製造業連合会大会が召集されたが、大会直後に花王石鹸が硬化油自給を企図していたことから同社の専務が就いていた会長職を辞任している。1935年に大日本油脂(株)を分社化し、日本硬化油同業会にも加盟した。1937年には脂肪分解工場を設立した[55]。

(3) 電解ソーダ企業の硬化油・石鹸生産への進出

　旭電化工業(株)は1932年以来、硬化油、石鹸、グリセリン、マーガリン等の製造を増やした。原料魚油の確保のため1927年以来、千葉県の漁業会社2社を傘下に収め、36年には函館の北海道鰮漁業(株)に出資した(同社は不漁と油肥の価格低迷で経営不振となった)。自社が使用する魚油は1930、31年には朝鮮産が過半となった[56]。

　日本曹達(株)は電解ソーダ企業として発足し、カセイソーダの製造に伴って生じる水素と塩素の用途を拡大し、1937年頃、化学工業部門を基礎としたコンツェルン体制を確立した。水素利用として1926年から硬化油生産を始め、製品種目を洗濯石鹸、グリセリン、ステアリン、オレイン等に拡げた[57]。電解企業は日本窒素肥料を含め、電気分解によって生じた塩素、水素などの利用拡大によって1934、35年に化学工業部門でコンツェルン体制(日窒、古河財閥、日曹)を確立している。

(4) 巨大油脂企業の誕生

　1931年に合同油脂グリセリンを改組した合同油脂(株)は、硬化油製造が発展して33年に資本金を500万円から1000万円に増資し、内地、朝鮮に9社の子会社を設立する等原料確保に努めた。1937年には親会社の大日本人造肥料が日本産業(株)(以下、日産という)に合併された際、日本食料工業とベルベット石鹸が合併してできた旧日本油脂と合併し、新日本油脂となった。

　日産はいうまでもなく鉱業、工業、自動車工業、化学工業、水産業、電波工業等を傘下に収める新興財閥であるが、油脂工業に進出するのは1936年のことである。1937年に大川財閥系の大日本人造肥料(株)(1887年創業)を吸収合併して日本化学工業(株)(後、日産化学工業と改称)を創設し、化学工業部門をスタートさせた。1936年から37年にかけて神戸瓦斯(株)からベルベット石鹸(株)を買収、日産傘下の日本食料工業のイワシ魚油肥部門とその子会社の魚糧20数社、国産工業(株)の塗料部門を統合して旧日本油脂(株)(37年3月、資本金750万円)を設立、さらに大日本人造肥料系の合同油脂と合併して新日本油脂(株)(37年6月、資本金1,750万円)とした。イワシ漁業から石鹸、塗料生産に至る一貫経営で、規模の大きさ(従業員は約2,000人)においても油脂業界では突出した。他方、日産は水産部門を統合して1937年に日本水産(株)が誕生する。

　日本食料工業(株)(1934年創業、前身は合同水産工業(株)、資本金1,520万円)は、日産系の製氷冷蔵、水産加工、魚油肥、油脂製品、大豆製品の製造販売を営む大手水産企業として成長する(資本金は2,097万円となった)。魚油肥部門に対しても積極的に投資し、政府の漁業育成補助金を得て現地漁業者と魚糧会社を設立し、全国魚油肥生産量の2、3割を占めるようになった[58]。1935年には朝鮮、樺太、北海道、三陸等に直営6工場、投資会社18工場を有するようになり、朝鮮の魚油入札に初めて参加し、相当量を入手したことで「自然業界ニ確固タル地盤ヲ築キ」、同時に油脂会社と提携するようになった[59]。そして1936年度上半期に「魚糧工場網ノ拡大ニ因ル魚油自給ノ確立ト共ニ朝鮮油脂及ベルベット石鹸ノ両会社ヲ傘下ニ加ヘ、茲ニ一貫作業ノ途ヲ開キ油脂工業界ニ進出スルコトトナレリ」[60]。

　こうして日本油脂は油脂、塗料、水産、大豆の4部門でスタートする。油脂部門は硬化油、グリセリン、石鹸、ろうそく、医薬品、化粧品等を生産した。水産部門は直営17工場

(うち朝鮮 4)、投資会社 31 社 (うち朝鮮 7) を擁し、魚油の自給力を急速に高めた[61]。油脂部の投資会社には朝鮮油脂 (株)(1933 年創業)、北海油脂工業 (24 年創業、室蘭)、北日本油脂工業 (35 年創業、函館) がある[62]。函館では豊国水産 (株)(1933 年創業) が噴火湾の大羽イワシを原料とした油を合同油脂 (株) に供給し、そこで精製・貯蔵し、北日本油脂工業で硬化油に製造する。水素は電気分解では高くなるので、コークスで鉄を焼き、それに水蒸気を通して得た。北日本油脂工業は 1937 年に合同油脂と合併し、さらに 38 年に日本油脂 (株) 函館工場となった。原料はイワシ油がほとんどで、ニシン油、牛脂、ヤシ油も使った。硬化油の他に精製油、グリセリンの製造を行った[63]。

5. 硬化油企業の経営

硬化油企業の経営をベルベット石鹸 (株)、合同油脂 (株) の事例でみていこう。両社は合併して日本油脂 (株) となる。

(1) ベルベット石鹸 (株)

1925 年に神戸瓦斯傘下のベルベット石鹸 (株) となって以来、石鹸、グリセリン、硬化油、酸素ガス、脂肪酸等を生産した。硬化油は自家用であった。

1930 年度 (前年 11 月〜 10 月) は不況が忍び寄って、石鹸は「深刻ナル不況裡ニ一般要求ハ下級品ニ移リ社製品ノ売上ハ可ナリ著シキ影響ヲ受ケタ」。グリセリンは「本期ヲ通ジテ安値ヲ辿リシモ材料製品ノ動キ方順調ニシテ有利ニ終始」した。硬化油は「原油値段ノ漸落ニ拘泥セズ相当ノ市価ヲ維持シタル為メ前年度ニ比シ著シク良好ノ成績ヲ収メタリ」[64]。

1931 年度は昭和恐慌の深化で赤字決算に陥った。「財界ノ不況ハ益々深刻ヲ極メ社製品ノ売行激減セルヲ以テ社内整理ヲ断行シ、人件費、広告費等ノ節約ヲ計リテ不況対策ヲ講ジ、他方製品ノ販路拡張ニ鋭意努力セルモ尚効果ノ挙ラザル」状況であった。石鹸は「諸原料殊ニ牛脂、魚油ノ値段奔落シ石鹸市価モ低落ニ低落ヲ重ネ安物ヲ求ムル趨勢甚ダシク・・・売上減少セリ」。硬化油は「原油並ニ一般石鹸原料ノ市価低落ニツレ本品モ販売競争激甚トナリ利潤低下セルモ幸ヒニシテ自家用以外ノ大部分ハ処分シ得タ」[65]。

1932 年度は不況を脱しつつあった。「極度ノ不況ニ沈綸セシ財界モ金輸出再禁止ノ結果漸ク活気ヲ呈シ、前期ニ比シ梢々良好ナル成績ヲ得タルモ未ダ利益ヲ見ル迄ニ至ラザリシ」。硬化油は「昨年拾壱月重要産業統制法ニヨル統制ヲ受ケルコトトナリタルヲ以テ市価安定シ、且ツ為替ノ下落ハ輸出ヲ促進セルモ当社ハ石鹸製造量ノ増加ニ伴ヒ其ノ大部分ヲ自家用トシテ消費セリ」[66]。

1933 年度は業績がさらに上向いた。硬化油は「生産並ニ販売共統制下ニアリテ内地販売及海外輸出共順調ニ終始セリ。然レドモ当社ハ石鹸増産ニ依ル自家用硬化油使用増加ノタメ其ノ販売量ハ極メテ僅少ナリ」であった[67]。

1934 年度以来、業績は順調に伸びたが、やがて 36 年 7 月に日産に売却された。

(2) 合同油脂グリセリン (株) と合同油脂 (株)

前掲図 2-5 で昭和恐慌期から日中戦争までの合同油脂グリセリン (株) と合同油脂 (株) の経営をみると、昭和恐慌期には事業収入は減少し、純利益はマイナスとなった。1932 年から回復に向かい、34 年には資本金を倍増して 1,000 万円とした。事業収入も急増して

1,000万円台となった。純利益も増加傾向であった。

昭和恐慌期の合同油脂グリセリンの経営状況をみよう。1930年度上半期は、「深刻ナル経済界ノ不況ニ伴ヒ製品ノ売価急激ニ低下シ、殊ニ本社製品ノ太宗タル硬化油類ノ値下リハ最モ甚シク、又石鹸、グリセリン等モ相当ノ売行アリタルニ拘ハラズ収益激減シ、予期ノ成績ヲ挙ゲ得ザリシ」であった[68]。同年度下半期は、「原料魚油ヲ相当安価ニ買付ケ得タルニ不拘前期以来ノ手持品値下リアリ。又製品方面ニ於テハグリセリンノ販売協定成立シ市価安定ヲ見タルモ、経済界未曾有ノ不況ニ伴ヒ其他ノ製品売値漸落ノ為メ遂ニ損失計上ノ止ムナキニ至」[69]って、カルテルを結んだグリセリン以外は不振で、赤字に転落した。

1931年度は上半期も下半期も赤字となった。下半期をみると、「一般経済界ノ不況益々深刻ヲ加ヘ製品売値ノ急激ナル低落ト原料市価ノ未曾有ノ大暴落トニ因リ甚深ナル打撃ヲ受ケ遂ニ多額ノ損失ヲ計上スルノ止ムナキニ至」[70]った。原料市価が大暴落して打撃になったというのは、朝鮮産魚油を全量、協定価格で買ったことをさす。

1931年12月に合同油脂(株)と改称し、減資と増資をした結果(大幅赤字のため250万円に減資し、大日本人造肥料が引き受けた社債250万円を株式に振り替えて資本金を500万円とした)、立ち直りをみせる。1932年度上半期は、「減資整理後ニ於ケル内容ノ充実ト相俟テ製造販売共ニ順調ニ経過シタリ。殊ニ硬化油類ハ同業者間ノ統制協定ト金輸出再禁止トニ因リ内外ノ市況安定シテ需要ヲ喚起シ相当多量ノ出荷ヲ見タリ。又石鹸、グリセリンノ如キモ比較的良好ノ売行アリテ概ネ予期ノ成績ヲ挙ケ得タ」[71]。重要産業統制法により硬化油工業が指定を受けてカルテルを結成したことと為替安で国際競争力が向上したことが回復のきっかけとなった。

その後、製造販売とも順調に推移し、1933年度上半期は、「一般環境ノ好転ト工場設備ノ改善ニ依リ生産費ノ減少ニ加フルニ為替及関税関係ニ恵マレタルト硬化油類ノ市場統制及蝋燭原料並ニグリセリンノ値上リ等相俟テ幸ニ良好ナル成績ヲ挙ケ得タ」[72]。工場施設の改善による生産費の低減、為替と関税の改善、硬化油の統制が好成績につながった。

1934年度下半期は、「一般油脂界ノ世界的不況ニ累セラレ期初軟勢ヲ辿リシガ、後半ハ内外共ニ市況漸次好転シテ市価ノ反騰ヲ見ルニ至リ、加フルニ主要製品ノ販売統制モ確立シテ出荷数量大ニ増加シ、且ツ工場増設改善ニ因ル生産費ノ低下等相俟ッテ幸ニ相当ノ成績ヲ挙ケ得タ」[73]。

1936年度下半期は、「硬化油、石鹸類ハ概シテ原料高製品安ノ憾ミアリシモ、グリセリン其他精製品ハ世界的油脂市況ノ好転ヲ移シテ頓ニ活気ヲ呈シ、又一面各工場ノ増設改良施設等完成ニヨル生産費ノ低減等ニヨリ幸ニシテ予期ノ成績ヲ挙ケ得タ」[74]。

1937年度上半期は、「一般諸油ノ好況ニ連レ硬化油類ハ概シテ高価ヲ維持シ、殊ニグリセリンハ海外高ノ影響ヲ受ケテ頗ル活況ヲ呈シタリ。石鹸類並ニ油脂精製品ニ在リテモ概ネ好況ヲ持続シ・・・製造、販売共極メテ順調ニ経過シ予期以上ノ成績ヲ挙ケ得タ」[75]。1937年6月、合同油脂は合併して新日本油脂となった。

第 5 節　日中戦争〜アジア・太平洋戦争：戦時統制と企業経営

1. 戦時統制と硬化油企業

　1937 年の日中戦争の勃発により戦時体制に入ると輸入の抑止、輸出振興、輸出で得た外貨で戦略物資を獲得する政策がとられた。油脂関係では牛脂の輸入を抑え、国産魚油に代替させ、硬化油の輸出が促がされた。1938 年 9 月から半年間で硬化油・脂肪酸合わせて 2 万トンを輸出する方針が樹てられ、内地需要と合わせてこの間月平均 5,443 トンを供給するように業界に要請があった。油脂原料の輸入規制と硬化油の輸出策で 1938 年後半から油脂原料の不足は深刻となり、価格は急騰した[76]。

　1938 年 6 月に主要硬化油企業 11 社 (朝鮮の 3 社を含む) が魚油の買付競争を抑えるために魚油購買 (株)(資本金 10 万円) を設立し、共同購買を進めた。イワシの漁獲減少、石鹸原料である牛脂の輸入が減少したので代替の魚油価格が高騰し、それに油脂企業の買付競争が加わったからである。魚油購買は一種の統制機関である。設立趣旨は、硬化油、グリセリンには既に共同販売会社があり、近いうちに石鹸も販売統制が始まる。原料の安定確保のため魚油を共同購入し、所要量に応じて配分するためであった。内地では共同購入が始まったが、朝鮮では朝鮮油肥連が、競争入札による売買契約を結んだ直後であり、競争入札の趣旨と逆行する、魚油の買い叩きにつながるとして反発し、1938 年度は適用されず、39 年度も朝鮮の 3 社は朝鮮産魚油に全面的に依存しているとして魚油購買から脱退し、朝鮮油肥連も競争入札だけの販売と保留量制度を廃止し、状況に応じて随意契約、競争入札、委託方法をとるとし、販売先として 15 社、委託先として 3 社を指定した (両方に輸出業者の三菱商事、三井物産を含む)[77]。魚油購買側も参加企業間の配分問題で対立し、1939 年は休業状態となった。

　1939 年 9 月に欧州大戦が始まり、欧米からの油脂原料の輸入が完全にストップし、日米通商条約の破棄通告もあって油脂製品輸出が激減した。1940 年 1 月には石鹸の公定価格が決められたが、原料の魚油、硬化油の公定価格が未定なので、原料高製品安になった。石鹸業界は大混乱となり、魚油の需給の逼迫、価格の高騰で中小石鹸業者が相次いで廃業するに至った[78]。内地ではイワシの不漁から魚油価格が暴騰し、朝鮮との価格差が広がった。朝鮮では価格を引き上げようとした矢先、9.18 価格停止令が出て、内地の価格に合わせ、1 等品裸 (容器なし)5 円 95 銭、缶入り 6 円 59 銭とした[79]。

　同年 6 月にイワシ油とニシン油、9 月に硬化油の公定価格が決まった (12 月に石鹸の公定価格は原料価格に合わせて見直された)。イワシ油、ニシン油の公定価格は 1 〜 3 等、等外に分かれ、産地工場渡し、産地駅出し、実需要者最寄り着駅価格が決められた。例えばイワシ油 1 等品の産地駅出し価格は 1 缶 6 円 68 銭となった (朝鮮は産地沖本船渡し価格)。硬化油の公定価格は食用、工業用、石鹸用脂肪酸について決められた[80]。

　軍需優先で民需は圧迫され、価格を低く抑えたことにより硬化油はほとんど出回らなくなった。1941 年 10 月に発令された石鹸工業整備要綱で生産性の低い中小業者が整理統合

され、石鹸工場は 452 工場から 118 工場に一挙に約 4 分の 1 になった。さらに軍需優先でグリセリンの増産が至上命題となり、イワシの漁獲が激減すると硬化の必要がないヤシ油、パーム油への転換が目指された。だが、南方占領地から内地への輸送ができず、原料不足は深刻となった[81]。

　1942 年 5 月以降、イワシの食用化が進み、魚油、魚粕、魚粉の生産は大幅に減少し、43 年になるとイワシの不漁で魚糧工場の閉鎖が相次いだ。1943 年 10 月に硬化油、脂肪酸、石鹸製造業整備要綱が発表され、指定工場以外はすべて廃業すること、企業整備により遊休化した設備は軍需に転用された[82]。

　1944 年の油脂会社数と工場数、41 年と 45 年の油脂製品生産高をみると、石鹸は 37 社・44 工場で、生産高は 19.2 万トンから 2.4 万トンへ、硬化油は 8 社・9 工場で、生産高は 8.2 万トンから 0.1 万トンへ、脂肪酸は 21 社・26 工場で 6.9 万トンから 0.8 万トンへ、グリセリンは 0.8 万トンから 0.1 万トンへと激減した[83]。

　一方、朝鮮では朝鮮油肥連による魚油の販売先は、1938 年度 (841 万缶、13.9 万トン) は日本油脂 32%、朝鮮窒素肥料 18%、朝鮮油脂 14%、協同油脂 11%、旭電化工業 10%、大阪酸水素 4%、その他 5 社 11% であったが[84]、39 年度は 534 万缶 (8.8 万トン) に減少し、うち朝鮮の 3 社が各 90 ～ 120 万缶、内地は日本油脂の 102 万缶で最大で、旭電化工業、ライオン油脂、大阪酸水素が 34 ～ 15 万缶で続き、他は 9 社に振り分けられた[85]。朝鮮内企業に対する配分は 43% から 58% に高まったが、それでも絶対量はいくらか減少した。内地企業への配分は大きく落ち込み、とくに日本油脂は 32% から 19% に落ちた。イワシ油減産のもとで、引き続き朝鮮内企業が優先された。なかでも朝鮮油肥連が出資した協同油脂への配分が増加した。

　朝鮮のイワシ漁業・加工業は 1939、40 年度をピークにその後急落した。漁獲の減少に加えて 1940 年度から表面化した資材の不足が影響した。朝鮮でも企業整備令により 1944 年 2 月に動物性油脂製造業、6 月に硬化油、脂肪酸、グリセリン製造業が整理対象業種に指定された[86]。内地に半年ほど遅れている。

2. 魚油の統制

　魚油、硬化油の戦時統制は価格等統制令 (1939 年 10 月発布) により 40 年にイワシ油とニシン油、硬化油の公定価格が決まり、8 月に魚油配給統制規則、41 年 5 月に硬化油等配給統制規則が公布されて始まる。

　1940 年に入り魚油取引に混乱が生じた。イワシの不漁に加え、燃料、労働力、タンカーの不足により価格は異常に高騰し、このため苦境に陥った硬化油、石鹸業界から公定価格の設定と配給統制が要望され、1940 年 3 月に内地の魚油肥製造業界の統制団体・日本油肥水産組合、6 月に集荷機関の日本油肥販売 (株) が設立された[87]。

　一方、商工省は硬化油業界に原料の共同購入、各社の製造能力に応じた配給を求め、1940 年 5 月に休業状態であった魚油購買 (株) を改組して魚油配給統制 (株) とした。精製・硬化油企業 17 社 (後には 12 社) が株主で、資本金は 100 万円である。カルテル団体から商工省の監督、発言権が絶大な国策統制団体になった。8 月に魚油配給統制規則が公布

され、集荷機関として日本油肥販売 (株)、配給機関として魚油配給統制 (株) が指定された[88]。朝鮮油肥連は内地向けについて 11 社の指定を取り消し、魚油については魚油配給統制を販売先とした。

魚油配給統制は、イワシ油とニシン油だけを対象とし、内地産は日本油肥販売から、朝鮮産は朝鮮油肥連から、樺太産は樺太油肥集荷配給 (株) から買い受けて、硬化油企業、魚油加工業者等に、輸出向けは輸出業者に配給する (他の魚油は直接配給)(前章図 1-10 参照)。

魚油配給統制の 1940 年度 (事業は 8 月からの 8 か月) の取扱高は 292 万缶 (4.8 万トン、うちイワシ油は 93 %) で、所期の成績をあげることができなかった[89]。魚油の配給割合は、硬化油製造能力に応じて日本油脂 43 %、旭電化工業 13 %、大阪酸水素 8 %、ライオン油脂 7 %、日本曹達 6 %等であった[90]。

1941 年度は不漁、燃料・資材の不足に加え、運送手段の逼迫、食用向け優先により魚油の確保が困難となり、鯨油の配給に傾斜した。魚油取扱高は 293 万缶 (4.8 万トン、うちイワシ油は 82 %) と鯨油 14,248 トン (内地配給 85 %、朝鮮配給 15 %) となった[91]。

1942 年 9 月に油脂原料を一元的に統制するために、魚油配給統制を含む統制会社を合併して帝国油糧統制 (株)(資本金 3,218.5 万円) が設立された。原料統制は帝国油糧統制、油脂製品統制は油脂統制会 (後述)、製品の配給は油脂製品配給統制 (株)(後述) があたる。帝国油糧統制は、動植物油脂、植物油脂原料、大豆油粕の買い入れと販売、生産資材の配給等を業務とする (魚油の集荷は引き続き日本油肥販売が担う)。

南方産、中国産、内地産油脂原料の確保に努めたが、南方産、中国産は集荷が進まなかったうえ、船舶の不足で内地に搬入できず、原料不足は極度に悪化した。内地では菜種の収穫減、イワシの大不漁等で確保が難しく、また、生産資材の配給が減ったので製造工場、油脂製品配給を重点化した[92]。

3. 硬化油の統制

戦時体制下において油脂産業の発展は重要国策となった。硬化油工業は魚油、大豆油等の不足で、生産の減退、グリセリンの逼迫が生じたため、1941 年 4 月に硬化油工業組合、グリセリン工業組合が設立された。同年 5 月に硬化油等配給統制規則が公布され、それに伴って硬化油販売 (株)(1933 年設立) は日本硬化油統制 (株) に、グリセリン販売 (株)(33 年設立) は日本グリセリン統制 (株) となった。6 月に下部組織の硬化油配給組合、同連合会が組織された。

1942 年 9 月に重要産業団体令 (41 年 8 月公布) の第 2 次指定により上部機関の油脂統制会が設立された。生産力増強のため補助金や資金手当、輸入割当て等で優先的な配分が受けられるようにした。油脂統制会の会員は硬化油、硬化蝋、脂肪酸、グリセリン、石鹸、機械油剤、人造バター、塗料、洋ろうそく等の製造業者または工業組合で、業務は油脂製品、塗料の製造販売に関する事業の運営、油脂工業にかかわる国策遂行である (45 年 3 月に油脂統制会は化学工業統制会に統合された)。また、1942 年 5 月に日本硬化油統制と日本グリセリン統制は合同して硬化油グリセリン統制 (株) となり、43 年 11 月には統制会社令 (43 年 10 月発布) に基づいて日本石鹸配給統制 (株)(42 年設立) と合併し、硬化油、グリセリ

ン、石鹸の3者を統合した油脂製品配給統制(株)となった[93]。それと併行して政府は硬化油、脂肪酸、石鹸製造業整備要綱（1943年10月）を発表し、硬化油部門は維持するが、脂肪酸、石鹸工業は転廃業させるとした[94]。

以下、硬化油販売、日本硬化油統制、硬化油グリセリン統制の「営業報告書」によって、戦時配給統制の状況を窺っておこう。

1940年度下半期の硬化油販売(株)は、「硬化油、ステアリン酸共季央迄前季同様原料高製品安ノ不均衡状態ヲ脱セズ、需要最盛期ハ遂ニ無為ニ終レリ。其後販売価格ノ公定ヲ見タルモ原油供給ノ安定ヲ欠キ沈滞裡ニ経過セリ」[95]。

1941年度下半期の日本硬化油統制(株)は、「原料油ノ逼迫ハ倍々甚シク、為ニ硬化油、脂肪酸類ノ生産モ極度ノ減少ヲ来シ、加フルニ輸送関係モ極メテ不円滑トナリ、又統制規則施行後ノ整備等ノ為、需給状況ハ著シク均衡ヲ欠キ、配給上幾多ノ困難ニ逢着セシモ当局ノ指示ト援助トニ依リ重点配給ニ専念シ得タルモ、輸送難愈々深刻トナリ困難裡ニ終焉セリ」[96]。

1942年度上半期の硬化油グリセリン統制(株)は、「硬化油、脂肪酸ハ油価ノ未決定、容器ノ不足、運送難等種々ノ原因ニテ配給不能ニ依ル相当多量ノ滞貨ヲ生セシモ季央ニ至リ油価制定ノ結果、其後生産モ順調ニ進ミ、一方、機構ノ整備等ト相俟テ滞貨一掃ノ緒ニツキシモ運送難ノミハ愈々深刻トナリ困却セシモ、当局ノ御援助ニ依リ梢常態ニ復スルヲ得、需要ニ対シテ大体計画通リ遂行シ得タリ。グリセリンハ石炭ノ品質低下、配給量ノ減少、資材ノ入手難等ニテ生産漸減セシニ季央以後ハ原料不足傾向顕著トナリ、一層生産ノ減少ヲ来シ、重要方面ヘノ配給モ修正ノヤムナキニ至リ、頗ル困懲セシモ辛シテ所定販売ヲ遂行シ得タリ」[97]。

4. 戦時体制下の油脂企業経営

戦時体制下の日本油脂(株)の経営は前掲図2-5に示した通りで、合同油脂から日本油脂に変わると資本金は次々と大きくなり、合同油脂の時には1,000万円であったが、とくに1937年から38年にかけて1,850万円から5,050万円となり、その後も増資して最終的には6,725万円になった。急速に企業の統合を進め、軍需品生産へ傾斜していったことが窺われる。事業収入は2,000万円台から5,000万円台へと飛躍的に伸びた。純利益は100万円台から300万円台に増加した。

日本油脂は事業分野を拡大し、多角化を推進した。一貫作業による合理的経営、危険分散、利潤の安定化を図った。1940年にはそれまでの水産、油脂、塗料、大豆の4部門に溶接棒、火薬、繊維の3部門を追加した。民需を犠牲にして軍需生産が優先された。グリセリンの増産を第一義とした結果、1941年8月から石鹸原料としてグリセリンを除いた脂肪酸が配給されるようになった。1944年1月には軍需会社法に基づき日本油脂は軍需会社に指定された。イワシの不漁で、1943年10月に水産部を廃止し、殖産部を設け、その水産課とした。1945年5月には水産部門を日本油脂から切り離し、北海道での事業を中心とした水産会社とした[98]。

この間、1938年に朝鮮における日本油脂の投資会社の魚糧7社と直営4工場は朝鮮

油脂に統合させ、内地では新たに投資会社を設立しつつ、投資会社14社を吸収合併した。1938年をもって水産部の事業拡大と整備はほぼ完了した。日本油脂及びその投資会社のイワシ漁獲高は1938年度は14万トンに及び、内地及び朝鮮のイワシ漁獲量の6％を占めるに至った[99]。

1939年の内地油脂工場は8工場で、それぞれ数工場づつが硬化油、脂肪酸、ステアリン酸、オレイン酸、グリース、グリセリン、石鹸を製造し、各工場間で硬化油を融通し、多角経営の長所を活かした。朝鮮油脂は大量の硬化油を内地直営工場に配給した[100]。

具体的に経営動向をみていこう。創業当初の1937年度下半期は、「水産、油脂、塗料、大豆ノ各工業部門共支那事変ト時局ノ影響ヲ受ケグリセリン、塗料ノ如キハ頗ル活況ヲ呈セシカ、又不振ノモノモアリ区々タル情勢ヲ辿リシモ、製造、販売共概シテ順調ニ経過シ、一方ニ於テ事業統制ト一貫作業ニ依ル経営ノ合理化ト相俟テ予期ノ成績ヲ挙ケ得タ」[101]。

1938年度下半期は、「戦時体制下ニ終始シ諸材料高騰ノ影響ヲ受ケシコト少カラサリシモ善ク之ヲ克服シ、石鹸、塗料及火薬類ノ好況並ニ内地水産業ノ順調ニ予期ノ成績ヲ挙ケ得タ」だけでなく、国策に沿い、中国進出の基礎を築いた[102]。

1939年度下半期は、「統制ハ益々強化セラレ経営上幾多ノ困難アリシモ能ク之ヲ克服シ、生産拡充ニ事業合理化ニ将又海外発展ニ着々成果ヲ収メ、油脂部ヲ始メ各部門共好調裡ニ推移シ、予期以上ノ成績ヲ挙ケ得タ」[103]。

1940年度下半期は、「我国戦時経済ハ今ヤ高度国防国家完遂ノ為メ統制経済ヨリ計画経済ヘノ新段階ニ入リ、重点主義ノ諸政策ハ資材其他ノ関係ニ於テ当社各部門ニ亘リ作業ノ円滑ヲ欠クコト少カラサリシモ克ク之ニ即応シ、且ツ生産配給ニ将又社内整備ニ努力シ、多角経営ニ因ル事業合理化ノ成果ト相俟ツテ概ネ所期ノ成績ヲ挙ケ得タ」[104]。

1942年度上半期は、「大東亜戦下諸般ノ統制ハ戦争目的達成ノ為急速ニ強化セラレ、我社ニ於テモ人的、物的ニ影響ヲ蒙リタルモ、他面戦時下必需物資タル油脂、塗料、火薬部門ハ活況ヲ呈シ、事業ノ多角経営ノ効果ト諸資材ノ合理的運用ト相俟ツテ順調ナル経過ヲ辿」った。また、中国での事業経営も順調で、軍から新たに工場の委託管理を受けた[105]。同年度下半期には八戸魚糧(株)等の油肥企業、塗料企業9社の営業譲渡を受けたが[106]、漁獲のさらなる減少で、全国の魚糧工場は休業状態となった。

1942年度下半期に日本油脂が入手した魚油は僅か2,000トン程で、半年間の硬化油製造能力33,600トンからすればないに等しい量であった。日本油脂の魚油、硬化油生産は実質的に1942年で終わりとなった。以後、魚油の入荷はますます減少し、水産部においては1943年半ばから漁獲の全部を食用に向けることとし、業務量が激減して10月には組織を縮小した。油脂部は主要原料の魚油があてにできず、ヤシ油、鯨油が中心となった。それもグリセリンの獲得が目的で、石鹸用は第二義的となった。鯨油は政府保管の特配物資で航空機用潤滑油原料となった[107]。

1943年度上半期は、「油脂部門ハソノ原料関係ニ於テ、近年連続セル鰮不漁ニ加ヘテ豊富ナル南方油脂資源モ未ダ充分入手スルニ至ラズ、若干ノ利益率低下ヲ示セリ」[108]。同年度下半期は、「我社亦只管戦力ノ増強ノ国策ニ副ヒ負荷セラレタル使命達成ノ為メ社内諸施設ノ重点部門集中ヲ断行セリ。即チ一部工場ヲ廃休止セシメ之ヲ直接軍需品製造部門ノ拡張

計画ニ転用シ」た[109]。

　1944年度上半期に軍需会社法(43年10月公布)に基づき、主要13工場が軍需工場として指定された。軍需工場に指定されると国家の直接管理下に置かれる。「数期前ヨリ敢行セル社内諸設備ノ整備モ当期ヲ以テ略々完了ノ域ニ達シ今ヤ全事業ヲ通シ軍需中心ニ移行セリ」[110]。日本油脂はこうして1944年に全事業が国家管理の軍需工場となった。

第6節　要約

　イワシは第一次大戦後、内地、朝鮮における最大漁獲魚種となり、漁獲物の大半は油肥に製造され、油は硬化油に加工されて油脂製品原料となった。油脂産業の起点となるイワシ硬化油工業の生成、発展、衰退過程を戦争と経済変動を画期として第一次大戦〜昭和恐慌、昭和恐慌〜日中戦争、日中戦争〜アジア・太平洋戦争の3期に分けて考察した。

　硬化油はイワシ油を原料とし、油脂製品の原料となることから、石鹸やグリセリン製造等関連業種の動向を踏まえつつ、硬化油工業の動向、戦争や経済動向に対する政府や業界の対応、硬化油企業の個別経営動向に注視した。

　統計によりイワシ油と硬化油の生産量をみると、内地と朝鮮のイワシ油の生産は1920年代後半から急増して30年代半ばにピークを迎え、両地を合わせると20万トンを超えるまでになった。朝鮮での生産は遅れて始まったが、次第に内地の生産量を上回るようになった。1940年代に入ると両地の生産量はともに急減し、アジア・太平洋戦争末期には極小となった。

　硬化油の生産量は内地が朝鮮を大幅に上回る。それは、朝鮮のイワシ油が内地に移出され、内地で加工されたからである。イワシ油、イワシ硬化油の一部は輸出された。朝鮮の硬化油生産は遅れて始まり、その多くは内地へ移出された。イワシ油は朝鮮人も生産したが、硬化油は全面的に内地資本によって生産された。

(1) 第一次大戦〜昭和恐慌：イワシ硬化油工業の勃興と停滞

　第一次大戦期に硬化油工業が勃興し、大戦後は反転して沈滞する。第一次大戦で油脂原料(とくに豪州産牛脂)や油脂製品(グリセリン、石鹸)の輸入が減る一方、油脂製品の需要増加、価格高騰があって代替・補完するものとして硬化油工業が勃興した。併行して硬化のために水素、石鹸製造のためにカセイソーダを供給する電解ソーダ工業も勃興する。ともに技術は欧州から導入された。原料は価格の安い魚油等が使われ、魚油の中心はニシン油であった。できた硬化油は品質は悪いが大半は輸出された。こうして、①政府支援によりグリセリン工業が勃興した。②油脂原料が輸入牛脂から国産魚硬化油への代替が始まった。③魚油の利用が画期的に拡大した。

　大戦後、油脂原料の輸入再開、油脂製品の需要減、価格低落で硬化油工業は不振となり、企業再編が進んだ。硬化油企業は、大戦中は英国企業と魚油の輸出商であったが、大戦後は倒産するかガス会社、化学肥料会社の傘下に入った。この間、グリセリン製造と石鹸製造との統合が進んだ。大戦後に参入してくるのは電解企業で、副産物の水素を販売することから硬化油製造に参入し、一部は石鹸製造にも進出した。

硬化油企業は不況カルテルを結成したが、結束が崩れて続かなかった。石鹸業界とは利害が対立し、油脂原料に対する関税は、石鹸業界が要望した撤廃から硬化油業界が要望した賦課へと変化した。当初はグリセリン工業の育成や石鹸業界の保護のために関税撤廃に動いたが、後には硬化油が輸入原料に代替し、重用されるようになったことから関税によるその保護へと変化したのである。

　その後、硬化油工業が復活した要因は、①硬化技術の発展で品質が向上し、輸出が再開されたこと、②輸入牛脂への課税で硬化油工業が保護されたこと、③1920年代後半から石鹸の主原料が硬化油となった。魚油は生産が増加したイワシ油が中心となった。硬化油の配合割合が高い洗濯石鹸の増産と普及がその変化を支えたこと、④硬化油から作られたグリセリンの品質が向上し、軍隊に納入されたこと、⑤原料産地として朝鮮が台頭したこと、である。こうして石鹸は輸入国から輸出国へと変化した。

(2) 昭和恐慌～日中戦争：イワシ硬化油工業の回復と発展

　昭和恐慌で大打撃を受けてからV字回復を遂げ、1930年代半ばの隆盛に至るまでの期間である。昭和恐慌後の急激な発展要因は、①イワシの漁獲増加、②脂肪酸をステアリン酸、オレイン酸に分解する技術の発展とそれらを消費需要する油脂産業の発達、③満州事変以後の軍国化で火薬原料のグリセリンの需要が増加したこと、④金輸出再禁止で為替安となり、輸出が促進されたこと、⑤重要産業統制法の適用によって硬化油カルテルが結成され、経営が安定したこと、である。こうして、グリセリンは自給を達成した。魚油は魚粕の副産物から主産物になった。朝鮮がイワシ油の主産地となった。

　朝鮮では昭和恐慌とともに朝鮮総督府の強力な指導の下、油肥水産組合が結成され、販売統制が実施された。販売統制は魚油需要が高まると1社への販売から入札制を取り入れるようになった。その際、朝鮮内硬化油企業への販売を優遇し、保護した。朝鮮内企業は内地へ硬化油を販売する場合には内地のカルテルに参加している。

　硬化油工業のV字回復の過程で、油脂業界に再編成が起こった。①硬化油企業も石鹸を製造するようになり、他方、大手石鹸企業は硬化油自給に乗り出した。双方の大資本による経営の多角化が進んで、1934、35年には硬化油生産から油脂製品生産までの総合油脂企業となった。硬化油を自給できない中小石鹸業者は淘汰され、下請け化した。②電解企業は火薬部門を含む化学工業の裾野を拡げ、財閥資本として確立した。③日本産業(株)は魚油肥、硬化油、油脂企業を吸収統合して1937年に日本油脂(株)を設立する。イワシ漁業、油肥生産の最大手となり、油脂業界において、硬化油、グリセリン、石鹸生産で君臨した。日本油脂は朝鮮においては子会社・朝鮮油脂(株)を通じて魚糧会社を吸収統合し、独占的油脂企業となった。魚油、硬化油、油脂製品を内地の日本油脂に送って、一体的経営を進めた。

(3) 日中戦争～アジア・太平洋戦争：戦時統制と企業経営

　日中戦争後の戦時統制は、当初、輸入抑制、輸出促進、輸出で稼いだ外貨で軍需品輸入という政策をとったが、欧米との貿易が杜絶すると資材、原料配分の合理化、軍需部門への集中が推進された。

　油脂統制は1940年から実施された。魚油、硬化油の公定価格の設定、配給統制規則の制定、魚油の集荷・配給機構の整備が進み、朝鮮産魚油も内地販売についてはこの配給機構へ

直売するようになった。この集荷・配給機構は 1942、43 年に油脂原料と油脂製品の 2 つの国策会社に統合された。

併行して硬化油、脂肪酸、石鹸製造業が大幅整理され、大手企業・軍需部門に集約化された。日本油脂も軍需部門への重点化、中国・南方占領地への進出を図った。もっともイワシ漁獲量が激減し、中国・南方占領地からの油脂原料が届かず、大戦末には油脂産業は完全に麻痺状態となった。

注

1) 1933 年度では魚油の国内消費 11.6 万トンのうち、硬化油原料が 10 万トンと大部分を占め、重合油原料、塗料用、その他が各 5 〜 6 千トンであった。三井澄「魚油の重合加工に就て」『水産公論 第 24 巻第 7 号』(1936 年 7 月) 26 頁。
2) 魚油の種類別構成は年代によって変わるが、内地は 1925 年はイワシ油 48％、ニシン油 25％、鯨油 16％、その他 11％ であったが、35 年はイワシ油が 79％ に高まった。朝鮮はもともとイワシ油の割合が非常に高く、1925 年は 94％、35 年は 99％ であった。
3) 大迫芳明『いわしの油』(本人発行、1935 年) 25 〜 27 頁。
4) 前掲「魚油の重合加工に就て」27 〜 30 頁。
5) 輸出先は年代によって変わるが、欧州 (ドイツ、イタリア、イギリス、オランダ等)、アジア (中華民国、英領インド、フィリピン)、アフリカ (エジプト) 等へ広がった。
6) 『油脂工業史』(日本油脂工業会、1972 年) 42 〜 44 頁、『花王石鹸七〇年史』(同社、1960 年) 31 〜 32 頁、山内昌斗「英国企業の極東戦略と尼崎――一九一〇―一九二五年の間におけるリーバ・ブラザーズ尼崎工場」『地域史研究 第 33 巻第 2 号』(2004 年 3 月) 46 〜 53 頁。
7) 『ライオン 100 年史』(同社、1992 年) 173 頁、『ミヨシ油脂株式会社史』(同社、1966 年) 134 〜 144、149 〜 152 頁。
8) 前掲『油脂工業史』44 〜 47 頁、『ライオン油脂六十年史』(同社、1979 年) 22 〜 24 頁、「グリセリン工業の発達」時事新報、1917 年 5 月 12 日。
9) 『主要工業概覧 第二部化学工業』(農商務省工務局、1921 年) 125 〜 128、143 〜 145 頁。
10) 吉田豊彦『軍需工業動員ニ関スル常識ノ説明』(水交社、1927 年) 58 〜 61 頁。
11) 前掲「英国企業の極東戦略と尼崎――一九一〇―一九二五年の間におけるリーバ・ブラザーズ尼崎工場」46 〜 53 頁。
12) 『神戸瓦斯四十年史』(同社、1940 年) 81 〜 83 頁。
13) 『日本油脂 50 年史』(同社、1988 年) 7 〜 8 頁。
14) 『日本油脂三十年史』(同社、1967 年) 60 頁。
15) 『旭電化工業 70 年史』(同社、1989 年) 225、236 〜 237 頁。
16) 小林良正・服部之総『花王石鹸五十年史』(同編集委員会、1940 年) 553、555、643 〜 645 頁。
17) 『石鹸工業の話』(産業経済調査所、1931 年) 12 〜 14 頁。
18) 島田義照『日本石鹸工業史』(大阪石鹸商報社営業所、1932 年) 321 〜 324 頁。
19) 前掲『旭電化工業 70 年史』233 頁。
20) 前掲『油脂工業史』58 〜 68 頁。
21) 前掲『日本石鹸工業史』347、350 頁、「硬化油増産と輸出増加策」中外商業新報 1928 年 3 月 16 日。
22) 前掲『旭電化工業 70 年史』249 頁、前掲『日本石鹸工業史』408 〜 409 頁。
23) 「横浜魚油株式会社 第 39 回 (1914 年度下半期) 報告」。同社の上半期は前年 11 月 〜 4 月、下半期は 5 〜 10 月。
24) 「同 第 40 回 (1915 年度上半期) 報告」
25) 「同 第 43 回 (1916 年度下半期) 報告」
26) 「同 第 48 回 (1919 年度上半期) 報告」
27) 「同 第 51 回 (1920 年度下半期) 報告」
28) 「日本グリセリン工業 (株) 式会社 第 7 営業年度 (1918 年度下半期)」。同社の上半期は 4 〜 9 月、下半期は 10 月〜翌年 3 月。
29) 「同 第 11 営業年度 (1920 年度下半期)」
30) 「合同油脂グリセリン株式会社 第 5 回 (1923 年度上半期) 営業報告書」 同社の上半期は前年 12 月〜 5 月、下半期は 6 〜 11 月。
31) 「同 第 7 回 (1924 年度上半期) 営業報告書」
32) 「同 第 8 回 (1924 年度下半期) 営業報告書」
33) 「同 第 14 回 (1927 年度下半期) 営業報告書」
34) 「同 第 15 回 (1928 年度上半期) 営業報告書」
35) 「同 第 16 回 (1928 年度下半期) 営業報告書」
36) 「同 第 17 回 (1929 年度上半期) 営業報告書」

37) 前掲『花王石鹸五十年史』679頁。
38) 前掲『日本油脂50年史』1〜2頁。
39) 柿沼亮「本邦硬化油工業の将来と魚油問題－最近に於ける魚油界の展望(五)－」『水産公論 第23巻第5号』(1935年5月)38頁、同「同(六)」『同 第23巻第6号』(1935年6月)22頁。
40) 工業日日新聞社『躍進日本之工業』(工業日日新聞社、1938年)177〜181頁、勝田貞次『戦時化学産業読本』(千倉書房、1937年)181〜185頁。
41) 佐々木三九馬『日本産業経済全書7 戦時化学工業論』(白揚社、1938年)72頁。
42) 峯村光郎『統制経済法』(慶応出版社、1941年)79、90頁。
43) 臨時産業合理局『産業の統制に関する資料 其ノ一』(1932年4月)46〜48頁、『産業合理化 第八輯』(日本商工会議所、1933年)99〜104頁。
44) 『朝鮮油脂株式会社事業概要』(同社、1937年)95〜96頁。朝鮮窒素肥料は販売委託、朝鮮油脂は非加盟。年間のグリセリン需要は9,000トンで、うち火薬爆薬用が4,000トン、薬局用が3,000トン、煙草用と工業用が各1,000トンであった。1935年の国内生産は7,500トンであった。同上、291〜294頁。
45) 柿沼亮「本邦における硬化油工業－最近に於ける魚油界の展望－」『水産公論 第23巻第2号』(1935年2月)20〜22頁。
46) 前掲『油脂工業史』86〜87頁、前掲『花王石鹸五十年史』671頁。
47) 朝鮮の油肥統制については、『朝鮮鰯油肥統制史』(朝鮮鰯油肥製造業水産組合連合会、1943年)を参照。
48) 中外商業新報 1937年5月24日、京城日報 1937年3月4日。
49) 前掲『朝鮮鰯油肥統制史』451頁。
50) 「朝鮮窒素肥料株式会社定款」、三宅春輝『日本コンツェルン全書 新興コンツェルン読本(日窒・森・日曹・理研)』(春秋社、1937年)119頁。
51) 前掲『朝鮮油脂工業株式会社事業概要』24〜25、33〜35、42〜47頁。
52) 前掲『日本油脂三十年史』365〜369頁。
53) 前掲『朝鮮鰯油肥統制史』402〜404頁。
54) 前掲『ライオン油脂六十年史』52〜55頁、前掲『ライオン100年史』185〜187頁。
55) 前掲『花王石鹸七〇年史』59〜62頁。
56) 前掲『旭電化工業70年史』277、279頁、『新興化学工業株の投資価値』(山一證券株式会社、1935年)44〜48頁。
57) 前掲『日本コンツェルン全書 新興コンツェルン読本(日窒・森・日曹・理研)』245頁、下谷政宏「日本曹達の工場展開」『経済論叢 第130巻第1/2号』(1983年7・8月)23頁。
58) 前掲『日本油脂三十年史』160〜165頁。
59) 「日本食料工業株式会社 第13期(1935年度下半期)営業報告書」。同社の上半期は2〜7月、下半期は8月〜翌年1月。
60) 「同 第14期(1936年度上半期)営業報告書」
61) 前掲『日本油脂三十年史』323〜325頁。
62) 前掲『日本油脂50年史』15〜16頁。
63) 水産講習所製造科第4学年「昭和12年度、13年度調査旅行報告」(東京海洋大学図書館所蔵)
64) 「ベルベット石鹸株式会社 第6回(1930年度)営業報告書」
65) 「同 第7回(1931年度)営業報告書」
66) 「同 第8回(1932年度)営業報告書」
67) 「同 第9回(1933年度)営業報告書」
68) 「合同油脂グリセリン株式会社 第19回(1930年度上半期)営業報告書」
69) 「同 第20回(1930年度下半期)営業報告書」
70) 「同 第22回(1931年度下半期)営業報告書」
71) 「合同油脂株式会社 第23回(1932年度上半期)営業報告書」
72) 「同 第25回(1933年度上半期)営業報告書」
73) 「同 第28回(1934年度下半期)営業報告書」
74) 「同 第32回(1936年度下半期)営業報告書」
75) 「同 第33回(1937年度上半期)営業報告書」
76) 前掲『日本油脂三十年史』205頁。
77) 前掲『朝鮮鰯油肥統制史』457〜466、513〜515、536〜538頁。
78) 前掲『花王石鹸五十年史』743頁。
79) 前掲『朝鮮鰯油肥統制史』541〜543頁。
80) 前掲『油脂工業史』126〜128頁。
81) 前掲『旭電化工業70年史』294頁。
82) 日本経済連盟会調査部編『会社整備資料集成(二)』(経済図書、1944年)115頁。
83) 前掲『油脂工業史』134、150頁。
84) 『朝鮮の鰯』(朝鮮鰯油肥製造業水産組合連合会、昭和15年)頁数なし。
85) 『化学工業年鑑 昭和16年版』(化学工業時報社)376〜377頁。
86) 許粋烈「1940年代朝鮮における資本整備－朝鮮人工業を中心に－」The 4th East Asian Economic Historical Symposium 2008、pp.142〜143
87) 前掲『化学工業年鑑 昭和16年版』373〜374頁。

88) 前掲『朝鮮鰯油肥統制史』591～597頁。
89)「魚油配給統制株式会社　第一期(1940年度)営業報告書」
90) 前掲『化学工業年鑑　昭和16年版』377頁、前掲『日本油脂50年史』28頁。
91)「魚油配給統制株式会社　第二期(1941年度)営業報告書」
92)「帝国油糧統制株式会社　第一期（1942年度下半期）決算報告書」
93) 前掲『油脂工業史』95、142頁、『化学工業年鑑　昭和17年版』(化学工業時報社)382頁、企画院研究会『統制会の本質と機能』(同盟通信社、1933年)118～121頁。
94) 朝日新聞社『朝日経済史　昭和19年版』(同社)169～172頁。
95)「硬化油販売株式会社　第30回(1940年度下半期)営業報告書」。同社の上半期は前年12月～5月、下半期は6～11月。株主は日本油脂以下9社、資本金は50万円。
96)「日本硬化油統制株式会社　第32回(1941年度下半期)営業報告書」。株主は日本油脂以下11社、資本金は50万円。
97)「硬化油グリセリン統制株式会社　第33回(1942年度上半期)営業報告書」。株主は日本油脂以下14社、資本金は80万円。
98) 前掲『日本油脂三十年史』182、187、190、333～334頁。1945年4月、日本油脂は日本鉱業の化学部門と合併して新日産化学工業(株)となった(戦後、日本油脂が分社化した)。
99) 同上、321～324頁。
100) 同上、202、204頁。
101)「日本油脂株式会社　第34回(1937年度下半期)営業報告書」
102)「同　第36回(1938年度下半期)営業報告書」
103)「同　第38回(1939年度下半期)営業報告書」
104)「同　第40回(1940年度下半期)営業報告書」
105)「同　第43回(1942年度上半期)営業報告書」
106)「同　第44回(1942年度下半期)営業報告書」
107) 前掲『日本油脂三十年史』226頁。
108)「日本油脂株式会社　第45回(1943年度上半期)営業報告書」
109)「同　第46回(1943年度下半期)営業報告書」
110)「同　第47回(1944年度上半期)営業報告書」

第3章
愛知県水産業の近代史

打瀬網漁船（愛知県立図書館所蔵）

第3章

愛知県水産業の近現代史

　愛知県における水産業の近現代史を政治経済的な画期に基づき4期＝4節を分けて叙述する。第1節は明治初年から日露戦争までを水産業の近代化過程、第2節は日露戦争から昭和恐慌までを水産業の発展期、第3節は昭和恐慌から戦時体制までを水産業の変転と統制期とする。第4節は第二次大戦後から昭和末・平成初期までの展開過程を扱う。各時期毎に水産業の概要、漁業制度・政策、漁業、養殖業、水産製造業、水産物流通について述べる。

　また、参考のために大正11年当時の地図（図3-1）を示し、本章に関係の深い市郡町村を記しておく。

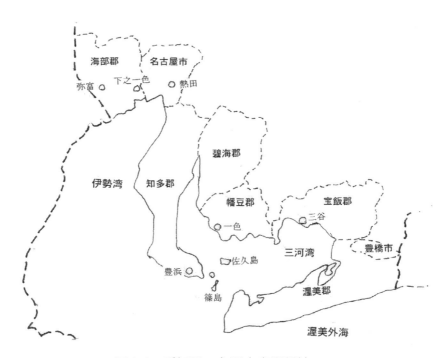

図 3-1　愛知県の主要水産関係地

資料：『大正11年　愛知県統計書　第1編』

第1節　明治初年～日露戦争：水産業の近代化

1. 水産業近代化の概要

　明治期に入って水産業は近代化に向かう。そのうち明治30年前後で発展の段階が異なる。それまでは藩政期に引き続き、漁業は無動力船による沿岸漁業に留まり、生産技術の進歩は緩慢であった。養殖業もノリ養殖以外は未発達で、水産製造業は農漁家の副業の域を出ておらず、生産はいずれも停滞的であった[1]。漁業秩序は慣行が重視されたが、藩政時代の規律は弛緩し[2]、生産性の高い打瀬網漁業（底曳網漁業の一種）が勃興して漁場が荒廃し、他漁業との紛争を招く等の混乱も生じた。鉄道、汽船の発達は水産物流通圏の拡大や清国向け水産物輸出の伸長をもたらした。漁業者は概して貧しかったが[3]、打瀬網の勃興、販路の拡大で隆盛に赴く漁村と漁獲の減少で沈滞する漁村とに明暗が分かれた。

　明治30年代になると、水産業は資本主義社会の形成と歩調を合わせるように漁業秩序の確立、技術の発達、水産物需要の増大によって発展した。漁業法が制定されて各地に漁業組合が設立され、沿岸漁業の管理主体となった。愛知県漁業取締規則も制定されて漁業制度が確立した。また、愛知県水産試験場が設立され、技術の改良、開発試験が進められた。漁業では漁船は無動力ながら改良して沖合や朝鮮へ出漁する者が現れ、漁網は麻製手編みから綿糸製機械編みに変わり、イワシを主対象とするまき網漁法として揚繰網に巾着網が加わった。養殖業ではノリ養殖が大きく発展した。水産製造業は鮮魚需給が増大したことでかえって縮小し、清国向け水産物輸出は資源の減少から停滞した。

　日本最初の水産統計である『水産事項特別調査』によって明治24年の愛知県の水産業の様子をみよう（表3-1）。愛知県は内水面漁業は少なく、ほとんどが海面漁業である。就業者数は漁業で3万3,600人、採藻業で6,200人、計3万9,800人であった。就業者の過半数は兼業、とくに農業との兼業が多い。採藻業はほとんどが自給肥料目的で、専業者はいない。傭われ就業者も多く、地曳網や揚繰網のような規模の大きな漁業も発達していた。水産製造業は1万5,200人が就業した。ほとんどが農業・漁業との兼業で、塩干加工を主体とした家内制手工業の段階にあった。

　郡別に水産業就業者数をみると、沿海8郡のうち最も多いのは渥美郡で、知多郡、宝飯郡、幡豆郡が続く。海岸線が短かく、湾奥に位置する海西郡、海東郡は少ない。碧海郡、愛知郡も少ない部類に入る。

　漁船は1万2,000隻程あったが、すべてが無動力船で、

表3-1　愛知県の水産業者数、漁船数、漁獲高（明治24年）

水産業者		戸数	就業者数
計		22,689	54,941
漁業	専業	4,100	15,860
	兼業	9,966	17,731
採藻業	専業	-	-
	兼業	2,045	6,168
製造業	専業	161	916
	兼業	6,417	14,266

		鹹水漁	淡水漁
漁船計	隻	12,265	398
3間以下		11,700	398
3～5間		565	
5間以上		-	
漁獲高	円	605,572	32,176
磯漁		526,529	
沖漁		105,209	

資料：農商務省農務局『水産事項特別調査　上巻』（明治27年）
注：漁獲高の合計が合わないがそのままとした。

長さ3間（5.4 m）以下の小型船がほとんどである。3〜5間（5.4〜9 m）は500隻程度で、5間（9 m）以上の大型船はない。漁獲高は63.2万円で、全国12位にあたる。その83％が「磯漁」、17％が「沖漁」で漁獲された。

その後、漁業、採藻業、水産製造業とも就業者数は大幅に減少している。とくに兼業者の減少が著しい。小型漁船を中心に漁船数も減少した。次第に小規模零細漁業が淘汰され、専業化、商品経済化が進展しつつあった。

漁獲高は、明治27年75万円、30年94万円、35年148万円、39年183万円と大幅に増加した（図3-2）。魚種構成は年次によって変わるが、明治35年でみるとイワシが飛び

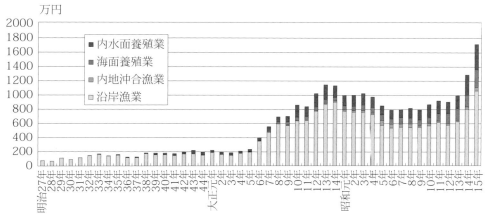

図 3-2　愛知県の漁業・養殖業生産額の推移

資料：農林省統計情報部・農林統計研究会編『水産業累年統計　第3巻都道府県別統計』（農林統計研究会、昭和53年）
注：沿岸漁業には内水面漁業を含む。

抜けて高く、次いでタイ、カレイ・ヒラメ、ボラ、ウナギ、エビが続く。水産製造高は、同期間、48万円、48万円、93万円、73万円で推移しており、停滞気味であった。イワシ製品の〆粕（肥料）、煮干し、塩イワシが上位を独占し、他にも魚油、干鰯（肥料）、缶詰があった。イワシ製品以外はかまぼこ、ノリ、干しエビ、せんべい等である。明治30年以前と比べて干鰯、イリコ（干しナマコ、清国向け輸出品）が大幅に減り、魚肥は干鰯中心から〆粕中心に替わり、煮干し、缶詰、かまぼこ、せんべいといった軍需向け、都市住民向けが伸長している。干鰯から〆粕への変化は、沖合で脂肪分の高い大羽イワシが漁獲されるようになったこと、脂肪分を含んだ干鰯は肥料効果が劣ることが知られるようになったこと、〆粕製造時に出るイワシ油の販路（欧州向け輸出）が開けたことが影響している。

養殖業の生産高は明治35年の8万円から39年の23万円へと飛躍的に伸びた。種類はノリ、コイ、ボラ、ウナギである。

2. 漁業政策の展開と水産試験場

明治政府は漁業制度の抜本改革を目指して、明治8年に海面官有・借区制を打ち出し、借区料は従来の漁業税と同額にした。この方針は新規参入、新規漁具・漁法の導入、出願者の競合等混乱を招いたので、借区制は取り消し、漁場利用は慣行によることとした。それで

愛知県は明治9年に県税則、14年に漁業税採藻税規則を制定し、漁業・採藻それぞれの税額を定めた。県税則では漁業税は免許料が20銭、海面漁業は1人年間50銭、内水面漁業は25銭、海面養殖業は別に相当額を賦課するとした。漁業税採藻税規則では海面、内水面漁業とも1人年間30銭とし、養殖業は慣行のある場所に限り免許し、税額は年収穫高の5％と定めた。また、河川における簗(やな)漁業は一期ごとに免許し、その規模に応じ税額を定めている。養殖業、簗漁業を除くと漁業種類毎ではなく、漁業者に一律に一定額を賦課したことが特徴で、漁業種類別漁獲高が把握されていないこと、各種漁業を組み合わせることが多いこと、漁獲変動が大きいこと、ほとんどが内湾漁業で総じて規模が小さいことが理由とみられる。

　明治10年から内水面の資源保護、増殖が取り組まれた。愛知県植物園に養魚試験場を設け、コイ等を飼育して稲田や溜池等に放養したり、サケやアマゴを他所から取り寄せて孵化・放流した。また、サケの放流事業の障害となる漁具の使用禁止、資源を破壊するダイナマイト漁の禁止、アユの繁殖保護のため木曽川、矢作川、乙川、足助川、豊川等に禁漁期を設定する等の措置をとった。

　沿岸漁業については、紛争が頻発した打瀬網の禁止を明治19年に決めたが、実施期限が近づくと延期に延期を重ね、遂に禁止は見送られた。明治23年から巡回教師による水産業改良指導が始まり、27年には全国初となる愛知県水産試験場が設置された。明治30年代になると、沿岸漁業は過密操業に陥ったとして沖合や朝鮮への出漁が奨励された。

　水産団体については、明治19年に制定された漁業組合準則に基づいて愛知県沿海漁業組合と三重愛知漁業組合連合会が設立された。沿海漁業組合は沿海8郡をカバーし、遠洋漁業の奨励、資源の保護と増殖、漁船・漁具の改良、広域の漁業調整を目的とした。例えば、イワシの漁獲で競合するため、地曳網と同じ場所で揚繰網の操業を禁止、または制限した。

　三重愛知漁業組合連合会は、愛知県沿海漁業組合と伊勢湾に面する三重県の漁業組合との連合体で、イワシ巾着網漁業の相互入会(いりあい)（互いに相手側の水域で操業する）慣行を継続すること、両県がそれぞれ定めた制限事項を遵守することを取り決めている。

　明治35年には漁業法の施行、漁業組合規則の制定によって漁業権制度が発足した。沿岸漁場の利用は、慣行を基礎にした漁業権として漁業組合や個人に免許された。漁業組合は翌年に107組合が設立され、39年には1組合増えて108組合となった。愛知郡2、海東郡1、海西郡4、知多郡37、碧海郡6、幡豆郡11、北設楽郡1、宝飯郡16、渥美郡30である。組合員は総勢約1万5,000人にのぼる。漁業権の内容がわかる大正4年でみると、定置漁業権は346件（すべてが小規模な定置網）で知多郡が半数を占める。区画漁業権（養殖漁業権ともいわれる）は167件で海部郡が半数を占める。特別漁業権は98件で大半は渥美郡の地曳網、専用漁業権（各種の漁業が操業する地先漁場の漁業権）は109件であった。定置漁業権と区画漁業権は漁業組合または個人に、特別漁業権と専用漁業権は漁業組合に免許された。漁業組合に免許されたものも、行使するのは組合員で、漁業組合はそれを管理するのである。

　同じ明治35年に愛知県漁業取締規則が制定された。そこで、イワシ刺網(流刺網)、鵜飼漁業、海藻採取、藻打瀬網・藻手繰網(てぐりあみ)（ともに底曳網で藻場の小魚等を獲る）、潜水器漁業等を知事許可漁業として規制するとともに、シバエビ、ナマコ、貝類の禁漁期、打瀬網の

禁漁区、地曳網の保護区の設定、無許可・違反者に対する罰則を定めている。許可件数は次第に増加し、大正9年末には4,000件余りとなった。そのうちの大部分は稚魚を乱獲する恐れがある藻打瀬網・藻手繰網で、愛知郡、渥美郡、幡豆郡に多い。次いで多いのはイワシ刺網と待網で、渥美郡に多い。イワシ刺網は明治20年代に勃興した小漁業で、イワシをめぐって大規模漁業の地曳網・巾着網・揚繰網と競合した。その他、特殊なものとして丹羽郡に鵜飼が数件許可されている。

　また、漁業法の施行に合わせた水産組合規則の制定で、8郡それぞれの水産組合と同連合会が設立され、視察、水産講話、救恤（きゅうじゅつ）（被災者の援護）、水産業への補助を行なうようになった。水産組合連合会は朝鮮出漁の奨励と保護に努めた。

　県水産試験場は全国に先駆けて明治27年に幡豆郡一色町（現西尾市）に設置された。設置理由は、水産物需要の増加が予想されるのに、漁業は旧慣墨守で沿岸漁業に留まっている、資源は乱獲され、保護されていない、水産製造業は粗製乱造に流れている状況を打破することであった。

　当初は養殖部、製造部の2部門でスタートした。養殖部は県内各地に分場を設置し、現場指導を兼ねて試験をした。明治35年に養殖試験場を一色町から愛知郡呼続町（現名古屋市南区）に移し、分場を閉鎖した（養殖試験場は後年さらに知多郡豊浜町［現南知多町］へ移転した）。養殖試験はカキ、アサリ、ハイガイ、ナマコ、スッポン、ウナギ等資源が減少した重要魚種で行われた。その結果、各地にボラ、コイ、ウナギの養殖場（多くは2、3種類の混合養殖）ができた。また、ノリ養殖試験で成績があがると、養殖を始める地区が増えた。

　製造部は明治28年に知多郡豊浜村に製造所が新設されたが、33年には一色町の製造部とともに知多郡篠島村（現南知多町）へ移った。篠島へ移転する前は、職員、設備が不足していたので、民間の工場を借り、指導を兼ねて製造試験をした。清国へ輸出されるカキ、ナマコ、エビ等の乾製品の製造試験が中心であった。篠島へ移ると活動内容が一変し、最新鋭の機械が設置されて缶詰の製造試験が行われた。缶詰見習生募集規程（後、水産伝習生募集規程）を定めて生徒を養成した。缶詰以外では煮干しの人工乾燥、塩イワシの製造試験を行った。いずれにしてもイワシ加工が中心である。

　漁労部は本場が篠島へ移転した時に新設され、最初の5年間は毎年漁船を建造し、師崎村や篠島村（以上、現知多郡南知多町）の漁業者に貸与して、マグロ・サメ延縄（はえなわ）、カツオ・マグロ流網の試験を行った。過密操業の沿岸漁場を脱して沖合へ展開するためである。このうち流網は漁獲できずに失敗し、サメ延縄は広がらず、マグロ延縄はいくらか着業者が出たにとどまった。

3. 各種漁業の発展
1) 水産業の経営体と資本

　表3-2は、明治37年の重要漁業、養殖業、水産製造業の市郡別経営体・か所数と営業資本額を示したものである（第4章で詳述する）。営業資本額（創業費）のうち自己資本の割合は一般に高い。主にイワシを漁獲するのは地曳網と巾着網・揚繰網で、前者は渥美郡に集中し、後者は渥美郡、知多郡、宝飯郡に多い。両者は多人数が従事する大規模漁業で、営業

表 3-2　重要漁業、養殖業、水産製造業の経営体数と営業資本額（明治 37 年）

	打瀬網	地曳網	巾着網 揚繰網	魚類養殖	貝類養殖	ノリ養殖	缶詰	煮干し	〆粕・塩イワシ
営業戸数・か所　計	2,602	296	93	106	3	4	2	891	246
渥美郡	196	260	25	5	1	1	-	820	118
宝飯郡	419	6	19	22	-	3	-	-	54
幡豆郡	563	18	11	23	-	-	-	-	24
碧海郡	115	-	10	3	-	-	-	-	-
知多郡	831	12	23	-	2	-	1	71	28
愛知郡	353	-	5	5	-	-	-	-	-
海東郡	125	-	-	10	-	-	-	-	-
名古屋市	-	-	-	-	-	-	1	-	-
海西郡	-	-	-	38	-	-	-	-	-
営業資本額　千円	182	84	88	45	2	10	140	105	131
1戸平均資本額　円	70	285	945	-	-	-	70,000	118	531

資料：「水産業経済調査」『尾三水産会報告　第30号』（明治39年）
注：養殖業はか所数、その他は営業戸数。〆粕・塩鰯製造戸数の合計が合わないが、そのままとした。

資本額も高い。まき網漁業は沖合でイワシを主対象とする巾着網と湾内でイワシ、雑魚を漁獲する揚繰網があった。もう一つの重要漁業は、小規模だが能率的な打瀬網で、各地に広く分布し、その数は非常に多い。

　養殖業では、魚類養殖は海西郡、幡豆郡、宝飯郡を中心とした内水面養殖業で、土地代がかかるので営業資本額は高い。貝類養殖は未発達で、あるのはアサリ等の種苗放流である。ノリ養殖は宝飯郡が発祥地で、養殖地域は限られていた。

　水産製造業はイワシ製品が中心であった。缶詰工場が2か所あるが、営業資本額が高く、材料費、機械・設備費の割合が高く、近代的食品産業の体をなしている。それ以外は家内制手工業による低次加工が一般的で、煮干しは渥美郡と知多郡、〆粕・塩イワシは渥美郡、知多郡、宝飯郡、幡豆郡で主に製造される。

2）イワシ漁業の発展

　イワシを対象とする揚繰網、巾着網、地曳網漁業の発達経過をみよう。明治24年当時、伊勢湾の場合、漁期は7、8月～12月、漁具は揚繰網が中心で1統（統は漁労の単位）あたり漁船は3隻（うち2隻は網船、他の1隻は魚群探索船）、従事者は約30人であった。三河地方は渥美外海（太平洋岸）は地曳網（6～8月）、湾内は揚繰網（8月中旬～11月）が中心であった。

　イワシ巾着網は、明治29年に県水産試験場が渥美郡漁業組合に農商務省水産調査所にあった網を用いて渥美外海で試験させたのが最初で[4]、揚繰網に比べて漁網が綿糸製になったことで麻製より耐久性に優れ、軽くて扱いやすいこと、囲い込んだ魚群が網の下から逃げないように網裾を絞る（巾着の形にする）ので漁獲能率は高く、沖合での操業が可能なことから急速に普及した。きっかけは、イワシが湾外に留まり、湾内に回遊しなくなって沖合での操

業を迫られたことである。揚繰網の多くは巾着網に替わり、揚繰網は湾内でスズキやボラの幼魚、コノシロ、クロダイ等を漁獲するものになった（後、揚繰網も巾着網と同様に網裾を締めるようになって、異同が少なくなり、呼称も混用される）。イワシ巾着網は明治30年の5統が、32～34年は50～51統、36年は87統へと激増している。知多郡豊浜村の巾着網は、網船2隻、魚群探索船1、2隻、乗組員31～35人からなり、8～3月の期間、夜明けから朝方にかけて操業する。漁獲物のイワシは漁場で製造業者等に沖売りするか、自家製造用とした。漁獲が多く廉価な場合は〆粕に、漁獲が少なく価格が高い時は塩蔵にした。交通の便が開けて鮮魚での販路が広がると、その分、〆粕製造は少なくなった。

　地曳網は規模、対象魚種は様々であるが、渥美外海は規模の大きなイワシ地曳網が盛んで、地元の農業者20～50人で網組（組員が出資と就労をする共同経営）を組織した。各漁業組合にいくつかの網組が作られ、輪番で網を曳いた。砂浜地帯で操業する地曳網と岩礁地帯で操業する地曳網とがあり、岩礁地帯では打瀬網が操業して対立した。赤羽根村（現田原市）周辺の地曳網は明治13年頃までは網元の個人経営であったが、イワシの来遊が減少して、その後10年位の間にことごとく網組に替わった。高い所から海を見張り、魚群の来遊を認めると網組仲間に合図して出漁する。漁獲物は網曳場で仲買人（製造業者）に入札によって販売された。マイワシの時は〆粕、イカナゴ（コウナゴ）やカタクチイワシの時は煮干しにすることが多い。マイワシは資源変動が大きく、漁獲成績も大きく変動したし、揚繰網や刺網と競合するために地曳網には保護区が設定された。すなわち愛知県沿海漁業組合の規約には地曳網保護のためイワシ揚繰網の制限（渥美半島は禁止）を謳っている。

　三河湾内の地曳網はイワシの他、ボラ、タイ、アジ、カレイ等を対象とした。対象魚種によって網具、漁期が異なる。湾内では家族労働を中心とする小規模な地曳網もあった。

3) 打瀬網漁業の発展と朝鮮出漁
(1) 打瀬網漁業の発展

　愛知県では打瀬網が非常に発達した。打瀬網は風力を利用して網を曳く底曳網で、乗組員は2～4人、小資本で営むことができる（図3-3）。漁場の水深によって大きく沖打瀬網（瀬打瀬網ともいう）と磯打瀬網（藻打瀬網等）に分けられる。沖打瀬網は周年操業で、渥美外海、伊勢湾口沖でエソ、タイ、ホウボウ、カナガシラ、カレイ・ヒラメ等を漁獲する。湾内で操業して利益がある場合は湾内で操業した。沖合出漁は漁場往復に時間がかかるし、当時は氷を使っていないので鮮度保持のためには出漁範囲が限られた。磯打瀬網は小型漁船を用い、湾内で春から夏は藻場でイカ、アイナメ、アナゴ等、秋から冬は砂泥の場所でエビ、ガザミ、イカ、コノシロ、カレイ等を漁獲した。対象魚種によって網具をとり替える。藻を採取し、自家肥料とすることもあった。また、エビ、貝、ナマコ等を対象として海底を爪で引っ掻く桁網（けたあみ）も発達した。

　打瀬網の起源は、幕末頃、宝飯郡三谷村（現蒲郡市）で手繰網（底曳網の1種）に改良を加えて考案したとも（同じ頃、伊勢地方から貝桁網を導入）、藩政期に知多郡亀崎（現半田市）へ伝来し、湾内の浅水域で操業していたが、明治初期に船体を大きくして伊勢湾口、渥美外海に出漁したともいわれる。小船で沿岸で操業する潮打瀬、漕網法は廃れ、ほとんどが帆打

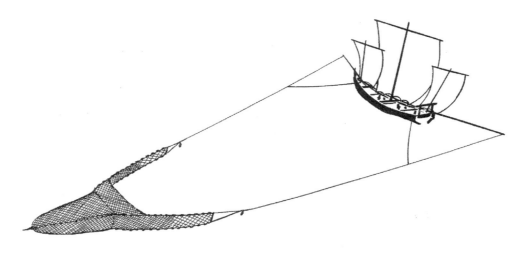

図 3-3　打瀬網漁法

『打瀬網』（知多市民族資料館、昭和 55 年）2 頁。

瀬となった。

　知多郡豊浜村の打瀬網は 2 人乗りで、漁獲物は港内で仲買人（押送船業者）に売った。1 〜 3 月は渥美外海、3 〜 10 月は伊勢湾口部及び伊勢湾奥（網目の小さい網でアカエビを漁獲）で操業する。通常は日帰りだが、渥美外海では 4 〜 5 日航海のことがあった。

　漁船の改良経過をみると、明治初年頃は肩幅（船の最大幅。船の長さはこの約 5 倍）は 1.3 m と小型であったが、10 年頃から改良が始まり、15 年頃は 1.8 m、21 年頃は 2.1 〜 2.2 m のものが現れた。船体も肋骨を入れ、甲板を張った堅固な構造船となった。帆の材質は茣蓙から綿布に変わった。こうなると沖合出漁が加速される。明治 30 年代には肩幅 3 m を越える大型船が建造され、帆装も洋式（横帆であったのを縦帆に替えて逆風時の航行性能を高めた）となった。愛知県の打瀬網漁船は最も進歩しており、他府県の模範となった。明治 20 年代には遠州灘や熊野灘へ出漁するようになり、隣県漁業者と紛争を起こした。

　同じ打瀬網でも瀬戸内海で行われていた網口を竹等で広げる「備前網」が明治 25 年頃導入され、アカエビの漁獲が多い伊勢湾、とくに打瀬網を禁止にした三重県側で普及した。「備前網」は小型船で同時に 3 〜 7 条の網を曳く点で、上記の大型船で 1 条の網を曳く打瀬網と異なる。また、明治 23 年に宝飯郡三谷町の漁業者が打瀬網を改造して中層以下のイワシを漁獲する方法（イワシ刺目打瀬網）を考案し、これが県下に伝わり、重要漁業となった。

　明治初期から打瀬網が増加し始め、漁場を荒らすことから他漁業との間で紛争が頻発した。明治 16 年の渥美郡水産集談会では打瀬網の弊害として、藻場での漁業が著しく衰退した、タコ壺漁業は漁獲物が盗まれたり、漁具が破損される、地曳網は魚群が逸散してしまう、稚魚や稚イカが乱獲されることを挙げている。明治 15 年の網数は知多郡、幡豆郡を中心に 1,669 統に達し、隣りの静岡県、三重県よりはるかに多かった。そこで明治 19 年 3 月に 3 県が協定を結び、3 年後の 22 年 3 月限りで打瀬網を全廃することにした。だが、網数は増え続け、禁止直前には 2,986 統となった。そのため禁止を断行し難くなり、愛知県は 2 年間の延期を他県に働きかけ、静岡県は同意したが、三重県は同意せず、禁止を実施したので、

三重県との入会漁場を除いて2年間禁止を延期した。その後も、禁止派と延期派が対立するなか、県は期限となる明治24年3月に同年12月までの延期を決め、12月になると当分の間、延期するとした。この間、知事から諮問をうけた愛知県沿海漁業組合は打瀬網は無害であり、延期や制限ではなく、禁令の解除を答申している。組合員に打瀬網漁業者が多かったのである。網数は1,875統に減少したが、従事者は5,772人で、漁業就業者総数の4分の1を占める一大勢力となっていたし、漁業生産の中核でもあったので、県も禁止に踏み切れなかった。

　明治25年、渥美郡外浜4か村の地曳網漁業者数百人が、イワシが不漁になったのは打瀬網による影響だとして、打瀬網禁止令の実施を訴えるために郡役所に押し寄せる事件が起きた。このため、知事は打瀬網の影響を調査するため、農商務省に専門家の派遣を要請した。調査結果は、資源減少の主な原因は、打瀬網、ことに伊勢湾口の魚道での操業、藻打瀬網による稚魚の乱獲だとし、伊勢湾口を禁漁区とすること、藻打瀬網の操業を禁止するか、網目を拡大すること、渥美外海は魚群が集まる岩礁の手前は禁漁区とすること、3年間実施して効果を検証することを提言した[5]。明治35年の漁業法施行規則では稚魚の乱獲が著しい藻手繰網、藻打瀬網などは知事許可漁業とし、愛知県漁業取締規則も知事許可漁業とした。

　打瀬網禁止をめぐって愛知県と三重県が対立したため、明治33年に農商務大臣は打瀬網の影響調査を両県に課した。両県の水産試験場が調査をする間は三重県側沿岸及び入会漁場である伊勢湾口を禁止区域とした。その前後に禁止区域の侵犯事件が相次いで発生し、県同士の対立へとエスカレートすることもあった。両県の調査結果は明らかではないが、県境線を越えて三重県内に侵漁しないことを確認する以外にはなく、実際には打瀬網をめぐる紛争はその後も続いた。

(2) 遠洋漁業と朝鮮出漁

　前述したように愛知県水産試験場に漁労部が設置されて以来、明治33年から5年間にわたり、毎年、漁船を建造し、漁業者に貸し出して遠洋出漁試験をした。その結果、マグロ延縄とサメ延縄でいくらか着業者が出たが、愛知県では静岡県や三重県のカツオ・マグロ漁業のような遠洋漁業は発達しなかった。その理由は、三河湾、伊勢湾という資源が豊富で、小型漁船で操業できる漁場に恵まれたこと、遠洋漁業の経験がなく、港湾施設等の体制もなかったこと、である。

　愛知県からの朝鮮出漁（朝鮮海出漁、韓海出漁ともいう）は、地理的にも離れているため、他府県より遅れて始まったし、その発展も限られた。明治33年に知多郡豊浜村から打瀬網漁業で出漁したのが最初で、当初は漁獲量は多いものの価格が極めて低く、収支が合わず、続かなかった。日露開戦で価格が上昇したことにより、明治38年の出漁船は22隻、乗組員は77人になった。幡豆郡、知多郡、宝飯郡の打瀬網漁業者が中心である。明治39年から県水産試験場が出漁試験を行い、漁場を探索して周年操業が可能となった。県は明治33年以来、朝鮮出漁に対し補助金を交付して奨励した。

4. 養殖業の生成

　県は内水面養殖業のため、明治10年以降、他地方から種苗を取り寄せて放流・増殖を試

みたが、事業化には結びつかなかった。水産試験場が設置されて以来、内水面・海面の各種養殖試験を行ったこともあって明治39年には養殖業生産高は23万円となった。その大半をボラとノリが占めた。

内水面養殖業が急速に発達するのは明治39年頃からで、主産地は渥美郡、海西郡、碧海郡、幡豆郡、主要魚種はウナギ、ボラ、コイである。この他、海西郡弥富町(現弥富市)で金魚の飼育が行われた。文久・元治年間（1861～64年）に大和郡山の金魚商人から飼育法が伝えられ、明治初年頃から飼育が始まった。当初は稚魚を購入して飼育するものであったが、明治20年頃には産卵・孵化技術を習得し、養殖池もできて産業化した。弥富町で金魚の養殖が発達したのは、水郷地帯でコイ、フナの飼育が行われていたこと、餌料の発生、土中成分(色沢を鮮やかにする)等養殖条件に恵まれていたこと、名古屋に近く販売条件がよいことにあった。金魚養殖は日露戦争の頃から本格的に発達する。

海面養殖業には、カキやノリのように粗朶や竹を建て込んで行う篊(ひび)建て養殖と稚貝、稚ナマコの放流(増殖)とがあった。アサリは豊川、矢作川の河口で稚貝が発生した。渥美郡大崎村（現豊橋市）では村規約によって、採取者の資格、採取期間・日数、採取器具、加工品（串刺し、むき身）の検査を申し合わせてきた。明治39年には大崎漁業組合がアサリ増殖事業の拡大と共同販売事業を始める[6]。カキの養殖も各地で試みられたが、渥美郡の一部で事業化した以外、発達しなかった。その他、幡豆郡佐久島村(現西尾市)ではナマコ、テングサ(寒天の原料)のため投石して生育場を造成した。明治36年に漁業組合が設立されると、県水産試験場のナマコ蕃殖試験場は組合に移され、組合が稚ナマコの放流をした。

海面養殖業で特筆に値するのはノリ養殖の発達である。愛知県のノリ養殖は、宝飯郡前芝村（現豊橋市）の杢野甚七(もくのじんひち)が地先漁場でノリが生育しているのを発見し、静岡県舞阪(現浜松市)で養殖・製造法を学び、安政4(1857)年に粗朶を建て込んだのが最初である(篊はカシ、シイ、女竹等の葉を落とし、丈2～3mのもの2～3本を束ねて秋彼岸頃から干潟に建てる)。その成績が良かったことから周辺の村に広がった。明治10年に豊川河口の中央を境に、それ以北を西浜、それ以南を六条潟(じんの)(神野新田地先)と定め、慣行に基づいて西浜は前芝村等旧7か村(後5か村、5漁業組合)、六条潟は渥美郡牟呂村(現豊橋市)等旧6か村(後3か村、3漁業組合)と西浜旧7か村の入会漁場(後の8か村、8漁業組合)とした。六条潟では、干拓地造成中にノリの付着を発見し、明治28年から養殖が始まった。主に干拓地入植者が兼業として養殖を行った。ノリ養殖は冬季に行うため、農業との兼業に適した業種である。

明治38年に西浜の漁業組合は5組合共有の区画漁業権を取得した。ノリ漁場の割当ては漁場を甲乙両区に分け、甲区(新漁場)は毎年組合員の入札で漁場料を決め貸与する(漁場料は各組合に配分し、共同費用に充てる)、乙区は各組合の持ち分率によって配分し、漁場の優劣を均等にするため毎年割換えをした。各漁業組合への配分は前芝45.7％、梅藪16.6％、平井16.9％、伊奈13.7％、日色野7.1％とした。配分割合はノリ養殖の開発への貢献度、先着、漁業者数、漁業への依存度等が勘案された慣行に基づいているが、格差が大きい[7]。六条潟については明治38年に牟呂漁業組合を代表とする8組合に区画漁業権が免許された。ノリ漁場は創業村の牟呂村に5％を付与し、残りを西浜と同じで甲乙両区に分けて、乙区は六条潟地先と西浜地先とで等分し、実績に応じて各組合に配分した。そのうち代

表の牟呂漁業組合が 42.8％、前芝漁業組合が 20.2％となった。
　ノリ養殖の就業者数、生産額をみると、西浜は明治 7 年まで 300 人台、3,000 円未満であったが、21 年以降は 500 人台で、金額は 1 万円台から 2 万円台に増加した。六条潟のノリ養殖は遅れて始まったが、明治 30 年代には 1,000 ～ 2,000 人、2 万円台となって、西浜と肩を並べるまでになった。
　ノリ養殖の他地域への拡がりは種篊（胞子が付着した粗朶）の移植によって行われ、明治 35 年頃から西三河の幡豆郡吉田村、一色村（以上、現西尾市）等へ、40 年以降、知多郡亀崎町（現半田市）、渥美郡福江町（現田原市）、海西郡鍋田村（現弥富市）等へ広がった。
　ノリの販売は、明治 20 年代までは地元の行商人（棒手振り）が米穀、ミカン、魚介類等と一緒に東海道を名古屋方面まで売り歩き、船で伊勢にも渡った。遠州・信州方面にも出かけた。明治 30 年代には産地問屋が現れ、東海道線が開通したこともあって、名古屋、大阪、京都、東京、長野、三重等の乾物問屋や青果問屋に送った。

5. 水産製造業の停滞

　明治前期の水産加工品の生産高については「全国農産俵」（明治 9 ～ 15 年）でみることができる。種類は干しエビ、乾魚、イリコ（干しナマコ）、干鰯の 4 種類だけで、このうち干鰯が最も多く、ほぼ全量が渥美郡で生産されている（〆粕は取り上げていない）。次いで乾魚が多く、渥美郡の他、知多郡、幡豆郡、宝飯郡が産地である。干しエビは碧海郡、知多郡、宝飯郡が、イリコは幡豆郡、知多郡が中心であった。
　明治 27 ～ 40 年の水産製造高をみると、30 万円を割る年もあれば 100 万円を上回る年もある等振幅が大きいが、総じて横ばい、物価の上昇を考えると縮小傾向にあった。水産製造業が停滞した理由として、原料の漁獲変動、清国向け輸出の低迷、鮮魚の需要増加と流通圏の拡大により加工原料であったものが生鮮向けに替わったこと、があげられる。主力はイワシ製品で、〆粕、煮干し、塩イワシが多い。その他、乾ノリは当初、3,000 円台であったが、その後急増して 4 万円になった。乾魚が減って煮干しが増えたこと、魚肥では干鰯が〆粕に替わったことも大きな変化である。
　エビ、イガイ、カキ、ナマコ等の乾製品は重要な清国向け輸出品であったが、生産額は徐々に減少した。干しエビは文久元（1861）年に知多郡豊浜村で製造された。イガイとカキは明治期に入って清国向け輸出が始まり、採取、乾燥法が改良され、資源保護措置もとられるようになった。主産地の渥美郡伊良湖岬村・赤羽根村（以上、現田原市）では志摩地方から海女を雇って裸潜りを習い、漁場の輪番使用を始めた。イリコは幡豆郡佐久島村、宮崎村、幡豆村（以上、現西尾市）が著名な産地であったが、明治期に入ると資源の減少で廃れていく。清国向け輸出品は横浜、神戸等に送った。
　イワシは最大の魚種であるが、鮮度落ちが早いため、一時に大量漁獲されると生鮮消費向けは一部で、大半が加工にまわされる。食用品のうち田作（ごめともいう）、煮乾（煮干し）はカタクチイワシ、小羽イワシが原料とされ、その他の食用品や肥料には中羽及び大羽イワシが使われることが多い。明治 30 年代でみると、食用品は煮干し、塩蔵、乾イワシの順に多く、魚肥より製造高が高い。魚肥では干鰯（漁獲したまま天日に干す）より〆粕（煮熟して油を

絞ったもの)の方が肥料効率が高い、副産物の油が得られることから多くなった。
　〆粕はマイワシの最大の利用法で、巾着網や地曳網に付いて回ってイワシを仕入れ、煮熟－圧搾－日乾によって製造する。魚油はその副産物であった。製造業者は多く、たいていは小規模で副業的に営むため、大量漁獲があると粗製乱造となり、品質、評判を落とした。それで知多郡豊浜村、篠島村では〆粕製造改良組合を結成し、製造、荷造りを改良したこともある(明治28年)。幡豆郡幡豆町では明治40年に東幡豆購買販売組合を設立し、資材の共同購買と製品の共同販売を始めた。圧搾機も改良型が導入され、省力化と狭い場所でも作業ができるようになった。
　煮干しは渥美郡と知多郡で製造された。愛知県は大消費地を控えているため塩イワシの製造も盛んであった。缶詰製造は県水産試験場が先導し、空き缶製作、缶詰製造の設備を完備し、また缶詰見習生制度を設けて伝習に努めた。明治33～40年度にイワシ水煮(海軍艦艇用)、油漬け(輸出用)、味付け(国内向け)の製造試験をした。日露戦争が勃発すると、軍用缶詰製造工場として愛知県では県水産試験場と民間2社が指定され[8]、専ら味付け缶詰を製造して陸軍糧秣廠（りょうまつしょう）に納付した。この頃が缶詰製造の絶頂期で、県内に27経営体があり、職工354人で42万円を製造している。愛知県はイワシ缶詰製造の先進地であった。日露戦争後、経営体数は増加したが、職工数、製造高は激減した。生産費が高く販路が開拓できなかったこととイワシの不漁が原因である。
　この他、このわたは三河の名産品で、近世初期から幡豆郡佐久島村、知多郡師崎村等で製造された。魚せんべい(エビが多いとエビせんべい)も県の特産品で、明治30年頃、幡豆郡一色村(現西尾市)で開発され、製造地は愛知郡熱田町(現名古屋市)、知多郡、宝飯郡に広がった。きっかけは三河湾で豊富なアカエビ(地元では小エビ、アカシエビと呼んだ)は肥料にされていたが、中国へ輸出され、中国ではせんべいを作って日本へ輸出するようになった。その製法を改良し、大量製造法を考案したことである。

6. 水産物流通の近代化

　『水産事項特別調査』には明治24年の主要な魚市場名とその資本金、取扱高等が載っている。愛知県内で取扱高が最も多いのが熱田魚市場(愛知郡熱田町〔現名古屋市〕)で32万円、第2位の豊橋魚市場(渥美郡豊橋町〔現豊橋市〕)は8万円と大きく離され、大浜魚市場(碧海郡大浜町〔現碧南市〕)、横須賀魚市場(知多郡横須賀町〔現東海市〕)、亀崎魚市場(知多郡亀崎村〔現半田市〕)、岡崎魚市場(額田郡岡崎町〔現岡崎市〕)、三谷魚鳥会社(宝飯郡三谷村〔現蒲郡市〕)が1～3万円で続く。
　都市の魚市場では、概ね荷車または担荷によって運送されているが、東海道線等が開通して以降、鉄道を利用するものも現れた。また、明治15年頃から汽船が熱田から三重県内各地へ寄港するようになり、さらに航路が伸びると水産物の集荷圏、出荷先も拡大した。もっとも氷を使用する以前のことなので鉄道や汽船による輸送は水産加工品が主で、鮮魚の輸送は限られた。
　熱田魚市場、豊橋魚市場等は地元産の魚介類は極一部で、大半は他地方から移入された。熱田魚市場は買廻船（かいまわり）（産地から送る場合は押送船（おしおくり）という。活鮮魚運搬船のことで天保3

〔1832〕年に登場した）への依存度が高く、伊勢湾の漁獲物は三重県側のものも多くは熱田魚市場へ出荷された。愛知県の買廻船業者は魚市場があった熱田、愛知郡下之一色村（現名古屋市）及び産地の知多半島南端に集中していた。

熱田魚市場は、東海道線熱田駅に近く、堀川運河に面する交通の要衝にあった。魚問屋は5、ないし6軒で、かつては集荷競争のため買廻船に融資をしたことがあったが、回収不能になったり、無謀な集荷競争を避けるためにとり止めた。すべては受託販売で、仲買人、小座人（ござにん）（仲買人の名義で競売に参加する小売商）にせり売りされた。魚市場業者は明治18年布達の愛知県同業組合準則に基づいて同業組合を作り、市場外との取引禁止、同業者の新規参入の制限、販売手数料（問屋口銭）、荷主への販売代金の支払い、買い手からの代金回収等を定め、市場の秩序化と商権の維持を図った。販路は名古屋市内が中心だが、周辺の都市、岐阜や信州・飯田あたりにも転送した。

豊橋の魚問屋は3軒あったが、仲買人が新たに問屋を開設して競争が激しくなったことから、明治12年に各問屋が合同して豊橋魚鳥(株)を設立した。株主に仲買人を組み入れた。豊橋魚鳥の取扱高をみると、創業当初はインフレもあって10万円に達したが、明治14年の松方デフレで半減した。その後は低迷していたものの日清戦争後に急増して10万円を回復し、日露戦争後には20万円となった。東海道線の開通、人口増加、都市の拡大があって取扱高が増加した。名古屋や豊橋の魚市場は市中の需要を満たすだけでなく、周辺の市場にも分荷する集散市場である。

産地においても漁獲物の流通、販売に変化が現れた。知多郡師崎村では明治25年に仲買人（とくに買廻船業者）による一方的な取引条件に耐えられず漁業者が共同販売組織・師崎海産組合を設立した。愛知県における共同販売事業の先駆けである。同郡日間賀島村（現南知多町）では明治28年に2つの共同販売組織ができた。同郡豊浜村でも明治36年に豊浜水産(株)が設立された。漁業組合の事業として始める予定であったが、資金が足りず、株式会社とした。漁業者による共同販売事業は、在地の魚商人との激しい対立を経て始まり、漁業組合が設立されると、漁業組合の共同販売事業となった。

産地市場であり、集散地市場でもある三谷魚市場は、明治15年に個人魚問屋4軒の商権を買い受けて一本化した中浜区区営として発足した。三谷漁港の修築、東海道線の開通、町制への移行等、水産物の流通条件が大きく改善し、地元漁業者の水揚げよりも地区外漁船の水揚げの方がはるかに多い県下最大の漁港となった。明治32年に三谷魚鳥(株)に衣替えした。といっても株主は中浜区区民であり、利益の一部は区に還元された。同年には北区と西区の有志が三谷水産(株)を設立したことから両者は競合した。

注

1) 明治16年に東京上野公園で開かれた水産博覧会に愛知県から多くが出品され、受賞者も出た。しかし、受賞者の中には優等賞がなかった。理由は、漁場は渥美外海を除くと内海で、地理的条件に恵まれていないこと、「多クハ旧法ニ因襲シ新知開発ノ力乏シク只目前ノ利ニ走リ、若シ魚群ヲ見テハ時機ヲ不問之ヲ捕獲スル等水産保護ノ何物タルヲ知ラ」ず、「故ニ該業ノ衰頽年一年ヨリ甚シ」くなった。『愛知県勧業雑誌 第6号』（勧業課、明治17年）7〜8頁。

2) 例えば、知多郡師崎村では「維新前は地頭より

捕魚採藻等の季節を発令し猥に之れを為さしめさりしか自今は季節に拘らす採藻をなし漁業に妨害を与ふること少からす」という状態となった。南部義寿「愛知県巡回中の見聞記2」『大日本水産会報告　第11号』(明治16年1月)82頁。

3) 知多郡横須賀村は「漁業は販路を増し魚価騰貴せしにより旺盛に赴けり」としながら「漁民は一、二月頃西風烈しく漁業をなすの日寡き時徒らに光陰を空過し、或は相集りて飲食に耽ける等の弊あり。故に貧乏者多し」。同郡豊浜村は「漁民は一時に許多の金額を得ることありと雖も概ね飲食に浪費して蓄積をなす者稀なり」。同郡旭村は「漁民概ね貧困にして三日以上も出漁する能はさるときには忽ち生計に苦しみ漁具までも抵当とするに至る」状況であった。同上、79、81～82頁。

4) 巾着網の試験は網船2隻に手船を加えた3隻、乗組員は29人、漁場は渥美外海、伊勢湾口、中山水道、三河湾であった。潮流の早い伊勢湾口を除いて漁場として有望であるとした。巾着網は揚繰網に比べ機械力に頼ることが多く、労力と時間を省き、分銅を使って網と網との隙間を少なくして捕獲率を高めた。また、綿糸網を用いたことで重量が軽く、操業が容易となり、風浪の強い時でも操業ができ、その結果、出漁範囲の拡大と出漁日数の増加が可能となった。熊本治平「愛知県下ニ於ケルいわし巾着網試験」『巾着網報告　第6巻第2号』(農商務省水産調査所、明治31年)39～62頁。

5) 明治25年の打瀬網漁業の資源に与える影響調査は全国最初で、これを機に各府県が打瀬網の規制や禁止措置を取るようになった。明治30年現在、打瀬網を禁止または規制しているのは三重県を始め9県、制限を決めたが実施していないのは愛知県を始め4県であった。岸上鎌吉「幼魚乱獲ト打瀬網漁業　附愛知県下打瀬網漁業利害調査報告」『水産調査報告　第6巻第1冊』(農商務省水産調査所、明治30年)43頁。

6) 渥美郡大崎村(明治39年から高師村)は田原湾口に位置し、県下最大のアサリ蓄殖地であった。明治13年には密漁と乱獲防止のため規約を設け、17年には製品の改良、販売について改定した。ただ、アサリは自然蓄殖であり、採取も肥料や自家食用が主で、生産額も少なかった。その後、専門家からアサリの習性、蓄殖法を学び、また、県の貝類養殖試験場が設置されたのを機に種苗の移植を実施して好成績を収めた。明治39年に大崎漁業組合が漁業権を得て本格的にアサリ養殖事業に乗り出した。すなわち、アサリの漁場整備、種苗の移植、製品及び生肉の検査、共同販売等を行い、検査員と販売員を置いた。大正4年の実績は、収穫高の約6割を各自が干しアサリ(むき身を串刺しにして天日に干し、乾燥したら串を抜く)を製し、共同販売に付す。その販売額は8,695円であった。長野・飯田地方や名古屋に送った。残りの4割は生肉(殻付きまたはむき身)で各自が販売した。その販売額は1,453円であった。『浅海利用調査報告　第2報伊勢三河湾』(農商務省水産局、大正7年)262～273頁、『大崎漁業協同組合史』(同漁協、昭和49年)39～51頁。

7) 西浜ではノリ養殖を先着した前芝村、梅藪村に対する漁場割当てが大きく、後発の3か村は漁場割当ての不当を唱え、慶応2(1866)年に「簀笠騒動」と呼ばれる事件を起こした。5か村の戸数と5か村が納めるは 蛤(はまぐり)運上割合を基礎として裁定された。ノリ養殖初期の漁場配分割合がその後も引き継がれた。

8) 民間の2工場は知多郡豊浜村の日本缶詰合資会社と同郡大井村の武田缶詰工場であった。前者は明治37年にイワシ油漬け缶詰の輸出を目的に設立されたが、その開業式には農商務大臣、水産局長、県知事等が列席する等官民あげての興望を担って船出した。すぐに軍用イワシ缶詰製造に転じたが、戦後は明治39年に事業拡大のため株式会社とし、豊浜と三重県志摩に工場を建設し、水産試験場のイワシ油漬け缶詰事業を引き継いだ。しかし、米国での販売がうまくいかず、イワシの不漁が重なって明治43年に倒産した。日本缶詰の創立にかかわった1人が愛知県で最初に缶詰を製造した山田才吉で、彼は後、中央市場(株)の創設にもかかわる名古屋の有力財界人である。ピー生「本県缶詰業の沿革と現況」『愛知県水産組合連合会報　第17号』(大正7年2月)27～29頁、「日本缶詰合資会社開業式状況」『尾三水産会報告　第27号』(明治38年4月)60～66頁、真杉高之「愛知の缶詰元祖は奇才・山田才吉」『缶詰時報　第65巻10号』(昭和61年10月)32、35～38頁。

参考文献

愛知県水産試験場『愛知県水産試験場六拾年史』(昭和30年)
『愛知県史 上巻』(大正3年、平成2年再版、国書刊行会)
愛知県史編さん委員会編『愛知県史 資料編28 近代5 農林水産業』(愛　知県、平成12年)
南部義寿「愛知県巡回中の見聞記　1～3」『大日本水産会報　第10～12　号』(明治15年12月～16年2月)
農商務省水産局『第二回水産博覧会審査報告　第1巻第1冊』(昭和32年)
農商務省農務局『水産事項特別調査　上巻』(明治27年)
「水産業経済調査」『尾三水産会報告　第30号』(明治39年1月)
『鳳至郡勧業資料　付纂の四』(石川県鳳至郡役所、明治34年)
「赤羽根村付近ニ於ケル鰮漁業及ヒ煮乾鰮製造業」『明治三十四年度愛知　県水産試験場事業報告』
天野兵左衛門「鰮漁業沿革及利害調査」『愛知県水産組合連合会報　第17　号』(大正7年2月)
「愛知県下鰮巾着網漁業実況」『大日本水産会報　第199号』(明治32年1　月)
「愛知県鰮製造に関する経済　1、2」『大日本水産会報　第261、262号』(明治37年5月、6月)
『亀崎町史』(亀崎町史刊行会、昭和20年)
小林賢治『近代日本地方制度の研究』(伴野泰弘、2008年)
寺岡貞顕『打瀬網』(知多市民俗資料舘、昭和55年)
加藤成一「打瀬網漁業」『遠洋漁業調査報告　第3冊』(農商務省水産局、　明治37年)
「打瀬網漁業紛議事件」『尾三水産会報告　第19号』(明治34年11月)
前芝漁業組合「前芝海苔の沿革」『尾三水産会報告　第37号』(明治41年4　月)
牟呂・前芝・梅藪漁業組合『六条潟と西浜の歴史』(昭和56年)
豊橋市史編集委員会『豊橋市史　第3巻』(豊橋市、昭和58年)
『今昔　俺らが魚がし』(豊橋魚市場、昭和10年)

第2節　日露戦争～昭和恐慌：水産業の発展

　本節は、日本資本主義が確立した日露戦争から第一次大戦による好況を経て昭和恐慌に至る約25年間を対象とする。水産業は全般的に発達して第一次大戦期にその頂点に達したが、大戦後は不況と恐慌の連続で停滞に陥った。
　日露戦後の大きな変化を並べると、漁船の動力化と氷の使用、朝鮮出漁から漁業移住へ、ノリ養殖とウナギ養殖の発展、明治42年の県市場取締規則の制定、43年の漁業法改正による漁業組合の経済事業の推進等がある。また、第一次大戦後には財政難により県水産試験場の機構縮小、国の政策では大正12年の中央卸売市場法の制定、14年の漁業共同施設奨励規則が大きな影響を与えた。

1. 漁業・養殖業の概要と水産試験場
(1) 漁業・養殖業の概要
　漁業就業者数は明治38年の2.4万人が、43年2.2万人、大正4年2.0万人へと減少した。養殖業就業者は2千人以下と少ない。図3-4で大正後期以降の漁業・養殖業就業者数をみると、総数は大正10年2.5万人、14年2.8万人と増加したが、昭和5年は横ばいに変わった。第一次大戦期に漁業・養殖業就業者は減少から増勢に転じたことになる。漁業就業者が

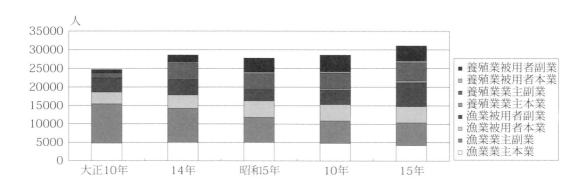

図 3-4　愛知県の漁業・養殖業就業者数の推移

資料：図 3-2 と同じ。

減少傾向なのに養殖業就業者は大正末に大幅に増加し、全体の 3 分の 1 を占めるまでになった。漁業就業者は兼業が多いが、業主(経営者)も漁業被用者も専業が横ばいか微増で、兼業が大きく減少している。漁船動力化の進展で漁業兼業の減少が顕著となった。養殖業就業者は業主、被用者とも専業が非常に少なく、圧倒的に兼業である。最大の種目であるノリ養殖が季節的だからである。男女別では、漁業、養殖業とも男子が圧倒的に多いが、女子は養殖業の被用者で男子に匹敵する人数が従事している。

　漁船数は明治 30 年代までは 1 万隻を超えていたのにその後漸減して昭和 5 年は 7,700 隻となった (図 3-5)。この時期の特徴は漁船の動力化が進行したことで、動力漁船は明治

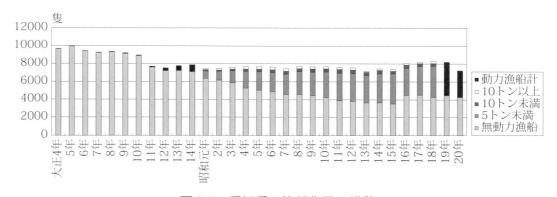

図 3-5　愛知県の漁船隻数の推移

資料：図 3-2 と同じ。

44 年に出現し、大正前期は数十隻であったが、大正後期から急増して昭和 5 年は 2,600 隻となり、全漁船の 3 分の 1 を占めるようになった。第一次大戦後から続く不況と恐慌を漁船の動力化 (ほとんどが石油発動機) ＝漁獲量の増加で乗り越えようとしたのである。ただ、動力漁船も 5 トン未満の小型漁船がほとんどで、20 トンを超える漁船は数十隻に過ぎず、沖合・遠洋漁業は発展していない。無動力漁船は動力漁船が増えた分、減少した。

　最初、発動機はマグロ延縄漁船に取り付けられたが、その後、買廻船 (魚類運搬船) に普及し、次いで手繰網、打瀬網といった底曳網漁船に及んだ。例えば、大正 9 年の石油発動機船は

104隻となったが、うち魚類運搬船は89隻で、漁船は15隻に過ぎない。魚類運搬船は名古屋市熱田、愛知郡下之一色町（現名古屋市）、知多郡南部・離島の豊浜町、師崎町、日間賀島村、篠島村（以上、現南知多町）の3地域に集中している。運搬船の規模はさまざまだが、10～15トン、10～15馬力が多い。漁船では機船底曳網が多い。

大正期と昭和初期の漁業・養殖業生産量の推移をみると（図3-6）、全体は2つの大きな山

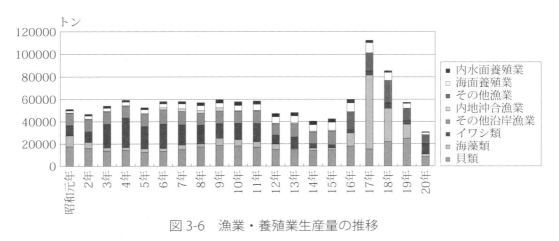

図3-6　漁業・養殖業生産量の推移

農林省統計情報部・農林統計研究会編『水産業累年統計　第3巻都道府県別統計』（農林統計研究会、昭和53年）

があり、第1の山は第一次大戦中に3万トンに達し、第2の山は大正末から昭和初期にかけて6万トンに迫った。この変動を左右したのはイワシである。イワシの中でも大正後期はカタクチイワシが多かったが、昭和に入るとカタクチイワシが減り、マイワシが増えて逆転した。内地沖合漁業は最大で2,000トン（ほとんどが機船底曳網）に留まっている。貝類は主にアサリだが、変動も大きい。海面養殖業はノリ養殖を除くと貝類（主にアサリ、稚貝の放流）が多いが、天然アサリよりはるかに少ない。

内水面漁業も一定の割合を占めるが、大正期は魚類、昭和に入ると貝類（主にシジミ）が中心となる。昭和期に魚類が減少したのは内水面養殖への転換（コイ）や河川工作物の増加で生育環境が悪化（アユ）したことによるものと思われる。内水面養殖業は大正後期から増加傾向にあった。

前掲図3-2によって日露戦争後から昭和恐慌までの漁業・養殖業生産額をみると、非常に大きな変動があった。日露戦争後から大正初期にかけては200万円前後で推移していたが、第一次大戦期に急増して大正13年には1,1000万円余を記録した。その後は1,000万円あたりで停滞し、昭和恐慌期に至る。特徴点をあげると、①生産量の変動以上に生産額の変動が大きい。第一次大戦後に漁獲量は増加したのに金額が低迷したのは、戦後不況による魚価の下落と大量に漁獲されたのが価格の低いイワシであったことによる。②沿岸漁業を中心としつつも内地沖合漁業、海面養殖業、内水面養殖業が現れ、第一次大戦以降本格的に発展した。内地沖合漁業は機船底曳網が主体で、養殖業は内水面養殖業が海面養殖業を上回るようになった。

漁業政策でいうと、県は大正8年に水産業奨励規則を定め、遠洋漁船の建造、漁船の動力化、

新規漁具の購入、海面養殖業の推進を促している。

水産団体に関しては、大正10年の水産会法の公布で、各郡の水産組合は水産会と改称し、県水産組合連合会は県水産会となった。漁業組合は、明治43年の漁業法の改正、漁業組合令の公布によって経済事業を推進するようになった。

(2) 愛知県水産試験場の漁業開発

明治41年から県水産試験場は打瀬網の外海進出を目ざし、水深が深くなると網口が狭くなることからビームトロール(網口を梁で広げる方法)の試験操業を始めた。大正3年には動力船を用いてビームトロールや深海手繰網の試験をした。これが打瀬網の横曳きに対する動力船を用いた縦曳きの始めであり、これを契機に第一次大戦後、機船底曳網は急速な発展を辿る。

一方、水産試験場は第一次大戦後の大正9年に財政緊縮のあおりを受けて、本場を篠島から県庁内に移し、14年には漁労、製造部門を篠島から養殖部門があった宝飯郡三谷町(現蒲郡市)に移した。水産課職員が試験場職員を兼務するようになったことで試験研究は停滞した。

2. 漁業の停滞と朝鮮出漁

1) 漁業の全般的停滞

愛知県の漁業は、打瀬網・手繰網等の底曳網と巾着網・揚繰網等のまき網が2大漁業である。風力によって網を曳く打瀬網(横曳き)は資源の減少で、発展は頭打ちとなった。打瀬網に刺網をつけてイワシを狙った刺目打瀬網も広く行われた。手繰網(縦曳き)は打瀬網と漁具の構造は似ているが、網をかけ廻す点が異なる。漁船動力化以後、漁場との往復に動力を利用するが、漁労は従来通り打瀬網、手繰網を操業する場合と動力で網を曳く機船底曳網(縦曳き)とに分かれる。前者は三河湾・伊勢湾で操業できたが、後者は大正10年公布の機船底曳網漁業取締規則で知事許可漁業となり、三河湾・伊勢湾の入口及び湾内は禁漁とされた(渥美外海が主漁場となった)。

県下で最初の機船底曳網は、大正11年に宝飯郡形原村(現蒲郡市)で17トンの動力漁船を使った1艘曳き(手繰網の動力化)で、県水産試験場が渥美外海で試験操業を行った。機船底曳網は、大正2年に島根・茨城県で誕生し、6年に動力巻揚機、8〜9年に深海での操業のため2艘曳きが開発されており、愛知県の機船底曳網は遅れて始まった。愛知県は打瀬網(横曳き)が盛んで縦曳きに馴染みがなかったこと、動力曳網を行わない湾内漁場があったことが要因とみられる。機船底曳網は漁具の改良、漁船の大型化を進め、漁場も本県沖合から他県沖合へと拡大した。対象魚はタイ、カレイ、ホウボウ等の高価格魚であったが、大正末には2艘曳きが開発されて、深海性の魚も対象とするようになった。昭和元年に手繰網は620統あり、うち機船底曳網は18統であった。当初は30馬力前後であったが、その後、35〜40馬力となった。これが数年のうちにより能率的な板曳き(網口の近くに開口板を付けて網口を広げる、1艘曳き)が登場し、深海操業でも1艘曳きが可能となった。また、打瀬網と競合してしばしば紛争を起こした。

機船底曳網漁業取締規則では動力漁船は内湾内海での操業を認めていない(禁止区域)が、

動力漁船であっても動力は航海にのみ使い、操業の時は無動力の打瀬網であれば黙認されており、動力曳網をしない限り取締りも受けていない。そうでなければ経営が成り立たないし、無動力漁船に戻すわけにはいかないとして三重県の漁業組合が規則改正の要望を出ている。

しかし、湾内外で違法操業が横行し(他県海域への侵漁、湾内での動力曳網、無許可船等)、資源の減少、他の沿岸漁業との紛争に拍車をかけたことから昭和7年に取締規則が改正され、機船底曳網を大臣許可漁業として全国的な規制強化と減船が推し進められる(湾内での動力を用いない曳網は黙認が続いた)。

一方、まき網漁業については、宝飯郡は明治35、36年頃にはイワシ巾着網22統を擁していたが、イワシの回遊が途絶えて42、43年頃には廃絶した。大正11年度から県水産試験場がアジ・サバ巾着網(通称ランプ網という)の試験を始め、12年には上述の機船底曳網の創業者が動力船を使った巾着網に着手し、好成績をあげた。昭和2年には知多郡篠島村の漁業者がマイワシが減少したので、それに替わるものとしてタイ巾着網を導入した。漁法は初めは1艘まきであったが大正末から2艘まき(漁業規模が大きくなり、荒天時での操業は困難という欠点はあるが、網をまく時間が短縮されるので動きの俊敏な魚も漁獲できる)となった。

揚繰網は湾内で操業することからイワシ刺目打瀬網に圧倒されて衰退した。揚繰網が中層以下のイワシを漁獲できない(魚群の探索ができない)ことから打瀬網で漁獲するように改良し、宝飯郡、幡豆郡で普及していた。大正5年以降、知多郡南部・離島にも普及した。一方、大規模漁業の巾着網や地曳網もイワシの回遊が少なく、停滞、衰退傾向となった。マイワシの漁獲は大正末・昭和初期まで低迷していたが、その後急増した。この間、カタクチイワシの漁獲は増加しており、それを漁獲する船曳網が興隆した。

2) 朝鮮出漁と漁業移住

明治39～大正元年度に県水産試験場は朝鮮海の漁業調査を行い、打瀬網漁場を発見した。調査目的は日露戦争によって植民地化が進んだ朝鮮へは季節的出漁を漁業移住に替え、その移住漁村経営に資するためであった。背景には明治41年に日韓漁業協定が結ばれ、日本人にも朝鮮人と同じく漁業権が得られるようになったことがある。打瀬網の好漁場が発見され、漁業移住の条件である周年操業が可能なことを立証した。大正元年に県水産試験場は釜山を根拠にしていた愛知県の打瀬網6隻、26人を全羅南道・麗水(ヨス)に移住させた。漁獲物の販売に苦しみ、大正3年から内地への鮮魚運搬で覇をなした山神組(後の日本水産(株))に打瀬網漁獲物の高価格品を販売することにした(それ以外は現地で販売)。打瀬網漁獲物を内地へ輸送した最初である。

愛知県は朝鮮出漁に対する補助をやめ、大正3年度からは本県水産組合連合会の事業を補助するようにした。麗水居住の本県出漁者から漁業根拠地の建設を請願されたので、大正5～7年に水産組合連合会に補助して移住村を建設した(愛知村と称する)。大正7年の出漁船は56隻、乗組員190人、漁獲高27万円であった。出漁船のほとんどは打瀬網船で、出身地は宝飯郡(豊川町、大塚町、三谷町、蒲郡町、塩津町、形原町、西浦村)、幡豆郡(幡豆町、吉田町)、知多郡(師崎町、豊浜町)が多い。ほとんどが移住で、根拠地は麗水と釜

山の対岸にある絶景島(現釜山広域市影島区(ヨンド))の2か所である。朝鮮での打瀬網操業は県下での操業に比べ2、3割収入、収益が多いのに出漁者が比較的少ない理由として、朝鮮は遠方である、先方の事情がよくわからない、出漁者が出漁先で酒色に身を持ち崩したり、病気にかかる者が少なくないことがあげられた。大正15年の愛知県人は59戸、251人、打瀬網56隻となり、朝鮮漁業移住の最盛期となった。

3. 養殖業の発展

　この時期に養殖業は海面、内水面ともに急成長した。大正8年は海面養殖業が39万円、うちノリ養殖が26万円、アサリ養殖が7万円であったのに対し、内水面養殖業は69万円で、海面養殖より高い。うちウナギが42万円、ボラが17万円、コイが8万円であった。

1) ノリ養殖の発展

　ノリ養殖は三河湾沿岸域、伊勢湾奥部に広がり、全国有数の産地となった。豊川河口で種付けした篊の移植が始まった明治39年から宝飯郡、愛知郡に、大正期は幡豆郡、渥美郡、知多郡、碧海郡に、昭和初期には名古屋市、海部郡に広がった。当時の養殖方法は篊建て(木の枝や竹を干潟に建て、ノリの胞子を着生させる)で、篊が設置できる漁場が限られるので、漁場の拡大は昭和初期になると一段落した。

　明治39年に養殖業者と販売業者によって三河乾海苔改良組合が設立された。利害の反する生産者と販売業者が共同したことで注目された。製法を統一し、製品検査、共同販売を実施したが、未加入者が多く、統一できなかった。明治45年には重要物産同業組合法に基づく三河乾海苔同業組合に改組された。宝飯郡、渥美郡、豊橋市の養殖業者約1,500人(販売業者40人を含む)で組織された。事務所は前芝村(現豊橋市)に置かれた。製品検査と共同販売を主とする。製品検査所は宝飯郡内に16か所設けられ、そこでは共同販売が行われた。同業組合が結成されると、名称も三河海苔に統一された。三河湾のノリ生産高は大正期に急増し、県全体の8割を占め、東京湾、広島湾と並ぶノリ産地となった。

　伊勢湾奥部の海部郡では安政4(1858年)年に鍋田村(現弥富市)でノリ養殖が行われ、藩主から蓬莱(ほうらい)海苔の名称を与えられたが、その後養殖は途絶えていた。明治41年に前芝村から種篊を移植し、成果を得たことで、木曽川、揖斐川、長良川の河口及び桑名周辺に養殖地を形成した。大正11年には市場に出せる良質なノリがとれるようになった。この年、愛知郡下之一色漁業組合が浅海利用研究所を開設し、県も水産試験場養殖出張所を併置して重要介藻類の増殖研究を行っている。

　知多郡では、明治40年に天白川河口に前芝村の種篊を移植したのが始まりで、名古屋市周辺から知多郡北部にかけて普及した。大正15年には知多郡水産会が乾ノリ検査を行うようになって、名称も年魚市(あゆち)海苔と名乗った。

　昭和3年から全国に先駆けて、規格の統一と品質向上のため県条例による製品検査規程を設け、県水産会に検査を委託した。名称も地域ごとの呼称をやめて「愛知海苔」と統一して販売するようになった。

　明治37、38年は2万円であったノリ生産高は、第一次大戦期には100万円に急増した。

その後は70〜90万円で推移したが、昭和4年から再び100万円を超えるようになった。

2) 内水面養殖業の発展

　内水面養殖業は農家の兼業として日露戦争後徐々に発展し、第一次大戦後に大きく伸長した。とくにウナギの増加が著しい。昭和5年ではウナギ71万円、コイ17万円、ボラ12万円、金魚13万円となった。コイ、ボラ、ウナギは混合養殖されることが多い。

　愛知県で内水面養殖業が盛んになった理由は、愛知県は沿岸干潟を干拓ないし埋立により造成した新田が多いが、この新田と付近の養魚場の経営収支を比較すると、新田は旧田と同一の収穫をあげるのに10〜30年かかり、その時の利益は1haあたり52.2円であるのに対し、養魚場にすれば2、3年で1,686円の利益を生むという高収益性にあった。

　ウナギ養殖が盛んになったのは近く(浜名湖周辺)に養鰻地帯があること、種苗(シラスウナギ)に恵まれた(とくに豊川河口)こと、地下水に恵まれたこと、周辺は養蚕業が盛んで餌料として蛹(さなぎ)が得られたことが大きい。

　ウナギ養殖は明治18年に東京深川で始まったが、20年代に浜名湖で養殖業として勃興し、三重県、愛知県に広がった。愛知県のウナギ養殖は水産試験場(養殖場)があった幡豆郡一色町と大規模干拓地・神野新田(渥美郡牟呂吉田村及び高師村、現豊橋市)で興った。明治31年、県水産試験場はコイの養殖池にウナギを混養して成果をあげ、ウナギ養殖の目途をつけた。明治35年に一色町の養殖池を民間に払い下げたのを機に養殖池も造成されて、ウナギ養殖が始まった。

　一方、明治29年にウナギ小売商が神野新田の一角に養殖池を作り、天然ウナギの蓄養を兼ねて養殖を行った。その事業に関わった神野三郎(かみの)(干拓地の地主)は明治42年に神野新田養魚(株)を設立し、37haに及ぶ大規模養殖を始めた。ウナギを中心として他にコイ、ボラを養殖した。

　大正期はウナギ養殖の発展期で、①第一次大戦期にウナギの需要が急増して価格が急騰したこと、②関東大震災後の不況で米価が下落し、水田を養殖池に切り換える者が続出したこと、③大正10年制定の公有水面埋立法で、公有水面を埋め立てて農地や養殖地を造成すると地租が免除されるようになったこと、が影響した。

　ウナギ養殖業者は明治38年は22人であったが、大正9年は172人となった。ウナギ養殖が興隆すると種苗(稚ウナギ)不足、種苗価格の高騰が顕著となり、県外からの購入が増えた。大正12年では稚ウナギの県内生産は約2割で、8割は千葉県、茨城県、宮城県、九州、朝鮮から購入した。それで大正10年に渥美郡水産組合が設立され、県水産試験場と共同で牟呂吉田村に愛知県淡水養殖研究所を設置し、養殖種苗、餌料の研究、指導に乗りだした。翌11年には国が開設した水産講習所豊橋養魚場に研究所の業務を引き継いだ。そこでシラスウナギを稚ウナギに育てることに成功し、シラスウナギの養成は有利な事業として普及していった。シラスウナギの養成とウナギ養殖との分業化が始まったのである。餌は生餌(貝類、アミ、シャコ)と蚕蛹であった。生蛹は容易に安く入手できていたが、養殖が盛んになると価格が高騰し、付近だけでは足りず、三重県、岐阜県、長野県から干蛹を仕入れるようになった。

ウナギの販路は、神野新田養魚(株)の場合、ボラ、コイと同じで、名古屋、熱田、京都、大阪、岐阜、彦根、豊橋であった。

　ウナギ養殖は第一次大戦後に不況が続いて過剰供給、価格の急落となり、他方、種苗(稚ウナギ)の不足と価格高騰で経営が悪化し、廃業者も出た。

　ボラは汽水域で生息するため干拓地の新田と堤防の間の水路や新田にならない溜池で養殖された。単独での養殖はなく、ウナギと混養された。種苗は伊勢湾、三河湾で漁獲されたものを使い、餌は特に与えていない。販路は県内である。

　コイ養殖は県下各地で行われ、山間部では単独養殖、海岸部ではウナギとの混養が多い。種苗は山間部では自給、海岸部では海部郡弥富町のコイ種苗業者から購入する。餌は蛹、豆粕等、販路は県内である。

　金魚の飼育は弥富町がほとんど全部を占め、奈良県郡山地方に次ぐ名声を博するようになった。弥富町及び周辺の金魚飼育は日露戦争時は10haであったが、大正10年頃には50haに達した。しかし、その後、養殖面積は横ばいで、昭和5年は40ha、生産額13万円(弥富町のみ)である。この間、出目錦、琉金といった新品種の導入、交雑が進み、大正中期頃から鉄道輸送が始まって、販路は全国に広がった。昭和2年に愛知県弥富金魚同業組合が設立され（組合員254人、養殖面積40ha）、米国向け輸出が推進された。

4. 水産製造業と水産物流通の進展

1) 水産製造業の進展

　水産製造高は、以前の低迷を脱し、明治44年53万円、大正10年237万円、昭和5年337万円と増加を続けた。加工品の種類も大きく変わった。かまぼこ・ちくわの生産額は177万円（昭和5年）で、全体の半分を占めるようになった。第一次大戦後、にわかに需要が増加し、他方、九州・山口方面からねり製品原料(東シナ海の底曳網漁獲物)が大量に供給されるようになったことによる。主産地は名古屋市、豊橋市、宝飯郡で、とくに豊橋市のちくわは品質が優良で名産品となった。

　煮干しはカタクチイワシの増産に支えられてかまぼこ・ちくわに次ぐ生産額を維持した。渥美郡外浜、知多郡南部が主産地である。その他、食用加工として干エビ、田作（カタクチイワシの素干し、ごまめともいう）、魚せんべい（またはエビせんべい）があった。肥料としてのイワシ〆粕、干鰯、藻類は採取の減少と他の有機肥料や化学肥料に押されて衰退傾向であった

2) 水産物流通の拡大

　明治42年に公安上（道路上に荷車、人、荷物があふれ、交通の障害となった）、衛生上の規制を目的とした愛知県市場取締規則が制定され、市場開設は県の許可制となった。既存の市場も許可を必要としたので、市場取締規則の制定を機に市場の再編成、施設整備が進んだ。

　明治40年頃の県下の魚市場は30か所であったが、大正中期には40か所に増え(この他に漁業組合の共同販売所がある)、明治末から大正初期にかけて魚市場は急増した。開設者は個人経営が減り、会社経営が大幅に増えた。取扱高も大正中期に大幅に増えている。ただ

し、第一次大戦後は不況で魚市場数は漸減し、再編成が進んだ（漁業組合の共同販売所は引き続き増加）。

　名古屋市の魚市場をみると、熱田魚市場は明治末より漁船に先駆けて魚類運搬船（買廻船）の動力化が急速に進み、また、第一次大戦後、氷の使用、冷蔵貨車の出現で遠隔地からの入荷が急増した。その代表は東シナ海の底曳網漁業の発達による鮮魚、ねり製品原料の増加で、取扱高に占める県外産の割合が圧倒的に高くなった。

　県市場取締規則の制定を機に明治43年に魚菜卸売市場・中央市場(株)が設立された。市営の食品市場とする計画であったが、財政難のため民営とし、魚問屋とは無関係の名古屋市の財界人が発起人となった。中央市場は卸売業務（特に鮮魚）をするとともに場内に市中で営業していた鮮魚商、青果商を入居させた。鮮魚の入荷先は全国各地に及ぶが、熱田魚市場、下之一色魚市場からの入荷も多い。小売商が収容されており、名古屋駅前に立地し、交通の便もいいので末端消費市場の性格を併せ持っている。

　名古屋市ではさらに大正4年に市中の塩干魚等の6問屋が過当競争による共倒れを心配して合併し、名古屋水産市場(株)を設立した。名古屋駅前に立地し、全国から集荷した塩干魚、塩蔵品、カツオ節、乾ノリ、果物等を扱う。

　豊橋市の豊橋魚鳥(株)は、明治41年に漁業組合からは独占による専横が甚だしいと販売手数料の引き下げ等を求められ、仲買人からは歩戻し（購買奨励金）の増額を要求されて、窮地に陥った。仲買人の一部は問屋を開設したので、両者の間で激しい集荷競争が起こった。大正2年に両者は合併して(株)豊橋魚市場となった。豊橋の魚市場は出荷者（漁業組合）、仲買人との利害調整に翻弄されてきた。

　産地における拠点市場の1つは、名古屋市に隣接する愛知郡下之一色村（現名古屋市）で、明治41年に魚問屋が廃業すると魚商組合と漁業者の共同販売が対立し、43年に地元漁獲物は漁業組合共同販売所が、地元外の漁獲物は漁業組合・魚商組合・買出業者で設立した三盛社が扱うことで調停された。取扱高は産地では最大となり、そのほとんどが隣接する名古屋市内に行商された。もう1つの産地拠点市場である宝飯郡三谷町（現蒲郡市）では中区の三谷魚鳥(株)と西区・北区の三谷水産(株)が集荷競争を繰り広げていたが、第一次大戦後の不況で三谷水産が倒産し、地元外船の水揚げ誘致を進めた三谷魚鳥に吸収合併された。

　漁業組合の共同販売所は大正7年には19組合となった。このうち乾ノリ、乾アサリの共同販売を除く鮮魚の共同販売所は16か所であり、地域的には知多半島、離島に多い。漁業組合が共同販売所を開設するのは明治40年代以降で、43年の漁業法改正で漁業組合の経済事業が認められたこと、政府による低利資金の融資、政府系金融機関からの融資によって産地魚商人（買廻船業者を含む）による仕込み支配を解消したこと、魚商人を仲買人として編入することで魚市場経営の未熟さを克服した。漁業組合の共同販売所は、出荷奨励金も仲買人に対する歩戻しがないか、あっても低く、したがって販売手数料は低くなった。取引はせり売りで、価格は以前より高まり、透明性と公平性が高まった。

参考文献

安藤牧之助「愛知村の大要」『愛知県水産会報　第28号』(大正11年10月)
『宝飯郡之水産』(愛知県宝飯郡水産会、大正12年)
野田兼一編『愛知之水産』(大正11年)
「愛知県水産調査」(水産庁中央水産研究所蔵、大正5年か)
『愛知県水産要覧』(愛知県水産組合連合会、大正8年)
『愛知県水産要覧』(愛知県水産試験場、大正12年)
『愛知県水産試験場六拾年史』(同試験場、昭和30年)
豊橋市史編集委員会『豊橋市史　第3巻』(豊橋市、昭和58年)
渥美町史編さん委員会『渥美町史　歴史編　下巻』(渥美町、平成3年)
南知多町誌編さん委員会編『南知多町誌　本文編』(南知多町、平成3年)
『三谷漁協のあゆみ』(三谷漁業協同組合、昭和62年)
『愛知県免許漁業便覧　付三重県免許漁業』(愛知県水産組合連合会、大正6年)
赤羽町史編さん委員会・愛知県田原市教育委員会編『赤羽根の古文書　近代史料編』(愛知県田原市教育委員会、平成18年)
北斗生「本県の遠洋漁業に就て　上、下」『愛知県水産組合連合会報　第15、16号』(大正6年10月、7年1月)
農林省水産局『水産金融調査資料』(大正13年)
愛知県教育会『愛知県特殊産業の由来　上巻』(泰文堂、昭和16年)
粟屋悌二「三河海苔の沿革及現況」『愛知県水産組合連合会報　第16号』(大正7年1月)
一色町誌編さん委員会編『一色町誌』(一色町役場、昭和45年)
山田豊作「養鰻業の現況と将来の希望」『愛知県水産組合連合会報　第26号』(大正8年12月)
『今昔　俺らが魚がし』(豊橋魚市場、昭和10年)
森敬作「共同販売事業に就て」『愛知県水産組合連合会報　第26号』(大正8年12月)
「県下ニ於ケル優良漁業組合」『愛知県水産組合連合会報　第2号』(大正4年1月)
「本県に於ける優良漁業組合」『愛知県水産組合連合会報　第18号』(大正7年3月)

第3節　昭和恐慌～戦時体制：水産業の変転と統制

1. 昭和恐慌と水産政策

(1) 昭和恐慌と漁村の経済更生計画

　昭和恐慌によって水産物の輸出は激減し、国内需要も都市、農村とも大きく縮小した。魚価は漁業用資材の価格以上に低落した。愛知県の漁業生産額は昭和4年と比べると7、8年は19％低下し、その回復は13年と遅れる(前掲図3-2)。魚価の低落で、漁業経営が悪化し、漁村の負債が累増した。昭和5年末の愛知県の漁村負債は94万円で、隣の静岡県、三重県に比べれば沖合・遠洋漁業が少ないだけにはるかに少ないが、それでも償還期限を過ぎたものが31％に及んだ。

　昭和恐慌による農山漁村の疲弊を救済するために昭和7年に「救農議会」が開かれ、救農土木事業、農山漁村経済更生計画の推進が決まった。愛知県の農山漁村経済更生計画は昭和7、8年度に県下町村の8割が策定している。経済更生運動の成果は救農土木事業による漁港・船溜まりの建設と漁業組合の整備拡充であった。後者は昭和8年の漁業法改正で漁

業組合の出資制を認め、経済事業体としての協同組合とし、共同施設事業を促進した。併せて漁業組合連合会の設立と連合会の経済事業を認めた。

漁村経済更生計画のモデルとなったのは愛知郡下之一色漁業組合で、名古屋市に隣接する産地拠点市場でもある。県下最大の漁業組合であり、各種漁業が盛んなだけでなく、共同販売所の経営、遭難救恤、漁業資金の貸与、指導事業、共済事業、保険事業（病院経営）を営み、漁業、漁村社会を支えていた[9]。

(2) 漁協の経済事業の発展

昭和恐慌を契機に漁業組合の共同販売事業が大きく進展した。農山漁村経済更生計画に取り上げられ、奨励金の増額、昭和8年の漁業法改正による漁業組合と同連合会の経済団体化がそれを推進した。愛知県では昭和13年に県漁業組合連合会が設立され、販売、購買、貸付事業等を行って各漁業組合の経済事業を支えた。

漁業組合の協同組合化は昭和10年から始まり、13年度末には県下133組合のうち44組合が協同組合となった。協同組合が営む共同施設事業は、販売が41組合、購買が24組合、物資貸付けが3組合、資金供給が17組合で、協同組合のほとんどが販売事業を実施した。共同販売は鮮魚介販売額の4割余を扱うようになった。漁協による低利資金の貸付けは魚商人による仕込み支配(漁業用物資や資金を貸付け、漁獲物の販売権を得る)からの脱却に役だった。ノリについては昭和8年から製品の県営検査が始まったことから共同販売に取り組む漁業組合が増えた。ただし、保存性のある塩干魚介の共同販売は少なく、産地仲買人・問屋への販売か都市市場への直接出荷が主流であった。

(3) 愛知県県水産試験場の活動

愛知県水産試験場は県庁内に本場を置き、宝飯郡三谷町に漁労、養殖・製造部門を統合する体制をとってきたが、昭和11年に本場を県庁から三谷町に移した後、施設や職員が充実した。本場の県庁内移転以来中断していた水産講習は昭和15年度から再開され、それが18年度の県立三谷水産学校の開校に繋がった。

漁労部門では昭和10年に大型の試験船（二代目白鳥丸268トン）を建造し、機関士、運転士、船舶職員を養成するとともにマグロ漁場開発、海南島漁場調査、深海底曳試験等を行った。大正末からカツオ釣り、マグロ延縄試験は定番化したが、着業者はほとんど現れなかった。養殖部門では下之一色養殖出張所(大正13年)、三河湾養殖作業場(渥美郡高師町、昭和4年)を設置し、ノリ養殖、ナマコ・カキの増養殖試験を、矢作川、巴川、豊川には孵化場(昭和3、4年)を設け、マスの孵化放流事業等を行った。製造部門では篠島時代からの継続でノリの乾燥、煮干し製造用のかまどの改良、アサリ水煮缶詰製造試験等を行い、また、自動エビ煎餅(せんべい)焼機を設置した。業界の要望に沿った実用的な試験であり、好成績なものは業界に広まった。

2. 漁業の停滞

1) 漁船動力化の進展と漁業生産の停滞

前掲図3-4で昭和5年、10年、15年の漁業・養殖業就業者数をみると、総数は増えて3万人を超えたが、主に漁業被用者の増加によるもので、他は変化が小さい。漁業業主(経

営者)は微減となり、養殖業就業者は増加が止まった。就業者構成を大まかにいうと、全体の3分の2が漁業、3分の1が養殖業に従事し、それぞれ半数づつが業主、被用者であった。また、漁業では業主、被用者とも本業と副業が相半ばするのに対し、養殖業は業主、被用者とも圧倒的に副業が多いという構成になっている。

　前掲図3-5でこの時期の漁船数の推移をみると、総隻数は7,500～7,700隻で横ばいであるが、そのうち動力漁船が増え、無動力漁船が減っている。昭和5年には3分の1であった動力漁船は15年には半数を超えた。それは漁船の動力化によって魚価の低落を漁獲量の増大で補おうとするようであった。動力漁船は5トン未満がほとんどで、5～10トンは300隻台でやや増えたものの、10トン以上は200隻台から100隻台に減少しており、沖合・遠洋漁業の発展には繋がっていない。

　漁業種類別で大正13年と昭和6年を比較すると、いずれの漁業でも数倍に増えているが、曳網(打瀬網、手繰網)が最も多く、一本釣り・延縄、流網が続き、定置網でも動力船が使用されるようになった。まき網(巾着網、揚繰網)は隻数は少ないが、増加率は高い。しかし、運搬船は71隻から69隻に減少していて動力化の段階から大型化の段階へ移行している。

　昭和6年で市郡別の漁業種類をみると、知多郡が約半数を占め、漁業種類も多様である。運搬船の半数も知多郡南部にある。知多郡でも衣浦湾側は藻打瀬網が、伊勢湾側は釣りが多い。知多郡南部は打瀬網が少なく、流網・刺網、手釣り、延縄、タコ壺、巾着網が多い。名古屋市及び愛知郡は運搬船、海部郡は筌(筒)、藻打瀬網、幡豆郡は打瀬網、宝飯郡は西浦村と形原町は機船底曳網が多い。渥美郡は漁船は多いが、動力漁船は少なく、湾内は藻打瀬網、釣り、イカ曳き網が主で、外海に近い福江町はイワシ刺網が主体である。外海側には動力漁船はなかった。

　表3-3で漁業・養殖業の生産高の推移をみると、昭和4～12年の期間、総生産量は5万トン台で推移したが、昭和12年から4万トン台に落ち込む。金額は昭和恐慌で1,000万円から800万円に落ち込み、再び1,000万円を回復するのは昭和13年のことである。ちなみに、昭和10年の漁業・養殖業生産額872万円は、同年の農業・畜産業生産額の6%ほどである。

　部門別にみると、沿岸漁業が大半を占めるが、漁獲量も金額も低迷している。魚種別では最大のイワシは漸減傾向、貝類(その中心はアサリ)と海藻類は漸増傾向にあった。漁船の動力化が進み、生産力が高まったのに漁獲量が低迷したのは、イワシ回遊の減少、底魚類の乱獲といった資源的制約によるところが大きい。内地沖合漁業は総生産高に占める割合は数%と低い。その半分以上は機船底曳網漁業である。内水面漁業の生産高は沿岸漁業に含まれているが、非常に低い(養殖業については後述)。

　漁業・養殖業の実態を昭和12年の漁業権免許や漁業許可の面から見ていこう。専用漁業権は慣行専用漁業権が35件、地先専用漁業権が103件、定置漁業権(すべてが小型定置網)が396件、特別漁業権(主に地曳網)は114件である。定置漁業権、特別漁業権は渥美郡と知多郡に集中している。区画漁業権はノリ浜建てが106件、カキ養殖が12件、魚類養殖が68件である。魚類養殖は内水面のみで行われていた(免許は公有水面だけで私有地での養殖は含まない)。前述の大正4年と比べると、いずれも件数はかなり増えている。

　知事許可漁業ではイワシ刺網は425件で知多郡に多い、巾着網は45件で知多郡、碧海郡、

表 3-3　愛知県の漁業・養殖業生産高の推移

	合計		沿岸漁業		イワシ類	貝類	海藻類	内地沖合漁業		海面養殖業		内水面養殖業	
	トン	万円	トン	万円	トン	トン	トン	トン	万円	トン	万円	トン	万円
昭和4年	59,142	979	53,899	731	26,528	14,438	2,303	403	20	3,223	81	1,618	148
5年	53,529	854	46,546	576	19,990	12,577	3,007	1,954	70	3,216	85	1,813	123
6年	58,545	794	50,603	538	21,766	13,278	2,637	2,547	54	3,333	76	2,062	125
7年	57,838	803	49,026	551	18,043	14,771	4,208	2,443	46	4,268	93	2,101	114
8年	57,347	820	47,516	545	16,861	17,227	2,775	2,824	51	4,420	84	2,588	140
9年	57,198	800	49,578	547	13,045	18,602	6,453	572	21	4,243	87	2,805	146
10年	57,778	872	49,224	569	14,422	18,151	5,800	611	36	4,593	87	3,351	180
11年	58,467	927	49,514	619	16,293	16,936	4,957	637	20	5,355	110	2,961	178
12年	48,561	910	38,975	580	8,045	14,893	4,950	889	22	5,736	143	2,960	164
13年	47,763	1,001	38,079	630	10,417	14,735	1,048	584	18	6,247	164	2,852	189
14年	40,454	1,291	30,570	807	4,028	13,850	2,340	893	35	5,794	167	3,197	281
15年	42,571	1,719	31,346	1,064	2,696	14,492	1,806	901	49	7,217	253	3,107	353
16年	59,868		48,945		2,688	17,959	11,862			7,740		3,183	
17年	112,430		101,349		3,582	15,294	66,320			8,875		2,206	
18年	85,502		76,863		4,726	21,820	30,084			7,099		1,540	
19年	57,133		51,982		3,757	24,935	12,682			4,277		874	
20年	30,826		28,071		9,130	8,307	2,456			2,098		657	

資料：各年次『愛知県統計書』、前掲『水産業累年統計　第3巻都道府県別統計』。
注：内水面漁業は数値が不明で、沿岸漁業に含まれる。昭和16〜19年の海藻類の生産高が異常に高いが、そのままとした。

幡豆郡に多い、藻打瀬網は1,212件で愛知郡、幡豆郡、知多郡に多い、貝桁網は1,485件で幡豆郡、宝飯郡、愛知郡、知多郡に多い、機船底曳網は43件で宝飯郡、知多郡に集中している。イワシの漁獲が漸減して巾着網の許可数は減少し、イワシ漁業は刺網が主力となった。底曳網類では機船底曳網の許可数は減少したが、後述するように実際には無許可船が十数倍おり、反対に湾内での操業が認められる無動力の打瀬網、手繰網は激減している。貝桁網やナマコ桁網は魚類を漁獲しないとして昭和5年に湾内での動力曳網が認められた。

2) 機船底曳網漁業の規制

　大正末に打瀬網が機船底曳網へと発展した。機船底曳網は10〜4月は湾外で操業し、禁漁期間中は湾内で動力を使わない打瀬網を行う者が多かった。20トン・40馬力前後の漁船に5〜7人が乗り、湾内ではアカエビ、キス、エソ、カニ、クルマエビ、ハモ等を、湾外ではボタンエビ、オキギス、タコ、イカ等を漁獲する。1艘曳きが主体だが、2艘曳きのものもあった。

　機船底曳網の許可が乱発され、漁場を荒廃させたことから沿岸漁業との対立が高まり、昭和7年には機船底曳網漁業取締規則が改正されて、知事許可を大臣許可に移すとともに夜間の操業禁止、禁漁期間が定められた。昭和9年には新規許可は停止し、12年には減船方針が示され、10年間で隻数を6割削減することになった。愛知県の機船底曳網は43隻にまで減っていたが、違法な他県沖水域での操業、湾内での動力曳網を繰り返したので全船が整理対象となった。

他方、動力曳網をしないことを条件に湾内での操業が認められた打瀬網、手繰網も動力曳網をしたり、県外沖水域で操業する違反船が急増し、昭和10年には三重県、静岡県側から大量に検挙される事件が起こった。翌11年にも渥美外海で操業する機船底曳網が板曳きをしたり、操業区域違反をして検挙された。ただし、県内では機船底曳網は中核的漁業であることから厳しい取締りは行われなかった。

3. 養殖業の発展

　養殖業生産高は海面も内水面も伸長し、昭和4～12年の期間、全体に占める割合は量は8％から18％に、金額は23％から34％に高まった(前掲表3-3)。昭和恐慌期でも生産額が前年を下回ったのは1年だけである。量は海面養殖業が、金額は内水面養殖業が高い。海面養殖業の中心はノリ養殖、内水面養殖業の中心はウナギ養殖である。愛知県は内水面養殖業が盛んなことで知られた。

　養殖業生産高を市郡別にみると（昭和10年）、市域を拡大した豊橋市が断然トップで、知多郡、渥美郡、海部郡、幡豆郡、宝飯郡、碧海郡が続く。養殖種目はウナギ、ノリ、コイ、ボラ、アサリ、金魚の順に高く、豊橋市は金魚を除くすべてで1位である。ノリは豊橋市、知多郡、海部郡、宝飯郡が主産地で、アサリはノリ養殖地に多い。ウナギは豊橋市、渥美郡、幡豆郡、碧海郡といった三河が産地で、コイ、ボラはウナギと混養されており、ウナギ産地と重なる。金魚は海部郡弥富町の特産であるが、昭和恐慌期に生産額が低下した。

　ノリ養殖は、大正後期から昭和恐慌期にかけて急増し、生産額では全国2、3位に上昇した。産地は昭和初期までに伊勢湾奥、西三河に広がり、養殖漁家は増えて7,000戸を上回った。生産高は1.4億枚、142万円（昭和10年）となった。1戸あたり平均生産高は三河乾海苔同業組合の地域(宝飯郡、豊橋市、渥美郡)は2.1万枚、169円、伊勢湾奥は1.9万枚、319円である。養殖面積や養殖戸数は全国1位だが、生産性は低く、1戸あたり生産額は東京府（東京湾）の2割に満たない。それは東京湾を始め先進地では水平篊(漁場が拡大でき、生産性も高い)が使用されたが、愛知県では垂直篊(粗朶篊ともいう)が続いたことによる。ノリ養殖発祥地の豊橋市、渥美郡は経営体数が多い割には生産高が低いが、ここにはノリの種付場があり、種篊を西三河、伊勢湾奥に販売するか、種付場を貸し付けている。生産高の3分の1は県内消費で、3分の2は東京、大阪、静岡、三重等に移出された。

　この期間、豊橋市が推進した工場誘致に対し、沿岸漁民による公害反対運動が起こり、ついには撤回させるという注目すべき事件があった。豊橋市は昭和恐慌の打撃から脱却するため近代工業都市を目指して臨海工業地帯の造成、港湾施設の整備、大企業誘致を進めた。そして、昭和8年に日本人造羊毛(株)の工場誘致に動いた。工場立地は豊川河口の牟呂地区を予定した。これに対し、有害な化学物質を含む廃液が豊川河口に広がる六条潟に流入し、一帯のノリ養殖、アサリの増殖に甚大な被害をもたらすとして周辺漁民が計画阻止に立ち上がり、誘致運動を推進する市政財界と激しく対立した。1年余の対立を経て、日本人造羊毛は豊橋市への立地を断念したことでこの事件は終結した。企業立地を阻止したのは、ノリ、アサリの増養殖に多数の漁民がかかわっており、高い生産性を誇っていたことの証であった。

　昭和10年の内水面養殖業はウナギ107万円、コイ32万円、ボラ18万円、金魚3万円であっ

た。前述の昭和5年と比べると、ウナギ、コイ、ボラは大幅に増えたが、金魚は奢侈品であるため、昭和恐慌による需要減は著しく、生産額は激減している。

　ウナギ養殖は、大正末にシラスウナギの養成に成功(従来は稚ウナギを種苗としていた)し、昭和5年頃にはシラスウナギからの養殖にも成功した。シラスウナギの養成(種苗生産)が本格化し、ウナギ養殖との分業が進んだ。シラスウナギの不足が顕著になり、愛知県では漁業取締規則によってシラスウナギの採捕を許可制とした（昭和7年）。また、餌料として生イワシが有利(従来は蛹を与えていた)なことがわかり、生イワシの需要が高まって県内産だけでは足りず、県外からも仕入れるようになった。養殖密度が上がり、用水が不足すると井戸の掘削、動力揚水が行われた。ウナギ養殖は静岡、愛知、三重の東海3県で著しく発達し、昭和10年には3県で生産調整が協議されるほどになった。昭和11年の愛知県のウナギ養殖は、養殖業者約430人、養殖場282か所、46ha、生産高1,425トン・94万円となり、静岡県に次ぐウナギ養殖地となった。ウナギは豊橋市の問屋に集まり、その6割が大阪、3割が東京、1割が県内に出荷された。

4．水産製造業と魚市場の変貌
1）水産製造業の動向

　水産製造業者は、昭和5～15年の期間、業主は4千人台で漸増、被用者は8～9千人で増加傾向にあった。被用者は業主の約2倍なので、小規模製造が一般的であった。大部分が季節的生産なため副業(兼業)で、被用者では副業の方が多かった。

　水産製造高は5、6千トンから7、8千トンへと増加し、金額は300万円台から昭和恐慌期に減少したが、昭和12年に500万円台、15年には1,000万円台へと急増した。製造高の過半がかまぼこ・ちくわで、生産は名古屋市、豊橋市が圧倒的に多い。原料は東シナ海の底曳網物が鉄道で送られてきた。名古屋市では熱田魚市場の仲買人等もかまぼこを製造した。宝飯郡は地元の機船底曳網の漁獲物を原料とした。

　次いで製造高が高いのはノリ(乾ノリ)で、愛知県は全国有数の産地となった。昭和3年度から愛知県水産会が製品検査を実施し、名称も「愛知海苔」に統一した。製品検査の統一性を高めるため8年から県営検査とし、県下48か所に検査所を設け、130人の検査員を配置した。

　三番目は煮干しだが、原料のイワシの漁獲変動で、製造高も大きく変動した。地曳網や巾着網の多い渥美郡外浜地区、知多郡豊浜町(現南知多町)等が主産地である。田作(素干し)の産地も同じ。

　その他、煮乾エビは知多郡、宝飯郡で生産され、剥きエビは中国向け輸出、殻付きは内地向けとした。魚せんべい(エビが主であればエビせんべい)は大正14年から県水産試験場が自動エビ煎餅焼機を試して以来、民間に広がり、製造高が急増した。エビは小エビと称されるアカエビである。産地は幡豆郡一色町、吉田町(以上、現西尾市)、宝飯郡三谷町、形原町、西浦町(以上、現蒲郡市)、名古屋市、知多郡横須賀町(現東海市)、大野町、鬼崎町(以上、現常滑市)、豊浜町（現南知多町）である。佃煮は豊橋市、名古屋市、宝飯郡等が主産地。原料は小魚と貝類で、貝類は三河湾一帯はアサリ、伊勢湾奥の愛知郡下之一色町はハマグリ

を主に使う。その他、乾アサリは大アサリの串刺し(素干し)で、田原湾、日間賀島、佐久島等が、このわた(ナマコの腸の塩辛)は、知多郡南部、佐久島、渥美郡、宝飯郡が産地であった。

2) 魚市場の変貌

　昭和9年の愛知県の魚市場は28か所(漁業組合共同販売所を除く)、青果市場との兼営(乾物、佃煮等を扱う)が7か所であった。大正中期は40か所であったので、第一次大戦後の不況によって淘汰・再編され、取扱高も低迷を続けた。市場の取扱高は、名古屋市の熱田魚市場495万円、中央市場(株)790万円(青果を含む)、名古屋水産市場(株)505万円が突出して高く、豊橋市(2市場)の83万円、岡崎市(2市場)の42万円、一宮市の26万円と続く。特異なのは産地であり、集散拠点でもある下之一色魚市場と三谷魚市場である。前者は名古屋市に隣接していることから、取扱高は100万円前後(地区外からの入荷分を含む)で産地市場では群を抜いて高い。後者は東海道沿線に位置し、底曳網・打瀬網が集積するばかりでなく、他地区の漁船・運搬船も入港する県下最大の漁港であって、取扱高は90万円を超える。

　魚市場の組織形態は株式会社が個人経営を上回った。鮮魚の取引は委託品のせり売りが基本で、買付、相対販売はみられない。販売手数料は10～13%、そのうち4～7%が購買奨励のため仲買人に歩戻しされる。販売額は出荷者に対しては即日支払われ、仲買人からの集金は毎月行なわれた。大きな市場では市場業者は問屋(卸売業者)、仲買人、小座人(こざにん)に分化し、仲買人も多くは小売り、料理屋、ねり製品加工等を兼業した。小座人は仲買人の名義でせり取引に参加する小売商で、代金は仲買人に支払う。中小の市場では買受人は仲買人だけで人数も少ない。

　名古屋市の場合、鮮魚の入荷は鉄道が主で、次いで船舶が多い。鉄道便はねり製品原料魚やサバ、アジ等の大量漁獲物で低価格なものが多い。船舶(買廻船)は三重県、県内産が主体で活魚も多く、金額では鉄道便を上回った。昭和に入ると近距離の集出荷はトラックを利用するようになった。昭和恐慌期に大手水産会社は東シナ海の底曳網漁獲物を産地仲買人を経ずに熱田魚市場の特定問屋の元へ直送するようになった。塩干魚も鉄道が主で、船舶がこれに次ぐ。

　名古屋市の3大魚市場はそれぞれ特徴があり、熱田魚市場は堀川運河に面し、買廻船による入荷も多い。買廻船主は熱田、下之一色、三重県桑名郡・志摩郡、知多郡南部の約70人で、20～30トンの船で、愛知県、三重県等の漁村から集荷した。隻数は減少気味だが、大型化が進んだ。中央市場(株)は名古屋駅に近く、鮮魚と青果を扱い、問屋、小売商を場内に入居させて末端消費対応に強みをもっていた。名古屋水産市場(株)は主に塩干魚を扱う卸売市場で、県内産の割合は1割程度と低く(煮干しが中心)、ほとんどが他府県、とくに北海道、東北方面から集荷した。昭和恐慌期に場外問屋と提携して北海産物、ノリ、乾物、果物の4部門を分社化している。同時に大手水産会社から塩蔵サケ・マスの独占販売権を得た。鮮魚、塩干魚とも大手水産会社による全国販売網の構築が主要魚市場との提携という形で進んでいる。

　大正12年に中央卸売市場法が成立し、大都市における生鮮食品流通の一元化が目指された。六大都市の名古屋市も指定され、市議会に諮られたが、市中の11の青果・鮮魚・塩干

魚卸売市場を統合することになるため、老舗市場（とくに熱田魚市場、枇杷島青果市場）は既得権を喪失しかねないとして反対し、棚上げとなった。昭和8年にも中央卸売市場計画が再燃するが、市議会で再び否決されている。この間、豊橋市にも中央卸売市場への転換が勧奨されたが、業者の反対で実現していない。

5. 戦時体制下の水産業
1) 崩壊に向かう漁業

　前掲表3-3で漁業・養殖業生産量をみると、昭和12～15年はそれまでの5、6万トンから4、5万トンに落ち、16～20年は突出から落下へと激変する。沿岸漁獲物が大部分を占めるが、内訳では貝類、海藻類、イワシの比重が高く、変動も大きく、全体の動向を左右している。昭和12～15年の落ち込みはイワシの減少が大きく影響し、16～20年の激変は海藻類(統計ではアマノリが爆発的に増加したとなっているが、統計の誤りか？)、貝類の突出と落下による。見方を変えれば、大戦中の漁業用資材・労働力が不足するなか、高齢者や女子でも可能な浅海での採取が中心になったといえる。イワシは昭和20年から資源の増大期に入った。内地沖合漁業は機船底曳網が中心だが、規制の強化と減船政策で縮小した。養殖業は海面養殖業、内水面養殖業ともに増加傾向にあったが、大戦末には大きく落ち込む。

　生産金額は価格統制が実施されるまでの4年間(昭和12～15年)は900万円から1,700万円に倍増した。沿岸漁業、養殖業で倍増した。

　魚種別ではイワシが回復する一方、アサリ、海藻、養殖ノリ、養殖ウナギが過去最高水準から最低水準へと落ち込んだ。ノリ養殖は養殖漁家7,000戸、就業者13,200人、生産枚数は変動幅が大きいが最高2億枚に達した。ウナギ養殖は大戦中も価格の高騰に支えられて急拡大を続け、養殖面積は倍増したが、昭和18年には一転、壊滅状態となった。餌料、種苗、労働力の不足、稲作や蓮池への転作、あるいは地震により廃池同然となって養殖池は約4分の1、生産量は1割に激減した。コイ、ボラ、フナの飼育で細々と経営を続けるだけになった。

　前掲図3-5で戦時統制期の漁船数をみると、動力漁船は増え続けて、昭和18年には4,000隻に達した。その後、急減して昭和20年には3,000隻を割りこんだ。しかも燃料不足等により稼働は限られた。他方、無動力漁船は昭和16年に増えて4,500隻余となり、再び漁船の過半数を占めるようになったし、その後も微減に留まった。

　動力漁船、とくに大型船の減少の一因は徴用である。例えば、昭和13年に112隻が陸軍によって徴用されて中国に向かい、15年は交替として別の50隻が徴用されている。徴用漁船は10～20トン級で、機船底曳網漁船が中心であった。昭和19年には県内の15トン以上の100余隻と乗組員が陸軍に徴用され、フィリピンで輸送作戦に従事し、大きな犠牲を蒙った。

　機船底曳網漁船は資源の乱獲、他漁業との対立、密漁の横行から昭和12年から減船整理が始まり、愛知県は全廃する計画であった。漁船は宝飯郡西浦村、形原町（以上、現蒲郡市）が中心であった。湾内では小型の機船底曳網漁業が盛んとなり、違法な動力曳網(板曳き)で、沿岸漁業の混乱を深めた。

漁業免許・許可件数を昭和12年2月と16年3月で比較すると、全般的に件数が大幅に減少している。地曳網(特別漁業権)は66件と64件で変わらない。巾着網は対象がマイワシが増えて45件から57件に増えた。知多郡、碧海郡、幡豆郡に多い。反対にイワシ刺網の許可は巾着網の増勢に押されて半減した。機船底曳網、貝桁網、藻打瀬網、藻手繰網といった底曳網の許可はいずれも半減した。一方、エビ待網が許可漁業から消え、新たにげんしき網(エビを対象とした流刺網)が新たに許可漁業となった。げんしき網は幡豆郡等に多い。

この時期に大きく発達したイカナゴ、イワシ、シラス(主にカタクチイワシの稚魚)漁業にふれておきたい。イカナゴ船曳網(通称パッチ網)漁業は昭和12年頃、発祥地の徳島県から三重県を経由して愛知県に導入された。巾着網に比べて資材、労働力が少なくてすみ、能率的なことから次第に普及して70統ほどになった。昭和18年になって他漁業との調整、同業者同士の調整のため許可が30統に制限された。それでも資材難や労働力不足から休業するものが続出した。

シラス船曳網は昭和15年頃、静岡県から導入され、知多郡南部と渥美外浜地区で盛んとなった。渥美外浜地区では地曳網から転換した。昭和18年には180統ほどに増えたが、その後、労働力・資材の不足から著しく減少した。

巾着網は昭和7、8年頃から漁船の動力化が始まり、12、13年頃には動力船使用は一般的となった。漁獲物は昭和11年まではマイワシであったが、12年からはカタクチイワシが主となった。この頃からパッチ網がカタクチイワシを漁獲するようになって競合し、昭和17年は17統に減った。昭和20年にはマイワシが豊漁となり、渥美半島では煮干しの製造が活況を呈する。

2) 水産業の統制
(1) 漁業用資材の配給統制

漁業用資材は輸入依存度が高く、また軍需要と競合するので、輸入の杜絶と戦時統制は漁業生産を大きく制約した。日中戦争が始まって、昭和13年に燃油の配給統制が行われた。県は漁業用重油の重点配給によって漁業生産を維持し、水産食糧を確保することを目指した。重点配給は石油消費量あたりの漁獲量が多く、生産額の高い漁業とし、燃油不足に対しては消費の節約、漁業合同、漁業組合の漁業自営、木炭ガス発生装置並びに帆走、代用油の使用、漁業調整、漁法の転換が推進された。

昭和13年頃から漁網、ロープ、漁業用ゴム製品、漁業用綿糸、麻製品の不足が顕著となり、14年から切符による割当て制となった。昭和16年になると綿漁網綱の配給はなくなった。重油・軽油の割当量は昭和17年度は15年度の56％、マニラ製品は66％、綿製品は76％で、魚介類の30％、藻類の15％の減産が見込まれた。

(2) 水産物統制

戦時インフレに対し国家総動員法(昭和13年4月)が発動され、賃金・価格等が14年9月18日の価格で凍結された。9.18価格は水産物には適用されなかったので、水産物の価格が暴騰した。昭和15年になると水産物にも順次、公定価格が設定され、16年4月に鮮魚介配給統制規則を公布して生産と消費をつなぐ配給機構が築かれた。

生産地には大臣が主要陸揚げ地を指定し、鮮魚出荷統制組合を組織させて自主的に統制する、消費地は大都市等を指定し、鮮魚介の取引を一定の卸売市場に集中させ、市場業者を網羅した配給統制協会を組織させ、自主運用させた。大臣が指定する陸揚げ地、消費地以外の配給統制は地方長官があたることになった。愛知県の大臣指定陸揚げ地は三谷と形原の2町、知事指定は豊浜、大浜、一色の3町、大臣指定消費地は名古屋市を中心とする中京地区であった(知事指定の消費地はない)。名古屋市では、熱田魚市場、中央水産、下之一色漁協の卸売人等によって中京地区魚類配給統制協会（熱田魚市場内に本部を置いた）が組織された。公定価格制の実施で仲買人は不要となり、仲買人は廃業するか、配給機構に編入された。しかし、統制の不備と事業合同が不完全なため配給統制も徹底されなかった。半田商工会議所は鮮魚介の配給が不円滑だとして、産地へ小売業者、大口需要者が買付に行くこと、産地と消費地との価格差が小さく、遠方への出荷がなくなったこと、海水浴シーズンは産地で売買が盛んに行われることを理由にあげている。

　昭和17年1月に水産物配給統制規則が公布され、水産加工品についても配給機構が整備され、名古屋水産市場の卸売人、場外問屋を糾合して名古屋水産物荷受組合が組織された。また、魚類の末端配給機構として六大都市では一配給地区一店舗とする小売商の淘汰が行われた。こうして配給統制機構は完成したが、完成した瞬間から崩壊し始めた。とくに公定価格の設定が実態に即していなかったので流通にひずみが生じ、都市への入荷量が激減した。

　生鮮食料品の供給が減少の一途をたどると昭和19年11月に水産物配給統制規則が公布され、陸揚げ地、消費地での統制を強めた。出荷は愛知県水産業会に担当させ、配給機関は中京地区魚類配給統制協会を名古屋魚類統制(株)に改組したが、漁業・養殖業生産が激減しているなかにあって事態は絶望的であった。

　名古屋市への鮮魚介入荷量は昭和15、16年は3万トン前後であったが、その後急落して、18・19年は1.7万トン、20年はわずか0.4万トンとなった。名古屋市では昭和17年に戦時下の配給統制のため、県食品市場規則に基づく公設卸売市場を開設することにした。もはや公設卸売市場の開設に反対する者はいなかった。開設者を名古屋市とし、北部、中部、南部の3か所に市場を開設し、それぞれ青果と塩干魚を扱い、中部はそれに加えて鮮魚を扱うこととした。戦時中に実現したのは中部市場だけで、場所は熱田魚市場に近い熱田区西町が選ばれた。名古屋市卸売市場中部市場は昭和20年3月に開設されたが、空襲によって建物、建築資材が焼失して休業状態となった。

(3) 水産団体の統合

　漁業組合(または漁協)は、昭和13年に漁業法が改正されて信用事業を営むことができるようになり、各府県の連合会、全国漁業組合連合会も設立され、系統組織が完成した。同時に協同組合組織は国の統制機関に変質した。

　昭和13年度末と16年度末を比較すると、愛知県の漁業組合は133組合から127組合に変わったが、協同組合は44組合から100組合へと倍増した。沿海地区は107組合、内水面は20組合なので沿海地区組合はほとんどが協同組合となった。共同施設事業も共同販売が41組合から75組合へ、共同購買が24組合から100組合へ、資金供給は17組合から24組合に広がった。共同販売はノリの共同販売が広がり、共同購買は漁業用資材を確保

するためにほぼ全ての組合が協同組合となって取り組んだ。愛知県漁業組合連合会は昭和13年に設立され、ノリの販売斡旋、漁業用燃油・資材の購買、漁船機関修理事業を始めている。

太平洋戦争開戦1年後に全国漁業組合連合会が示した戦時下の漁業組合の活動指針は、漁業組合は生産資材の配給、集荷供出、貯蓄等において市町村、水産関係団体と一体となって国策遂行に邁進すること、漁業組合は漁業生産の増強のため共同経営や漁業自営を促進し、漁業組合がもつ漁業権を拡充すること、漁業用資材の消費は最小限に抑え、一元的配給をすること、生鮮魚介類の出荷・集荷の一元化、供出、輸送等に万全を尽くすこと、としている。同時に、愛知県漁業組合連合会と全国漁業組合連合会は戦時食糧確保のため漁業生産増強運動を提起した。

昭和18年3月に水産業団体法が公布され、漁業組合、漁業協同組合、水産会、水産組合等の統合が推進された。漁業者は漁業会、製造業者は製造業会に統一し、府県段階に府県水産業会、全国には中央水産業会が置かれた。愛知県漁業組合連合会、愛知県水産会、各郡水産会が統合し、愛知県水産業会が発足した(11月)。127の漁業組合は97の漁業会に再編された。組合数が大幅に減ったのは地区範囲を市町村の範囲に一致させ、戦時統制を遂行し易くするためである。

(4) 生産力増強策

愛知県水産試験場は日中戦争が始まると、食糧問題がクローズアップされ、試験研究のテーマがイワシの利用に集中していたのを次第に未利用資源の深海魚、海藻の活用にも焦点をあてるようになった。太平洋戦争に突入すると、試験船の徴用(魚雷攻撃を受けて沈没)、職員の招集、下之一色養殖出張所と三河湾養殖作業場の閉鎖、試験用資材の入手難が重なり、機能不全となった。

日中戦争前は漁村は過剰人口に悩んでいたが、開戦とともに労働力不足に陥り、戦局が進むにつれますます酷くなった。壮丁の徴兵、徴用で漁業は高齢者、女性、子供に委ねられた。知多郡では昭和13年に応召漁家を援護し、生産力を維持増進するためにアサリやナマコの増殖に対し補助をした。資金、資材、労働力が限られたなかで生産力を維持増進する手立ては増殖以外にはなかったといえる。

主要漁業の打瀬網の外海での漁場は全面立ち入り禁止及び防御海面となった。イワシ刺目打瀬網は夜間操業が主なので操業は不能となった。湾内(防御海面ではない)は外海出漁船200隻全てを収容できない、生産増強のために、比較的小型の150隻を湾内で操業させ、残り50隻の大型船は外海(防御線＝機船底曳網禁止線)の許可を得て操業することが検討された。

一方、機船底曳網漁船の減船整理は昭和16年になると、食糧増産のため、また沿岸漁業との対立が緩和したことで中止されたばかりか操業期間が延長された。愛知県では全廃の方針であったが9隻が減船されずに残った。昭和18年末には許可の発行が容易になるように権限を大臣から知事に戻した。昭和19年には県内の業者は東海機船底曳網組合を結成して合同し、資材、労働力の節減を図ったものの、絶対的不足で操業はままならなかった。

注

9) 下之一色漁業組合の組合員数は県下最大で、昭和7年末では専業955人、兼業326人を擁する。様々な経済事業を営んでいるが、全国唯一漁業組合が営む保険事業（病院経営）を取り上げておこう。保険事業は農商務省より優良漁業組合に推奨されたのを記念して大正9年から準備に入った。地区の衛生環境は劣悪で、衛生観念も乏しく、病気にかかりやすいので、静養に適し、設備の整った病室、優秀な医師がいて、薬代も低く抑えられる病院を建設することになり、事業資金の積み立てと低利資金を借り入れて昭和7年に病院が完成し、医師、薬局員を揃えて開業した。診療科目は7科目であった。『漁村経済更生計画資料』（農林省経済更生部、昭和8年）59〜81頁。

参考文献

『愛知県水産要覧(昭和十二年三月調査)、(昭和十六年三月末調査)』
愛知県史編さん委員会編『愛知県史　資料編28　近代5農林水産業』(愛知県、平成12年)
愛知県水産同試験場『愛知県水産試験場六拾年史』(昭和30年)
『漁村経済更生計画資料』(農林省経済更生部、昭和8年)
『昭和十三年度末、昭和十六年度末漁業組合及漁業組合連合会概況』(愛知県)
水産庁振興部沖合課監修『小型底びき網漁業』(地球社、昭和58年)
中川悳『底曳網漁業制度史』(日本機船底曳網漁業協会、昭和33年)
『魚介類の生産出荷配給に関する実情調査』(帝国水産会、昭和18年)
牟呂・前芝・梅藪漁業組合『六条潟と西浜』(昭和56年)
豊橋市編集委員会編『豊橋市史　第4巻』(豊橋市、昭和62年)
小出保治『名古屋市中央卸売市場史』(名古屋市、昭和44年)
『名古屋市に於ける生鮮食料品の配給状況』(名古屋市産業部市場課、昭和11年)
商工省商務局『全国食料品卸売市場概況調査』(昭和12年)
帝国水産会『魚市場ニ関スル調査』(昭和11年)
『三谷漁協のあゆみ』(三谷漁業協同組合、昭和62年)

第4節　第二次大戦後の水産業の展開

　第二次大戦後については長期デフレ不況が始まる平成初期までを対象に以下の6項目について記す。①統計で漁業・養殖業の経営体、就業者、生産高、漁船、水産製造高の推移をみる。②戦後の漁業制度改革と高度経済成長政策。③漁場環境の悪化と港湾整備による漁場喪失。④主要漁業のまき網、機船船曳網、沖合・小型底曳網の展開。⑤養殖業はノリ養殖とウナギ養殖の発展をとりあげる。⑥魚市場の動向では主に名古屋市中央卸売市場に焦点をあてる。

　時期区分はしないが、①昭和20年代の戦後復興期、②30年以降の高度経済成長期、③48年のオイルショック以降の安定成長と国際化の進展、を念頭に置いている。昭和20年代は食糧難にあって水産物統制と漁業制度改革がなされ、破滅的な状況にあった漁業・養殖業が急速に復興した。高度経済成長期は人口増加、経済成長により水産物需要が増大し、漁業政策、水産物価格の高騰、技術の発達に支えられて、漁業・養殖業が著しく発展

した。一方、零細経営の漁業離脱、労働力不足、ひいては就業者の高齢化が進行し、臨海工業地帯造成のため漁場の喪失、漁場汚染も進んだ。オイルショック後は円高の進行、輸入水産物の増加、コールドチェーンの構築、食の外部化といった水産業をとりまく状況が大きく変化するなか、漁業就業者の減少、漁業資源の変動で漁業の縮小再編が始まった。

1. 統計でみる水産業の推移
(1) 漁業・養殖業経営体数と就業者数の推移

　図3-7は海面漁業・養殖業経営体数の推移を示したものである。総数は昭和

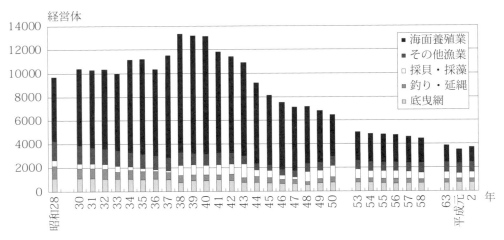

図3-7　海面漁業・養殖業の主な種類別経営体数の推移

資料：前掲『水産業累年統計　第3巻都道府県別統計』、各年次『愛知県統計年鑑』
注1：経営体計のうち昭和28～37年、44～47年は漁船使用経営体のみ。内水面漁業・養殖業は含まない。
注2：その他漁業はまき網、敷網、刺網、定置網、船曳網など、海面養殖業のほとんどはノリ養殖。

30年代は1万前後から増えて漁船非使用(統計で示されない期間がある)を含めると1.3万に達した。昭和40年代以降は減少を続け、40年代末は7千、50年代末は4千に落ち込む。経営体の大部分は海面養殖業(ほぼ全てがノリ養殖)で、多い時には全体の4分の3を占めた。海面漁業は増減を繰り返しながら4千から2.5千へと漸減している。海面漁業のうち採貝・採藻は漁船非使用のものが多い。

　漁業就業者は昭和20年代は3万人前後であったが、43年は2.2万人、53年は1.1万人、63年は8千人と大幅に減少した。昭和40年代の減少が著しい。就業者の約3分の1が女子で、ノリ養殖経営が多いことから女子の割合が高い。男子の60歳以上は昭和50年代まで1割台であったが、昭和末・平成初期には2割台となり、高齢化が急速に進んだ。

(2) 漁船数の推移

　図3-8は、漁船数の推移を示したものである。総数は戦後急増して昭和22年に1.3万隻となり、30年代半ばにはピークとなる1.6万隻になった。その後、減少に向かう。戦後暫くは無動力漁船の方が多かったが、昭和30年代後半から大きく減少し、50年代にはほとんどなくなった。動力漁船は昭和22年には5千隻を数えたが、その後も大幅に増加して

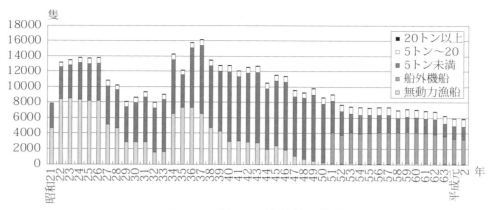

図3-8　愛知県の漁船数の推移

資料：昭和50年までは前掲『水産業累年統計　第3巻都道府県別統計』、その後は各年次『愛知県統計年鑑』

30年頃には無動力漁船を上回るようになり、30年代後半には8千隻余となった。その後、漁業経営体の減少とともに減少に向かう。船外機船は昭和51年から示されるが、すでに半数を超えている。

　動力漁船は圧倒的に5トン未満が多く、なかでも3トン未満が中心であった（ノリ養殖経営は3トン未満、とくに船外機船が多い）。5～10トンは400～500隻、10～20トンは200～300隻でほぼ横ばい、20トン以上は20～30隻と少ない。漁船の規模からして沿岸漁業・養殖業が中心で、沖合漁業は少なく、遠洋漁業はさらに少ないことがわかる。遠洋漁業は全くなかったわけではなく、昭和30年には遠洋マグロ漁船は神奈川県や静岡県を根拠とする23隻になった。その後は減少して昭和51年にはなくなった。

　船の材質は木造がほとんどであったが、昭和45年頃からFRP船（強化プラスチック船）が普及し始め、50年には4割、57年に8割を超えた。FRP船は当初、ノリ養殖で普及し、その後、全業種に広がった。

　漁業技術の発達では、昭和20年代に綿糸網から化学繊維網への転換、魚群探知機の発明、電気集魚灯の普及があり、昭和40年代から自動イカ釣り機、ラインホーラー（揚縄機）、ネットホーラー（揚網機）、航行機器としては無線機、レーダー等が導入された。

(3) 漁業・養殖業生産高の推移

　図3-9は、漁業・養殖業生産量の推移を示している。全体は昭和20年代が低い（水産物統制期で低めに報告されたことも一因）、20年代後半から47年まで概ね6～9万トンで推移した、48年から10万トンを超えて伸び、55年には最大となる20万トン余となるが、その後、15万トン前後に戻った。この間、魚種構成は大きく変化しており、イワシが昭和50年代に急増し、55年には全体の半分にあたる10万トンに達している。イワシのうちでもマイワシの漁獲が急増した（それ以前はカタクチイワシが主であった）。貝類（主にアサリ、トリガイ）の採取が多いのは愛知県の特徴である。その他水産動物（主にイカ、タコ、カニ、エビ）は比較的安定している。藻類は少ない。

　海面養殖業は全体の3分の1を占める重要部門で、そのほとんどをノリ養殖が占める。ノリ養殖は昭和30年代半ばから急増し、40年代初めの凶作を経た後、増加傾向にある。

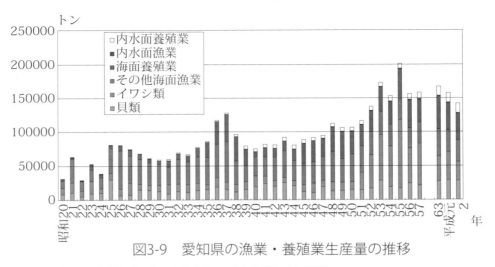

図3-9　愛知県の漁業・養殖業生産量の推移

資料：前掲『水産業累年統計　第3巻都道府県別統計』、各年次『愛知県水産要覧』

養殖経営体が昭和40年頃をピークに急速に減少したものの生産性が大幅に上昇した。生産枚数でいうと、昭和30年代に2億枚から10億枚へと飛躍的に伸びるが、40年代初めに病害で3分の1に激減した。それを克服して昭和50年代から10億枚前後に戻している。内水面漁業は極めて少ない。内水面養殖業はウナギ養殖が主で昭和30年代後半から徐々に生産量を伸ばしている。海部郡弥富町(現弥富市)の金魚飼育も拡大した[10]。

図3-10は漁業・養殖業の生産額の推移を示したものである。昭和36年以降（内水面漁

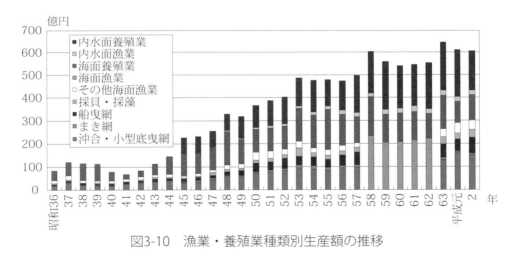

図3-10　漁業・養殖業種類別生産額の推移

資料：『愛知県水産業累年統計書』、『愛知県水産要覧』、『愛知県統計要覧』より作成
注：内水面養殖業には観賞魚を含まない。

業・養殖業は昭和45年以降）しか数字がないが、昭和40年代半ばまで100億円前後であったが、その後（内水面漁業・養殖業が加わったこともあって）上昇を続けて昭和末・平成初期には600億円に達した。増加率は生産量のそれを上回り、価格が大幅に上昇してい

る。海面漁業では沖合・小型底曳網が中心で、しかも増加が続いて昭和末・平成初期には150億円を超えた。まき網の漁獲金額は低い。昭和50年代にイワシの大量漁獲がみられたが、単価が低く、金額の伸びは大きくない。船曳網は昭和40年代末から伸びて主幹漁業となった。採貝・採藻（主に採貝）は昭和50年代以降増加した。その他の海面漁業は少ない。海面養殖業（ノリ養殖）は昭和40年代初頭の凶作を除くと最大の生産額を維持したが、50年代半ばの175億円をピークに縮小した。内水面漁業は極めて少ない。内水面養殖業（ウナギ養殖）は年々生産額を上げ、昭和57年から海面養殖業を抜き、昭和末・平成初期には200億円を突破している。

(4) 水産製造高の推移

図3-11は、水産加工品の生産量の推移を品目別に示したものである（ノリを除く）。主な

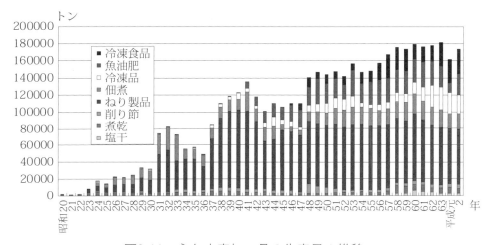

図3-11　主な水産加工品の生産量の推移

資料：各年次『愛知県統計年鑑』より作成。
注：主な水産加工品のうちノリを除く。

加工品は塩干品、煮干し、削り節、ねり製品、佃煮、冷凍品、魚油肥、冷凍食品である。高度経済成長期に段階的に増加し、安定成長期も順調に生産を伸ばしている。塩干品、煮干し、削り節の生産量は停滞的だが、佃煮、ねり製品は高度経済成長期に大きく伸び、冷凍品は昭和40年代から、冷凍食品は昭和40年代末から主要品目に加わった。煮干し、冷凍品、魚油肥はイワシの漁獲動向と連動している。

煮干しの生産量は変動しているだけでなく、原料構成も変化している。昭和20年代、30年代はカタクチイワシが中心で、イカナゴがそれに次いだが、40年代、50年代半ばまではイカナゴが主体となり、シラス干しがそれに次ぎ、カタクチイワシは少なくなった。昭和50年代後半からシラス干しが主となり、イカナゴを逆転した。煮干しの産地はまき網及び船曳網の漁業地である渥美町、南知多町、碧南市である。削り節は名古屋市が産地。佃煮は名古屋市が大半を製造し、豊橋市がそれに次ぐ。

ねり製品は最大の水産加工品で、全体の過半を占める。ちくわ、かまぼこ、揚げかまぼこが主力品で、昭和40年代にはフィッシュソーセージも作られるようになった。いずれも名

古屋市が最大の産地であるが、ちくわは豊橋市、揚げかまぼこは豊橋市、蒲郡市（原料魚を漁獲する底曳網の集積地）でも多く製造されている。愛知県のねり製品の生産量は全国有数で、ちくわは全国1位である。原料は東シナ海の底曳網物（グチ、ニベ等）から北洋冷凍すり身（スケソウダラ）に替わった。

　冷凍品はイカナゴやマイワシの漁獲（養殖用餌料向け）が増えると増加する。その他にはマグロ等が保管されている。冷凍食品は魚介類が中心（切り身やボイル品）で、調理品（フライなど）が次ぐ。名古屋市に多い。

　水産加工のうち塩干品、煮干し、魚油肥は漁業地で製造される（原料立地）が、その他の水産加工品は主に名古屋市、豊橋市で製造されるようになった。消費地立地型の近代的食品加工業が成長した。地元原料への依存度が低下し、原料を大型産地から仕入れて大量生産をするようになった。

2. 戦後の漁業制度改革と高度成長政策
1) 水産体制の変革
(1) 戦後の水産物統制

　終戦年の11月、GHQ（連合国軍最高司令官総司令部）の指令を受けて生鮮食料品の価格及び配給統制が撤廃された。これが価格の暴騰を生み、昭和21年3月の水産物統制令により生鮮食料品の統制が再開された。知事が水産物の陸揚げ地と出荷機関、配給地域と荷受機関をそれぞれ指定し、出荷・配給を指示することになった。戦時中の水産物統制と違い、公定価格を守る限り、産地との直接取引が可能となった。陸揚げ地と配給地域は戦時中と同じ地域が指定された。ただ、水産物は正規ルートを通らず、闇流通、闇価格が横行し、再々取締が強化された。

　一方、漁業用資材についても昭和21年から配給統制が実施された。統制機関への水揚げ量に応じて石油、漁網等を配給するリンク制がとられた。愛知県は昭和23年4月に水産物配給を確保するために水産物3か年増産計画（23～25年度）を立てて、出荷量の多い主要漁業に対し重点的に資材の配給、経営の合理化、新漁場の開拓、漁法の改良等を進めている。

　昭和25年4月に水産物の配給統制は全面撤廃され、自由取引となった。漁業用資材も自由に入手できるようになった。

(2) 漁業制度改革

　昭和24年12月に漁業法が公布された(25年3月施行)。明治43年制定の漁業法に替わって、漁業者が主体となる漁業調整機構の運用により、水面の総合的高度利用、生産力の発展、漁業の民主化を図った。沿岸漁業の全面的整理のため旧漁業権は有償補償で2年以内に消滅し、新漁業権を免許することとなった。漁業権は専用、定置、区画、特別漁業権から共同、定置、区画漁業権に再編成された。愛知県の補償額は海面が3億7,588万円、内水面が2,166万円、計3億9,754万円となった。専用漁業権(129件)が約3分の2、区画漁業権（養殖業、246件）が約3分の1を占める。定置漁業権（定置網、309件）や特別漁業権（主に地曳網、105件）は少ない。補償金は漁業権のほとんどを所持していた漁業会（後の漁協）に支払われ、漁協あるいは同連合会の経済基盤の強化に役だった。

新漁業権は、共同漁業権は小型定置網を含める一方、浮魚を運用漁具で漁獲する漁業を外したので、専用漁業権に比べると漁業種類は大幅に減少した。区画漁業権は以前と同じだが、定置権は大型定置網だけとなり、愛知県には大型定置網はないので、定置漁業権はなく、特別漁業権は廃止された。共同漁業権と区画漁業権は漁協に免許されたので、漁業権は全て漁協が所有した。

漁業法の制定とともに昭和25年2月に愛知県漁業取締規則(26年に漁業調整規則となる)が制定された。過密操業、乱獲状態にあるという認識から原則として新規許可は認めない方針がとられた。知事許可漁業は18種類で、主なものは巾着網(46件)、イワシ・イカナゴ船曳網（通称パッチ網、54件）、打瀬網(1,114件)、貝桁網(1,090件)、藻打瀬網(405件)である。愛知県と関係する大臣許可漁業は機船底曳網（50件）と遠洋カツオ・マグロ漁業である。

(3) 漁業協同組合制度

昭和23年12月に水産業協同組合法が公布（施行は24年2月）され、これにより戦時体制下で統制団体になっていた漁業会が海面地区漁協、内水面漁協に戻された。昭和25年末で地区漁協数は112となった。地区漁協数は、戦時中の漁業会97(行政区域に一致するように統合された)より多く、弱小組合も現れたので、その統合が進められたが、漁業形態の違い、漁業権・漁業権補償金の帰属問題等から遅々として進まず、昭和31年でも111とほとんど変わっていない。このうち販売事業は48組合が実施している。もっともそのうち31組合はノリの集出荷である。購買事業はノリ養殖資材の共同購入を中心に35組合が実施している。信用事業は20組合が実施しているが、組合員は農業兼業も多く、農協の信用事業を利用していて、漁協の信用事業は伸びなかった。利用事業は充電が主で、製氷・貯氷事業も本格的設備を備えている漁協は限られた。

愛知県漁業協同組合連合会（県漁連）は昭和24年に県水産業会の財産譲渡を受けて発足したが、経営が安定するのは29年にノリの共同販売に乗り出してからである。昭和27年に全国漁業協同組合連合会が結成されて漁協系統組織が確立した。愛知県信用漁業協同組連合会（県信用漁連）は昭和25年に設立され、漁業制度改革による漁業権証券の資金化、沿岸漁業構造改善事業による融資、地区漁協の貯蓄増進運動、地区漁協－県信用漁連－農林中央金庫という系統金融組織の確立によって発展した。

昭和51年の組合数は沿海地区漁協55、内水面漁協22となり、沿海地区漁協が著しく減少した。これは名古屋港、衣浦港、三河港整備に伴う漁協の解散によるものである。沿海地区漁協のうち販売事業を営むのは48組合、購買事業は41組合、信用事業は28組合で、漁協数が減少したのに共同事業を実施する組合は増えている。内水面漁協は、県内を縦走する天竜川、豊川、矢作川、庄内川、木曽川水系に設置されている。この他、内水面養殖業者による業種別漁協(ウナギ養殖の西三河養殖漁協が代表例)がある。

2) 漁業の高度成長政策

(1) 沿岸漁業構造改善事業の推進

高度経済成長を目指して、昭和38年に漁業の基本法といわれる沿岸漁業等振興法が制定

されて、政策目標を漁獲量の増大から漁業生産性・漁業所得の向上、経営安定へと転換した。それに伴い、昭和37〜45年度の9年間、沿岸漁業構造改善事業が実施された。愛知県では、①零細経営を漁業から離脱させて工場労働者とする。②漁船漁業、とくに小型底曳網はノリ養殖との兼業、漁船の動力化と大型化を推進する。③ノリ養殖の漁場造成、養殖技術の向上、処理加工の機械化、流通の一元化を推進する。④水産物の保存、加工・流通の合理化を図ることにした。事業費は補助事業と融資事業を合わせて14.6億円であった。数値目標として昭和35年を基準とし48年までに経営体数は3割、漁業就業者は5割減少するが、1人あたりの漁業所得は15.7万円から37.1万円に2.3倍にするとした。融資(主に沿岸漁業近代化資金)事業は、漁船漁業では漁船の大型化、高馬力化、焼玉機関からディーゼル機関への転換、養殖業ではノリ養殖の作業場、乾燥施設の設置、作業船の建造に多くが向けられた。

　沿岸漁業構造改善事業が終わると、昭和46年度から第二次沿岸漁業構造改善事業(数町村を単位とした広域的な事業)が始まり、養殖業の振興、資源培養型漁業の育成、栽培漁業の育成等が図られた。愛知県では半島地域(知多・渥美地域、常滑市、南知多町、渥美町、赤羽根町、田原町、豊橋市の一部)と三河地域(碧南市、西尾市、蒲郡市、一色町、吉良町、幡豆町)が指定され、補助事業と融資事業が行われた。半島地域は昭和47〜54年度、三河地域は51〜59年度の期間、補助事業は漁場整備事業として築磯と魚礁設置が、漁業近代化施設整備事業として種苗生産施設、漁船漁具施設、製氷・冷蔵、水産物荷捌き施設の整備が行われた。

　次いで昭和54年度から平成5年までの14年間、新沿岸漁業構造改善事業が始まった。目的は、資源の培養・管理型漁業の推進、担い手の育成・確保、漁村の活性化に変わった。南知多町、常滑市、大浜町、一色町、蒲郡市、幡豆町の6地区に地域沿岸漁業構造改善事業、渥美半島地域に漁業近代化施設整備事業が実施された。

　他方、国の沿岸漁業振興策の柱として、昭和37年度から栽培漁業センターが整備されたが、愛知県は38年度に水産試験場尾張分場に水産種苗センターを併設して、技術開発、種苗生産・放流を実施した。昭和53年には渥美郡渥美町に県栽培漁業センターを開設し、クルマエビ、アワビ、アユ等の種苗生産・放流を実施している。

(2) 水産金融制度の充実

　制度金融(政策金融)では、昭和28年設立の農林漁業金融公庫(現日本政策金融公庫)は沿岸漁業構造改善事業資金の供給に、44年に始まった漁業近代化資金は漁業・養殖業の規模拡大、近代化に大きく貢献した。ともに共同施設、個人施設に対して融資したが、漁船建造資金を中心とした個人施設が大部分を占める。とくに昭和40年代に水産金融は大幅に伸長した。漁協－信用漁連－農林中央金庫という系統金融機関が育成された(制度資金は系統資金が低利かつ長期に活用されるように利子補給をした)ことと漁業近代化資金を始めとする制度資金が充実したことによる。

　資金需要は漁船漁業では漁船の大型化・高馬力化、FRP船の建造、漁船機器の装備、漁港関連では荷捌き所、製氷・冷蔵施設、ノリ養殖では処理加工施設、ウナギ養殖では加温施設で拡大していた。だが、2度のオイルショック時には運転資金需要が急増した。

3. 漁場環境の悪化と港湾整備による漁場喪失
(1) 漁場環境の悪化と公害対策
　昭和36年頃から都市の人口増加、臨海工業地帯の埋立て造成、工場・生活排水による水質汚濁、漁場環境の悪化が問題となった。昭和40年代には公害が酷くなり、漁業においても赤潮や油濁(重油流出)が多発し、大きな被害を出すようになった。昭和45年には公害絶滅全国漁民大会、伊勢湾・三河湾公害絶滅漁民大会が開かれ、県も環境部を設置し、水質汚濁の監視体制をとるようになった。公害対策基本法(昭和42年制定)に基づいて排水基準を設定し、次いで削減目標を達成するために汚濁負荷の総量規制が実施された。

　昭和50年代の調査によると、底質のCOD(化学的酸素要求量)が20mg/gを超える高濃度域が伊勢湾では湾央部と松坂市沖に、三河湾では湾央部と蒲郡市沖に分布している。このように堆積した有機物汚泥は窒素、燐を溶出し、赤潮や貧酸素水塊の発生要因となる。赤潮や貧酸素水塊の発生件数は毎年60～100件に達した。この他、重油流出による被害、とくにノリ養殖の被害も発生した。

　三河湾、とくに東部は水深が浅く、外海との海水交換が悪い。昭和30年代後半から高度経済成長に伴う生活排水、農畜産排水等の流入量の増加、40年代後半に進行した埋め立てによる干潟、藻場の喪失(水質浄化機能の低下)等で富栄養化が進み、日本で最も汚れた海という汚名がつくほどになった。昭和50年代後半以降、赤潮が1年中発生するようになり、海底にはヘドロがたまり、海底の貧酸素化は貝類や底生生物の大量死を招くまでになった。伊勢湾に臨む常滑市(著者の出身地)では、異常繁殖したアオサが浜辺に堆積し、腐敗して異臭を放ったり、砂浜はヘドロに覆われて足を踏み入れるとぬかるむ程であった。その後、徐々に浄化が進んで、季節になると潮干狩りや海水浴で賑わうようになった。

(2) 港湾整備による漁場喪失
　伊勢湾には木曽川、衣浦湾には矢作川、三河湾には豊川が流入して河口域は干潟を形成しており、絶好の浅海漁場となっていた。昭和30年頃までそこで干拓が行われたが、高度経済成長期には工業用地造成のための名古屋港、衣浦港、三河港港湾整備が実施された。

　昭和31年に名古屋港港湾計画が策定され、臨海工業地帯造成と伊勢湾高潮防波堤建設(伊勢湾台風を受けて追加)が併せて行われた。臨海工業用地造成に伴う漁業補償協定は昭和35～37年に県と県内15漁協、三重県側3漁協との間で結ばれ、後、全漁協が解散した。影響補償協定は昭和40年に県内3漁協、三重県側7漁協との間で結ばれた。解散した15漁協は、昭和32年を基準にすると県全体の漁業経営体の26%、漁獲量の9%、ノリ生産量の29%を占めていた。伊勢湾北部の優良なノリ漁場が喪失したのである。漁業が盛んで、漁獲物の集散拠点でもあった下之一色漁協も解散した。

　衣浦港は、昭和32年に重要港湾に指定され(武豊港、平坂港、大浜港、新川港、亀崎港、半田港、高浜港)、36年に港湾計画が策定された。臨海工業用地造成に伴う漁業補償協定は昭和36～39年に県と12漁協との間で締結され、うち11漁協が解散した。影響補償協定は昭和37～40年に7漁協との間で結ばれた。その後も用地造成が進められ、漁業補償協定が県と9漁協との間で締結された(うち1漁協が解散)。先に解散した11漁協は、昭和32年を基準にすると県全体の漁業経営体の5%、漁獲量の3%、ノリ生産量の3%を占めた。

採貝とノリ養殖を主体とする地域であった。

　三河港は、昭和37年に4港湾(豊橋港、蒲郡港、田原港、西浦港)を包括した東三河工業整備特別地域、重要港湾に指定され、港湾計画が策定された。漁業補償交渉は対象地区が広く、オイルショックで港湾計画が大幅に縮小変更したことで長期に及んだ。昭和39〜46年、52年に16漁協と漁業補償協定を締結し、うち15漁協が解散した。影響補償協定は昭和46〜49年に11漁協との間で結ばれた。解散した15漁協は、昭和32年を基準にすると県全体の漁業経営体の25％、漁獲量の12％、ノリ生産量の28％を占めていた。これにより三河湾東部のノリ養殖場が消滅した。愛知県のノリ養殖の発祥地であり、重要な種場でもあった豊橋市の西浜、六条潟のノリ漁場も消滅した。漁獲量はほとんどがアサリを主とする採貝である。

　昭和33年に始まった漁業補償交渉は約19年の歳月を要して52年に終了した。3港湾整備に73漁協が関係し、うち42漁協が解散した、漁業権消滅面積は16,015ha、漁業補償額は703億円となった。これら地域はノリ養殖、採貝、底曳網、刺網等の優良漁場であったことから関係漁業者の反対は根強く、補償交渉は難航した。昭和32年を基準にすると、漁業経営体の56％、漁獲量の24％、ノリ生産量の60％が消えた計算になる。高度経済成長のための臨海工業地帯の造成や港湾整備は浅海漁業・養殖業に甚大な犠牲を強いたのであった。

4. 主要漁業の展開

　愛知県の主要漁業のまき網、機船船曳網、沖合・小型底曳網の展開をみよう。

1) まき網漁業の推移

　まき網には主に伊勢湾でイワシ、アジ、サバを対象とする中型まき網(巾着網と呼ばれた)と主に三河湾でセイゴ、ボラ、コノシロ、サッパ等を対象とする小型まき網(揚繰網と呼ばれた)がある(この他、一時期大中型まき網があった)。まき網は漁獲量の変動が大きく、昭和20年代半ばは1万トンほどであったが、30年代以降は1〜3千トンで低迷し、46年から回復の兆しをみせ、53〜55年には4〜5.5万トンと突出し、その後は2万トン台で推移している。漁獲量が多い期間はマイワシの漁獲が多い期間である。

　昭和27年にまき網漁業取締規則が制定され、中型まき網は法定知事許可漁業(大臣が定めた範囲内で知事が許可)となり、昭和30年の許可数は35統(いずれも2艘まき)であった。1統は、網船(15〜20トン)2隻、魚探船2隻、手船(運搬船)2隻、計6隻で構成される。乗組員は80〜100人と多く、乗組員の確保が困難になると小規模な機船船曳網やシラス船曳網に替わっていく。漁業規模が大きいので、共同経営で営まれることが多い。漁業地は篠島、豊浜、師崎(以上、現南知多町)、大浜(現碧南市)である。小型まき網(網船は5トン未満)は大浜が中心で、1統あたり乗組員は15〜40人である。

　昭和30年代初めには中型まき網は漁獲の減少と魚価の低迷で数統にまで減少した。漁獲の減少はカタクチイワシの漁獲で競合する機船底曳網が台頭したことも大きく影響している。その後、昭和45、46年にサバ、マイワシが豊漁になったこと、2艘まきから1艘まきに転換して労働力不足に対応したことで39統に回復した。小型まき網は昭和30年代に大きく

漁獲量を落として十数統から数統にまで減少した。

　平成5年の状況は、中型まき網は31統で、1統は3、4隻、13～15人乗りとなった。小型まき網(1艘まき)は7統の許可があるが、経営悪化、乗組員不足、不安定な漁獲で断続的に操業するだけとなった。

2）機船船曳網漁業の発展

　機船船曳網は知事許可漁業で、対象魚種によりパッチ網(イワシ・イカナゴ船曳網)、シラス船曳網、イカナゴ船曳網、サヨリ船曳網等に分かれ、相互に兼業することが多い。船曳網は2艘曳きで、手船や魚探船と合わせて3、4隻で構成される。漁船は15トン未満に制限されている。漁場は伊勢湾、三河湾、渥美外海。

(1) パッチ網漁業（イワシ・イカナゴ船曳網）

　パッチ網は昭和12年に徳島県から導入された漁法で、伊勢湾、三河湾のイカナゴ(地方名コウナゴ)の主力漁法となった。戦時中は資材難、労働力不足で消滅状態となったが、戦後は食糧難もあって着業者が増加し、また、カタクチイワシの漁獲も許可されて(地曳網や巾着網等と競合するため認められなかったが、食糧難のために許可された)、昭和23年の許可は54統となった。

　昭和27年頃の状況をみると、漁業者は以前の地曳網漁業者が多く、巾着網や小型底曳網からも転換している。1統は網船、魚探船、手船の4隻からなり、乗組員は25～35人であった。共同経営が多い。3～5月は湾内でイカナゴ、7～11月は湾内外でカタクチイワシ、アジ、サバを対象とする。主な漁業地は大浜町(現碧南市)、一色町(現西尾市)、西浦町(現蒲郡市)で、漁獲物は加工業者に売られ、煮干しに加工される。操業期間以外は個別に操業する。

　昭和27年から同業者間の競争、シラス船曳網の台頭によって漁獲量が減ったことと価格が低迷したことで操業船は半減した。乗組員はネットホーラーの普及もあって昭和40年頃には17、18人に、50年代は労働力不足で6～8人となった。平成5年の許可は27統。

(2) シラス船曳網漁業

　シラス（カタクチイワシの稚魚）船曳網は昭和15年頃、静岡県から導入された。昭和25年に69統の許可があったが、他に無許可船もあって28年に許可枠が107統に増やされた。4～11月が漁期。カタクチイワシを対象とするパッチ網、まき網等の反対があったが、資材・労力が少なくて済み、魚価が高いことから増加した。漁場は渥美外海で、静岡県側と入漁をめぐって紛争となった。

　シラス干しの売れ行きが好調で、その後も無許可船が増加し、昭和34年に許可枠を182統に、35年には一挙に409統に増やした。そうなると過当競争となり、統数の減少、漁船の大型化・高馬力化が進行した。漁船は5～10トン、30～45馬力が中心で、乗組員は、ネットホーラー等の省力機器を搭載したことで5、6人になった。共同経営が多い。ノリ養殖、ごち網、パッチ網との兼業が多い。平成5年の許可は南知多町の181統に減っている。シラスの漁獲変動も大きい。

(3) イカナゴ船曳網漁業

　昭和30年頃、シラス船曳網もイカナゴを漁獲するようになった。昭和40年代にハマ

チ養殖が急速に発展し、餌需要が増えたことがイカナゴ漁業の発展を支えた。イカナゴの漁場は渥美外海、三河湾、伊勢湾で、統数は昭和50年代以降200～210統で推移している。イカナゴの資源変動は大きく、昭和53～57年の大不漁を経験して資源管理が始まった。親魚の漁期が制限されたが、愛知県はシラス干しを、三重県側は餌料魚を目的とするので、解禁日を巡って両県の主張が調整されている。

3) 沖合・小型底曳網漁業の展開
(1) 沖合底曳網漁業

　機船底曳網(後の沖合底曳網)は、昭和22年に大臣許可漁業に戻された。大戦中は9隻にまで減ったが、戦後の食糧難で着業者が相次ぎ、昭和26年は50隻に膨れあがった。漁場が限られていることから過剰操業となり、北洋漁業へ転換したり、昭和30年から和歌山沖、33年から伊豆諸島周辺へ入漁するようになった。総トン数が抑制されている中、隻数が減ると漁船規模は30トン、35トンと大型化した。

　漁法は2艘曳き(タイ、ヒラメ、カレイ等を対象、沿岸漁業との軋轢が多い)と1艘曳きがあるが、ほとんどが1艘曳きになった。漁場は静岡・愛知県境から三重・和歌山県境までとするものが多く、東京・大島沖と和歌山・潮岬西に入漁するものもいる。漁獲物はメヒカリ(佃煮原料)、ニギス(給食用フライ)、その他エビ(小エビ＝せんべいの原料)等の加工原料で、価格は低い。漁業と加工は西浦町と形原町(以上、現蒲郡市)に集中している。ほとんどが一艘経営である。漁獲量の減少、収益性の低下と労働力不足のため隻数は減少を続け、平成5年は10隻になった。乗組員は最低限の7人、1航海は3、4日である。

(2) 小型機船底曳網漁業

　機船底曳網は昭和27年に漁船15トンを境に沖合底曳網と小型底曳網に分かれた。小型底曳網は大きく横曳き(打瀬網)と縦曳き(手繰網)に分かれ、それぞれ網口を広げるためにビーム使用(第2種)、型枠使用(第3種、桁網という)、開口板使用(その他に分類される、板曳きという)がある。小型底曳網は法定知事許可漁業で、漁場は県下海域に限られる。沿岸で操業する底曳網は漁船が動力化した場合でも、漁場往復に動力を用いることができるだけで、曳網に動力を用いることは禁止されていた。

　戦後、食糧増産のため無条件で許可を発行、漁法も沿岸での動力曳網(縦曳き)を容認し、違法操業であるまんが(滑走装置がついた桁網)、板曳き、2艘曳きを黙認したことで小型底曳網は急増した。小型底曳網の急増と無秩序な操業によって資源の乱獲、枯渇が問題となり、GHQの指示もあって昭和26～29年の4年間、減船事業が実施された。愛知県の許可枠を2,184隻と定め、222隻を廃船とした。それでも愛知県は、兵庫県に次ぐ隻数を誇り、また、漁獲高の約4割を占める主幹漁業であった。

　昭和27年には従来認められなかった備前網(手繰第2種、動力曳網)を合法化した。伊勢湾、三河湾は20馬力以下に制限したので20馬力以上の漁船は渥美外海で操業した(その後、35馬力を境とするようになった)。

　一方、打瀬網は昭和30年代には縦曳きに圧迫されて急速に衰退し、姿を消す。

　昭和30年、瀬戸内海から三重県を経由して開口板を備えた通称豆板網(板曳き網)が南

知多町豊浜に導入され、備前網の兼業種目となった。非合法の漁法が公然と行われており、制度と実態との乖離が著しかった。翌31年に大臣が指定する海域、期間でまんが、板曳き網の使用が可能になったことから漁業者は板曳き網の合法化に向けて運動し、伊勢湾が昭和39年、三河湾が45年、渥美外海は隣県海域を侵犯することが多かったため非常に遅れて平成24年に合法化した。

　板曳き網は地域によって昼間操業と夜間操業に分かれるが、漁獲物はほぼ同じで、シャコ、ガザミ、アカエビ、クルマエビ、アナゴ、カレイ、スズキ等である。資源量が減少しただけでなく、藻場や干潟が減少して、そこで生育する種類が減少した。昭和40年代になると漁場の富栄養化が進み、シャコが蕃殖して漁獲されるようになった。乗組員は昭和30年代までは主に4人であったが、ネットホーラーが入った40年代は3人乗りが主になった。

　昭和40年代、渥美外海で非合法の板曳き網、まんがが横行し、行政が手を焼いた。板曳き網は県内操業であれば合法化の方針であったため取締りの対象にならなかったが、渥美外海は隣県に脅威を与えることから取締りが強化された。このため渥美外海の漁業者は岡山県から購入した「そろばん漕網」を改良して改良備前網と称し、渥美外海での使用許可を求めた。昭和58年になって改良備前網(第3種)が許可となった。平成24年から板曳き網が合法化された。

　小型底曳網の漁獲量は、昭和30年代前半までは1万トン未満であったが、その後、1万トン台となり、貝類の増加もあって、50年代から2、3万トンになった。

　平成5年の小型底曳網の状況を示しておこう(表3-4)。

表3-4　小型底曳網漁業の制度と操業隻数（平成5年）

種類 地方名称	漁船規模	操業海域	操業期間	操業隻数	主な漁獲物
手繰第2種 備前網	15トン未満 伊勢湾は35馬力以下	伊勢湾 渥美外海	周年	76隻	エビ、カニ、カレイ、コチ、アナゴ
手繰第3種 改良備前網	15トン未満 60馬力以下	渥美外海	周年	52隻	同上
手繰第3種 貝桁網	15トン未満 35馬力以下	伊勢湾 三河湾	12-6月	約590隻	アカガイ、アサリ、トリガイ、バカガイ、ハイガイ
手繰第3種 エビ桁網	10トン未満 35馬力以下	三河湾	3-12月	144隻	エビ、カニ、シャコ
その他 豆板網（板曳き網）	15トン未満 35馬力以下	伊勢湾	周年	247隻	エビ、シャコ、カニ、カレイ、カマス、イシモチ、アナゴ
	10トン未満 35馬力以下	三河湾	3-12月	188隻	カレイ、シャコ、エビ、カニ、コチ、イカ、アナゴ
その他・第2種　餌料網	6トン未満 30馬力以下	伊勢湾口	3-12月	76隻	アカエビ、サルエビ

資料：『愛知県水産要覧　1995』（愛知県農業水産部）
注1：この時点では渥美外海での板曳き網は認められていない。
注2：種類は網口の開口方法で分けられ、第2種はビーム使用、第3種は型枠使用、その他は開口板使用。すべて縦曳き（手繰網）で、横曳き（打瀬網）はない。

①渥美外海の底曳網は、手繰第2種の備前網と手繰第3種の改良備前網で、板曳き網はこの時点では許可されていない。備前網の一部は昭和28年から静岡県側への入漁が認められた。漁業地は一色町、幡豆町、蒲郡市。

②手繰第3種の貝桁網とエビ桁網は、大多数が板曳き網と兼業する。貝桁網は貝類が異常発生した時に操業される。エビ桁網は平成2年に三河湾でのまんががが合法化した。漁業地は一色町、碧南市、蒲郡市。

③伊勢湾の板曳き網は昭和39年に合法化した。漁業地は南知多町、常滑市。昭和48年頃からスタントロール型(船尾で網を上げ下ろしする)となり、省力化のためネットホーラーをつけた。

④三河湾の板曳き網は昭和45年に合法化した。伊勢湾のそれより漁船規模、操業期間が限定されている。水深が浅く、冬季の水温が下がり、漁獲が少ないこと、ノリ養殖との兼業が多いことが理由である。漁業地は一色町を中心とする三河地区。5～11月は板曳き網を休漁してエビ桁網を操業することが多い。

⑤餌料網は一本釣り・延縄に餌料を供給するもので、漁場は伊勢湾口に限定され、許可は南知多町に集中している。

5. 養殖業の発展

以下、主要養殖業であるノリ養殖とウナギ養殖の発展過程をみよう。

1）ノリ養殖の発展

ノリ養殖に関する統計をみると、昭和20年代に経営体数は6千戸から1万戸へ、就業者は1.2万人から3.2万人へ、養殖面積は600haから2,000haへ、生産高は5千万枚から2.4億枚へ増加して、それぞれ戦前水準を超えた。昭和30年代には経営体数は1.0～1.1万戸、就業者は3.2～3.9万人で過去最多となった。養殖面積は6,000haに近づいた。生産高は3億枚・12億円から8億枚・60億円へと増加した。

昭和40年代は経営体数は半減して5千戸に、就業者は1.3万人に激減したが、養殖面積は臨海工業地帯の造成で支柱式が半減したものの、浮き流し式が普及して13,000haに拡大した。生産量は8億枚に留まったが、金額は100億円を超えるようになった。

昭和50年代は経営体数はさらに減少して2,000戸弱になったが、生産高は史上最高を記録した。生産量は11.3億枚、金額は175億円が最大である。その後も経営体数は漸減を続け、平成5年には1,000戸を割った。生産高も漸減傾向にあり、9～11億枚、100～120億円となった。ノリの需要は贈答用が減り、業務用（おにぎり）、日用品が中心となり、価格も低下した。

この間、養殖技術の発達は目覚ましかった。

①養殖方法は、昭和27年頃から垂直簀（粗朶を建て込む）から水平簀（支柱柵に網を張る）に替わった。先進地では戦前から水平簀に替わっていたが、愛知県では作業性、生産性が劣る垂直簀が続いていた。水平への移行が遅れたのは、養殖地である伊勢湾奥、三河湾奥の潮位の変動が激しく簀の設置位置が定まらなかったからである。愛知県水産試験場がノリ芽の位置と潮位の関係を研究して簀の設置位置を示したことで、水平簀は一挙に普及した。簀の

材質も最初は竹簀やヤシ網であったが、昭和28年からノリ芽の付着が良く、比較的軽くて風波に強いクレモナ網に替わった。

②昭和33年頃から人工採苗が普及し、種網の移植は減少した。従来、県内の種場は豊橋市神野新田地先、田原湾、福江湾であったが、養殖場が広がると県外から種網を購入していた。昭和24年にイギリス人ドリューが貝殻に潜んでいたノリ糸状体を発見したのを受けて、県水産試験場は33年に人工種苗生産に成功した。人工採苗技術が確立したことでどこでも種網の生産ができるようになり、ノリ生産の増加と安定につながった。

③人工採苗技術の開発とともに、採苗から直ちに育成－摘採ができる浮き流し養殖法が開発された。昭和34年に県水産試験場が開発し、支柱が建てられない深い所、風波の強い所でも養殖できることから県下のほとんどの漁協がノリ養殖を行なうようになり、ノリ生産は急激に増加した。ノリ養殖面積は、工業用地の造成で漁場を喪失したものの、それを上回る漁場の沖出しがあって拡大を続けた。

④ノリの過密養殖もあって赤腐れ病等の病害が多発した。潮間帯で生育するノリは干出（かんしゅつ）（干潮時に網を海面上に出す）に強く、ある程度の乾燥に耐えられることから県水産試験場は昭和39年に種網の冷凍保存技術を開発した。病害の発生によって種網が駄目になっても冷凍網（冷蔵網ともいう）で代替すればノリ養殖が継続できるためノリ生産は劇的に安定向上した。このように愛知県水産試験場はノリ養殖技術開発のパイオニアであった。

⑤昭和40年代初頭に大凶作に陥ったことから過密養殖の防止、漁場行使の適正化、統一管理が進められ、44年から大量生産時代を迎える。生産力の向上は単価の低下をもたらし、折からのオイルショックと相まって経営を圧迫した。このため、昭和49年から計画生産を取り入れた。昭和55年頃からフリー糸状体（フラスコ等で培養して保存可能な糸状体）培養技術の確立、陸上採苗技術の導入によって海況に左右されない安定した種苗生産が可能となった。

⑥ノリの処理・加工面でも急速に技術開発が進展した。昭和30年代後半には乾燥は日乾から乾燥室での乾燥に移り、乾燥場、気象条件の制約を解消した。昭和40年代になると摘採、洗浄、切断、漉き、乾燥の機械が次々と導入された。昭和50年代前半から洗浄、切断、ノリ漉きを組み合わせた自動機械が導入され、50年代後半には製品化までの全工程をこなす全自動機械が登場し、省力化と加工能力が飛躍的に高まった。それは多額の投資を必要としており、小規模経営体は撤退していった。摘採にも種々の機械が開発されたが、平成3年から短時間で摘採可能な潜り船（網の下を潜って進む）による摘採法が導入された。管理面では昭和50年代半ばから青ノリの駆除、病害対策として有機酸を原料とした酸処理剤が普及するようになった。経営面においては平成に入って価格の低迷、設備投資の増大に対し経費削減、省力化のため協業化が進められた。

⑦ノリの販売は、昭和22年にノリの公定価格、配給制度が解除されて自由販売となった。各漁協は、地元問屋への相対売りの他、買受人や漁協が開く共同販売所（共販所）、愛知県漁連が開設した共販所へ出荷した。県漁連の共販所は昭和29年に熱田で始まったが、参加漁協の増加、出荷量の増加で、38年に半田市と幡豆郡一色町に共販所を設置した。その後、昭和45、46年に港湾整備事業で産地がなくなった熱田共販所は閉鎖、半田共販所の移転新

築、東三河では共販所を開設していた東三河海苔漁業協同組合連合会が解散(三河港港湾整備でノリ養殖がなくなった)したので、その事業を継続するため豊橋市に共販所を新築した。これで県漁連は知多、西三河、東三河に共販所を持ち、ノリ販売のほとんどを扱うようになった。平成4年には3共販所を統合して半田市にノリ流通センターを建設し、せり方式を改め、コンピュータによる入札へと転換した。

2) ウナギ養殖の発展

　大戦中、ウナギ養殖は中断し、戦後復興も昭和24年と遅れた。その契機となったのは、水産業協同組合法が施行されて養鰻組合が設立されたこと、水産物統制の解除で餌料のイワシが入手し易くなったことである。だが、養殖面積は戦前を上回ったものの、粗放養殖で生産量は戦前水準に及ばなかった。

　養鰻業の発達は、昭和30年代後半から40年代前半にかけて伊勢湾台風からの復旧、稲作転換政策、西三河養殖漁協の設立、養鰻水道の整備で始まった。昭和40年頃の状況は、養殖経営体400戸、養殖面積330ha、生産量2,200トンで、静岡県に次ぐ地位にあった。

　昭和60年頃の養鰻地は西三河(西尾市、一色町、吉良町)、豊橋市周辺、碧海地区(高浜市)、海部地区(弥富町)の4地区で、経営体、養殖面積は漸減したのに生産量は伸長し、静岡県と肩を並べるまでになった。

　昭和60年代・平成初期の経営体数は450から250へと大きく減少したが、生産高は1.0～1.2万トン・150～190億円で推移している。経営体は一色町(現西尾市)に集中し、他は豊橋市等となった。

　ウナギ養殖の発展を一色町の事例を中心にみていこう。一色町のウナギ養殖も戦後復興が遅れた。昭和34年の伊勢湾台風で稲作が大被害を受け、他方、高度経済成長で養鰻ブームが到来すると、シラスウナギの採捕量が多かったことから中間種苗(稚ウナギ)を育成して静岡県、豊橋市の養殖地に販売するようになった。昭和40年代後半からシラスウナギが不足すると中間種苗生産と養殖を組み合わせたり、シラスウナギからウナギ養殖までの一貫養殖へと移行した。

　①事業展開のきっかけは、昭和37年にこれまで2つあった養鰻組合が統合して西三河養殖漁協ができたことである。ウナギ需要の増加で、経営体、生産量が増加すると、用水不足が深刻となり、漁協は昭和38～42年に養鰻専用水道を敷設した。従来、農業用水を流用していたが、農薬の混入、用水不足等のため矢作川から直接引水するようにしたのである。その後、養鰻用水道が増設され、養殖池の増設が進められた。

　②餌料は、従来、蛹と三河湾でとれたアサリ、イワシ等であったが、養蚕の不振で蛹の入手が困難になると東北・北海道から餌料魚を購入するようになった。地元でイワシがとれなくなって昭和40年頃から配合飼料に切り替わった。餌料の入手、保存が簡便となり、餌料効率も高いし、給餌労働の大幅な省力化が可能となった。

　③昭和40年代後半から加温ハウスによる養鰻が急速に普及した。その契機は、地下水の揚水規制が厳しくなったこと、台湾、中国等の安価なウナギの輸入に対抗するため生産費の引き下げが必要になったことである。加温ハウス養殖は、露地池養殖では出荷までに1年

半かかるが、約半年で出荷できる、高密度養殖、出荷時期の調整、越冬期に多い病気感染の防止が可能という長所がある。養鰻における用水不足は深刻で、用水の高度利用のため循環濾過式による高密度養殖が行われた。シラスウナギは冬季から早春にかけて池に収容されるが、水温が上がって摂餌するようになるまでの間、減耗が著しい。これをなくすため池入れ後、直ちに加温水槽に収容して給餌するようにした。一色町は用水を河川に依存していたため、冬季は地下水に比べ低温となるので注水量が少ない加温養殖、高密度養殖に向かった。東三河でも加温ハウスは昭和44年頃から普及し始めた。加温ハウス養殖は露地池の遊休化、露地池養殖業者の廃業をもたらした。

④種苗のシラスウナギは養鰻業者が県内外から購入していた。昭和44年頃から採捕量の減少と需要の増加によって種苗不足が深刻となり、台湾やフランスからの輸入が始まった。しかし、外国産は寄生虫に対する抵抗力が弱く、時に大量斃死を招くことから次第に敬遠され、加温ハウス養殖による種苗の歩留まりの向上が重視されるようになった。外国産はほとんどなくなり、県内産は1割以下で、ほとんどが県外産となった。

⑤昭和40年代半ばから台湾、次いで中国からウナギの輸入、加工ウナギの輸入が始まったことから、それに対抗して西三河養殖漁協(現一色うなぎ漁協)は活ウナギの出荷を基本としつつ加工を始めた。なお、ウナギの出荷は漁協を通じて消費地市場に出荷されるものと地元仲買人を通じて出荷されるものとがある。出荷先は名古屋市や静岡県を中心に中部地方、関東地方に及ぶ。

6. 魚市場の動向
1) 県下魚市場の動向

昭和25年の愛知県の魚市場は県食品市場取締条例(23年制定。29年には県魚菜類卸売市場条例となる)によって許可された漁協の共同販売所37か所、消費地市場15か所(以下、名古屋市中央卸売市場を除く)の52か所であった。消費地市場は全て会社経営で、一宮市、岡崎市以外は1市町村1市場である。名古屋市には中央卸売市場の他に名古屋中央水産市場[11]と下之一色漁協魚市場がある。昭和9年の消費地魚市場28か所と比べると大幅に減少している。大戦中に行政区域ごとに統合され、総合市場化(青果等との兼業化)したことが影響している。

昭和38年の取扱高をみると、産地市場は生鮮品が3.2万トンで、同年の漁獲高の大半を扱っているものの、水産加工品の取扱量は少ない。出荷先は県内が8割、県外が2割であった。消費地市場の取扱高は生鮮・冷凍品を中心に3.2万トンで、県内からが6割、県外からが4割であった。そのうち名古屋市中央卸売市場から4割を仕入れている。

昭和50年の産地市場は19か所と以前と比べて半減した(港湾整備計画で漁協が解散した)。仕向け先はマイワシの漁獲が急増して冷凍向けが、出荷先は県外向けが大幅に増えた。消費地市場の取扱高は大幅に増えて9万トンとなった。県内からの入荷は7割に高まったが、名古屋市中央卸売市場から半分以上を仕入れており、名古屋市中央卸売市場への依存度はさらに高まった。

平成初期の取引方法は産地市場では生鮮品はせりと入札がほとんどで、冷凍品は相対、加

工品は入札である。消費地市場では生鮮品はせりが半分、先取り(卸売の開始前に販売されるもの。せり価格が適用される)と相対がそれぞれ4分の1、冷凍品と加工品はほとんどが相対となった。入荷では、生鮮品でも委託が減り、買付の割合が高まった。原価が決まっている冷凍品・加工品はほとんどが買付となった。委託品はせり、買付品は相対で取引される。

2) 名古屋市中央卸売市場の水産物取扱い

　名古屋市営卸売市場は昭和20年3月に開設された(名古屋市熱田区西町、後の並川町)が、空襲によって施設はほとんど焼失した状態で終戦となった。生鮮食料品の統制は撤廃されたが、価格が暴騰したことで昭和21年3月の水産物統制令により再開された。一方、昭和21年9月に統制会社令が廃止されて名古屋魚類統制(株)は名古屋魚市場(株)に改組した。同時に指定消費地における荷受機関は独占の弊害を避けるために複数制をとることとした。昭和22年4月に鮮魚介配給規則、7月に加工水産物配給規則が公布されると複数制が実施され、水産関係は当初6社(後、最大12社となった。名古屋魚市場は閉鎖機関に指定されて卸売3社に分解した)となった。昭和22年から果実、蔬菜、水産物の統制が徐々に解除されると、24年4月には中央卸売市場法に基づく名古屋市中央卸売市場に改編された。六大都市では最後の中央卸売市場である。中央卸売市場に仲買人、売買参加人が置かれ、せり取引が始まった。卸売人は乱立となって経営難から廃業、再編が繰り返され、昭和32年には水産関係の卸売人は4社に、37年から3社に減っている。

　昭和17年に名古屋市議会で決定された卸売市場建設計画は1本場2分場制(中部、北部、南部)で、中部が上述した総合市場(後の本場)である。北部は青果市場として昭和30年に開場し、58年に移転(西春日井郡豊山町)し、水産部ができて総合市場となった。南部は計画では総合市場であったが、昭和26年に青果だけで開場(笠寺市場)し、しかも業績不振で32年には閉鎖された。この他、食肉市場(高畑市場)が開設された。

　施設は、昭和22年から復興に着手したが、GHQから不衛生極まりない劣悪な施設と戒告され、復興が本格化した。昭和25年には整備計画が立てられ、場内の貯木池の埋立て、場内引き込み線の延伸、機能的な施設の馬蹄型配置、木造から鉄筋建築への改造が進められた。昭和38年度から市場整備計画により施設の増設やトラック輸送に合わせた立体化が推進された。昭和46年に卸売市場法が公布されると(愛知県魚菜類卸売市場条例は愛知県地方卸売市場条例に変わった)、計画的に卸売市場の整備が進められた。

　名古屋市中央卸売市場の水産物取扱高の推移（昭和25～44年）をみると、名古屋市の人口は100万人から200万人に倍増したが、水産物取扱高は量は5万トンから28万トンへ、金額は30億円から430億円へと飛躍的に伸長した。とくに生鮮品の伸びと金額の伸びが著しい。同時に生鮮品でも加工品でも入荷品目が多様化し、入荷先も分散した。県産品の割合は、生鮮品でも加工品でも高まったが、それでも2割以下と非常に低い。高度経済成長で水産物需要は多様化、高級化しつつ増大した。

　昭和46年に卸売市場法が制定された頃から貯蔵性があり、規格化されている輸入水産物や冷凍水産物が増加して、卸売市場を通さない市場外取引が活発となり、市場流通も大消費地市場に集荷が集中し、周辺の中小市場への転送が増加した。取引方法は、受託販売、せり

売りを原則にしていたが、買付集荷、相対売りが増加するようになった。

昭和51年の取扱高は、昭和40年代半ばと比べ、量は1.5倍、金額は4倍となった。冷凍品と加工品が生鮮品を上回り、冷凍食品が新しい部門として分離した。

名古屋市場は集散拠点で、市内、県内、県外(中部圏)に供給する。冷凍品、冷凍食品、加工品についても地区外販売が拡大している。市内には取扱高の多い名古屋中央水産市場が多くを中央卸売市場から仕入れていることも影響している。また、大衆魚(サンマ、イワシ、サバ、キハダマグロ)の全国的集荷と周辺地域への供給を特徴としている。中央卸売市場で高級品の入荷が少ない(大衆魚の入荷が多い)理由は、愛知県人の消費特性の他、産地から直接名古屋中央水産市場や高級料理店に送られることも要因である。

市場業者の特徴は以下の通りである。①卸売人は前述したように昭和37年からマルハニチロ系、日本水産系、それに塩干魚主体の3社となった。集荷は生鮮品は産地出荷業者が多いが、冷凍品、加工品は大手水産会社、商社、メーカーが多い。販売は仲卸人(卸売市場法により仲買人の呼称が変更)、スーパーが多い。

②仲卸人にはスーパー、鮮魚店、回転寿司チェーンと結びついた非常に有力な業者がいる。仲卸人1業者あたり取扱高は六大都市では名古屋市が最大で、水産物では他市場の3倍という高さである。人数が少なく、昭和33年と44年を比べると、鮮魚部は46人から70人に、塩干魚部は21人から41人に増えている(他の市場では減少)。1業者あたりの取扱高が大きいため、1業者あたり10～12人のせり参加が認められている。仲卸人の規模が大きいことの歴史的背景は、戦前の買受人は仲買人と仲買人の名義で取引に参加する小座人であって、仲買人の名義上の取引高が大きかったこと、戦後、小座人(小売商)は取引参加の権利(団体として)を得たが、事務が繁雑となって結局行使せず、仲買人から仕入れるようになったことである。売買参加人はいるが、名古屋蒲鉾水産加工業協同組合である。

注

10) 弥富町は全国的に著名な金魚産地であるが、昭和30年代前半までは70～80経営体、養殖面積30～40ha、生産尾数100～500万尾であり、食用コイ、フナの養殖も盛んであった。その後急増して昭和40年は133経営体、46ha、2,600万尾(錦鯉も含む)に、50年がピークで468経営体、251ha、7,300万尾に成長した。発展の契機となったのは、高度経済成長期に水路の埋め立て、耕地整理、土地開発が進み、主力産業のノリ養殖が消滅したこと、昭和40年代の減反政策で多くの農家が金魚養殖に転業したことがあげられる。

その後、縮小して平成2年には245経営体、165ha、3,400万尾となった。産業の発展や人口の増加で地下水の揚水量が増加して地盤沈下問題が生じた。また、名古屋市のベッドタウンとして宅地開発が進み、田畑や金魚の養殖池の埋め立てが行われたことによる。

11) 名古屋中央水産市場(柳橋中央市場と称される)は、戦前の中央市場(株)の系譜を引く市場として昭和21年に再建された。蟹江、下之一色、熱田、名古屋組と称する鮮魚小売商を中心に鮮魚塩干魚連合組合を結成し、昭和28年には名古屋中央市場水産物協同組合となり、30年に愛知県魚菜類卸売市場条例に基づいて卸売市場の認可を受けた(開設者・卸売人は名古屋中央市場水産物協同組合)。資本金1,200万円、卸仲買人136人である。場所は旧中央市場跡で始めたが、後、中村区名駅に移転した。高度経済成長期に立体駐車場、市場のビル化が進み、付近一帯は約300店舗が集積している。鮮魚卸売の他、市場利用者向けの飲食店も多く、一般客も利用する。『名古屋市中央市場水産物協同組合史』(同組合、昭和47年)23、56～58、64～65頁、『魚・さかな・サカナ』(名古屋中央市場水産物協同組合、昭和63年)25～30頁。

参考文献

参考文献
『水産要覧　昭和 25 年版』(愛知県水産課)
『愛知の水産　昭和 26 年版』(愛知県水産課)
『愛知県水産現況　昭和 30 年度』(愛知県農林部水産課)
『愛知県水産要覧　1956、1965、1977』(愛知県農林部水産課)
『愛知の水産　1957』(愛知県農林部水産課)
『愛知県水産要覧　1984、1995』(愛知県農業水産部)
愛知県水産課「愛知県の水産」『水産時報』(1958 年 10 月)
愛知県水産試験場『水産試験場創立百周年記念誌』(平成 6 年)
『愛知県漁連五十年のあゆみ』(愛知県漁業協同組合連合会、平成 11 年)
西條八束『内湾の自然誌－三河湾の再生をめざして』(あるむ、2002 年)
『中小漁業経営調査　沖合底引』(水産事情調査所、昭和 44 年)
『昭和 56 年度 中小漁業経営調査報告書』(大日本水産会)
山名伸作「機船底曳網漁業と沿岸漁業－愛知県西浦町の場合－」『香川大学経済論叢 32 巻 1 号』(1959 年 7 月)
井野川仲男「愛知の水産史－伊勢・三河湾における沿岸域の開発事業－」、同「愛知の水産史－打瀬網漁業 (底びき網漁業) の沿革－」、同「愛知の水産史－ノリ養殖の沿革－」、以上『愛知水試研報　第 21 号』(2016 年)
『伊勢湾、三河湾漁場入会調査報告』(水産庁漁業調整第一課、1954 年)
玉越紘一「愛知県の底びき網漁業のあゆみ」『愛知水試研報　第 7 号』(2000 年)
水産庁振興部沖合課監修『小型底びき網漁業』(地球社、昭和 58 年)
『昭和 26 年度　小型底びき網漁業減船整理の社会経済的影響に関する調査報告』(水産庁漁業調整第一課、1953 年)
『沿岸漁業における経済生産性の解明－伊勢湾のまめ板漁業－』(愛知県水産試験場、昭和 61 年)
蒲郡市誌編纂委員会・蒲郡市教育委員会『蒲郡市誌』(蒲郡市、昭和 49 年)
『愛知の海苔　海苔共販 20 周年記念』(愛知県漁業協同組合連合会、昭和 49 年)
一色町誌編さん委員会『一色町誌』(一色町役場、昭和 45 年)
一色町誌編纂委員会『一色町二十五年誌』(一色町役場、平成 6 年)
『愛知県西三河地区養鰻業の現状と問題点』(農林中央金庫、昭和 62 年)
増井好男『内水面養殖業の地域分析』(農林統計協会、1999 年)
小出保治『名古屋市中央卸売市場史』(名古屋市、昭和 44 年)
『名古屋市中央卸売市場 30 年誌、40 年誌、50 年誌』(名古屋市、昭和 54 年、平成元年、11 年)
卸売市場制度五十年史編さん委員会編『卸売市場制度五十年史　第 3 巻本編Ⅱ』(食品需給研究センター、昭和 54 年)
『卸売市場の概要』(愛知県農業水産部経済流通課、昭和 60 年)

第 4 章
明治 38 年の「水産業経済調査」
― 愛知県と全国 ―

昭和初期のノリ摘み風景
『六条潟と西浜の歴史』(牟呂、前浜、梅藪漁業協同組合、昭和 56 年)

第4章

明治38年の「水産業経済調査」－愛知県と全国－

第1節 「水産業経済調査」と水産金融

1.「水産経済調査」と本章の目的

　「水産業経済調査」は明治38年2月に衆議院で可決された「水産銀行設立建議」に基づいて行われた調査である。その経過が判明する長崎県の場合、明治38年5月に農商務省水産局長・牧朴真から知事宛に調査依頼があり、2か月後の7月末までに報告を求めている。しかし、調査、とりまとめに時間がかかり、県から水産局への報告は12月初旬であった。

　調査依頼には「水産業経済調査凡例」と「水産業経済調査要綱」が付いていて、前者には府県別に重要な漁業、養殖業、水産製造業の種類が列記され、後者には調査項目7つと添付すべき付属表が示されている。対象時期は前年の明治37年と定めている。この「水産業経済調査」は40余の道府県で実施され、それが「水産銀行ニ関スル調査書」（墨書150枚余の稿本、国文学研究資料館祭魚洞文庫所蔵、以下、「調査書」という）としてまとめられた。この「調査書」は水産銀行の設置に関する建議と各府県報告の集計、要約で構成されており、各府県からの調査報告自体は付いてない。

　各府県の調査報告はほとんど見つかっていない。わずかに長崎県では県から水産局に提出した報告の草稿と各市郡から県に宛てた調査結果、県水産試験場が担当した経営事例報告からなる大部の「水産課事務簿　水産経済調査　明治三十八年」（長崎歴史文化博物館所蔵）が残っている。「調査書」に関しては、羽原又吉がその一部を筆写した「重要漁業ニ要スル資金調査（水産銀行ニ関スル調査書）明治三十七年」（東京海洋大学図書館羽原文庫所蔵）もある。著者は、長崎県資料と羽原筆写資料を使って「明治38年の長崎県水産業経済調査」を発表した[1]。

　この度、愛知県のものが「水産業経済調査」『尾三水産会報告　第30号』(明治39年1月)31～91頁としてあることを知った。県から水産局に報告されたものだが、その目的、経過等の説明はなく、一部の付属表等も省略されている。市郡から県に宛てた報告もないので分量はそれほど多くない。一方、全国集計については今回は「調査書」を利用する。

　本章の目的は、「水産業経済調査」に基づき、愛知県と全国について明治37年の水産金融の状況、重要漁業、養殖業、水産製造業の種類と営業戸数・か所数、営業資本額、経営事例を分析、考察することである。水産銀行設立構想の経過、その必要性、調査7項目に対する愛知県の回答について述べた後、水産業の実態を経営経済面から検証する。愛知県には市郡別の報告がなく、実態がわかりにくいので業種別の発展経過と操業を別の資料を用いて

付記する。また、愛知県の調査報告と全国の「調査書」を比較して、全国の状況、全国における愛知県の位置づけ、愛知県水産業の特徴を考察する。

2．時代背景と水産銀行の設立運動
1）時代背景

　調査対象となった明治37年の水産業は、捕鯨汽船を除くと未だ動力漁船は登場しておらず、無動力漁船による漁場の沖合化が一部で進行した時期である。遠洋漁業は未発達で、海外出漁は朝鮮出漁は盛んとなったが、露領出漁、マニラ出漁、清国出漁（以上、重要漁業として取り上げられた）は始まったばかりであった。

　沿岸漁業にあっては、定置網の漁法改良が始まり、ブリ大敷網の考案があり、ニシン、サケ・マス建網は大敷網から大謀網に転換した。イワシ漁業は、イワシの来遊量が減って沖取り漁法の改良揚繰網・巾着網が普及した。愛知県ではイワシ巾着網は明治30年に渥美郡、知多郡で創業され、その成績が良かったことから揚繰網から巾着網に改造する者が続出した[2]。漁網は綿糸網が編網機の考案で量産され、価格が低下して麻製に替わって普及する。愛知県では綿糸網は地曳網には明治34、35年頃から、巾着網には37、38年頃から普及し始めた[3]。

　各府県の水産試験場・講習所が設立され、漁場探索、漁船漁具の改良、養殖業、水産製造業の開発が進められた。老農技術から科学技術への移行である。愛知県水産試験場は全国に先駆けて明治27年に設立され、蕃殖部と製造部が設けられ、33年に漁労部が加わった。水産試験場の調査・試験が水産業発展に果たした役割は大きい。

　水産物流通では氷の使用、動力運搬船の利用はないが、汽船の利用や鉄道輸送が始まって流通圏が拡大した。熱田魚市場では東海道線の開通とともに鉄道を利用するようになり、塩干魚の出荷圏が拡大した。鮮魚は伊勢湾各地かからも押送船（おしおくりぶね）（活鮮魚運搬船）で搬入していたが、汽船航路の開設で和歌山、大阪等に集荷圏が拡大した[4]。

　水産製造は塩蔵、日干し、節加工、煮干しといった伝統的な低次加工が主であった。清国向け海産物輸出は漁獲の減少、清国の購買力の低下等により停滞した。缶詰製造はイワシ缶詰を中心に日露戦争特需で勃興したが、戦争が終わると需要を失って急速に縮小した。当時、製缶、缶詰工程は職人の技能、手労働によっていた。海外市場を持たなかった。

　つまり、無動力漁船をベースにして在来の漁具漁法、水産製造、水産物流通が工夫改良され、展開した時代であった。明治30年頃までの水産業を無動力漁船、漁業生産の停滞を理由に「爛熟期」というが、その後は日本資本主義の形成期にあって水産業も急速に資本主義化する。そうした中、明治37年の日露開戦は缶詰製造、捕鯨業、朝鮮出漁、露領出漁が勃興、飛躍する契機となった。政策面では明治30年に制定された遠洋漁業奨励法による沖合・遠洋漁業の育成は汽船捕鯨、ラッコ・オットセイ猟に限られていたが、38年の同法改正で奨励対象が一般漁業、鮮魚運搬業に及ぶようになった。漁業法は明治34年に制定され、漁業権制度、漁業組合制度ができ、府県漁業取締規則の制定で漁業法秩序が確立した。

　愛知県水産業の生産高は、資源・漁獲、価格の変動で大きく変動するが、漁業は明治32年146万円、37年118万円、40年194万円で増加傾向、養殖業は4万円、11万円、23万円と急増、水産製造業は86万円、50万円、12万円と縮小した。

2) 水産銀行設立運動

　水産銀行設立の要望は明治33年に始まり、38年には衆議院で可決され、「日本水産銀行法案」も作成されたが実現に至らず、43年に日本勧業銀行、農工銀行、北海道拓殖銀行が水産金融を取り扱うことで落着した。それ以降も国会にしばしば建議されている[5]。

　水産銀行設立建議は、明治33年に恒松隆慶らが「水産銀行設置並漁業避難港修理国庫補助ニ関スル建議案」を衆議院に提出したのが最初である。その要旨は、水産業が未発達のまま放置されており、保護奨励のために特に水産銀行の設置と漁業避難港の修築が必要というもので、衆議院で採択された[6]。

　明治38年1月に森茂生が衆議院に提出した「水産銀行設立ニ関スル建議案」が委員会で検討された後、2月に衆議院で可決された。内容は、陸上産業は勧業銀行法等により保護奨励されているが、水産業には及んでおらず、水産金融機関設立のための調査を行い、法案を議会に提出すべしというものであった。委員会では政府（大蔵省）委員は消極的で、漁業は脆弱で信用力がなく、このまま銀行を設立することはできない。農商務省は漁業組合に漁業権を与えて信用力を高めるつもりで、「漁区の調査」（漁業法改正の準備か？）をしているが、調査はしばらくかかる。遠洋漁業奨励法の成立で堅固な船舶が増えれば漁業者の信用も高まる。その段階で水産銀行を設立するのであれば賛成する。今は日露開戦中（明治37年2月～38年9月）で次期議会までに成案を得ることは困難で、時期を限定しないことを求めたうえ、政府方針も水産銀行の設立が良いのか、勧業銀行、農工銀行に水産金融を扱わせるのが良いのか決まっていない、としている[7]。水産銀行の設立を見送ったのは、日露開戦による財政難ではなく、水産業の信用力の低さを理由としたこと、同時期に遠洋漁業奨励法が改正（3月）されて、奨励対象を一挙に拡大したことは水産金融に対する認識を高めた点は注目される。

　衆議院で可決されたため、大蔵省と農商務省が水産業経済調査方式を定め、農商務省が調査を実施し（明治38年5～7月、長崎県は遅れて12月に提出）、「調査書」としてまとめ、「日本水産銀行法案」を起草し（39年1月）、大蔵省に回付している。極めて短期間のうちに調査方法を決め、調査を実施し、全国集計・集約とそれを基に水産銀行法案を取りまとめている。

　水産業界（全国水産大会）は明治40年以降、毎年、水産銀行の設立を政府、議会に働きかけている。明治40年に「日本水産銀行法案」が衆議院に提出、可決されたが、貴族院で審議未了となった[8]。当の大蔵大臣は、水産業は安全な抵当の制度が未発達で、漁業法を改正して漁業権が抵当の目的となる等の信用が高まれば水産金融も発達しよう。特殊銀行を設けても信用力がないので、急には発達しない。政府としては既存の勧業銀行、拓殖銀行等の業務を拡げていけば充分だとして同意できないとした[9]。水産銀行設置を要望する水産業界、推進する農商務省水産局と否定的な大蔵省と立場が割れている。法案の背景となる水産金融の実情を示す「調査書」は表には出なかったとみられる（活字化されていない）。

　明治42年と43年にも「水産銀行設立ノ請願」が衆議院で可決されている。請願の趣旨は、水産業に金融機関が必要なことは政府も認め、勧業、農工、興業銀行法を改正して水産業に対して資金供給の途を開くことを検討しているが、水産業は特殊性があるので、水産銀行の

設立が必要だとしている[10]。

　明治43年4月に日本勧業銀行法、農工銀行法、北海道拓殖銀行法を改正して、これら銀行に水産金融を扱わせることとし、水産金融機関の設立は見送られた。同時に漁業法が改正されて、漁業権を物件化し、漁業組合、同連合会に対する無担保貸付け、漁業権抵当貸付けの途を開いた。また、漁業組合による経済事業を認め、連合会の設立も認めた。

　この後も水産銀行設立の請願が続いた。大正5年の「水産銀行設立及漁業法改正ノ請願」、6年の「水産銀行法制定ノ請願」、7年の「水産銀行設立ニ関スル請願」、10年の「水産銀行設置ニ関スル建議」（衆議院議決）、12年の「水産銀行設立ニ関スル建議」（衆議院議決）等である。これらの請願は、遠洋漁業の発達で資金需要が高まっていること、勧業銀行、農工銀行の水産業に対する貸付け実績が低いことを理由としている。他方で勧業銀行、農工銀行等の融資条件の緩和を求める請願も行われている。

第2節　愛知県の「水産業経済調査」と「水産銀行ニ関スル調査書」

1．愛知県の「水産業経済調査」

　「水産業経済調査」の調査項目は、水産金融拡大の必要性、資金の供給・返済方法、水産物販売上の金融、水産業の営業資本と経営収支、資本を要する時期と額等、公共事業の資金、銀行からの借り入れの7つである。愛知県は次のように回答している。このうち、水産物の販売上の金融、銀行からの借り入れの2項目については該当なし、としている。以下、市郡名等は図4-1を参照されたい。町村名は明治37年当時のままとする。

図4-1　愛知県の行政区画図（明治37年）

注：①赤羽根村、②前芝村、③三谷町、④大浜町、⑤熱田町（熱田魚市場）
　　⑥下之一色村、⑦弥富町、⑧名和村、⑨亀崎村、⑩豊浜村

(1)「水産業に対し特に資金供給の途を開くべき必要の有無」
　水産金融は頗る不便で、漁業はリスクが高く、一般投資家の投資を呼ばない。わずかに網元、魚問屋等が融通する他、頼母子講を利用しているが、一旦、不漁に際会すれば、資金供給が杜絶し、経営困難に陥る。近年、至るところに銀行が設立され、金融業は発達しているが、漁船漁具は担保品にならず、利用できない。したがって、水産金融機関を設ける必要がある。水産金融機関が設立されれば、内湾漁業者はもとより、朝鮮出漁、ロシア沿海州方面への進出に至大な便宜を与え、現在、勃興中の缶詰製造業の資金需要は増加するであろう。

(2)「資金の供給並返済に関する方法」
　地曳網、揚繰網、打瀬網という重要漁業の金融状況を報告している。
　①地曳網漁業：多数漁民の共同経営なので、連帯責任で漁具を担保として地方有力者から借りる。利子は1割〜1割2分で、漁獲の都度、幾らかづつ返済する。
　②揚繰網漁業：地方有力者の経営で、他に資金の供給を仰ぐことは少ない。もし借り入れる場合は不動産を抵当として短期低利資金(利子は1割内外)を借りる。
　③打瀬網漁業：資金供給者は揚繰網元と漁獲物の販売を託す魚問屋が主で、担保品なしの対人信用貸しである。網元より借りた者は揚繰網漁期には乗子となってその分配金で返済し、問屋から借りた者は漁獲物の販売を委託する際に差し引かれる。利子は概ね年1割2分である。これらの資金供給が得られない地方では頼母子講から得る。その利子は概ね1割4分である。

　『尾三水産会報告』には記載がないが、「調査書」は、愛知県では船講、網講もしくは頼母子講を設けて資金融通を図っている、として詳述している。その方法は互いに資金を供出して1つの財団を作り、資金需要がある度に競争入札をもってこれを借り入れ、1〜6年の期間で割賦返済するもので、利子は概ね1割4分である。船講の事例をあげると、掛け金総額は300円、掛け金は1口15円、毎年1月、5月、9月の15日に執行し、競争入札をもって最高額の者が落札する。落札金は信用を主とし、3人以上の連帯責任をつける。20回にて満会とする。網講の事例もほぼ同様で、掛け金総額は50円、掛け金は1口2円50銭、毎月25日に執行している。

　この項目に付属した「重要漁業に要する資金額」、「重要養殖業に要する資金額」、「重要水産製造業に要する資金額」については第3節で考察する。付表「水産業ニ要スル資金貸借担保物件及量価」をみると、資金を借りているのは沿海8郡中の4郡で、渥美郡は土地と銀行株券、幡豆郡は土地、建物、漁船、知多郡は土地、建物、漁具、漁船、海東郡は土地を担保としている。時価総額が90,709円のものが担保価値は47,087円で時価の約半額である。借り入れ額は幡豆郡、渥美郡、知多郡、海東郡の順に多い、各郡とも土地を担保物件にしている、幡豆郡は漁船356隻(打瀬網船とみられる)が担保になっている。

(3)「水産物販売に付荷為替又は前貸金等に関する方法」
　該当なし。

(4)「重要水産業に要する営業資本及収支計算」
　取り上げられた業種と件数は次の通り。経営分析は第5節で行う。
　①重要漁業は、イワシ地曳網(2件)、タイ地曳網(1件)、ボラ地曳網(1件)、イナダ地

曳網（1件）、シラウオ地曳網（1件）、アジ地曳網（1件）、イワシ巾着網(2件)、魚目揚繰網(2件)、瀬打瀬網(2件)、藻打瀬網(2件)。

　②重要養殖業は、魚類養殖(2件)、貝類養殖（1件）、カキ養殖（1件）、ノリ養殖（1件）。

　③重要水産製造業は、缶詰(2件)、煮乾イワシ(2件)、イワシ〆粕及び塩イワシ（1件）、イワシ〆粕（1件）、塩イワシ（1件）。

(5)「水産業の資本を要する時期及量価」、「遭難漁船の損害及救助費」

　両方とも調査結果が省略されている。なお、明治24年時点の愛知県の水産金融は次のようになっている。漁業者が資本を要する時期は、秋季のイワシ漁業にあたり網の製造費と漁夫への前貸金等で、その他は渥美郡の地曳網漁業等は周年操業なので、時期を限らない。水産製造業では秋季のイワシ〆粕、夏季から冬季に至る塩干魚等の製造にかかる賃金、薪炭、塩が主なもの。期間は短くて半年、長いと1年ないし3年。利子は1割前後が多い[11]。

(6)「公共事業に関する資金の供給及び回収方法」

　①漁港の築造並びに修理は、宝飯郡西浦村、同郡形原村南港、北港、川北港、同郡蒲郡町、同郡三谷町、同郡御馬村、知多郡篠島村の8件。将来施設が必要な漁港は、宝飯郡西浦村、同郡形原村、同郡三谷町、同郡御馬村、幡豆郡宮崎村、知多郡篠島村の6件。

　②塩田、養殖堤防又は溝渠の修繕は、該当なし。

　共同船揚げ場、船溜まりは、知多郡篠島村、同郡日間賀島村の2件。

　③電話の架設は、宝飯郡蒲郡町から同郡西浦村まで計画中。

　④漁獲物共同販売は、知多郡篠島村漁業組合、同郡大井村大井漁業組合、同村片名浦漁業組合の3件。漁業者から売上高の一部、仲買人から購買高の一部を手数料として徴収し、剰余金は基金及び遭難救恤金として積み立てる。一部とは1～5%。ちなみに漁業組合は、明治35年の漁業組合規則に基づいて翌36年に107組合が設立された。漁獲物の共同販売は鮮魚を押送船（仲買人）で熱田魚市場に搬入することが多かった知多郡南部や離島の3組合に過ぎなかった。このうち篠島村（離島）では、漁業者と仲買人との直取引は不利不便が多く、明治30年に海産同盟入札場を設置し、競争入札を始めた。篠島村漁業組合の設立と同時に事業、財産は組合へ移した[12]。

(7)「農工銀行普通銀行より水産業の為め産業組合、漁業組合、水産組合に貸出したる金額等」

　該当なし。

2.「水産銀行ニ関スル調査書」

　「調査書」が水産銀行設立の必要性と設立構想、水産金融の現状、高金利の解消策についてどのように取りまとめているのかをみよう[13]。

1）水産銀行の設立構想

　日本は四面環海で好漁場に恵まれているが、鎖国や大型船の建造禁止等のため水産業は未発達であった。政府は各種保護奨励策（遠洋漁業、水産物輸出、漁業制度の整備、水産増養殖等）をとってきたが、日露開戦で雄飛と一大進歩をなすべき時機に至った。しかし、水産業への資金供給は不十分で、信用力が低く、金融機関の設立が必要である。政府は先に勧業

銀行、農工銀行、興業銀行、拓殖銀行を設け、農工商業を保護奨励したが、水産業は資金供給機関を欠く。したがって、上記金融機関の制度を改正するか、専門の金融機関を設ける必要がある。水産業の特質からして専門の金融機関でなければならない。すなわち、漁業では全国枢要漁業地に漁港避難港を設け、遠洋漁船の出入りを便にし、漁船漁具の改良を促すために資金を供給する。内水面、海面における魚介類の増養殖の開発資金を供給する。水産製造業については輸出のための製品改良、製造場の完備、共同製造場の設置、塩田の修築、製塩法の改良資金を供給する。

　これらに要する資本として長期低利資金が必要。経常費は従来高利、短期借り入れで苦境に陥っているので、水産銀行が中央銀行となり、漁村の銀行に代理貸付けをして金融緩和を図る。漁業者に貯蓄の習慣をつけさせ、その管理運営を水産銀行に委託させる。

　これら業務のため、資本金500万円、株式10万株の日本水産銀行を設立し、うち150万円、3万株は政府出資、350万円、7万株は一般公募とする。他の特殊銀行と同じく、10年間は政府持ち株に対しては無配当とする、とした。

2）水産金融の現状と水産銀行の必要性

（1）水産金融の現状

　水産業の固定資本額は、全国集計で、漁船2,662万円、漁網1,474万円、計4,136万円と推計した（養殖業と水産製造業は集計されていない）。水産業の年間に要する流通資本額（流動資本）は、漁業2,279万円、養殖業114万円、水産製造業1,062万円、計3,455万円となった。このうち、自己資本額は1,938万円、流通資本額全体の56％で、他人資本では問屋前貸金（漁獲物の販売を委託することが普通）266万円、銀行貸金163万円、個人貸金（主に近くの資産家からの借り入れ）1,088万円であって、個人貸金が圧倒的に多く、近代的金融機関の銀行貸金は極限られている。自己資本比率は養殖業、水産製造業、漁業の順に高い。なお、日本水産銀行の資本金500万円の算定根拠は、固定資本額の20分の1、流通資本額の10分の1を貸し付けることを想定している。

（2）高利子となる要因と解消策

　「調査書」は各府県の各業種別の金利を列記したうえで、水産業の貸付利子は農工業よりかなり高いとしている。例をあげると、愛知県は年1割～1割2分、三重県は年1割～1割5分、北海道は月2分～3分5厘、長崎県は年1～2割、月1分2厘～2分である。明治24年は、愛知県は1割前後、三重県は月1分、北海道南部は月2分5厘、長崎県は月1分～2分5厘なので[14]、その時とほとんど変わっていない。

　金利が高いのはリスクが高いからというよりも、次のような要因によるとしている。①起業資金が多額となる。漁船や網を新調するには農具よりも多額となる。②漁期の開始時に資金需要が高くなるが、地方の水産業は業態が同じなので、資金需要の時期が集中する。③担保物件は乏しく、あったとしても貸し主には利用できない。担保としての漁業権や漁船は、漁業者でなければ利用できないし、流通性がない。④漁業者と魚商人は取引上の信用がなく、確実な返済が得られない。⑤水産製品は製法がまちまちで、担保価値が低い。⑥水産経営方法が適正ではなく、確実な事業として認められない。⑦漁船が脆弱で、洋上で自由に魚群を

追うこともその技術もないので、不漁になる危険性がある。

　この解決策として、①起業資金を供給する金融機関を設ける。②資金需要の偏在は金融機関が連携することで全国平準化を図る。③担保価値を高めるために漁業権の確定、製造場・漁船の完備、漁船保険制度の創設を進める。④市場法等を制定して漁業者と魚商人との間の信用を高める。⑤水産製品の改良。⑥水産経営方法の改良。⑦漁船の改良により遠洋漁業を発達させ、不漁の危険性を減らす。

　前段の水産業は信用力がなく、資金需要が偏在するので水産銀行の存立を脅かすというのは大蔵省の考えであり、後段の水産業の特性に応じた水産銀行が水産業の発達をもたらすというのが水産業界や水産局の考えであるといえる。

第3節　愛知県の重要水産業の経済と経営

1．重要水産業の営業戸数・か所数と営業資本額

　水産業経済調査で用いられた用語について確認しておきたい。営業資本額は創業費、あるいは起業費に相当する概念で、明確な定義はなく、計算方法もばらつきがあり、同じ県内でも統一されていない。多くは漁船漁具施設を新調する場合の金額（固定資本部分。現有資産の評価額ではなく）と原材料の購入や漁夫への前貸金等のために必要な資金（流通資本と呼んでいる。現に所有している現金ではなく）を指している。

　重要水産業の種類は愛知県は漁業、養殖業、水産製造業ともに3種類で、多くない。これ以外の業種は他府県で重要水産業とされていても愛知県では取り上げないので全国集計から外れる。全国集計は重要とした府県の集計である。養殖業は営業戸数ではなく、か所数で示される。か所の数え方は公有水面(海面と一部の内水面)は養殖場数（あるいは区画漁業権の件数）、私有地(大部分の内水面)では営業戸数で数えていることが多いが、これも統一されていない。府県によって両者の構成比が異なるので、他の項目や他の府県との比較は難しい。か所数でカウントした理由は、養殖業が地域の共同事業として行われていることがあるためだとみられる。

1) 重要漁業の営業戸数と営業資本額

　愛知県の重要漁業として指定されたのは地曳網、揚繰網・巾着網、打瀬網の3種類である。手繰網や桁網の統数も多いが、漁獲高は前3者に遠く及ばず、また、全国の重要漁業としても指定されていない。他府県で重要漁業になっている業種も愛知県は上記3種類以外はカウントされない。例えば、愛知県の定置網は統数は相当数あるが小型のものばかりで指定されていない。朝鮮出漁は明治33年に始まり、徐々に増加して明治37年は9隻38人、38年は22隻77人となったが、数が少なく、全国集計の対象外である。

　3種類の統数の推移を統計でみると、地曳網は明治24年452統、34年459統、40年438統と横ばい、揚繰網・巾着網（24年は巾着網はなし）は135統、114統、82統と減少している。揚繰網が大幅に減少するなかで、刺網の機能を加えた魚目揚繰網となったり、

巾着網が大幅に増えている。打瀬網（34年と40年は沖合で操業する瀬打瀬網、藻場で操業する藻打瀬網の合計）は4,378統、4,812統、3,538統で推移して、明治末には減少している[15]。瀬打瀬網と藻打瀬網はほぼ半々である。

表4-1は、重要水産業の営業戸数・か所数と営業資本額を示したものである。重要漁業か

表4-1　重要水産業の営業戸数・か所数と営業資本額　　　　　　　　単位：戸・か所、円

重要漁業	地曳網			揚繰網・巾着網			打瀬網		
	営業戸数	営業資本額	1戸平均	営業戸数	営業資本額	1戸平均	営業戸数	営業資本額	1戸平均
渥美郡	260	74,649	287	25	27,105	1,084	196	7,750	40
宝飯郡	6	60	10	19	22,910	1,206	419	50,070	119
幡豆郡	18	483	27	11	10,737	976	563	51,609	92
碧海郡	-	-	-	10	3,500	350	115	8,050	70
愛知郡	-	-	-	5	4,993	999	353	29,096	82
海東郡	-	-	-	-	-	-	125	15,000	120
知多郡	12	9,493	791	23	18,684	812	831	20,204	24
計	296	84,450	285	93	87,929	945	2,602	181,779	70
重要養殖業	魚類			貝類			ノリ		
	か所数	営業資本額	1か所平均	か所数	営業資本額	1か所平均	か所数	営業資本額	1か所平均
渥美郡	5	5,658	1,132	1	1,485	1,485	1	1,750	1,750
宝飯郡	22	7,881	358	-	-	-	3	8,057	2,686
幡豆郡	23	6,142	267	-	-	-	-	-	-
碧海郡	3	334	111	-	-	-	-	-	-
愛知郡	5	757	151	-	-	-	-	-	-
海東郡	10	11,319	1,132	-	-	-	-	-	-
海西郡	38	12,615	332	-	-	-	-	-	-
知多郡	-	-	-	2	885	443	-	-	-
計	106	44,706	422	3	2,370	790	4	9,807	2,452
重要水産製造業	缶詰			煮乾イワシ			イワシ〆粕・塩蔵		
	営業戸数	営業資本額	1戸平均	営業戸数	営業資本額	1戸平均	営業戸数	営業資本額	1戸平均
渥美郡	-	-	-	820	81,615	100	118	55,213	468
宝飯郡	-	-	-	-	-	-	54	10,800	200
幡豆郡	-	-	-	-	-	-	24	41,198	1,716
名古屋市	1	125,000	125,000	-	-	-	-	-	-
知多郡	1	15,000	15,000	71	23,881	336	28	23,430	837
計	2	140,000	70,000	891	105,496	118	246	130,641	531

注：合計が合わない所があるが、そのままとした。

らみていくと、地曳網は営業戸数296戸、営業資本額8.4万円、1戸平均285円で、地域は渥美郡に集中している。漁業規模は大小様々で、それが郡別の1戸あたり平均営業資本額の格差となって現れている。

揚繰網・巾着網は営業戸数は93戸と少ないが、営業資本額は8.8万円、1戸平均は945

円と高い。網船2隻、手船(魚群探査船)1隻、漁夫35、36人の大規模漁業である。渥美郡、宝飯郡、知多郡に多い。

打瀬網は愛知県の代表する漁業で、営業戸数は2,602戸と非常に多く、営業資本額も18.1万円と高い。営業戸数は上記統数の半分位であるから、瀬打瀬網だけを対象にしているとみられる(後述する経営事例では藻打瀬網も取り上げており、一貫していない)。1戸あたり平均営業資本額は70円と小さい。打瀬網は1隻あたり2〜4人乗りの小規模漁業だが、営業戸数が多く、生産力も高いことから重要漁業となっている。打瀬網は沿海8郡全てで行われているが、とりわけ幡豆郡、宝飯郡、知多郡、愛知郡が盛んである。

2)重要養殖業のか所数と営業資本額

重要養殖業は内水面養殖業の魚類養殖、海面養殖業の貝類養殖、ノリ養殖の3種類が指定されている。か所数の数え方は、私有地は営業戸数、公有地は区画漁業権免許件数で示しているようである。明治38年以前(36年末から免許が発行され、38年に件数が倍増するので38年以前とした)に免許された区画漁業権の件数は、魚類養殖は愛知郡4件、海西・海東郡23件(海東郡蟹江町8件、同郡千秋村1件、海西郡弥富町2件等)、碧海郡1件、貝類養殖は知多郡1件(名和村)、宝飯郡3件(大塚村2件と前芝村1件)、ノリ養殖は宝飯郡3件(御津村2漁業組合2件と前芝漁業組合他4組合共有1件)、渥美郡1件(牟呂吉田村)である[16]。

表4-1と比べると、貝類養殖とノリ養殖は件数がほぼ同じだが、魚類養殖の件数は少ない。少ない分は免許が不要な私有地での養殖(営業戸数で数える)とみなされる。

魚類養殖はコイ、ボラ、ウナギ等の養殖で、106か所、営業資本額は4.5万円である。地域別では沿海部だけで、内陸部は入っていない(コイ養殖は内陸部の八名郡、北設楽郡等でも行われている)[17]。海西郡、幡豆郡、宝飯郡、海東郡に多い。海西郡には金魚で有名な弥富町も含まれるが、当時はコイの飼育が中心であった。

貝類養殖は3か所、営業資本額は2千円余である。内容はアサリ、カキの養殖で、アサリは地蒔き式、カキは明治27年以来、篊建て養殖が始まった。貝類養殖はか所数、営業資本額が少なく、未発達であった(それでも指定された)。

ノリ養殖漁場は、豊川河口域の西浜(宝飯郡)と六条潟(渥美郡)の天然採苗地4か所だけで、養殖方法は篊建てである。営業資本額は1.0万円、1か所平均は2,452円であった。

愛知県の養殖業は日露戦争後に本格的に発達するので、ここで示したのは発達前夜ということになる。日露戦争後に渥美郡・神野新田の大規模ウナギ養殖、渥美郡大崎村の漁業組合管理アサリ養殖、海西郡弥富町の金魚飼育、ノリ養殖における種篊の移植等が発達する。

3)重要水産製造業の営業戸数と営業資本額

表4-1で重要水産製造業をみると、種類は缶詰、煮乾イワシ(煮干し)、イワシ〆粕・塩イワシ(塩蔵)製造で、ともにイワシを原料とし、イワシ漁業地に立地している。缶詰製造は2経営体だが、営業資本額は12.5万円、1.5万円と非常に高い。前者は2工場があり、輸出向けイワシ油漬け缶詰を製造した。後者は国内向けの味付け缶詰を製造した。

煮乾イワシ製造は渥美郡と知多郡で行われ、その営業資本額は 10.5 万円、1 戸平均 118 円である。カタクチイワシ、小羽イワシを原料とする。イワシ〆粕と塩イワシ製造は渥美郡、宝飯郡、幡豆郡、知多郡に多く、その営業資本額は 13.0 万円、1 戸平均 531 円で、煮乾イワシ製造より規模は大きい。中羽、大羽イワシを原料とする。

4）重要水産業の営業資本額の構成

　表 4-2 は、重要水産業の営業資本額の構成を示したものである。営業資本額は全体が約

表 4-2　重要水産業の営業資本額の構成　　　　　　　　単位：円

		計	自己資本	問屋前貸金	銀行貸金	個人貸金
漁業	地曳網	84,450	60,739	-	8,570	15,356
	揚繰網・巾着網	87,929	75,699	2,100	2,000	8,130
	打瀬網	181,779	122,676	7,860	1,000	49,243
養殖業	魚類養殖	44,706	26,185		300	9,221
	貝類養殖	2,370	2,370	-	-	-
	ノリ養殖	9,807	9,307	-	-	500
製造業	缶詰	140,000	140,000	-	-	-
	煮乾イワシ	105,496	93,211	1,851	1,000	9,430
	〆粕・塩イワシ	130,641	112,671	800	500	16,670

注：合計が合わない所があるが、そのままとした。

78 万円で、漁業と水産製造業が多く、養殖業は少ない。自己資本比率は漁業 73％、養殖業 67％、水産製造業 92％、全体 82％であった。これを前述の全国集計と比べると営業資本額は全国の 1％と低く、自己資本比率は全国の 56％よりかなり高い。缶詰製造はすべて自己資本であること（操業間もないこと、軍用缶詰の製造中で資金繰りが順調であった）、愛知県の水産業は概して規模は小さく、営業資本額は少なく、それだけに自己資本比率が高い。他人資本では個人貸金が中心で、問屋前貸金、銀行貸金は低い。全国と比べると、個人貸金の比重が高く、問屋前貸金の比重が低い。地曳網や揚繰網・巾着網の漁獲物は漁場で販売され、加工仕向けが多いため問屋前貸金への依存度が低くなるのであろう。種類や地域によって多少の違いがある。

　地曳網では個人貸金、銀行貸金のほとんどは渥美郡で、他の地域ではほとんどが自己資本である。揚繰網・巾着網は幡豆郡、知多郡で借り入れがあるが、自己資本比率は 86％と高い。打瀬網の自己資本比率は 67％だが、地域差が大きく、知多郡、幡豆郡では借り入れが 5 割を上回る。魚類養殖の自己資本比率は 59％と最も低い。合計値が合わないこと、種苗・餌料の購入、養殖池の造成等の費用が嵩むことが原因とみられる。貝類養殖、ノリ養殖では借り入れはないか、あっても少額である。1 戸あたりの営業資本額が少ないためとみられる。水産製造業で自己資本比率が高いのは、営業資本額が大きい缶詰製造では全て自己資本であることが影響している。

　資金の種類別では、個人貸金は各地域、各業種で広くみられる。問屋前貸金は知多郡の打瀬網、銀行貸金は少ないながらも渥美郡の地曳網、知多郡の多くの業種でみられる。

2. 重要水産業の経営事例

1) 漁業経営

(1) 地曳網漁業

地曳網は、対象とする魚種によって規模、漁場、漁期等が異なる (表4-3)。明治38年以

表4-3　地曳網漁業経営

	イワシ地曳網	カタクチイワシ地曳網	タイ地曳網	ボラ地曳網	イナダ地曳網	シラウオ地曳網	アジ地曳網
町村名	渥美郡赤羽根村	知多郡奥田村	渥美郡細谷村	渥美郡中山村	渥美郡泉村	渥美郡中山村	渥美郡泉村
漁期	1〜12月	8〜10月	1〜12月	10〜3月	1〜12月	10〜5月	2〜12月
漁船数	2隻	3隻		1隻	4隻	1隻	2隻
漁夫数	45人	31人	40人	20人	47人	18人	20人
漁獲物	イワシ タイ	カタクチイワシ アジ	タイ サバ ホウボウ	ボラ	イナダ 小アジ 小サバ 小イワシ	シラウオ	アジ
営業資本額	2,274	938	1,770	484	1,037	250	332
網・網具	1,138	618	1,120	361	377	148	102
船・船具	458	280	-	75	708	97	192
現金	150	20	200	-	-	-	-
その他	528	25	450	48	44	5	38
収入	4,500	1,280	2,000	250	1,200	500	250
支出	4,500	1,022	1,500	187	1,200	417	233
漁夫配当	3,520	406	1,300	101	790	266	141
食費	280	121	-	68	25	120	15
修繕費	600	388	150	4	295	25	70
公費負担	30	13	-	2	30	2	4
雑費	70	95	50	12	60	5	3
利益	-	258	500	63	-	83	17

注：円未満は四捨五入した。合計が合わない所があるが、そのままとした。

前の特別漁業権（ほとんどが地曳網漁業）免許件数は渥美郡69件、宝飯郡1件、知多郡20件で、渥美郡が特に多い。渥美郡のうち赤羽根村（外海）は17件あり、種類はイワシ地曳網（砂浜地帯）と蔵場地曳網（岩礁もある地帯）があって、前者はイワシ、アジ、サバ等を、後者はタイ、イナダ（ブリの幼魚）、アジ、サバ等を対象とする。同じ渥美郡でも細谷村のタイ地曳網は外海、中山村のボラ、シラウオ地曳網、泉村のイナダ、アジ地曳網は内湾の操業である。外海の地曳網は規模が大きく、内湾の地曳網は規模が小さい。知多郡奥田村のカタクチイワシ地曳網はイワシ、カタクチイワシ、アジを対象とし[18]、村内には煮干し製造場もある。表4-1の平均営業資本額285円と比べると7事例のうち6事例の営業資本額が高い。赤羽根村のイワシ地曳網は漁業規模(漁夫数、営業資本額)が最も大きく、収入、

支出額も大きい。収入はイワシ 3,500 円とタイ 1,000 円の計 4,500 円、支出では漁夫配当が非常に多い。共同経営なので経費を引いて全てを漁夫配当にまわすので、利益は計上していない。表のいう利益とは船主・網元の粗収益のことで、ここから減価償却費、借入金利子等が支払われる。漁期は周年だが、季節によって対象魚種を替えている。

　ボラ地曳網は収入、支出とも地曳網のなかでは最も低い。漁夫、網元への配当は、漁獲高から食費を差し引いた残りを漁夫 6、網元 4 の割合で分け、網元はその他の経費を負担する。この分配方法はアジ地曳網でも同じである。地曳網に限らず、漁業では漁獲高から大仲(おおなか)経費（出漁ごとの経費）を引いて、残りを漁夫 6、船主・網元 4 の割合で配分する大仲歩合制が一般的であった。

(2) 揚繰網・巾着網漁業

　揚繰網・巾着網漁業も愛知県の主力漁業で規模は大きい (表 4-4)。イワシ巾着網は規模が

表 4-4　巾着網・揚繰網と打瀬網の漁業経営

	イワシ巾着網	イワシ巾着網	揚繰網	揚繰網	瀬打瀬網	瀬打瀬網	藻打瀬網	藻打瀬網
町村名	知多郡豊浜村	幡豆郡東幡豆村	宝飯郡形原村	碧海郡大浜村	宝飯郡三谷町	知多郡豊浜村	知多郡亀崎村	渥美郡清田村
漁期	8～11月	8～12月	12～2月	1～12月	1～12月	1～12月	9～6月	6～8月
漁船数	3隻	3隻	3隻	2隻	1隻	1隻	1隻	1隻
漁夫数	32人	3隻	22人	10人	4人	2人	2人	2人
漁獲物	イワシ	イワシ	セイゴ、イナ、コチ	スズキ、コノシロ、クロダイ		ヒラメ、エビ他	雑魚	雑魚、肥料
営業資本額	3,537	2,842	1,679	350	859	400	202	111
網・網具	2,260	1,500	1,041	234	173	90	49	14
船・船具	815	900	448	66	509	300	150	96
現金	300	350	20	-	50	4	2	-
その他	162	92	139	50	113	6	1	1
収入	2,500	4,310	1,406	1,500	800	500	250	180
支出	2,186	3,252	1,031	960	680	370	191	149
漁夫配当	1,116	1,572	528	810	345	220	100	89
食費	640	768	257	-	98	100	80	27
修繕費	300	690	150	-	200	20	6	-
公費負担	30	15	21	-	5	3	3	2
雑費	100	207	72	150	33	27	2	32
利益	314	1,058	375	540	120	130	59	31

注：円未満は四捨五入した。合計が合わない所があるが、そのままとした。

大きく、秋のイワシが対象、揚繰網は規模が小さく、三河湾内で各種小魚を漁獲している。揚繰網も冬季だけのものと周年操業のものとがある。イワシ巾着網を上掲のイワシ地曳網と比べると、営業資本額（とくに固定資本部分）は高いが、収入、支出は低い。漁期が短いせいとみられる。イワシ地曳網 (赤羽根村) は漁夫数が多いし、漁夫配当の高さが際立っているのに対し、イワシ巾着網は大仲歩合制をとるため漁夫配当は支出の約半分である。

(3) 打瀬網漁業

打瀬網には瀬打瀬網と藻打瀬網があって（表4-4）、前者は周年操業で規模はやや大きく、沖合にも出てヒラメ、エビ等を漁獲する[19]。後者は漁期は長短あるが、藻場の小魚を対象とし、藻も肥料用に採取する。規模は小さく、三河湾内での操業である。藻打瀬網は瀬打瀬網に比べて営業資本額、収入、支出ともに半分以下である。それでも営業資本額は表4-1の平均70円を上回る。

2) 養殖業経営

表4-5は魚類養殖2例、貝類養殖2例、ノリ養殖1例の営業資本額と経営収支を示した

表4-5　養殖業経営

	魚類養殖	魚類養殖		貝類養殖	カキ養殖	ノリ養殖
町村名	宝飯郡国府町	海東郡千秋村	町村名	知多郡名和村	知多郡高横須賀村	宝飯郡前芝村
延べ従事者数	480人	2,500人	季節	1～12月	1～12月	9～4月
池・溝渠面積	818坪	136,415坪	延べ従事者数	-	520人	150人
放養種類	コイ	イナ、セイゴ、コイ	漁場面積・簎数	66,000坪	12,500株	1,000株
			収穫物	アサリ、灰貝、肥料藻	カキ、青ノリ	乾ノリ
営業資本額	2,233	4,053				
築造	1,713	-	営業資本額	615	350	93
池・溝渠借入れ	53	1,150	漁場借入れ	50	-	-
親魚・稚魚代	775	1,048	船・船具	35	-	64
現金	180	500	簎	-	250	10
その他	52	1,355	種貝	75	-	-
			現金	500	50	-
			その他	-	50	20
収入	678	4,820	収入	143	360	50
支出	467	4,058	支出	38	270	50
肥料・餌料	164	-	簎	-	125	10
種苗代	-	1,048	賃金	38	85	39
賃金	168	200	公費負担	-	15	2
食費	-	600	雑費	-	10	-
修繕費	-	988				
公費負担	-	25	利益	105	90	-
賃借料	64	1,168				
雑費	46	30				
利益	211	762				

注：円未満は四捨五入した。合計が合わない所があるが、そのままとした。
注：前芝村のノリ養殖は1戸あたり、その他は1か所あたり。

ものである。従事者数は延べで示され、賃金（人夫賃）は1人1日15～35銭で計算されている。

(1) 魚類養殖

2例のうち、一方は池に親コイを放養するコイ養殖、他方は溝渠にイナ（ボラの幼魚）、

セイゴ（スズキの幼魚）、コイの稚魚を放養する混合養殖で、規模も余程大きい。コイ養殖は池を借りて養殖用に築造し、肥料、餌料を給与する。混合養殖は広大な溝渠を借り、給餌等はしないが、収穫のためには船、網具が必要となる。イナ、ボラが収入の大部分を占めるが、コイ、フナ、ウナギ、セイゴも収穫される。

営業資本額は非常に高く、養殖池・溝渠の準備、借り入れと種苗代がその大半を占める。とくに海東郡千秋村は新田地帯で養殖面積が広大で、収入も高いが、支出も溝渠の賃借料、修繕費、種苗代が嵩んでいる。両者の営業資本額は県下平均の422円よりはるかに高い。

(2) 貝類養殖とノリ養殖

表4-5の海面養殖事例では知多郡名和村の貝類養殖と同郡高横須賀村のカキ養殖、宝飯郡前芝村のノリ養殖が取り上げられている。貝類養殖はアサリとハイガイの稚貝放流で、広大な養殖場を借り、収入では肥料藻もある。支出は監視及び採取の労賃だけである。カキ養殖は浜建て養殖で、副産物として青ノリがとれる。ノリ養殖は前芝村地先漁場（西浜という、5漁業組合共有）では543戸が従事しており、そのうち前芝村の事例は1戸あたりの営業資本額、経営収支とみられる（表4-1の平均営業資本額よりはるかに小さい）。営業資本額は主に漁船漁具、収入は乾ノリ2万枚分、支出は主に賃金であるが、自営なので自家労賃とみられる(利益は計上されていない)。

3) 水産製造業経営

(1) 缶詰製造

表4-6は、缶詰製造2社の営業資本額と経営収支を示したものである。日本缶詰(株)（名古屋市、当初は合資会社）は知多郡豊浜村と三重県志摩郡桃取村の2か所に工場を有する。当時、日本最大の缶詰会社であった。営業資本額は12.5万円と極めて大きい。建物、機械設備に多額の資金がかかっており、近代的食品工場であることを物語っている。また、原材料仕入れのため現金の割合が高い。収入は輸出向けイワシ油漬け缶詰が大半を占める。支出は原材料費の占める割合が高く、また、賃金、営業費も相当多い。製法はブリキ板から空き缶を作って、イワシ、油(オリーブ油、混合油)を充填してハンダ付けで密封するもので、手作業が多く、従業員数も多い。他の1社は宝飯郡国府町(工場は知多郡大井村)にあり、国内向けイワシ味付け缶詰の製造を主体とした。この2社は、日露戦争時、

表4-6　缶詰製造業経営

	日本缶詰（株）	武田缶詰工場
町村名	名古屋市	宝飯郡国府町
工場	豊浜町と三重県	知多郡大井村
延べ従事者数	46,384 人	5,600 人
土地面積	2,074 坪	168 坪
建物面積	1,047 坪	155 坪
缶詰種類	イワシ油漬け缶詰、他	イワシ味付け缶詰
営業資本額	125,000	15,000
土地	4,148	338
建物	26,381	2,325
機械設備	23,492	1,500
現金	70,979	10,837
収入	244,600	24,730
缶詰	242,100	24,480
雑収入	2,500	250
支出	216,233	19,877
原料イワシ	32,196	4,980
油	54,216	
ブリキ板	42,533	2,285
封鑞	14,199	
賃金	23,142	2,800
荷造り費	7,130	1,812
雑費	20,454	5,500
営業費	22,363	2,500
利益	28,367	4,853

注：円未満は四捨五入した。合計が合わない所があるが、そのままとした。

県水産試験場とともに軍用缶詰製造場として指定され、主にイワシ味付け缶詰を製造した。
(2) 煮乾イワシ、イワシ〆粕、塩イワシの製造

表4-1によると煮乾イワシ(煮干し)は渥美郡と知多郡、イワシ〆粕・塩イワシ(塩蔵)は渥美郡、宝飯郡、幡豆郡、知多郡で主に製造され、イワシ、カタクチイワシの地曳網、揚繰網・巾着網地帯と重なる。表4-7はそれぞれの経営事例を示したもので、煮乾イワシ製造

表4-7　煮乾イワシ・搾粕・塩イワシ製造業経営

	煮乾イワシ製造業	煮乾イワシ製造業	〆粕・塩イワシ製造業	イワシ〆粕製造業	塩イワシ製造業
町村名	渥美郡赤羽根村	知多郡奥田村	宝飯郡西浦村	知多郡豊浜村	知多郡豊浜村
季節	1～2月	8～10月	8～11月	8～11月	8～11月
従事者数	延べ35人	延べ85人	10人	延べ80人	延べ300人
製品	煮干し他	煮干し	〆粕、煮汁、魚油塩イワシ	〆粕、煮汁、魚油	塩イワシ他
営業資本額	366	113	1,060	500	500
土地	100	10	-	-	-
建物	210	13	166	150	-
船・機具類	96	80	744	100	150
現金	50	10	150	250	250
その他	-	-	-	-	100
収入	545	318	3,230	550	985
支出	502	305	3,230	376	911
原料イワシ	420	250	2,500	320	700
賃金	12	21	252	28	150
塩	10	-	154	3	45
修繕費	15	15	76	5	5
公費負担	-	-	22	1	1
雑費	45	19	226	19	10
利益	43	13	-	174	74

注：円未満は四捨五入した。合計が合わない所があるが、そのままとした。

は渥美郡赤羽根村は1～2月のイワシを、知多郡奥田村は8～10月のカタクチイワシを原料とする。延べ従事者数からして家族経営である。

水産製造業の営業資本額には土地・建物代が計上されている場合と計上されていない場合があって、自宅での加工と自宅以外での加工を区別しているようである。営業資本額、経営収支は煮乾イワシ製造が〆粕・塩イワシ製造より低い。支出の大部分が原料代であることは共通しており、低次加工であることに変わりがない。塩イワシ製造は雇用労働がいくらかあって、労賃は煮乾イワシ、イワシ〆粕製造より高い。宝飯郡西浦村の〆粕・塩イワシ製造は営業資本額、経営収支が非常に高いのに、利益が計上されていないことから共同経営とみられる。営業資本額には買廻船代(海上でイワシを買付ける)が含まれる、従事者数は延べでは

なく、実従事者数であり、賃金も高いこと、原料代、製造高は他の経営を圧しているからである。豊浜町の〆粕製造と塩イワシ製造の2経営体の原料イワシは800桶・320円と1,000桶・700円であるのに対し西浦村の経営体は6,000桶・2,500円を使っている。

第4節　愛知県における重要水産業の発展過程と操業

　以上、明治37年の愛知県の重要水産業の経済と経営をみてきたが、次にそれぞれの発展経過や操業に触れておく。

1. 漁業
(1) 地曳網漁業
　渥美郡外海は一帯が砂浜で、13か村が地曳網を営んだ。漁網は綿糸漁網を使うことによって網目が小さくなり、小イワシの漁獲が増え、強靭さを増して網の規模は大きくなった。漁船は構造を改め、波乗りを容易にした。冬春は専らイワシ、夏秋はサバ、アジ、タイ、カマス等を漁獲した[20]。
　赤羽根村（表4-3に名前が出ている）は専ら地曳網漁業を営んだ。明治12、13年頃までは網主の個人経営であったが、その後、イワシの不漁が原因で共同経営に替わった。規模は小は12〜15人、大は32〜33人、あるいは60人位と様々。分配方法は漁獲高から飲食費等を引いて残りを漁船漁具に4、漁夫6の割合で配分する。創業費は多額なので一部は資産家の共同出資としている[21]。
　知多郡奥田村（表4-3）では明治20年頃から地曳網が始まった。当初は共同経営であったが、明治末には個人経営となった。8月末から漁期が始まり、9月まではアジが獲れる。10〜12月はカタクチイワシが中心となる[22]。
　イワシは資源変動が大きく、明治37年頃をピークとしてその後急減する。地曳網は衰退するか、カタクチイワシの漁獲に切り替えるようになった。

(2) 揚繰網・巾着網漁業
　イワシは沖売りされるので、買廻船が集結してくる。先に網主の所有船か売買特約を結んだ船に販売する。魚体サイズ、漁獲量によって価格、仕向け先が異なる。大羽イワシなら生売り、または塩漬け、小羽イワシなら煮干し、大漁で価格が下がると〆粕向けとなる[23]。
　イワシ巾着網は明治29年に県水産試験場が渥美郡漁業組合に委任して農商務省水産調査所に備え付けの漁網を用いて試験操業を行ったのが最初。巾着網は、揚繰網に比べて軽便鋭利なこと、網地を綿糸製としたことでその後急速に発展して揚繰網を圧倒した。明治34〜39年は80統余、従事者は3,100〜3,200人となり、三河湾、伊勢湾における唯一のイワシ漁法となった[24]。イワシは湾外の深所に集結してから三河湾、伊勢湾の浅所に現れ、これを揚繰網が漁獲していた。しかし、深所から動かない時は揚繰網では深すぎるし、潮流が早くて漁獲が難しい。巾着網は深所でも漁獲できることから飛躍するきっかけとなった[25]。
　巾着網が登場する以前の明治24年のイワシ漁業は、伊勢湾では揚繰網（漁期は7、8月

～12月）を用いた。三河湾は、南岸は地曳網（6～8月）、北岸は小揚繰網（8月中旬～11月）が中心であった。北岸の宝飯郡形原村（表4-4）の揚繰網は三河湾、伊勢湾の入り口付近を漁場とし、各自が運搬船で運搬し、〆粕を製造した[26]。

　明治30年過ぎに千葉県の改良揚繰網に刺激を受けて、在来の揚繰網を改良した。ところが明治37年には潮流の変化でイワシが減少し、40年にはイワシは伊勢湾から姿を消した。イワシが戻るまでの間、カタクチイワシ漁に従事した[27]。

(3) 打瀬網漁業

　打瀬網は藩政期に知多郡亀崎地区（表4-4）に伝わり、明治期に入って各地に普及したといわれる。打瀬網は漁場を荒廃させ、資源の蕃殖を妨げる有害漁法であるとして禁止する方向に傾いたが、小資本で営める能率漁法であることから統数は増え続け、明治24年には1,875統、従事者5,772人に達した。愛知県で最も重要な漁業になると禁止措置は延期に延期を重ね、ついに見送りとなった。明治35年制定の愛知県漁業取締規則では藻打瀬網548件（愛知郡、幡豆郡、渥美郡）は藻場を荒らし、幼稚魚を乱獲することから知事許可漁業となって規制された(瀬打瀬網は対象外)[28]。

　明治30年の幡豆郡宮崎町の瀬打瀬網は麻製で、漁夫は2人、夜間操業が良く、1晩に3、4回網入れ、網揚げをする。明治12、13年頃から一層進歩し、三河湾から伊勢湾及び遠州灘へ進出した。周年操業ができる。愛知県の沿海は海底が平坦で深くない、渥美外海も水深は深くないので打瀬網漁業に適している。綿糸網の使用者が増加した。知多郡豊浜村（表4-4）の瀬打瀬網も大同小異で、漁場は遠州灘及び伊勢湾口、漁期は旧1～5月、8～11月であった[29]。

　愛知型と呼ばれる独得の大型船は、明治27年に知多郡豊浜村で考案された。帆は逆風帆走に優れている西洋型帆装を取り入れ、船型も風下に流されない構造とした。船上はデッキ（甲板）を張って、海水が流れ込まないようにした[30]。

　明治33年頃から漁船規模を拡大し、内湾から外海、遠州灘に進出した。それまでは肩幅1丈以上の大型船は2、3隻に過ぎず、水深も40～50尋を限度としていた。明治37年頃から網の引き揚げにウィンチを使用するようになり、従来休漁していた荒天時(冬季)、操業できなかった深海へも出漁するようになった。遠州灘で好漁場が発見されたこともあり、大型船は百数十隻となった。だが、横曳き漁法は水深が深くなると曳綱が長くなり、網口が狭くなって漁獲が減るし、荒天時には船首尾より突き出す「ヤリダシ」に強い負荷がかかり、船体を傷めるといった限界に直面した[31]。

2. 養殖業

(1) 魚類養殖

　魚類養殖は内水面で行われ、海面では発達しなかった。明治初期より種苗放流を実施したが、事業として興らず、池沼の利用は少なかった。明治27年に県水産試験場ができると、スッポン、コイ、ボラ、ウナギの養殖試験が始まった。単養もしくは混養の利害を調査し、斯業の奨励に努めた結果、非常な発展をとげ、全国に冠たる内水面養殖県となった[31]。

　内水面養殖業は明治40年頃から急速に発達した。主産地は渥美郡、海西郡、碧海郡、幡

豆郡で、明治40年の生産額はコイ2.3万円、ウナギ6.5万円、ボラ1.0万円で、ウナギ養殖が最大となった。ウナギはボラ、コイと混養される。渥美郡が中心で、碧海郡、知多郡が続く。種苗のシラスは県下沿海、河川で採取、餌料は餌付けでは魚介類、エビ・カニ等、その後は蚕蛹(さなぎ)を与える。

　ボラ養殖はウナギとの混養が多い。幡豆郡、渥美郡、海部郡が主。種苗は伊勢湾、三河湾内で漁獲したものを購入し、1～2年養成する。餌料は特に与えない。

　コイ養殖は県下全域で養殖された。山間部では単養、沿海部ではウナギとの混養、種苗は山間部は自給、沿海部は海西郡弥富町のコイ種苗業者から供給された。渥美郡、海西郡、碧海郡に多い。餌料は与えたり、与えなかったり[33]。

　弥富町は元々コイの養殖地であったが、幕末期に大和郡山の金魚商人から金魚養殖が伝来した。金魚の飼育が形をなしたのが明治10年頃で、20年頃には養殖面積が約3haとなり、37、38年は10haに拡大した[34]。

(2) 貝類養殖

　渥美郡大崎村は明治39年からアサリの本格養殖を始め、後、宝飯郡塩津村も養殖を実施した。漁業組合が稚貝を放養する。稚貝は豊川、矢作川河口等から供給された。カキ養殖は稚貝が三河湾、伊勢湾奥部で多数発生するが、養殖は盛んではない。知多郡高横須賀村（表4-5）のカキ養殖も発展しなかった。愛知郡下之一色村、同郡笠寺村、幡豆郡寺津村等では篊、又は土管を付着材とした[35]。

(3) ノリ養殖

　宝飯郡前芝村（表4-5）は「三河海苔」の発祥地で、安政4(1857)年に杢野甚七が有志と篊建て（篊は女竹または粗朶(そだ)）をしたのが嚆矢。その後急速に普及した。

　宝飯郡前芝村地先から渥美郡牟呂吉田村地先にかけては、明治10年に豊川河口の中心を分界としてそれ以南を六条潟、以北を西浜と定め、六条潟は8漁業組合の共同漁場、西浜は西部を佐脇村2漁業組合の共同漁場、東部を前芝村ら5漁業組合の共同漁場とした[36]。

　六条潟では埋立て中にノリの付着が発見され、明治25年から本格的な養殖が始まり、漁場は次第に広がった。

　ノリ養殖の人数と生産額は、西浜は漸増して明治20年までは400人台、1万円未満であったが、その後、500人台となり、生産額は1万円台から2万円台に増加した。六条潟のノリ養殖は明治30年から統計に現れ、数年後には1,000～1,200人、金額は2万円台となった[37]。明治30年代末から種篊の移植という形でノリ養殖地が県下各地に拡大した[38]。

3. 水産製造業

(1) 缶詰製造

　日清戦争後、缶詰製造は急足の進歩をみせ、各地に製造工場が設立された。明治38年が絶頂期で愛知県の缶詰製造（農水産物他）は27戸、職工数354人、製造高42万円余となった。翌年は40戸、262人、20万円余と製造業者は増えたが、職工数、製造高は大きく減少した。名古屋市、愛知郡に多い[39]。

　県水産試験場では明治33年からイワシを原料とした水煮缶詰、油漬け缶詰、味付け缶詰

の試験製造を行い、技術的に完成の域に達し、民間業者が出現すると中止した[40]。

　明治 36 年の第 5 回内国勧業博覧会に愛知県から 26 人、83 点の缶詰の出品があった。出品者のなかに山田才吉[41]の名前はあるが、日本缶詰や武田缶詰の代表者の名前はない。製造品目 (複数製造することが多い) は時雨蛤（しぐれはまぐり）が最も多く、タイ味噌、シラウオ味付け、カツオ大和煮等が続く。イワシ缶詰の製造者は少ないが、有力者が製造している[42]。

　日露開戦で軍食缶詰を作ることになり、愛知県では県水産試験場と日本缶詰合資会社、武田缶詰工場が指定され、明治 37、38 年に合計 40 万缶、10 万円余を製造し、陸軍糧秣廠に納付した。ほとんどがイワシ味付け缶詰であった[43]。

　日本缶詰合資会社は明治 37 年 9 月に営業開始したが、日露開戦で軍用缶詰製造工場として指定された。翌年 1 月の開業式 (開戦により遅れた) には農商務大臣、水産局長（牧朴真）、県知事、知多郡長、名古屋市長等が出席する程、注目された会社である。そこで、牧水産局長は、愛知県水産試験場にイワシ油漬け缶詰の製造試験を委託し、製品を米国に輸出する等して企業化を推し進めたと語っている[44]。

　明治 38 年には増資して株式会社とし、工場を知多郡豊浜町の他に三重県志摩郡桃取村に建設した。だが、販路が確立せず、また、イワシの不漁で明治 43 年に倒産した[45]。

(2) 煮乾イワシ製造

　明治 24 年のイワシ漁獲高は 14.2 万円、製品では食用向けの乾イワシ 0.8 万円、塩イワシ 0.9 万円、肥料では〆粕 6.6 万円、干鰯 1.5 万円であった（煮乾イワシの項目がない）。明治 39 年のイワシ漁獲高は 21.0 万円、製品は煮乾イワシ 9.3 万円、乾イワシ 0.3 万円、塩イワシ 5.7 万円、〆粕 10.7 万円、魚油 0.3 万円となった。煮乾イワシ、塩イワシ、〆粕が増えて、干鰯がなくなっている。

　赤羽根村の地曳網漁業は、漁獲物が袋網に入ったままで仲買人に入札させ、高札者に売却する。仲買人は煮乾イワシ製造を兼業しており、購入した漁獲物を製造場に運び入れ、大漁時には〆粕、干鰯に製するが、普段は煮乾とする（表 4-7）。かつては販路が限られていたので製造業者は少なく原料価格も低廉であったが、販路が拡大し、取引が活発化すると製造業者が増加し、原料価格が高騰して利益が少なくなった。そのため、雇用労働経営は少なくなり、自営が増えた[46]。

(3) イワシ〆粕製造

　渥美郡中山村の〆粕製造工程は、買廻船で運搬－海水で煮熟－圧搾－乾燥－倉庫の順。製造場は海岸に建てた粗末な物置か納屋で、主な器具は竈 2 個、圧搾器 4 台であった。乾燥は製造場の隣りの浜辺で行い、製品は倉庫に入れる。油は粗製のまま樽詰めにして販売した[47]。

　知多郡豊浜村（表 4-7）では明治 24 年までは生売りが少なく、乾イワシ、〆粕等を製造する者が多かったが、その後、運輸の便が開けて生売りの販路が拡張し、その価格は〆粕等にするより高いので〆粕製造は衰退した[48]。また、各地の魚肥が移入、とくに北海道のニシン粕の移入によって需要が満たされ、県産のイワシ粕は需要されず衰退した。

　〆粕の多くは粗悪品で、本県の農家は県産の〆粕を忌避する程であった[49]。粗製濫造は、煮熟、圧搾、乾燥が不十分、風袋が重く、内容重量が少ないといったことで、粗悪品は肥料

問屋が水増し、混ぜ物をすることによっても発生した[50]。他方、幡豆郡幡豆村、東幡豆村等で〆粕の製造改良が試みられた[51]。

第5節　全国の重要水産業の経済と経営

1. 重要水産業の営業数、平均営業資本額と主要産地

「調査書」の全国集計は各府県毎に指定された重要水産業の数値を集計したもので、各府県で重要とされない業種は報告されない(集計されない)。それに留意しながら、営業数、平均営業資本額と主要産地をみていこう。

1)　重要漁業の経済と経営

表 4-8 は、全国の重要漁業の営業戸数、平均営業資本額と主要産地を示したものである。種類は 27 種類である。そのうち 4 種類は海外出漁（朝鮮、露領、マニラ、清国）であり、朝鮮出漁以外は出漁者は非常に少ない。露領出漁は明治 38 年の日露講和条約締結後、本格化する。露領出漁の初期は国内市場向けの塩蔵サケ・マスを目的とし、缶詰製造が始まるのは明治末のことである。

地域的には有明海（熊本県、福岡県、佐賀県）の羽瀬、琵琶湖（滋賀県）の魞が特殊で、ニシン建網とコンブ採取は北海道だけがあがっている。ニシン建網には行成網と角網があり、明治前期は行成網（大敷網）であったが、明治 23 年頃からサケ建網と同種の角網（大謀網）が普及するようになった。サンゴ採取は四国沖と五島灘で行われている。瀬戸内海はサワラ流網、（タイ）縛網が特徴である。

捕鯨は営業戸数は少ないが、平均営業資本額は非常に高い。伝統的な網取り式は衰退し、ほとんどがノルウェー式となった。ノルウェー式捕鯨は明治 30 年頃に現れ、35、36 年頃から発達の緒につき、日露戦争後、多くの会社が乱立した。明治 42 年に濫獲防止のため鯨漁取締規則が公布され、捕鯨船数が制限された。

上記以外の主なものをあげると、イワシ漁業は地曳網、揚繰網（巾着網を含む）、敷網（八手網が代表）が主要漁法で、全国的に操業され、営業戸数も多い。地曳網は対象魚種が様々で、表ではイワシ地曳網としているが、その他の地曳網も含んでおり、平均営業資本額も大きな格差がある。イワシ改良揚繰網は明治 21 年に千葉県で考案され、イワシの接岸量が減り、地曳網や八手網が衰退するのに替わって生産性が高くかつ沖取りできることから全国に普及した。巾着網は明治 15 年に農商務省技師・関澤明清が米国から導入し、推奨したことで各地で試験操業が行われ、岩手県や愛知県等で定着した。漁網も麻製から綿糸網に替わった。綿糸網は腐朽性に優れ、機械製網ができる。旧来の揚繰網はなくなり、改良揚繰網や巾着神にとって替わった。改良揚繰網と巾着網は漁具漁法が似通っており、呼称も混同されるようになった。

定置網はブリの漁獲で発達した。大敷網は西日本の定置網で、イワシ大敷網は富山湾以西に多く、石川県、富山県の台網、九州・四国・熊野地方の大敷網、静岡県や神奈川県の

表 4-8　全国の重要漁業の営業戸数、平均営業資本額と主要産地

漁業種類	営業戸数	平均営業資本額 円	府県数	主要府県（営業戸数順）
イワシ地曳網	9,755	417	34	静岡、北海道、兵庫、高知、石川、山口
同　愛知県	296	286		
揚繰網	924	1,598	11	千葉、静岡、青森、愛知、茨城、兵庫
同　愛知県	93	945		
イワシ敷網	293	936	3	長崎、鹿児島、神奈川
大敷網	565	1,067	9	長崎、島根、福井、高知、鹿児島
ブリ台網	606	725	2	石川、富山
ブリ建網	124	312	1	長崎
サケ建網	110	910	3	北海道、岩手、福島
マグロ建網	250	1,074	3	青森、岩手、宮城
マグロ流網	503	930	3	岩手、茨城、福島
マグロ旋網	28	2,194	1	宮城
根拵網	37	3,573	2	静岡、神奈川
サワラ流網	498	100	5	岡山、島根、広島
縛網	165	1,818	6	広島、香川、和歌山
打瀬網	13,703	114	13	静岡、愛知、山口、岡山、兵庫、広島
同　愛知県	2,602	70		
カツオ釣り	2,705	1,061	19	静岡、宮城、岩手、高知、福島、千葉
マグロ・フカ釣り	923	350	7	神奈川、山口、沖縄、和歌山、静岡
ブリ釣り	4	7,205	1	鹿児島
タラ釣り	1,251	301	5	北海道、新潟、青森、山形、秋田
捕鯨	14	11,485	5	高知、山口、長崎
サンゴ船	1,409	203	4	高知、長崎、愛媛、鹿児島
羽瀬	296	329	3	熊本、福岡、佐賀
魞	594	109	1	滋賀
朝鮮出漁	1,464	338	10	長崎、山口、岡山、香川、福岡、熊本
露領出漁	4	7,155	2	新潟、富山
マニラ出漁	6	1,060	1	岡山
清国出漁	24	247	1	岡山
ニシン建網	1,047	2,335	1	北海道
コンブ採取	1,692	246	1	北海道

資料：「水産銀行二関スル調査書」

　根拵網（ねこさいあみ）はブリ、マグロを対象とした。他にサバ、アジを対象とした大敷網もあった。明治23年に宮崎県の日高亀市・栄三郎父子によってブリ大敷網が考案された。大謀網にはマグロ・ブリを対象とする東北地方の建網、各種角網がある。明治39年に宮崎県の日高式、42年に富山県の上野式が考案され、従来の大敷網、台網にとって替わるようになる。

　打瀬網は全国各地で営まれ、営業戸数が最も多いが、平均営業資本額は重要漁業の中では最も低い部類に属する。マグロは網漁（建網、流網、まき網）は東北、北関東が主力、釣りは西日本一帯で行われている。カツオ釣りは黒潮流域一帯で営まれる。

　愛知県の重要漁業はイワシ地曳網、揚繰網・巾着網、打瀬網の3種類（表4-1と同じ）で、

営業戸数の全国比はイワシ地曳網3%、揚繰網・巾着網10%、打瀬網20%である。愛知県は渥美外海のイワシ地曳網がよく知られ、古くから揚繰網があり、巾着網が定着した県として著名であった。打瀬網は操業隻数が多いだけでなく、先進県として「愛知型」が全国に広まった。また、平均営業資本額は3種類とも全国平均より低く、相対的に規模が小さかった。

2）重要養殖業の経済と経営

表4-9は、全国の重要養殖業と重要水産製造業の営業戸数（養殖業はか所数）、平均営

表4-9　全国の重要養殖業と水産製造業の営業戸数・か所数、営業資本額と主要産地

養殖業	か所数	営業資本額計 円	府県数	主要府県（か所順）
魚類養殖	602	511,176	16	奈良、新潟、愛知、長野、群馬
同　愛知県	106	44,706		
貝類養殖	228	150,299	8	佐賀、熊本、福岡、長崎
同　愛知県	3	2,370		
ノリ養殖	858	456,997	11	熊本、岩手、千葉、宮城
同　愛知県	4	2,452		

水産製造業	営業戸数	平均営業資本額 円	府県数	主要府県（営業戸数順）
缶詰	96	12,709	26	長崎、三重、島根、北海道、静岡
同　愛知県	2	70,000		
刻みコンブ	50	8,996	3	大阪、福井
寒天	420	2,321	4	大阪、長野
カツオ節	3,182	843	17	静岡、三重、千葉、宮城、高知、福島
マグロ節	108	542	2	宮城、岩手
スルメ	3,901	294	20	岩手、島根、新潟、山口、高知、長崎
イワシ煮干し	5,629	274	16	富山、愛知、愛媛、山口、島根、兵庫
同　愛知県	891	118		
干しエビ	711	504	11	静岡、山口、長崎
干しアワビ	529	407	8	岩手、宮城
塩ブリ	299	1,485	6	石川、島根、富山、長崎、高知
塩サバ	484	835	4	島根、静岡、長崎
乾イワシ	1,212	279	4	千葉、長崎、神奈川、青森
〆粕	2,064	252	5	青森、千葉、宮城、愛知、岩手
同　愛知県	240	531		

資料：「水産銀行ニ関スル調査書」
注：乾イワシは干鰯のことだと思われる。

業資本額（養殖業は営業資本額計）、主要府県を示したものである。養殖業からみていくと、営業数はか所数で示され、か所のカウントの仕方が違うので、その比較はやめ、営業資本額計で規模の大小を判断することにする。魚類養殖はいずれも内水面養殖業で、営業資本額は新潟県、奈良県、愛知県、静岡県、岐阜県が高い。魚種はコイ、ボラ、ウナギ、金魚等とみられる。コイの飼育方法は地中で竹枝や水草などに産卵させ、孵化池で孵化、養成池で飼育

する。ボラ、ウナギは天然稚魚を飼育する。

　貝類養殖はか所数では上位4県はいずれも有明海地区であるが、営業資本額では佐賀県に次いで瀬戸内海の岡山県、広島県がくる。有明海はハイガイ、アサリ、瀬戸内海はカキが主力とみられる。アサリなどは稚貝放養（地撒き式）、カキ養殖は種苗を浜、瓦に付着させ、それが成長してから付着材料から落とし、これを海底に撒布して成長させる。簡易垂下式が登場するのは大正末のことである。

　ノリ養殖（簀建て養殖）はか所数からいえば熊本県、岩手県、千葉県、宮城県の順であるが、営業資本額では東京府が全体の半額を占め、神奈川県、千葉県を含めた東京湾は全体の85％を占める。

　明治44年の養殖生産量が多い府県は、コイは佐賀県、長野県、愛知県、岐阜県、滋賀県、ウナギは愛知県、静岡県、東京府、カキは広島県、熊本県、佐賀県、山口県、アサリは千葉県、熊本県、神奈川県、広島県、愛知県、ノリは東京府、千葉県、広島県、宮城県であった[51]。

　愛知県は3種類とも名前があがっている（表4-2と営業資本額が一部異なるが）が、営業資本額で全国比をみると、魚類養殖は8.8％と高いが、貝類養殖は1.6％、ノリ養殖は0.5％と低い。

3) 重要水産製造業の経済と経営

　上掲表4-9で水産製造業をみると、種類は13種類で、なかでもイワシは缶詰、煮干し、乾イワシ（食用の素干しも乾イワシだが、量からすれば干鰯を指すとみられる）、〆粕にかかわる。〆粕はイワシ粕だけで、ニシン粕は含まれていない（主産地に北海道の名がない）。明治30年代にニシンの漁獲は減少・停滞したが、それでもイワシを上回っていた。また、刻みコンブ、スルメ、干しエビ、干しアワビは清国向け、缶詰は欧米向け輸出品である。乾ノリも重要な水産製品であるが、ノリ養殖で取り上げられているせいか、水産製造業としては取り上げていない。

　缶詰は平均営業資本額が非常に高い。その他の水産製造業も概して営業資本額は高いが、これは近代的設備、加工器具を使用したというのではなく、原料費（缶詰は材料費も高い）が大きな割合を占めているからである。多くは漁業地と製造地は一致するが、刻みコンブ（大阪府、福井県）は流通消費拠点、寒天（大阪府、長野県）は流通消費拠点と産地が主産地になっている。スルメ製造は営業戸数も多く、重要水産製造業として指定された府県も多い。産地は日本海側が多い。イカ釣りは手釣りの小漁業なので、重要漁業には入っていない。

　愛知県はイワシ関連の缶詰、煮乾イワシ、〆粕で名前が出ている（表4-1）。乾イワシ（干鰯）には愛知県の名前がない。愛知県ではイワシはほとんど〆粕にされ、イワシが不漁で替わってカタクチイワシが大漁となる明治40年代に煮乾イワシの他に干鰯が急増する（カタクチイワシは脂肪分が少ないので〆粕にはしない）。愛知県では干しエビの製造も盛ん（清国向け輸出からエビせんべい用に変化した）だが、重要水産製造業として取り上げられていない。缶詰はわずか2経営体だが、うち1社は日本最大の缶詰会社であるため平均営業資本額はずば抜けている。煮乾イワシと〆粕の営業戸数は全国の1割を超し、主産地となっている。平均営業資本額は煮乾イワシは低く、〆粕は高い。

2. 重要水産業の経営事例

表4-10は、重要水産業のうち5府県以上で指定されているものを選び、その営業資本額（固定資本と流通資本に分けて）と経営収支を示したものである。全国の事例平均は、各府県の最大規模のものを平均したもので、標準的な経営を示すものではない。愛知県の事例も最大規模のものである。

表4-10　全国の主要な重要水産業の経営事例　　　　　　　単位：円

	固定資本	流通資本	収入	支出	利益
イワシ地曳網	2,445	297	3,754	2,548	1,206
同　愛知県	2,124	150	4,500	4,500	-
揚繰網	2,750	748	2,915	2,467	448
同　愛知県	3,237	300	2,500	2,186	314
ブリ台網	2,706	110	4,812	2,759	2,053
マグロ建網	2,217	223	6,951	2,789	4,162
マグロ流網	1,155	294	1,262	830	432
大敷網	2,142	1,442	10,234	8,353	1,881
サワラ流網	369	40	175	89	86
縛網	1,889	685	2,382	1,561	821
打瀬網	481	72	604	469	135
同　愛知県	808	50	800	681	120
カツオ釣り	946	456	2,438	1,919	529
マグロ・フカ釣り	442	357	396	538	158
タラ釣り	186	52	392	290	102
捕鯨	32,318	12,644	35,614	29,393	6,221
朝鮮出漁	738	161	1,456	1,156	300
魚類養殖	10,917	2,934	6,953	4,813	2,140
同　愛知県	3,535	500	4,819	4,058	761
貝類養殖	14,305	14,137	26,803	14,621	12,182
同　愛知県	115	500	143	38	105
ノリ養殖	12,456	1,867	10,774	6,890	3,884
同　愛知県	93	-	50	50	-
缶詰	7,483	18,299	53,450	44,716	8,734
同　愛知県	54,021	70,979	244,600	216,233	28,367
カツオ節	654	1,719	4,126	3,607	519
スルメ	585	2,478	4,158	3,739	419
イワシ煮干し	241	368	1,918	1,450	468
同　愛知県	316	50	545	503	42
干しエビ	981	1,389	8,033	7,117	916
干しアワビ	485	2,020	6,613	5,755	858
塩ブリ	7,061	25,482	58,482	54,374	4,108
〆粕	300	250	614	471	143
同　愛知県	250	250	550	375	173

資料：「水産銀行ニ関スル調査書」
注1：5府県以上で取り上げられた種目。
注2：愛知県のイワシ地曳網は赤羽根村（表4-3）、揚繰網は豊浜村、打瀬網は三谷町（以上、表4-4）、魚類養殖は千秋村、貝類養殖は名和村、ノリ養殖は前芝村（以上、表4-5）、缶詰は日本缶詰（表4-6）、イワシ煮干しは赤羽根村、〆粕は豊浜村（以上、表4-7）の事例。

(1) 重要漁業の経営事例

　取り上げられた経営体（各府県代表の平均）は専業的な規模の大きな経営体で、その営業資本額は表4-8の平均営業資本額をはるかに上回わる。例えば、愛知県は地曳網として7事例をあげているが、そのうち最大規模の赤羽根村イワシ地曳網が取り上げられている。平均営業資本額が285円であるのに対し、赤羽根村のそれは2,274円である。

　固定資本と流通資本に分かれているが、漁業で流通資本は飲食費や漁夫への前貸し等が該当する。漁業では一般に固定資本比率が高い。経営収支も規模の大きな経営体が抽出されているので、収入、支出、利益とも非常に高い。

　愛知県はイワシ地曳網、揚繰網・巾着網、打瀬網の経営事例が出ており、営業資本額、収入、支出、利益は全国事例平均とほぼ肩を並べる（トップクラスは遜色がない）。あえていえば、赤羽根村のイワシ地曳網はやや大規模（共同経営なので利益は従事者＝出資者に配分されて、表に出てこない）、豊浜村の巾着網はやや小ぶり、三谷町の瀬打瀬網は営業資本額、収入、支出とも高く、愛知県は打瀬網の先進地であることが示されている。

(2) 重要養殖業の経営事例

　全国と愛知県の重要養殖業の経営事例をみると、魚類養殖では養殖地の所有ともかかわって営業資本額が高いし、種苗費、餌料費などもあって流通資本も高い。愛知県は千秋村の事例（イナダ、セイゴ、コイの養殖）が載っている。養殖池は広大だが借地で、粗放的養殖であることから全国事例平均に比べると固定資本、流通資本、収入、支出、利益いずれも低い。貝類養殖は愛知県は名和村のアサリ、ハイガイの地撒き養殖が取り上げられているが、全国事例平均と比べると、営業資本額、経営収支の数値は極めて低い。ノリ養殖は前芝村の個別経営事例が取り上げられていて全国事例平均とは比較できない。個別経営でも東京湾のそれに比べてはるかに低かった。

(3) 重要水産製造業の経営事例

　全国と愛知県の水産製造業の経営事例をみると、固定資本、流通資本とも表4-9の平均営業資本額よりはるかに高い。ほとんどの業種で固定資本より流通資本が高い。低次加工が主体であったことを反映している。愛知県の缶詰製造は日本最大の缶詰会社であって、営業資本額、収入、支出が突出して高い。当時、他の水産缶詰（サケ・マス等）製造は未発達で、イワシ缶詰製造はこの時期がピークである。

　愛知県の煮乾イワシの製造（赤羽根村）は全国事例平均からすると小規模、〆粕製造（豊浜町）も全国事例平均よりやや小規模である。

おわりに

　「水産業経済調査」の結果から明治37年時点の愛知県と全国の水産業の実態を窺った。「水産業経済調査」は水産銀行設立にあたっての基礎調査で、調査は重要水産業に限定された。府県毎に重要種類が決められ、それ以外はカウントされない。養殖業についてはか所数で示され、他の府県との比較ができない。経営事例は規模が大きく、専業経営が選ばれており、

平均営業資本額とは隔絶している。水産銀行設立のための水産金融調査であって、必ずしも水産業の経営経済実態を示すものではない。

そうした制約はあっても「水産業経済調査」は、明治25年刊行の『水産調査予察報告』、27年刊行の『水産事項特別調査』、27、28年に脱稿した『日本水産捕採誌　全』、『日本水産製品誌　全』（大正元、2年に水産社から出版）に次ぐ全国調査で資料的価値は高い。それぞれ視点が異なり、『水産調査予察報告』は水産資源の分布と利用、『水産事項特別調査』は水産業全般にわたる統計、『日本水産捕採誌　全』、『日本水産製品誌　全』は勧業博覧会に出品された資料を用いて漁具漁法、水産製品を体系的に網羅、「水産業経済調査」は主要水産業の経営経済に焦点をあてている。各府県の「水産業経済調査」や全国を取りまとめた「調査書」は水産業統計が整備された以降の調査なので、水産業統計と併せて利用することができる。

「水産業経済調査」が目指した水産銀行設立は水産業は信用力が低いという理由で実現せず、明治43年に国策銀行に水産金融を担わせることで落着した。この間、遠洋漁業奨励法を改正して奨励対象を拡大し、漁業法を改正して漁業権を物権化して信用力の強化を図っている。

各府県の「水産業経済調査」はほとんど見つかっておらず、その例外は今回取り上げた愛知県のものである。一部が省略されている、市郡から県への報告がないのが残念だが、全国の「調査書」と比較して、愛知県の位置づけ、特徴を具体的に数値で把握できるし、反対に全国の「調査書」は各府県の調査報告と照合することで、より正しく理解することができる。各府県の「水産業経済調査」の発掘と「調査書」との比較考察により資本主義的発展の実態解明につながると思われる。

最後に愛知県水産業の特徴を指摘しておこう。①遠洋漁業が発達しなかったこと。三河湾、伊勢湾での過密操業を打開するために水産試験場は遠洋漁船を建造して奨励したが、結実しなかった。湾内は資源が豊富で、小資本で営むことが出来、農業の副業として適していたこと、大消費地と近く、販売条件に恵まれていることが要因である[53]。湾内は過密操業で酷漁濫獲となり、とくに打瀬網は資源の蕃殖を妨げるものとして他の漁業との対立を招いた。

②養殖業は種苗、養殖漁場、水、餌等に恵まれ、魚類養殖、ノリ養殖で発展をみた。貝類養殖は発達しなかった。理由は稚貝の濫獲、肥料用に貝、海藻、泥土も大量に採取した（管理されない）ことが原因とみられる[54]。魚類養殖とノリ養殖は明治40年頃から急速に発展した。魚類養殖の発達で、愛知県は全国有数の内水面養殖県となった。とくにウナギ養殖の発達が著しい。ノリ養殖は種浜の移植によって養殖地が急拡大した。

③水産製造業はイワシの低次加工が中心だが、一般に停滞した。清国向け輸出の停滞、酷漁濫獲による資源の減少、イワシの漁獲変動は製造業への投資を躊躇させ、時代の寵児であった缶詰製造業を挫折させた。水産物需要は経済発展と流通手段の発達で生鮮需要が高まり、その分、加工品の需要が減少したことも影響している。

注

1) 拙著『長崎県漁業の近現代史』(長崎文献社、2011年)所収。
2) 「綿糸巾着網の腐朽に就て」『尾三水産会報告　第12号』(明治32年1月)6～7頁。
3) 下啓助「愛知県紀行」『大日本水産会報　第333号』(明治43年6月)32頁。
4) 農商務省農務局『水産事項特別調査　上巻』(明治27年)423頁。
5) 水産銀行の設立運動については、小野征一郎「水産金融機関設立の構想」『東京水産大学論集　第6号』(昭和46年1月)が詳しい。
6) 国立公文書館アジア歴史資料センター所蔵。以下、建議・請願については断らない限り同館所蔵。
7) 『森茂生述　水産銀行に関する演説』(庭山鱗太郎、明治38年)6～19、36～38頁。
8) 「日本水産銀行法案」『大日本水産会報　第295号』(明治40年4月)15～17頁。
9) 宇田川謙三『水産金融に関する調査』(安田保善社、大正13年)54～59頁。
10) 「全国水産大会の経過」『大日本水産会報　第330号』(明治43年3月)43～44頁。
11) 前掲『水産事項特別調査　上巻』505、520頁。
12) 「本県に於ける優良漁業組合」『愛知県水産組合連合会報　第18号』(大正7年3月)52～56頁。
13) 「調査書」の目次構成は以下の11項目。①日本水産銀行設立ノ必要、②日本水産銀行法案趣旨要項、③日本水産銀行法案、付漁業法中改正法律案、④水産業者ノ現在有スル固定資本及流通資本高、⑤水産業ニ於ケル金利、⑦水産業ニ於テ資本ヲ擁スル時期及金額、⑧水産業者ノ資金貸借ニ要スル担保物権、⑨重要水産業ノ営業費及収支計算、⑩水産業改良ノ為メ要スル共同的事業、⑪第1、第2年度貸借対照表及損益計算書。
14) 前掲『水産事項特別調査　上巻』513、518～520頁。
15) 明治24年は前掲『水産事項特別調査　上巻』210頁、明治34年と40年は『愛知県統計書』。
16) 『愛知県免許漁業便覧　附三重県免許漁業』(愛知県漁業組合連合会、大正5年)42～70頁。
17) 「愛知県水産業の概況」『大日本水産会報　第162号』(明治28年12月)58～59頁。
18) 前掲『愛知県免許漁業便覧　附三重県免許漁業』74～89頁。
19) 明治35年の豊浜村の打瀬網は、営業資本額1,850円、収入1,500円、支出550円、利益950円とあって、表4-4のそれを大きく上回る。『遠洋漁業奨励事業報告』(農商務省水産局、明治36年)227～228頁。
20) 『第二回水産博覧会審査報告　第一巻第一冊第一部漁業』(農商務省水産局、明治32年)118頁。
21) 「赤羽根村付近ニ於ケル鰮漁業及ヒ煮乾鰮製造業」『明治三十四年度　愛知県水産試験場事業報告』103～105頁。
22) 『三河湾・伊勢湾漁撈習俗緊急調査報告　第1集』(愛知県教育委員会、昭和43年)24頁。
23) 「鰮〆粕」『明治三十年度　愛知県水産試験場報告』107～109頁。
24) 前掲「愛知県紀行」31頁、『府県水産奨励事業成績』(農商務省水産局、明治37年)24～25頁。
25) 「愛知県下鰮巾着網漁業実況」『大日本水産会報　第199号』(明治32年1月)29～30頁。
26) 『水産調査予察報告　第三巻第一冊』(農商務省農務局、明治25年)100～101、122～125頁。
27) 天野兵左衛門「鰮漁業沿革及利害調査」『愛知県水産組合連合会報　第17号』(大正7年2月)23～24頁。
28) 『愛知県水産要覧』(愛知県水産試験場、大正12年)71～73頁。
29) 前掲『第二回水産博覧会審査報告　第1巻第1冊第一部漁業』163～167頁、『漁具解説付製造養殖』(福井県内務部、明治31年)47～50頁、『第二回水産博覧会要録』(新潟県出品奨励会、明治32年)29～33頁。
30) 寺岡貞顕『打瀬網』(知多市民俗資料館、昭和55年)2～6頁。
31) 「ビームトロール試験」『明治四十一年度　愛知県水産試験場事業報告』67～68頁。
32) 『愛知県水産要覧』(愛知県水産組合連合会、大正8年)29～30頁。
33) 山田豊作「養殖一班(続き)」『尾三水産会報　第36号』(明治41年1月)4～7頁、前掲『愛知県水産要覧』(愛知県水産試験場)22～25頁。
34) 「水産講習所　昭和11年度関西調査旅行報告書」(東京海洋大学図書館所蔵)。
35) 前掲『愛知県水産要覧』(愛知県水産試験場)31～32頁。
36) 牟呂・前芝・梅藪漁業協同組合『六条潟と西濱の歴史』(昭和56年)27～39頁。
37) 豊橋市史編集委員会『豊橋市史　第3巻』(豊橋市、昭和58年)623頁。

38)『愛知の海苔海苔共販20周年記念』(愛知県漁業協同組合連合会、昭和49年)2頁。
39)ピー生「本県缶詰業の沿革と現状」『愛知県水産組合連合会報　第17号』（大正7年2月）27〜29頁。
40)『愛知県水産試験場六拾年史』(同試験場、昭和30年)113〜114頁。
41)山田才吉は、愛知県の缶詰製造の元祖といわれる。明治37年に日本缶詰合資会社が設立された際、業務担当社員となった。明治43年に日本缶詰が倒産した後も名古屋市の産業発展に貢献した。真杉高之「愛知の缶詰元祖は奇才・山田才吉」『缶詰時報　第65巻第10号』(昭和61年10月)32〜38頁。
42)第五回内国勧業博覧会事務局編『第五回内国勧業博覧会審査報告　第三部　総論、漁業、製造、海塩、養殖、水産業ノ方法』(明治37年5月)309、323、336〜340頁。
43)「軍食缶詰製造顛末」『明治三十八年度　愛知県水産試験場事業報告』117〜127頁。
44)「日本缶詰合資会社開業式状況」『尾三水産会報告　第27号』(明治38年4月)60〜63頁。
45)水産局長は熱心に唱導して、他にも三重県に東洋缶詰(株)、東京に大日本水産(株)が設立されたが、米国での販路が確立せず、失敗に終わった。「缶談会　サーディン缶詰の過去現在未来」『缶詰時報　第11巻第1号』(昭和7年1月)4〜6頁。
46)前掲「赤羽根村付近ニ於ケル鰮漁業及ヒ煮乾鰮製造業」104〜107頁。
47)『鰮〆粕調査報告』(石川県水産試験場、明治45年3月)17〜21頁。
48)『鳳至郡勧業資料　付編の四』(石川県鳳至郡役所、明治34年) 25〜26頁。
49)「愛知県鰮〆粕の改良」『大日本水産会報　第161号』(明治28年11月)90頁。
50)前田又平「〆粕改良ノ意見」『尾三水産会報告　第3号』(明治28年12月)43〜45頁、『水産諸問会紀事』(大日本水産会・大日本塩業協会、明治31年) 101〜103頁。
51)「鰮〆粕製造組合の設立」『尾三水産会報告　第12号』(明治32年1月)42〜44頁、「有限責任東幡豆購買販売組合」『同　第36号』(明治41年1月)48〜56頁。
52)農商務大臣官房統計課『第二十八次農商務統計表』(大正2年)
53)北斗生「本県の遠洋漁業に就て（上)」『愛知県水産組合連合会報　第15号』(大正6年10月）12〜14頁。
54)「伊勢三河浅海利用調査」『愛知県水産組合連合会報　第19号』(大正7年6月)2、6頁。

第5章
近代の愛知県の魚市場と鮮魚流通

中央市場の場景（名古屋市立図書館所蔵）

第 5 章

近代の愛知県の魚市場と鮮魚流通

はじめに

　鮮魚流通は産地市場と消費地市場の2段階を経由するのが一般的だが、本章では主に消費地市場である名古屋市及び豊橋等の地方魚市場を取り上げる。名古屋市と豊橋市は消費地であると同時に集散拠点でもある。産地市場については第6章で集散拠点となる市場(愛知郡下之一色町と宝飯郡三谷町)と漁業組合の共同販売事業を扱い、名古屋市にある塩干魚市場については第7章で扱う。

　魚市場といっても鮮魚介だけでなく、塩干魚、青果、鳥類も扱う(総合市場、兼業市場ともいう)ことがある。また、特定の魚市場だけでなく、県全体の魚市場を対象とする。

　以下、魚市場数、市場政策・制度、市場の立地条件や特性、魚市場間の競争関係、魚市場の集出荷圏と運搬手段、取扱高の推移、取扱品目と取引方法、市場業者としての問屋－仲買人－小座人の関係と組織、代金決済、販売手数料(問屋口銭)と仲買人・小座人への歩戻し等について検討する。

　時期区分は、鮮魚流通の拡大と魚市場の近代化が進む明治期、都市の形成とともに魚市場が発展した明治末・大正期、昭和恐慌による魚市場の停滞と回復期、日中戦争後のインフレ景気から国家統制へ急展開する統制期の4期とした。戦後については第3章で素描した。

第1節　明治期：鮮魚流通の拡大と魚市場の近代化

1. 明治期の魚市場

1) 明治中期の魚市場と水産物流通圏の拡大

　明治24年の魚市場を一覧したのが表5-1で、22町村に23か所あった。明治24年といえば東海道線が開通し、汽船の就航もあったが、鮮魚介の集散圏は狭く、また、都市の形成も途上にあって取扱高も限られていた。愛知郡熱田魚市場は5軒の魚問屋の集合市場で、いずれも資本金、取扱高が突出して高い。渥美郡豊橋町の2市場がそれに次ぐ。産地市場では拠点市場となる下之一色魚市場、三谷魚市場はまだ際立っていない。その他、知多郡横須賀町、亀崎村、海東郡蟹江町、碧海郡大浜村の魚市場の取扱高が比較的高い。例えば蟹江町は木曽川や鍋田川、庄内川の河口干潟が広がる伊勢湾奥部一帯の漁獲物が集散する市場であった。幡豆郡には魚市場が8か所あるが、いずれも取扱高は少ない。

表 5-1 明治 24 年の愛知県の魚市場

魚市場	住所	資本金 円	仲買人 人	取扱高 円
熱田魚市場	愛知郡熱田町	30,000	74	83,866
		28,000		75,130
		24,000		65,861
		20,000		61,565
		15,000		41,286
下之一色市場	同　下之一色村	750		2,243
同上	同上	700		2,050
魚市場	海東郡蟹江町	5,000	45	10,890
亀崎魚市場	知多郡亀崎村	5,000	3	16,431
横須賀魚市場	同　横須賀町	?	12	22,000
大野魚市場	同　大野町	?	8	3,332
常滑魚市場	同　常滑町	500	1	2,625
大谷魚市場	同　大谷村	100	6	1,207
刈谷魚市場	同　刈谷村	1,000	13	2,609
大浜魚市場	碧海郡大浜村	2,000	44	25,441
高浜魚市場	同　高浜村	1,000	99	8,035
魚市場	額田郡岡崎町	1,000	45	16,255
魚問屋	幡豆郡西尾町	1,000	14	5,096
同	同　寺津村	?	10	1,055
同	同　栄生村	?	12	2,192
同	同　一色村	700	60	4,452
同	同　衣崎村	300	30	6,995
同	同　吉田村	180	3	316
同	同　宮崎村	?	30	4,155
同	同　幡豆村	300	8	1,602
魚鳥会社	宝飯郡三谷村	2,000	60	12,470
豊橋魚鳥会社	渥美郡豊橋町	10,000	55	68,685
豊橋魚会社	同上	1,260	22	7,588

資料：農商務省農務局『水産事項特別調査』（明治 27 年）448～449 頁。

当時の愛知県下の水産物流通の状況をみよう。「漁獲物ハ概ネ市場ニ出シテ競売ニ付ス。其市場ナキカ又ハ市場ニ出スノ便ヲ欠キタル町村ニハ買廻商人ノ来ルヲ以テ水揚スルヤ直ニ之ヲ売却シ、又買廻リモ来ラサル町村等ニ於テハ間々漁業者自カラ小売スル等地方ニ依リ一定セス」（以下、適宜、句読点をつける）。「仲買人等ノ買得タル魚類ハ・・・生売ニスルモノハ他府県ニ在テハ京阪神其他岐阜、大垣等、県下ニ於テハ名古屋、豊橋、岡崎ヲ始メ各郡ニ輸送シ、製造原料ニスルモノハ製造家又ハ自己ノ製造場ニ送ル」。

「県下ニ於テ魚類集散ノ重ナル地方ハ熱田、豊橋、岡崎等ニシテ一旦該地ニ入リ、而シテ後、各地ニ輸出（移出－引用者）スルモノナルカ、其運搬上ニ付テハ概ネ荷車又ハ人肩等ニ依ラサルナシ。然ルニ東海道鉄道等敷設以後ハ皆速達ノ利ヲ籍ラサルナク・・・」。「熱田ニ来ル魚類ハ是マテ伊勢地方等ヨリ押送船ヲ以テ輸入セシカ去ル明治十七年中尾勢（尾張と伊勢－引用者）ノ間ニ汽船航通ノ便開ケシヨリ漸次航路ヲ拡張シ紀摂（紀州と摂津－引用者）ハ勿論馬関（下関－引用者）等ヨリモ魚類ヲ転載シ来リ。其入港高ハ昔時ニ数倍スルニ至レリ」[1]。

漁獲物の販売は、市場出荷、買廻商人への販売、漁業者の小売り等があり、産地仲買人等が都市への生鮮出荷、製造仕向けの配分を行い、都市市場では地方市場への転送が行われた。輸送手段は荷車、担荷等であったが、鉄道の開通、汽船の就航で集散域が広がり、取扱高も増加した。熱田魚市場では押送船(おしおくりぶね)（産地側の魚類運搬船）、買廻船(かいまわりぶね)（産地で魚類を買い集める魚類運搬船）でも搬入していた。

2) 明治末の県下魚市場と水産物流通

　表 5-2 は明治 42 年における県下魚市場の一覧である。魚市場数は 16 市町村、29 か所で、明治 24 年（表 5-1）と比べると増えている（市町村数は合併により減少した）。市郡別は、

名古屋市1、愛知郡1、中島郡1、知多郡7、額田郡2、幡豆郡14、豊橋市3である。創業年は明治30年代に多い。明治24年と比べると、幡豆郡は8か所が14か所に急増した、同一市町村に複数の魚市場ができて競争が起こった、共同組合や漁業組合の共同販売所が現れたこと、取扱高は数倍に膨らんだ、とくに熱田魚市場、豊橋魚市場等都市市場の伸びが大きい、下之一色魚市場が産地拠点市場として登場した(ただし、三谷魚市場の名前がない)ことがわかる。日清・日露戦争を機に漁業の発達、輸送機関の発達、経済の拡大、人口の増加、都市形成を背景に魚市場が発達したのである。

『愛知県史 下巻』(大正3年)では同じ頃の魚市場数を27か所としている。数は似ているが、内容は表5-2と相当食い違う[2]。市郡別は名古屋市4、愛知郡2、知多郡10、碧海郡2、額田郡2、宝飯郡2、幡豆郡2、豊橋市4である。表5-2には知多郡南部の漁業組合の共同販売所の名がない、表5-2には名前がなかった宝飯郡

表5-2 明治42年の愛知県の魚市場

市場名	位置	取扱高千円	創業年
熱田魚市場	名古屋市南区	1,327	享禄年中
下之一色漁業組合	愛知郡下之一色村	158	天明年中
魚市	中島郡一宮町	49	明治35年
魚問屋	知多郡鬼崎村	12	明治40年
魚市	同 横須賀町	15	明治41年
魚市	同上	30	不詳
打瀬共同組合	同 豊浜町	7	明治40年
新居水産共同組合	同上	25	明治41年
魚問屋	同 亀崎町	39	寛政年間
魚問屋	同上	76	明治32年
魚株式会社	額田郡岡崎町	182	明治39年
土呂市	同 福岡町	10	元和年間
魚市	幡豆郡寺津村	5	明治37年
魚鳥市	同 一色村	30	不詳
魚鳥市	同上	29	明治33年
魚鳥市	同上	10	不詳
魚鳥市	同上	12	不詳
魚鳥市	同上	9	不詳
魚鳥市	同上	11	不詳
富好魚問屋	同 吉田村	3	明治38年
宮崎共栄合資会社	同上	15	明治17年
魚問屋	同 幡豆村	7	明治16年
魚問屋	同上	3	明治42年
魚問屋	同上	2	明治38年
小島魚問屋	同 西尾町	11	明治14年
佐久島村漁業組合	同 佐久島村	12	明治40年
魚市	豊橋市魚町	150	明治41年
魚市	同上	170	明治12年
魚市	同 関屋町	70	明治36年

資料:『愛知県統計書 明治42年』
注:漁業組合とあるのは共同販売所、取扱高は明治42年。

の2か所は三谷町の魚市場である、名古屋市は熱田魚市場の他に3か所がある、反対に表5-2では幡豆郡は14か所あったのに、ここでは2か所である。両者が食い違う理由は、明治42年に愛知県市場取締規則が公布され、市場は県の許可制(漁業組合等の共同販売所は適用外)となったので、許可を得たかどうかが影響したとみられる。

表5-3は明治39年の主な魚市場の集散状況をみたものである。熱田魚市場と豊橋魚市場は一大消費地市場であるとともに集散拠点である。熱田魚市場の集荷先は伊勢湾を始め、東海3県、和歌山から四国にかけて、北陸では富山に及び、豊橋魚市場は三河地方から横須賀までの東海道線沿線に広がっている。熱田魚市場は船舶による搬入が特徴で、鉄道での搬入は遠距離の場合、氷を使用していないので、冬季が中心となる。販売先は熱田魚市場は市内、県内、近県、豊橋魚市場は市内向けと東海道線の大都市(熱田を含む)出荷があ

表 5-3 明治 39 年の愛知県の主な魚市場の集散状況

市町村	魚市場名	取扱高万円	主な魚種	仕向け地
名古屋市	熱田魚市場	82.6	タイ、ブリ、マグロ、サメ、シビ	市内、県下、近県、東京
知多郡亀崎町	亀崎魚市場	6.2	ブリ、エビ、クロダイ、マダイ	郡内、碧海郡
同　横須賀町	横須賀魚市場	2.7	クルマエビ、シバエビ、アカエビ	名古屋、地元
同上	八幡魚市場	1.5	イワシ、クルマエビ、イカ	地元、熱田、東京
同　師崎町	大井漁業組合	1.5	クロダイ、モウオ、ボラ	熱田、各地、岐阜
同上	片名浦漁業組合	0.5	カレイ、タコ、ボラ	熱田、各地
同　日間賀島村	東・西海産物	5.2	タイ、ヒラメ、コチ、カレイ、ブリ	熱田
同　篠島村	篠島村漁業組合	7.4	タイ、イワシ、タコ	熱田
碧海郡大浜町	大浜町魚問屋	4.3	イワシ、クルマエビ、クロダイ、フグ	碧海郡
宝飯郡三谷町	三谷魚鳥（株）	14.9	エビ、タイ、イカ、タコ、カレイ	京都、岐阜、東京、三河、横浜、静岡
同上	三谷水産（株）	5.0	エビ、イカ、貝、サメ、ハモ	東京、京都、熱田、各地
同　形原村	丸二海産（合資）	12.2	イワシ、ブリ、貝	岡崎、東海道沿線、長野、東京
同　西浦村	西浦村漁業組合	1.9	貝、イカ、カレイ、カニ	東京、岡崎、大阪、京都、各地
豊橋市	豊橋魚市場	32.6	タイ、サバ、アジ、スズキ、コチ	市内、東京、横浜、京都、大阪、熱田

資料：「魚市場魚介類集散及価格調査」（明治 40 年、愛知県公文書館所蔵）
注：漁業地は、熱田魚市場は静岡、和歌山、四国、伊勢湾、富山等、豊橋魚市場は渥美、横須賀、焼津、浜名湖、三河湾等、他の魚市場は近海

る。熱田魚市場は集荷圏が比較的広いのに販売圏は東海 3 県に限られる。一方、豊橋魚市場の集散は東海道線上に広がっている。知多郡北部の亀崎町 (衣浦湾)、横須賀町 (伊勢湾) は浅海域なのでエビの漁獲が特徴で、販売先は地元の他、熱田がある。知多郡南部の師崎町、日間賀島村、篠島村は主に熱田に出荷される。外海性の魚類も多く、買廻船 (または押送船) で運搬する。三河地方の宝飯郡形原村、三谷町、西浦村は浅海域のエビ、貝、イカ等が多く、販売先は岡崎、三河地方、東海道沿線、長野となっている。このように、伊勢湾側と三河湾側とは産地と消費地・集散地のつながりは大きく異なる。

2. 熱田魚市場の近代化
1) 沿革

　魚市場のある熱田は明治 22 年に愛知郡熱田木ノ免(きのめ)町、熱田大瀬子町等が合併して熱田町となり、40 年に名古屋市に編入される。魚市場は享禄 2(1529) 年以前に開かれ、寛永 10(1633) 年に問屋株が決まり、新開地の木ノ免、大瀬子に移転した。魚問屋はそれぞれ 4

軒づつ、計 8 軒となったが、安政年間 (1854～59 年) には 5 軒に減った。

　明治維新で問屋株制が消滅したので問屋の新規開業もあったが、ことごとく失敗した。例外は明治 38 年に仲買人が結成した尾三水産 (株) である。古くから問屋は漁業者に仕込み金を貸与していたが、天保 3(1832) 年頃より買廻船が登場したので、買廻船に資金を貸すようになった。買廻船に対抗して漁村に押送船が興ったことから、問屋は押送船にも貸金した。魚市場は繁盛したが、主導権は荷主 (魚類運搬業者) に奪われ、その荷主は享楽に耽ったあげく倒産したりして問屋は大打撃を受けた。問屋は明治初期に荷主への貸金を原則禁止して立ち直った。魚市場は堀川運河に面しており、買廻船、押送船による入荷が特徴であるが、次第にほとんどが買廻船となった。

　取扱高は、明治 30 年の 47 万円が 33 年には 79 万円に倍増し、37 年には 57 万円に落ち込むが、その後漸増して 41 年 89 万円、42 年 133 万円へと飛躍している[3]。

2) 市場業者の組合結成と取引の近代化

　休市は春秋の決算期のみで、秋冬は午前 6～9 時、春夏は午前 6～10 時にせり売りをする。せり売りには符牒を用いた。

　明治 18 年布達の愛知県同業組合準則に基づいて問屋、仲買人・小座人はそれぞれ同業組合を組織している。明治初期の株仲間の解散、過当競争と混乱、問屋・仲買人の主従関係の弛緩、それに追い打ちをかけた松方デフレ、仕込み金の貸し倒れによる問屋の疲弊を立て直した。

　「魚鳥問屋商業規則」(明治 19 年) によると、販売手数料 (問屋口銭) は遠方の荷物は 13.5％、買廻船や地方荷物は 12％、地元漁民、製造原料は 10.5％とした。遠方物の販売手数料が高いのは問屋が荷主の食費、宿泊料、諸雑費を負担するからである。仲買人への歩戻しは 6.5％であった。歩戻しは購買奨励金であり、完納奨励金 (期限内に代金を完納した場合に交付される) という意味合いをもつ。販売手数料と仲買人への歩戻しは、近隣の魚市場の基準となった。

　支払いは荷主が来ている場合は直ちに現金払い、荷主が来ていなければ銀行・郵便為替で同日中に送金する。仲買人との勘定は月末で、盆、暮に清算する。期日を過ぎ、猶予期間も過ぎると取引停止となる。仲買人に付属する小座人 (仲買人の名義で売買に参加する小売商) も取引停止となる[4]。反対に仲買人が期日前に納入すると、問屋はそれに利子をつける。仲買人と小座人とは月末勘定で、未払いは取引停止につながる。仲買人は付属小座人に小座人が購入した額の 2.5～3％を歩戻しする。市場業者は問屋 5 軒、仲買人 75 人、小座人 1,100 人余であった[5]。

(1) 問屋

　5 軒の問屋は各々約 10 余人の店員と数人の丁稚（でっち）を置き、また仲仕 (荷役) を雇用する。問屋組合・海幸組を組織した。組合の地区は熱田町一円で、地区内の同業者はこの組合に加盟させ、県が検印した組合員証を交付する[6]。

　上述の「魚鳥問屋商業規則」で、荷主への貸金は「同業中ニ問合差閊有之時ハ・・・一切貸渡相成サル事」、買付集荷は「一切相成サル事」とされた。その他、内輪で販売手数料を

引き下げたり、礼金を出すことを禁じ、罰則も定めた。問屋間の公正な競争を律している。「貸金廃止規則」(明治20年)では、「得意ノ先地買廻リ等へ貸金ハ明治二年四月一日断然廃止ス。但当分ノ内熱田地漁労へ貸金ハ此限ニアラズ」としている。荷主(買廻船)への貸金は明治2年に禁止したが、地元漁業者への貸金は対象外としている。

「魚鳥取引規約及び盟約書」(明治18年)では、「他人ノ依頼ヲ受ケ多数ノ魚買上候儀不相成候事」、「値段之高低ニ依リ市場ニおいて見込ヲ立テ魚買上候儀不相成候事」、「他向キへ送荷之為メ市場ニ於テ買上ノ儀不相成候事」、「客舟ヘ貸蒲団之儀海岸停泊中ニ限リ貸渡候事」、「魚鳥仲買小座雇人共其組合之買得証札無之者へ魚鳥一切不売渡候事」、「是迄相対ニテ相場ヲ致シ魚類売買仕来リ候処今般堅クシ候」、「又買之者ヱ魚鳥類不売渡筈ハ勿論ニ候処追々不締ニ相成候ニ付今回・・・厳重ノ規則ヲ設ケ堅ク不売渡候」と定めた[7]。注文を受けての大量買い上げ、投機買い、仲買人による転送、無鑑札者への販売、相対取引、「又買」(仲卸)を禁止している。受託販売とせり売りを原則としたのである。また、荷主へのサービスの制限を徹底することも規律した。これまで行われてきた相対売りは禁止となり、「又買」の禁止は守られなくなったので改めて禁止にした。この規約では、問屋の営業を規制しただけでなく、仲買人の活動も大きく制約し、両者の役割分担を明確にしている。とくに、仲買人の「又買」、「他向キへ送荷」を禁止したことが、仲買人が問屋を組織した(尾三水産)背景となった。「又買」を禁止した代わりに付属小座人を売買に参加させる制度をとっている。

(2) 仲買人・小座人

同業組合準則に基づき、仲買人と小座人とで鮮　組を設立、組合規約を設けた。問屋組合と同様、組合の地区は熱田町一円で、地区内の同業者は本組合に加入させる、組合員には県が検印した組合員証を発行する[8]。

仲買人は人数が制限された。仲買人を、明治8年以前から営業していて問屋に不徳行為がない「信用仲買人」とその後に申し出た者で、身元保証金を納め、保証人を2人以上つけた「抵当仲買人」に分けた。小座人の許可は付属する仲買人から問屋に申し出る。仲買人・小座人の間の契約はまちまちで身元保証金または保証人等が求められる。小座人は仲買人と対等な立場で売買に参加することができる[9]。なかには小座人を多く抱えその代払い機能を重視する仲買人(仲買人への歩戻しと小座人への歩戻しの差額を収受する)も現れた。

「漁業者仲買商小売商問屋申合規約」では、「問屋売捌人ハ買得停止中ノ者並ニ組合外ノ者ヘ一切売渡申間敷候事」、「漁業者ハ買得停止中ノ者並ニ組合外ノ者ヘ一切売渡申間敷候事」、「漁業者ハ仲買商小売商ヘ相対ニテ一切売渡申間敷候事」、「仲買商小売商ハ漁業者ヨリ相対ニテ一切買受申間敷候事」、「仲買商小売商ハ総テ競売ノ外一切買受申間敷候事」、「問屋ハ総テ競売ノ外一切致間敷候事　但塩物干物焼物蒲鉾等問屋ヘ委託シタルモノ時宜ニヨリ競売難致候節ハ値段ヲ定メ売買スルコトアルベシ」と定めている[10]。ここで、様々な禁止事項をあげて売買は市場内だけとし、地元漁業者は問屋へ売り、問屋は資格停止中ではない仲買人、小座人に競売する、仲買人・小座人は競売以外では購入しないと定めている。

以上、明治18年の愛知県同業組合準則に基づいて同業者組合が結成され、そのなかで緩んだ市場秩序の引き締め、問屋と仲買人・小座人の役割を明確にし、市場内取引、仲買人・小座人の漁業者からの仕入れの禁止、受託販売・競売(せり売り)の原則を固めている。問

屋5軒が競合するなか、集荷については荷主への貸金、買付を禁止し、他方で仲買人・小座人へ歩戻しをして販売の強化(荷主優遇から買受人優遇)を図った。徐々に近代的な商取引の方向に向かい、問屋が復権し、商人資本から商業資本(手数料商人)への脱皮を遂げていく。また、仲買人の仲卸機能を否定した代わりに付属小座人が売買に参加する体制をとっている。

3. 地方魚市場の展開
1) 豊橋の魚市場

　豊橋(明治以前は吉田)に魚市場ができたのは明応4(1495)年以前で、その後、今川家や吉田藩から取引の独占権を得て発展した。魚問屋は8軒を数えたが、競争が過熱した結果、漁業者や産地仲買人への仕込み金の焦げ付きで文化年間(1804〜18年)には3軒にまで減った[11]。

　明治に入ると、自由に取引ができるようになったが、新規の問屋開設はなかった。藩政時代の問屋と仲買人との取引はせりで行い、代金は年2回(盆、暮)の決済であった。荷主に対しては内金を渡し、半年毎に清算した。明治に入ると、問屋から荷主へ、仲買人から問屋への決済は月毎に半額を支払い、残りは年2回、清算するようになった。それでも熱田魚市場と比べれば荷主への即時支払いはなく、仲買人の勘定は月毎に半額を支払うにとどまり、保証も対人信用だけであった。

　魚市場に出荷する佐久島、日間賀島、三谷、形原等の漁業者は豊川を遡って船町河岸から陸揚げした。また、魚市場で取引された魚の一部は船町から豊川を遡って新城等に荷揚げし、そこから馬を使って南・北設楽郡や遠くは信州・伊那谷地方に出荷された。明治6年に魚市場のある魚町から近い関屋町(豊川沿い)に荷揚場が作られ、より便利となった。当時、取引された魚の6〜7割は岡崎、熱田に転送された。馬背で夜通し東海道を急ぐと、翌朝には熱田に着いたという。

　明治9年に魚問屋1軒が開業したことで4軒となり、競争が激しくなった。また、荷主と需要者(主に熱田)の直接取引が増えて問屋は衰退した(2軒が半休状態となった)。販売手数料は12%で、うち5%を仲買人に歩戻ししたが、仲買人はこれを6%に上げよと要求し、問屋側が拒絶すると同志を集めて問屋を開設した。さらには半休状態にあった問屋が渥美郡田原村の魚市場と提携して復活し、三つ巴の乱戦となった[12]。

　明治10年に上記4問屋が合同して豊橋魚問屋となり、翌11年に株式条例に基づく豊橋魚鳥(株)(資本金1万円)となった(開業は12年)。株主は25人で、仲買人とのしこりがあるので有力な仲買人も株主とした。当初は物価が高騰し、取引は順調であったが、明治16、17年のデフレで仲買人の破綻が多く、会社は損失を蒙った。その後も営業不振が続いたが、日清戦争後の企業熱が高まった明治29年に一般公募で2.5万円に増資した。株主は50人、さらには65人に増えた。株主に一般人が加わったことで、会社と株主との利害が齟齬をきたすようになった。その後、株価は漸騰し、年3〜4割の高配当がなされた[13]。

　明治21年に東海道線の豊橋駅が開業し、陸軍部隊の設置もあって消費人口が増加(明治39年に市制)したことに伴い、水産物の移出入は急増した。明治27年の豊橋の鮮魚介の移

入は 7.9 万円、移出は 5.4 万円であった。豊橋は移入に対する移出割合が高い (集散地である) ことが特徴である。明治 34 年には、鮮魚介の移入は 76.2 万円、移出は 38.1 万円となり、明治 27 年と比べて移出入ともに数倍に増えた。

豊橋魚市場では、集荷先は三河湾、渥美外海といった地元が多い（タイ、クルマエビ、貝類、マダコ等）が、一部を焼津、横須賀等からサバ、アジ、イワシ、浜名湖、遠州からスズキ、

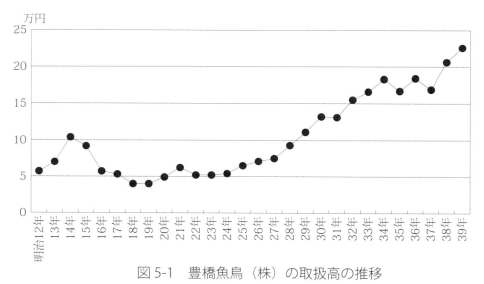

図 5-1　豊橋魚鳥（株）の取扱高の推移

資料：農商務大臣官房博覧会課『第二回関西府県連合水産共進会審査復命書』（明治 41 年 3 月）426 ～ 428 頁

ヒラメ・カレイ、コチ、熊野、氷見等からブリが入荷している。仕向け先は市内の他、高価格魚 (タイ、クルマエビ、ハモ) や量が揃うもの (サバ、アジ) は東京、横浜、熱田、京都、大阪へ、イワシは東京、仙台、飯田へ、マダコ、イシモチは飯田、浜松等へ送っている[14]。

図 5-1 は明治 12 ～ 39 年の豊橋魚鳥 (株) の取扱高の推移を示したものである。創業当初はインフレもあって 10 万円に達したが、松方デフレの影響で取扱高は半減した。その後、長らく低迷し、日清戦争後になって急増して創業当初に戻し、日露戦争後には 20 万円を超えた。前述の鮮魚介移出入高よりはるかに低く、豊橋魚鳥を経由しない取引がかなり多かったことが推察される。

豊橋魚鳥の営業をみると、従業員は 7 ～ 10 人で、市場は大晦日と元旦だけが休みで、他は明け方から午後 10 時まで (12 月と 1 月は午後 6 時まで) 開かれた。休市は極めて少なく、営業時間は非常に長い。魚介が頻繁に持ち込まれるため常時開市し、入荷の都度、仲買人を集めて競売をした。ほとんどの仲買人は魚市場の周囲に店舗を設けているのでそれが可能であった。取引が終わると代金を荷主または荷を輸送した車夫や担夫に支払う。汽車便のものは郵便・銀行為替で当日送付する。荷主への代金支払いは様変わりした。鉄道が発達して荷主の出荷先の選択肢が広がり、魚市場側は集荷力を高めるために即日払いに切り換えるようになった[15]。

取引はせり売りである。仲買人の多くは小売業を兼ね、小座人は専業が多い。販売手数料は 13％、うち 5％を仲買人に歩戻しする。仲買人は小座人へ歩戻しをしないのが普通で、

豊橋魚鳥では小座人の力が弱い。

　仲買人は会社の株主にして所定の地区に住み、2年以上小座人または仲買人の店員であること、300円以上身元保証金を納めることが要件である。明治初期に比べ身元保証金を求めるようになった。人数が増えたので81人に制限した。小座人は150人余いて、仲買人とは随意契約で保証金がいる場合といらない場合があった。仲買人組合に加盟費を納め、仲買人から会社に届け出る仕組みであった[16]。

2) その他の地方魚市場
(1) 額田郡岡崎魚市場
　魚市場は天文年間(1532〜54年)に開かれ、5軒の問屋が藩の保護の下で営業したが、明治に入って保護がなくなるといずれも廃業した。困って町営としたが、明治15年に石原魚問屋が現れたので町営は廃止した。また、別の魚鳥会社が現れて競合したので、明治39年に仲買人を株主に加えて合併し、岡崎魚(株)(資本金2.5万円)とした。仲買人を取り込んだ魚市場経営は前述の豊橋魚市場でもみられた。合併は仲買人の売掛金の回収、不払者取締りに有効であった。

　合併後、取扱高が急増し、明治24年(表5-1)は1.6万円であったが、42年(表5-2)は18.2万円になった。販売方法はせり売りで、販売手数料は14％、仲買人への歩戻しは10％、仲買人は小座人に5〜8％の歩戻しをした。仲買人は65人だが、小座人は3人と少ない。独占市場であるため販売手数料は高く、また、市場経営に参画した仲買人への優遇策で仲買人への歩戻しが高い。仲買人になるには小座人、仲買人の店員を15年以上務めた者と条件は厳しいが、仲買人が増えて小座人は少なくなった。

　「現今市場ニハ、問屋仲買小座ノ三者アリテ、物貨ヲ取引シ、且ツ其ノ間一定ノ階段ヲ成スガ如キモ、実際ニ於テハ、仲買人ノ其ノ本業ヲ専ラトスルモノ極メテ少ナク、多クハ小座ト同様、小売業ヲ兼ヌルヲ以テ、一見仲買人ト小座業者トハ、其ノ間ニ区別ノ認ムヘキモノナシ」であった[17]。仲買人は小売商を兼ね、小座人と区別がつかないし、小座人の人数が少なく、職階は未分化であった。

　勘定は荷主がいれば即日現金で渡すが、送荷は荷主の請求によって送金する。会社と仲買人とは毎日勘定するものと月末あるいは旧盆と正月の2期においてするものとがある。代金決済は仲買人次第で一律ではない。

　開市は午前9時〜午後2時で、鮮魚は転送されてくるものが多いため、開始は遅い。休市は元旦のみであった[18]。入荷は三河湾産が主で、静岡、伊勢、和歌山からのものがそれに次ぐ。

(2) 中島郡一宮魚市場
　享保12(1727)年に魚市場が開かれた。定期市の中に常設問屋が1軒あった。その問屋は明治35年に合資会社(資本金0.5万円)となり、43年に一宮海陸産物(株)(資本金8.5万円)となった。同社は鮮魚、塩干魚、青物を扱う総合市場で、月1回を公休日とする。魚類は近くは熱田、蟹江、下之一色から入荷した。

　仲買人は48人から60人に増え、他に多数の小座人がいた。岡崎魚市場と同様、取扱高

に比べ仲買人の人数が多いことからその規模は小さい。販売方法はせり売りで、販売手数料は鮮魚が12％、塩干魚が9％、仲買人への歩戻しは鮮魚が5％、塩干魚が4％であった[19]。

(3) 知多郡亀崎魚市場

　魚市場は慶長年間(1596～1614年)に始まり、藩の保護下で繁盛した。明治に入って2軒の問屋が現れたが、間もなく廃業して1軒に戻った。この問屋は地元船優先を貫いたので地元外船が離れていった。他方、明治32年に亀崎水産(株)が設立され、他地方の魚を集めて隆盛となった。全国から汽車、汽船で送付されてくるものが多い。毎日日の出頃から2時間半の取引で、4～10月は夕市が午後3時から1時間半ほど開かれる。

　仲買人は専業は少なく、多くは小売りを兼営する。「問屋ノ下ニハ仲買人ト小座業者アリ。・・・問屋ハ荷主ヨリ荷物ヲ受ケテ之レヲ仲買人ニ売渡シ、仲買人ハ更ニ之レヲ小売業者ニ売渡スヲ常則トス。然レトモ実際ニ於テハ、仲買人ノ小売ヲ兼ヌル・・・ヲ以テ、其ノ順序モ亦随ッテ一定ナル能ハス」。仲買人は小売商として仕入れるので、小座人も仲買人名義で取引に参加している。少数ながら専業の仲買人もいるので、仲卸業務もあったとみられる。それにしても、商取引が卸売人－仲買人－小売商という「常則」から外れていると認識されていたことが注目される。

　販売はせり売りで、会社の販売手数料は10％、うち4.5％を仲買人に歩戻しする。仲買人から小座人への歩戻しは2％。問屋の方は地元船と地元外船で差を設け、販売手数料は8％と10％、歩戻しはその半分づつであった。

　荷主への支払いは問屋、会社とも即時払い、送荷は為替送金とした。仲買人は月末に清算し、延滞には利子が科される。年2回、全額を清算する。それができないと取引中止となり、身元保証金で相殺するか保証人に弁済させる。この点、問屋の方が寛大で、そのため損失を招くことがあった。

　仲買人の開業については、問屋は本人の信用いかんとしているが、会社は3年以上の経験、金融上のトラブルがないこと、身元保証金200円以上、仲買人3人の副署を条件としている。慣習と信用を重んじる問屋と商取引に徹する会社の経営方針の違いが現れている。問屋と会社の仲買人は別々で、他方との取引はできない[20]。

(4) 碧海郡大浜魚市場

　大浜魚市場は産地市場の性格が強い。寛政元(1789)年以来、問屋(磯貝姓)が連綿と続いたが、明治14年に経営主が替わった。明治20年に旧経営陣(磯貝)が問屋を開くと、両者は協議して同じ市場で隔日交替で営業した。その後、再び磯貝の単独経営となった(間半商店)。磯貝家は名望家で、そこで生まれ育った磯貝浩は後に親戚筋にあたる熱田魚市場の問屋・大森屋の社主となった。鮮魚、塩干魚、鳥類を取扱う。年2日の休み以外、日の出頃から午前8時頃まで取引をする。着船次第で臨時に開市することがある。

　仲買人は小売業を兼ね、小座人は小売り専業である。取引はせり売り。鮮魚は面買いで目方売りは極めて少ない。塩干魚は多くは樽売り、または数売りであった。販売手数料は地元船は9％、地元外船は10％、そのうち5％を仲買人に歩戻しする。勘定は荷主へは即日支払うが、多くは通帳に記載し、一定期間後または随時に清算する。問屋と仲買人は月2回払いで、購入額の幾分かを入金し、残りは年2回の期末に清算する。購入額のどれだけを

入金するかは決まっていない。年2回の清算ができない場合でも取引停止とはならず、延滞利子もつけない。取引停止は清算の見込みが立たない場合に限り、その場合は延滞金を普通の貸借に改める。このため問屋は往々にして損失を蒙った。仲買人と小座人との勘定も問屋と仲買人の場合と同じ。この市場には問屋から漁業者へ仕込み金を貸付ける習慣があり、返金は漁獲物代金から差し引く。

　仲買人の開業は問屋と同業者の承諾があればよく、保証人、保証金を求めていない。小座人の開業には仲買人との合意、問屋の承諾が必要。魚荷は三河湾、衣浦湾のものが大部分を占める。出荷先は仲買人によって郡内、幡豆郡、岡崎市、知多郡の一部に限られていたが、三河鉄道開通（大正3年）後、名古屋、豊橋、東京、大阪等に広がった。大正末の取扱高は15万円位で、仲買人は120人位であった[21]。明治24年の44人、2.5万円（表5-1）、39年の4.3万円（表5-3）、大正6年の8.8万円、9年の18.6万円と比べると、大正後期（第一次大戦後）の伸長が顕著である。

(5) 幡豆郡一色魚市場

　一色魚市場も産地市場の性格が強い。藩政時代には2軒の魚問屋があった。明治に入って問屋が増加して競争が激しくなり、1軒は明治14年に廃業するが、新たに5軒が開業するほどの乱立となった。

　毎朝、日の出頃から約1時間、鮮魚、鳥、塩干魚を取扱う。産地市場は開市時間は短い。着荷によって臨時に開くことがある。「此ノ市場ニ於テハ、仲買人ハ皆小売営業ヲ兼ネ別ニ小座業者ナシ」。小規模市場なので仲買人、小座人の職階区分もない。販売は全てせり売りで、販売手数料は10％、5.5％を仲買人へ歩戻しする。主に面売りで、数売り、目方売りは少ない。数売りは2％の込目（こみめ）（名目は流通段階での目減り分の補充。入目ともいう）をすることが多い。荷主へは即時現金で支払い、問屋と仲買人は月3回勘定する。仲買人は購入額の幾分かを問屋に納めるが、何割とするかは決まっていない。旧正月と盆の2期に全額を清算する。この期に延滞すると取引は中止、やむを得なければ保証人に弁済させる。仲買人になるには同業者と問屋の承諾を要する。

　魚類は主に三河湾産で、当村付近の漁業者が持ち込む。需要はこの地方一円、及び岡崎、熱田等である[22]。

(6) 海東郡津島市場

　天保初(1830)年に魚市が立ち、安政2(1865)年頃青果の取引が始まった。青果は午前8～9時の間に開き、魚類は着荷次第開市する。「市場ニハ問屋仲買小座等アリ、通例問屋ハ荷主ノ物貨ヲ仲買人ニ売渡シ、仲買人ハ又之レヲ小座ニ売渡スル順序トシ、販売ハ全テセリ売ノ方法ヲ用ヒ、問屋ハ荷主ヨリ野菜類ニハ売価一円ニ付手数料四銭ヲ徴シ、仲買人ニ対スル戻歩ナキヲ普通トシ、魚類ニハ六銭ヲ徴シ、内二銭ヲ戻歩トシテ仲買人ニ与フルモ、問屋ニヨリテハ直チニ購客ヨリ六銭ヲ徴スルモアリ、蓋シ是レ同業仲間ニ一定ノ規約ナク、為メニ其ノ取引方法区々斯ノ如キヲ致タセル乎、問屋仲買等ノ営業ハ何人モ之レヲ開始スル妨ナク、勘定ノ方法ハ他ノ市場ト大差ナシ」であった。市場には青果、魚類ともに複数の問屋（大正初期の魚問屋は2軒）がいて、取引方法は様々であった。品目は魚類は主に川魚である[23]。他の魚市場と異なり、問屋－仲買人－小座人の順で取引が行われた。販売手数料は荷主

負担が一般的だが、購買側から徴収することもある。販売手数料は低率で、野菜類(4%)と魚類(6%)では違い、仲買人への歩戻しは前者にはなく、後者(2%)にはあった。他の魚市場と取引方法が異なるのは、魚類は川魚が主対象で、青果市場と併存しているので、青果の取引に準じたとも考えられる。

3) 明治期の魚市場のまとめ

　①魚市場の発生は藩政期が多く、藩の保護(問屋数の制限)があったが、明治に入ると藩の保護を失い、新規参入もあって競争が生じ、それに政治経済変動が加わって興亡、合従連衡が繰り返された。日清・日露戦争後の人口の増加、都市の形成、経済活況で魚市場の増加、取扱高の伸長が起こった。

　②鮮魚の集出荷圏は、熱田魚市場の集荷は魚類運搬船が大きな役割を果たした。汽船の就航で集荷圏が拡大した。地方市場では鉄道の開設を契機として鉄道沿線上に流通圏の拡大、取扱量の増大が起こった。ちなみに、関西本線は明治31年に、北陸本線は42年に、中央本線は44年に全通した。

　③問屋経営から会社経営への移行が進んだ。問屋による荷主への仕込み金が焦げ付いて経営不振となった市場もあり、消費地市場では仕込み金はなくなったが、産地市場では残った。同様に多くの市場で荷主への歩戻しもなくなった。

　④問屋の新規開業によって競争が激しくなり、営業不振になると問屋同士が合同することがあった。その場合、仲買人も株主とすることで、利害を共通化し、仲買人の歩戻し増額要求、問屋開設の動きを封じることもあった。買受人優遇が鮮明になった。

　⑤盆、正月に1、2日休むだけで、毎日日の出から数時間開市する。入荷次第で臨時に開市したり、夕市を開くこともある。休市日数は少なく、営業時間が長い(産地市場では開市時間が短い)。他市場からの転送が多い岡崎魚市場は開市時間が遅い。

　⑥取引は受託品のせり売りで、せりでは符牒が使われる。買付－相対売りは非常に少ない(熱田魚市場では禁止)。上場は小ロット(面売り)のものが多く、小座人も買いやすくなっている。

　⑦せり売りには仲買人と仲買人名義の小座人が参加する。仲買人は小売りを兼業するのが一般的で、自分の分を仕入れるとともに付属小座人の代払い機能を果たす。自分で仕入れたものを小座人に販売することは稀である。仲買人が仲卸をしないため、市場内には仲買人の店舗はない。通常の取引とは違うという認識はあった。小規模な市場ほど小座人がいないか、いても少人数である。小座人が多い熱田魚市場では代払い機能に専念する仲買人も現れた。

　⑧販売手数料は荷主から徴収し、地元漁獲物は地元外の物より低くしている。販売手数料は10～13%で、うち5～6%が仲買人に歩戻しされる。仲買人は付属小座人に対し2～3%を歩戻しする。販売手数料の料率は市場立地、市場間競争の有無によって異なる。小座人への歩戻しがない市場もある。仲買人と小座人への歩戻しの差額が代払いの対価である。販売手数料を購買側から徴収する例は青果との兼業市場でみられる。

　⑨代金決済は、藩政時代は荷主への支払い、仲買人からの回収はともに年2回の総決算を基本としたが、明治に入ると次第に期間が短くなった。問屋から荷主へは多くの場合、即日現金払いか、為替送金される。仲買人の問屋への支払い(付属小座人の分も含めて)は月

1回、2回決済となったが、全額ではなく一部を納入し、残りは年2回の総決算で清算する市場も、とくに地方の問屋市場で残っている。延滞した場合の措置は厳格になったが、厳格に実施しない問屋もある。小座人から仲買人への支払いは仲買人から問屋への支払いに準じている。

⑩都市市場で仲買人になるには居住場所、鮮魚取扱い経験、一定の取扱高を満たし、問屋の承諾、身元保証金、保証人、仲買人組合の承認を要する。仲買人組合が組織され、人数制限をして仲買権を権利化した。それに比べ小座人になる要件は緩やかで、人数制限もない。地方市場では、仲買人、小座人の資格要件は緩やかである。明治期を通じて資格要件は厳しくなった。

第2節　明治末・大正期：魚市場の発展

1. 市場法制度の展開
1) 愛知県市場取締規則の制定

　明治42年9月に愛知県市場取締規則が公布された。内容は、市場の開設(既存市場も)は県の許可が必要(漁業組合の共同販売所等他の法令によるものは適用外)、願書では開設者、開設地、市場の種類、開市の定日時等を示し、建物・設備の設計図、市場規程の提出を求めている。目的は公安上(とくに道路交通上の障害となる行為)、衛生上の規制にあって、市場数、開設者の要件、取引方法を規制しているわけではない。日露戦争後の都市の形成、人口増加で生鮮食料品の需要が増大して、それに対応する市場の整備を図ったのである。市場取締規則は大正15年に食品市場規則となった[24]。

　一方、大正元年に農商務省は全国魚市場の実態調査を踏まえて魚市場法案を作成する。1地区1市場1営業者が優れているとして開設者を公共団体とする、地区内の既存市場を統合する、委託販売、せり売りの原則等を謳った。農商務省の方針は、鮮魚、塩干魚、青果の3部門から構成される総合市場とする、卸売人は複数(部門毎に1業者)が適当、仲買人はなるべく置かない、販売手数料はなるべく低くする、であった。市場の公益性を強調したが、統制色が強いこと、市場の統合は独占化につながるとする批判、反対もあった。熱田魚市場の問屋・大森屋の社主であり、衆議院議員であった磯貝浩は魚市場の乱立と競争は価格の高騰と品質の低下を招くので、1地区1市場1営業者を柱とする魚市場法案の制定を主張した[25]。

　魚市場法案は議会に提出されないまま終わったが、その骨子は中央卸売市場法に引き継がれる。上述の愛知県市場取締規則とは関連していない。

2) 名古屋市中央卸売市場問題

　大正12年に制定された中央卸売市場法は、第一次大戦後不況と米騒動を教訓に公益性を重視して開設者を地方公共団体に限定した。それは都市の卸売市場を問屋資本の手から地方公共団体に移すもので、開設にあたっては種々の問題を引き起こし、開設までに長年月を要

した。

　中央卸売市場法の成立を見越して大正11年に愛知県は名古屋市に中央卸売市場の設置を検討させた。その計画案は、現存の中央市場（株）（鮮魚主体）と名古屋水産市場（株）（塩干魚主体）を買収して名古屋市中央卸売市場とする、経営を直営と問屋委託の2本建てとする、仲買人を置かない、取扱い品は鮮魚、塩干魚、青果の3部門で販売手数料は最低限とする、取引はすべてせり売りとし、符牒を用いない、鉄道引き込み線、冷蔵庫、自動車等を設備する、市の内外に数か所の荷受け所を設ける、その他の既存市場（熱田魚市場、枇杷島青果市場等）は存続期間が切れたら本市場に吸収する、市場の候補地は陸運、水運とも便のよい西区西柳町（中央市場がある町）とした。そこは、名古屋駅構内の鉄道省用地である、水運では堀川運河に近い、名古屋港で水揚げする場合は臨港線で運搬できることから選ばれた。買受人は公設小売市場の小売商、小売商組合の組合員、消費者団体とした。魚市場法案、農商務省の方針に沿った計画であった。

　中央卸売市場法が成立し、六大都市が指定され、国から低利資金融通の内示があったことから大正13年、名古屋市会に中央卸売市場創設の件が提案され、満場一致で可決された。市は次いで中央卸売市場建設要領を定め、①場所は中区米野町とする。貨物の大部分は陸運なので鉄道連絡を重視した。中川運河の終点付近で、敷地面積は既存市場の総面積に近い23,103坪がとれる。②分場は当分の間考慮しない、既存市場の閉鎖を強制しない。③業者は既存市場の問屋または市場外問屋を連合させる、仲買人は当分の間容認する。④取扱い品目は生鮮魚介、塩干魚介、青果物、鳥・卵の4品目とする。⑤設備はせり場、荷扱所、鉄道引き込み線等、とした。

　業務規程案は、開市時間は鮮魚部は午前5時半ないし6時から正午まで、休業日は正月3日と毎月1回、取引はせり売りを原則とする、購買代金は物品の受け取り時に支払う、ただし、卸売人は月2回の支払いとすることもできる、卸売人の保証金は鮮魚部は1万円、販売手数料は10％以内、歩戻し制度を設けることができる、売買に参加する者は20円以上の保証金を納付する、生産者またはその団体は市場内において直売することができる、としている[26]。

　この開設計画に対して既存市場の意向は、一日も早く開設を望む名古屋水産市場、市場が移転すれば関係者に非常な影響が及ぶことを強調した熱田魚市場、枇杷島青果市場、町民の大部分は魚商か漁業者なので廃止できないとする下之一色市場等に分かれた。青果市場関係者は市場を1か所に集約すると非常に不便不利となる、中央卸売市場の設置は他都市の成績をみた後にしてもらいたい、であった。

　大正14年に農商務省から低利資金の利用について督促があったが、昭和2年に設置された市長の諮問機関・中央卸売市場建設準備調査委員会では反対論が強くなった。理由は、中央卸売市場の設置目的である物価は下がっている、他都市の状況をみてからでも遅くない、既存市場が中央卸売市場に収容されると二重投資になる、住居を移さなければならない、運送費が嵩み、営業費が高くなる、中央卸売市場を市内1か所に集中させるのは混乱を招く、既存市場は仲買人制度をとっているので仲買人の扱いが問題、既存市場は充分に役割を果している、既存問屋を優遇すべき、熱田魚市場には船着き場があるのに計画にはそれがない、

であった。こうして名古屋市の中央卸売市場建設計画は暗礁に乗り上げ、低利資金融通の件も打ち切られた[27]。

2．名古屋市の魚市場の発展

　明治末・大正期の愛知県の漁業は、漁船の動力化が徐々に進行したが、伊勢湾・三河湾では動力を用いた曳網（機船底曳網）は禁止され、さりとて沖合・遠洋漁業は発達しなかったので、鮮魚の供給力は限界に達した。他方、氷の使用が一般化し、魚類運搬船（買廻船）の動力化が進んで、鮮魚流通・消費が拡大した。冷蔵貨車が建造されたのは明治41年のことで、以後、東シナ海の底曳網漁業等の発展に伴って冷蔵貨車が急増した。昭和3年には鮮魚専用列車（産地市場から消費地市場へ直行）が走った。主要卸売市場では鉄道引き込み線を敷設するようになった。

　名古屋市の魚市場には熱田魚市場、中央市場、名古屋水産市場、下之一色魚市場等がある（図5-2参照）が、名古屋水産市場と下之一色魚市場は後章で取り上げるので、ここでは熱田魚市場と中央市場を取り上げる。

　名古屋市の人口は市制施行時の明治22年は16万人であったが、大正10年に50万人、昭和9年に100万人を超えた。名古屋市の鮮魚の移入は大正3年が鉄道5,043トン、船舶2,208トン、計7,251トンであったが、第一次大戦後の大正8年は鉄道8,786トン、船舶3,064トン、計11,850トンに増加した。移出はほぼ全てが鉄道で、大正3年は2,469トン、8年は3,997トンであった[28]。

　鉄道による鮮魚の移出入は、大正13年には移入16,300トン、移出4,400トンと飛躍的に増加した[29]。このことは、氷の使用が普及して鮮魚消費が拡大したこと、第一次大戦後も名古屋市の鮮魚消費の増加が続いたこと、東シナ海の底曳網物が冷蔵貨車で運ばれてくるようになったことの現れである。したがって、鮮魚の消費拡大は東シナ海の底曳網物（中・低価格の惣菜物、ねり製品原料）を主としており、量的拡大ほどには価額は増加していない。一方、移出の伸びは小さく、周辺市場では産地から直接、荷引きする傾向がみられた。

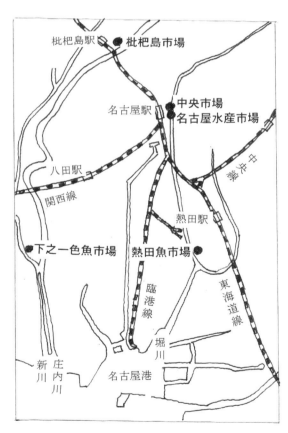

図5-2　名古屋市の魚市場等と鉄道及び水路
（昭和10年頃）

資料：『名古屋市における生鮮食料品の配給状況』
（名古屋市産業部市場課、昭和11年）10頁。

1) 熱田魚市場

　魚市場の休市は期末・期首、大晦日・元旦の計4日間となったが、中央卸売市場法が月1回の休業日を想定していたことからすると懸隔が甚だしい。それ以外は季節により午前5～9時、ないし5～10時の開場である。冷蔵貨車の到着時間に合わせて開市時間が早まった。夏季には夕市を開いたが、その取扱高は極めて少ない[30]。

　明治末には問屋間の集荷競争が激化した。「不知不識ノ間ニ市場ノ衰退ヲ来タサシムルルカ如キ悲シムヘキ卑陋ノ手段方法ヲ用イテ貨物ヲ集メントスル当業者」が出た。卑陋の手段方法とは、荷主の歓心を買うために相場以上の仕切りや謀略を指し[31]、公正な競争を律した「魚鳥問屋商業規則」(明治19年)が守られなくなってきた。

　買廻船は夏季は1日30隻、冬季は70～80隻が水揚げした。活魚が半分を占める。冬季はブリが大部分を占める。貨車積みは大正初期は取扱高の2%程度に過ぎなかったが、12年頃には6割にまで増加し、反対に船積みは4割に低下した。船便は近海物、貨車積みは下関、長崎(底曳物)が最も多く、他は北陸、青森等であった[32]。

　買廻船の状況をみると、大正9年末の県下動力漁船は104隻で、うち15隻が漁船、89隻が魚類運搬船である。船舶の動力化は魚類運搬船が先行し、氷の使用と相まって流通圏の拡大、スピード化、運搬労働の省人化をもたらした。魚類運搬船の船主は名古屋市熱田22隻、愛知郡下之一色町16隻、知多郡豊浜町9隻、師崎町10隻、篠島村6隻、日間賀島村14隻等で、熱田魚市場、産地拠点市場の下之一色町、産地の知多半島南部に集中している。ほとんどが1艘船主だが、熱田には5隻、10隻を所有する船主がいる。運搬船は10～15トン、10～20馬力が多い。動力化は明治40年頃から始まり、大正6～9年に一挙に拡大した。これら運搬船はほとんどが熱田魚市場を根拠とする。三重県の魚類運搬船も熱田魚市場等に水揚げしており、愛知、三重の魚類運搬業者40人が同業組合(愛三発動機信用組合)を組織していた[33]。

　熱田魚市場の取扱高は、明治43年～大正5年は140～150万円台で、明治末より増加しているが、第一次大戦中の物価高騰を受けた10～12年には510～560万円に飛躍している[34]。

　大正初期の販路は市内向けが半分で、他は岐阜県、長野・山梨県、尾張北西部(一宮、瀬戸、犬山、小牧)、豊橋、京阪・東京であった。このうち豊橋や京阪・東京とは相互取引があり、京阪・東京には高価格魚の販売を中心とした。

　大正初期の市場業者は問屋6軒、仲買人79人、小座人743人で、明治末に比べやや仲買人が増え、小座人は減少している。問屋は大正初期に2社が合資会社から株式会社に変わった。資本金は3万円と5万円であったが、大正12年頃には5万円と15万円に増加した。

　仲買人と小座人は愛知県魚鳥鮮魦組合を組織していた。仲買人79人のうち専業が21人、小売り兼業が58人であり、仲買人1人に5～10人の小座人が付属する。小座人は743人だが、休業者が別に222人いた[35]。

　大正12年頃には仲買人は仲買人だけで組合を結成(熱田魚市場仲買問屋組合)し、定員を95人に限定し、容易に加入を認めなくなった。すなわち、従来は鮮魚取扱いの経歴や身元保証金が要件であったが、年1万円以上を購入し、かつ仲買権を譲り受けた小座人で、

身元保証金 3,000 円を仲買人組合へ供託するという要件がついた。

　仲買人は小座人と同様、小売りをするとともに付属小座人の代払いをする。中には自らはあ買い受けせず、付属小座人の購入額に対する販売手数料の歩戻しに依存する者もいた。代払いに特化した寄生的仲買人は他の市場では例をみない[36]。仲買人と小座人はどの問屋とも取引できる。市場外取引は禁止である。

　仲買人の代金決済は翌月 5 日までに支払うこととし、年 2 回の清算はなくなった。第一次大戦後不況が広がるなか、仲買人組合の結成と相まって確実な代金回収体制がとられた。小座人と仲買人との決済も月締めとなった。

　販売手数料は地元荷主は 10.5％、買廻船は 12％、遠隔地からの送荷は 13％で、問屋から仲買人への歩戻しは 4.5 ～ 5％、仲買人から小座人への歩戻しは 1.5 ～ 2％で定着した。明治前期と比べて、遠隔地からの送荷の販売手数料、仲買人と小座人に対する歩戻しが低下している。

2) 中央市場の開業

　明治初期まで名古屋市中に魚鳥、青果の市場はなかったが、市勢発展とともに明治 17 年に名古屋区ねぎちよう禰宜町（後に中区となる）に青果市場が現れた。明治 19 年に東海道線が開通し、名古屋駅あたりが繁盛し、市場も隆盛となった。市場付近が鉄道関係の敷地となったので、明治 31 年に名古屋駅前の西区西柳町に移転し、4 人が問屋組合を作った。また、明治 35 年に道路脇で鮮魚を売っていた熱田魚市場仲買人の店員、小座人 20 人が組合を組織し、禰宜町に市場を建て熱田魚市場で仕入れた鮮魚を小売りした[37]。

　明治 42 年の愛知県市場取締規則の制定と同時にそれに適合する市営食料品市場を建設する予定であったが、財政上の都合がつかず、民営とすることになり、知事、市長の勧めにより市内の実業家 9 人（市場経営とは無関係な）を発起人として明治 43 年 5 月に中央市場（株）（資本金 30 万円）が設立された。名古屋駅、堀川運河に近く、荷物の搬入、買い出しに便利な西柳町で食料品の卸売をするとともに、市中に散在していた食料品問屋を収容し、かつ小売市場を併設した。市場取締規則の制定により従来の場所で営業するのは許可されなくなったので、禰宜町の魚商、西柳町の青果問屋は工事の進捗に合わせて中央市場に、順次収容された[38]。名古屋市で唯一の総合卸売市場であり、小売市場も併設して末端消費に対応した。

　熱田魚市場側は、「中央市場株式会社ハ素人ノ組織シタルモノナルヲ以テ其ノ営業上ニ於テ到底熱田魚市場ニ抵抗スルヲ得サルヘシ」[39]と平静を装ったが、それは熱田魚市場からの仕入れが多く、競合が少ないという事情もあった。ただし、熱田魚市場の仲買人らは規約を結び、付属小座人を含め、中央市場からの仕入れを禁止した。「今回、中央市場株式会社カ開設サルルニ当リ現在ノ熱田魚問屋ニ出入シツツアル仲買業者並小座ニシテ中央市場ニ於テ仕入レヲ行ヒタルモノアリタル時ハ断然除名処分ヲ行ヒ永久ニ熱田魚問屋ニ於ケル仕入ヲ差止ム」[40]。

　明治 45 年に大曽根に支店を設置して青果の直営を開始し、また築地（名古屋港口）に荷受所を設け、臨港鉄道を利用して鮮魚の移入に努めた。大正元年秋の暴風雨で甚大な被害を

受ける等、市場の経営は幾多の困難に遭遇し、当初は解散話まであった[41]。

中央市場の営業は各種食料品の受託販売と店舗の賃貸で、青果問屋13人、魚鳥問屋8人に賃貸し、また小売商も収容した。受託販売は鮮魚を中心とし、一部、青果、塩干魚の卸売をした。規模は敷地が鮮魚、青果、鳥類合わせて3,900坪余(熱田魚市場は3,500坪)、事務所その他建物281坪、車置き場は650坪(荷車800台収容)であり、市場内の貸店舗は57軒あった。荒物屋、バナナ問屋、飲食店、かまぼこ製造店、運送店等も入居した。市場の中央に小売市場を設け、主に魚介類を販売した。

当初は仲買人38人、小座人等100人余であったが、大正12年頃には仲買人80人余、小座人304人へと大幅に増えている。仲買人は市内料理屋が多数を占める。仲買人の数に制限はなく、仲買人組合と問屋・会社の承諾、連帯保証人2人以上、身元保証金100円以上が要件である。熱田魚市場に比べると要件ははるかに緩い。仲買人組合は基金を積み立て組合員に資金の貸付や立て替えをした[42]。

入居した魚問屋8人は名古屋魚問屋(合資)(資本金0.6万円)を設立した。販売手数料は鮮魚10％、塩干魚5％で、仲買人への歩戻しは鮮魚5％、塩干魚はなし、小座人への歩戻しは2〜2.5％であった。熱田魚市場と比べると公益性が求められて販売手数料は抑えられ、そのうえ店舗の賃貸料を払うので問屋の収益性は低かった。

小売市場には、禰宜町で営業していた蟹江組、下之一色組、熱田組に名古屋組が加わって出店した。熱田組は主として活魚、マグロ・カジキ、その他底曳網物等大衆向けが多い。下之一色組は打瀬網物の小魚、エビ、貝類が、蟹江組は川魚のボラ等が多い。名古屋組は熱田組、下之一色組、蟹江組から仕入れて販売した[43]。

旧盆と年末・正月の3日づつを休業する以外は、毎日午前6時から正午まで、午後3時から10時まで開業した。入荷先は、鮮魚は下関を始め、紀伊、三河、遠江、駿河、相模、北陸、三陸、青森、塩干魚は上記以外では北海道からが多い。鮮魚・塩干魚はせり売りで、符牒が使われた。代金決済は荷主に対しては即日、仲買人は月2回、小座人は月末勘定であった。代金決済は熱田魚市場の場合より早い(それだけに仲買人の身元保証金は低い)。

水産物取扱高(中央市場直営分)は、明治43年の35万円から始まって44年は78万円、大正元年は114万円となり、2、3年は120万円台にとどまったが、4年は182万円、5年は201万円へと急増した。そしてついに熱田魚市場の取扱高を上回った[44]。だが、第一次大戦後の大正10〜12年は鮮魚71〜113万円、塩干魚43〜62万円に低下し、第一次大戦後に急増する熱田魚市場の取扱高に引き離された[45]。

3. 県下魚市場の概況と豊橋魚市場
1) 県下魚市場の概況

表5-4は大正中期の県下魚市場の一覧を示したものである。資料によって魚市場数と名称等は若干異なり、『愛知県統計書』で大正4年は39か所、『各地方ニ於ケル市場ニ関スル概況』(大正8年)では魚市場は34か所、青果との兼業10か所、『愛知県水産要覧』(大正12年)では46か所となっている(漁業組合共同販売所を除く)。ほぼ40か所で、明治42年(表5-2)の30か所と比べれば大幅に増加している。都市の人口増加、第一次大戦中の魚価の高騰、

表 5-4 大正中期の愛知県の魚市場一覧

市場名	所在地	開業年	取扱高 万円 4年	6年	9年
中央市場（株）	名古屋市西区	明治42年	125.0	200.0	200.0
名古屋水産市場	同上	大正元年	162.4	100.0	492.1
熱田魚市場	同 南区	享禄2年	139.0	200.0	534.4
山夕魚市場	同 東区	大正8年			4.5
下之一色魚市場	愛知郡下之一色町	明治41年	24.6	25.0	111.1
同上	同上	明治45年		10.0	
犬山市場（株）	丹羽郡犬山町	明治44年		3.0	1.6
一宮海陸物産（株）	中島郡一宮町	明治32年	4.5	6.5	17.6
尾北産業市場	同上	大正8年			6.5
津島市場	海部郡津島町	大正9年			2.2
弥富市場	同 弥富町	大正3年		0.3	0.1
蟹江水産（株）	同 蟹江町	明治40年	2.3	2.8	1.3
山セ魚問屋	同上	明治25年	2.4	5.0	10.0
山村魚市場	知多郡横須賀町	明治43年	3.8	4.3	8.8
苅谷魚市場	同 西浦町	明治2年		1.8	2.9
蒲池魚市場	同 鬼崎村	明治40年	2.0	3.5	5.5
常滑魚市場	同 常滑町	明治10年		1.5	5.6
柴田魚市場	同 大野町	明治43年	1.5	0.3	3.6
山村魚市場	同 横須賀町	明治43年		4.5	5.9
半田市場会社	同 半田町	大正元年	3.5		8.7
岡崎魚（株）	岡崎市上肴町	明治39年	15.7	20.2	47.6
八百勝市場	碧海郡新川町	明治43年			0.5
安城市場	同 安城町	大正元年	1.1		5.1
刈谷海産市場	同 刈谷町	大正5年		1.0	0.1
山ツ魚市場	同 高浜町	弘化年間	2.1	3.2	7.6
矢作市場	同 矢作町	大正9年			0.1
間半市場	同 大浜町	安政元年		8.8	18.6
幡豆市場（合資）	幡豆郡幡豆村	明治43年		2.0	3.3
寺津魚市場	同 寺津村	明治2年	0.3	0.6	1.0
鈴木魚市場	同 一色村	明治36年	0.6	1.0	3.3
柴崎魚市場	同上	明治42年	0.8	2.3	0.3
丸大市場	同上	明治43年	3.5	6.0	14.4
金藤市場	同上	明治43年	0.8	1.0	3.2
丸栄魚市場	同上	明治44年	1.2	3.0	3.3
西尾魚市場	同 西尾町	明治44年		2.0	6.4
宮崎共栄（合資）	同 吉田村	明治40年	0.4		0.1
丸梅魚市場	同上	明治43年	3.8	1.5	0.5
三谷魚鳥（株）	宝飯郡三谷町	明治32年	19.5	20.0	83.8
三谷水産（株）	同上	明治40年	2.6	5.0	8.5
御馬魚市場	同 御津村	明治38年	0.5		0.1
丸二海産（合資）	同 形原村	明治32年	12.1		35.3
豊橋魚鳥（株）	豊橋市魚町	明治12年	34.9	45.1	101.2
田原魚鳥市場	渥美郡田原町	明治10年	1.3		3.4
丸一物産会社	同 福江町	大正9年			0.2

資料：『愛知県水産要覧』（愛知県水産試験場、大正12年）、『愛知県統計書 大正4年』、内務省衛生局『各地方二於ケル市場ニ関スル概況』（大正8年）。
注：取扱高が空白なのは記載がないもの。漁業組合の共同販売所（3か所）は除いた。

漁業・魚類運搬船の発達、鉄道輸送の発達で魚市場の新設、再編が進行したのである。明治42年と比べて海部郡(旧海西郡と海東郡)、宝飯郡、渥美郡が加わり、幡豆郡はかえって減少した。開設者は会社組織が大幅に増えた。創業年は明治43年が多いが、これは県市場取締規則ができて許可を受けた年次であって、それ以前のものも含まれる。

　取扱高を大正4年と9年を比べると多くの市場が数倍に高まっていて、第一次大戦中に魚価が急騰したことがわかる。取扱高が最高水準となる大正9年でみると、熱田魚市場534万円、名古屋水産市場492万円、中央市場200万円と名古屋市の3市場が突出し、次いで下之一色魚市場と豊橋市(2市場)の100万円余、三谷町(2市場)の91万円、岡崎市の48万円、宝飯郡形原村の35万円が続く。このうち下之一色、三谷町、形原村の魚市場は産地市場に類別される。

2) 豊橋魚市場の発展

　明治40年頃、豊橋魚鳥(株)では、仲買人となるには同社の株主であって2年以上小座人または仲買人の店員を経験していること、身元保証金300円以上の納付を要件としていた。実際には人数が81人に制限され、欠員は出なかった。仲買人と小座人とは随意契約で保証金はあったり、なかったりする。

　明治39年に市に昇格し、豊橋経済界、食料品業界は活況を呈した。豊橋魚鳥の取扱高は25万円、株式配当は3～5割になった。そうした中、明治41年に渥美郡漁業組合が豊橋魚鳥は独占による専横が甚だしいとして魚類運搬人の待遇改善、込目の廃止、販売手数料の引き下げを申し入れた。市場側は魚類運搬人の待遇改善については容れたが、その他は拒否した。

　この動きに呼応して仲買人が歩戻しの増額を要求した。株主ではない仲買人が増え、株価高騰、高配当とは無縁な者が増えたことが背景にある。現行の販売手数料13％、歩戻し5.5％は熱田魚市場より高いことから要求は容れられず、そのため仲買人の一部は明治41年に豊橋魚鳥の目と鼻の先に豊橋仲買魚問屋(合資)(資本金3.5万円)を設立した。直ぐに(株)豊橋魚問屋(資本金5万円)となった。株主は122人、販売手数料は13.5％、歩戻しは8％とした。

　明治42年に渥美郡漁業組合の幹部が渥美水産(株)の設立を計画したことから豊橋魚鳥は資本金を3倍の7.5万円とし、増資分の半分を旧株主に無償交付し、半分を渥美水産側に配分した。株主は355人となり、大半は旧魚問屋、仲買人、渥美水産系で構成されるようになった。豊橋魚鳥と豊橋魚問屋との抗争は明治43年になるとさらに熾烈となった。浜方から魚荷を運ぶ車や豊川から来る荷を奪い合った。

　明治40～45年の豊橋魚鳥の取扱高は不況と豊橋魚問屋との競合で25万円から17～23万円に低下した。豊橋魚問屋の取扱高は13～15万円であった。その他に海産物と塩を扱う豊橋海産(株)(明治36年創立の豊橋魚鳥の子会社、資本金1.3万円)の取扱高が4～7万円あって、いずれも停滞的であった[46]。

　両者の対立は5年間続き、双方、満身創痍となり、かつての優良会社も無配に転落し、豊橋魚問屋もほとんど利益が出なかった。財界人が仲介に入り[47]、大正2年に対等合併し

て資本金12.5万円(7.5万円+5万円)の(株)豊橋魚市場となり、さらに豊橋海産も新会社に併合したので、資本金は13.8万円になった。再び1社体制になった。

大正4年に販売手数料13％の分配を会社6％、仲買人7％から会社6.5％、仲買人6.5％に変えようとしたが仲買人の反対で、販売手数料を14％に引き上げたうえで会社6％、仲買人8％とした。仲買人の発言力が強く、荷主の負担が増し、会社の収益が低下した。この結果、資本金を10万円に減資した。いずれも大正初期の不況が影響した。

大正8年に会社と仲買人が「規約書」を結んだ。そこでは新規の仲買人は仲買同業組合に加入し、会社に身元保証金500円以上を提出する、販売手数料は13％に、仲買人への歩戻しは7.3％(うち0.3％は同業組合の費用として会社に積み立てる)に下げる、代金決済は半額を翌月5日迄に支払い、残りは期末に清算する、仲買人は会社以外から買わない等となっている。第一次大戦で取扱高が増加したこともあって販売手数料、仲買人への歩戻しを少し下げた。

豊橋魚鳥・豊橋魚市場の取扱高は大正初期に40万円台から30万円台に低下したが、第一次大戦で魚価が急騰して6、7年は50万円台、8年は70万円台、9年は100万円台に達した。大正末からは停滞状況となった。仲買人は当初の80人ほどから130人に増えたが、小座人は150人で変わっていない。

大正13年に子会社の豊橋魚冷蔵(株)(資本金10万円)を設立し、直ぐに豊橋魚市場と合併した。会社は一挙に60万円に増資した。このように豊橋魚市場は第一次大戦を契機に急拡大を遂げた[48]。

第3節　昭和恐慌による魚市場の停滞と回復

1. 名古屋市の鮮魚需給と魚市場
1) 名古屋市の鮮魚需給

名古屋市の鮮魚需給を大正13年と昭和4年で比較すると、移入が22,900トンと24,000トン、移出が4,400トンと5,200トン、消費量(移入と移出の差)が18,500トンと18,800トンで、移入、移出、消費量ともに増えている[49]。昭和9年の鮮魚消費量は29,100トンとさらに著しく増えた。移入は32,700トンで、うち11％にあたる3,600トンが他地域に移出された。移入先は下関、長崎、福岡(以上は東シナ海の底曳網物)、三重、静岡、福井、県内、北海道、宮城、茨城、青森等である。移入が増加した主な要因は、東シナ海の底曳網物、とくにねり製品原料となる「潰し物」の増加である。東シナ海の底曳網は開発が進んで、漁獲物が高価格魚から低価格の「潰し物」に替わっていき、ねり製品製造の発展を支えた。一方、移出が減少し、名古屋市からの転送が多かった周辺市場は遠隔地からの直接入荷を増やしている[50]。

各市場の取扱高を昭和元年、4年、7年、10年、12年で示すと、熱田魚市場は556万円、556万円、450万円、402万円、469万円、中央市場は651万円、325万円、422万円、647万円、766万円となっている。昭和初期から昭和恐慌期にかけて大きく落ち込んだが、

10年頃に回復した。熱田魚市場は昭和恐慌の打撃が相対的に小さかったがその影響が長引き（移入量が急増したのに価額が低迷したのは低価格の「潰し物」が増えたことも一因。中央市場は「潰し物」を扱わない）、昭和初期に惨落したもののその後の回復が顕著な中央市場に再び遅れをとるようになった[51]。名古屋市にはこの他淡水魚市場の(株)山夕魚鳥(やまゆう)があった[52]。

2）熱田魚市場

　問屋は、尾三水産(株)(資本金15万円)、(株)島本魚問屋(15万円)、(合資)石原魚問屋(10万円)、(合資)小貝魚問屋(6.5万円)、大森魚問屋、大森第二魚問屋の6軒(昭和恐慌期に1軒が廃業したが、他の問屋が引き継いだので経営主は5人)。問屋はそれぞれがせり場、加工品売場、氷蔵庫、事務所等を持つ。市場内には製氷冷蔵庫はなく、場外のものを利用する。問屋の従業員は店員(番頭、21歳以上、せり売り記帳)鴻人、小僧(20歳以下、簡易品の販売、帳簿の配達等)40人、仲仕(荷役、貨物の運搬、選別、配列等)約120人である(昭和8年)。

　仲買人は85人、小座人は1,048人で、大正初期に比べるとともに増えている。市場業者にはそれぞれ同業組合があり、問屋は海幸組、仲買人は熱田魚市場仲買問屋組合、小座人は熱田魚市場小座組合、仲買人と小座人の組合は熱田魚組合(魚鳥鮮　組合を改称)という[53]。

　入荷の多い問屋は入荷の少ない近隣の市場に一部を転送し、販売を委託することもあった。各問屋の売り場で30分位の間を置いて順次せりを始める。仲買人と小座人は対等な立場でせりに参加する。買った魚は地方転送、中央市場への出荷、店舗での小売り、自家製造原料とする。仲買人による「他向キへ送荷」の禁止は解けている。仲買人と小座人の大半はかまぼこ、焼魚、佃煮を製する。彼らが製造するかまぼこは約250万円で、うち約100万円が市場で販売された。

　入荷手段は、鉄道6割、船舶(買廻船)3割、自動車1割の割合で、鉄道(熱田駅)は「潰し物」、サバ、アジ等低価格魚が多く、船舶によるものは高価格品で、活魚が多い。したがって金額では船舶によるものが鉄道によるものを上回る。自動車は静岡以西の東海道沿いと北陸ものの運搬に利用される[54]。

　鮮魚は従来、産地仲買人から送られてきたが、昭和恐慌以降、大手水産会社が九州・山口方面から東シナ海の底曳網物を直接送荷するようになった。共同漁業(株)は傍系の日本水産(株)を通して島本魚問屋へ、(株)林兼商店は熱田に出張員を置き、大森第二魚問屋へ出荷した。

　買廻船は主に伊勢湾各地の魚市場、漁業組合共同販売所等から直接、または仲買人を通じて活鮮魚を買い集め、2、3日に1回漁業地と市場とを往復する。買廻船のほとんどは活魚用に船内生け簀を設備した[55]。

　買廻船主組合の愛三発動機船組合(以前の愛三発動機信用組合)には約70人、100隻余が所属する。船主は熱田、愛知郡下之一色町、知多半島南部、三重県では桑名郡、志摩郡等の在住者である。船は20、30トン程度が多く、中には50トンという大型船もある。大正中期に比べると組合員、隻数の増加と運搬船の大型化が進んでいる。

熱田魚市場の出荷先は名古屋市内が7割(金額)で、他は県下、岐阜、長野、三重、滋賀等である[56]。大正初期に比べ、市内向けの割合が高くなった。

3) 中央市場

中央市場(株)は、昭和3年に名古屋魚問屋(合資)を吸収して中央水産(株)(資本金20万円)を設立し、魚類卸売業務を同社に移管した。

中央市場は魚類部、青果部、生鳥部の3部門があった。敷地と売り場面積は青果部が2,400坪と600坪、魚類部は1,500坪と58坪、生鳥部は20坪と12坪で、部門別では青果の枇杷島市場、鮮魚の熱田魚市場に比べるとはるかに狭い。魚類部は小型の製氷所を持っていたが、昭和10年に休止し、場外の製氷所と特約を結んだ。子会社の中央水産が魚類の卸売業務を行い、青果は19人の問屋(中央市場もその一員)を収容して卸売業務をさせた。生鳥部は子会社が担当した。その他、鮮魚小売商(名古屋組、熱田組、下之一色組、蟹江組の158人)に店舗を賃貸した。

中央水産の従業員はせり売り、記帳の16人で、取扱い品は鮮魚85％、塩干魚15％である。受託品のせり販売で、指し値もある。仲買人は78人で市内料理屋が多い。小座人は357人で料理屋等を営む者もいるが、半数以上は場内で小売りをする。販売手数料は鮮魚12％、塩干魚10％、仲買人への歩戻しは鮮魚、塩干魚とも5％、仲買人から小座人への歩戻しは2～2.5％である。鮮魚は熱田魚市場に、塩干魚は名古屋水産市場に合わせるように販売手数料、仲買人への歩戻しを引き上げて、販売力を高めている。

仲買人になるには連帯保証人2人が必要で、身元保証金1,000円以上を仲買人組合(名古屋魚商組合、従来、会社に供託していた)に出し、会社から交付される買受額の0.5％(歩戻しの一部)を仲買人組合に積み立てるようになった。身元保証金は急騰し、仲買人組合に保証機能をもたせた。小座人の組合は中央水産組合という。

入荷先は東海道沿線が主で、85％は鉄道便あるいは他市場(主に熱田魚市場)から、10％は船舶、5％は北陸から自動車で運ばれる。鉄道駅は名古屋駅で、九州・山口方面が多い熱田駅とは異なり、三陸、北陸方面が多く、次いで沼津以西の東海地方が続く。市場に入場する車は名古屋駅から荷馬車、自動車、熱田魚市場から自動車、リヤカー、下之一色魚市場から自動車を使用する。汽車便のもの、船便のものそれぞれに運送店に委託して市場に搬入する。

青果部の状況は大きく異なる。仲買人がおらず、問屋と大勢の買受人(2,775人)の間で相対取引をする(従業員も143人と多い)。仲買人がいない分、販売手数料、歩戻しは魚類部よりかなり低い。荷主は近郊農家が主体で、取引代金の支払い、回収は短期間に決済された[57]。

2. 地方魚市場の淘汰
1) 地方魚市場の淘汰

表5-5は昭和9年の県下魚市場(漁業組合共同販売所を除く)の一覧である。魚市場が28か所、青果兼業が7か所である。大正中期(表5-4)の魚市場数が43か所なのでかなり

少なくなった。とくに知多郡、碧海郡、海部郡の減少が目立つ。反対に表5-4になかった魚市場も数か所ある。資料によって市場数が異なるが、第一次大戦後の不況、金融恐慌、昭和恐慌を経るなかで、魚市場の再編が進行したことは確かである。知多郡鬼崎村、常滑町、幡豆郡吉田村の魚市場は漁業組合経営に替わった。明治末に1地区1市場として取り上げら

表5-5 昭和9年の愛知県下の魚市場（漁業組合共同販売所を除く）

	市場名	市町村	開業年	資本金 万円	取扱高 万円	産地	仲買 人数	買出 人数
魚市場	名古屋水産市場	名古屋市	大正元年	100.0	504.6	◎	176	
	山夕魚鳥市場	同上	大正8年	1.3	9.6	◎	23	
	熱田魚市場	同上	明治43年		495.0	◎	96	1,250
	一宮魚市場	一宮市	明治42年	3.5	25.8		48	50
	舟入魚市	海部郡蟹江町	大正3年	5.0	15.7	○	157	255
	蟹江水産	同上	明治40年	1.0	6.3	◎	80	45
	亀崎市場	知多郡亀崎町	大正8年	2.2	20.5		35	110
	山村魚市場	同 横須賀町	明治43年		4.5		8	60
	大野魚市場	同 大野町	明治43年		5.1		11	13
	第一岡崎魚市場	岡崎市	大正10年	5.0	5.0	○	32	9
	岡崎魚市場	同上	明治39年	3.5	37.3	○	56	55
	安城市場	碧海郡安城町	大正2年	0.6	3.4	○	21	
	山ツ魚市場	同 高浜町	大正7年	2.0	7.1		38	52
	間半魚市場	同 大浜町	明治43年		12.7		45	310
	西尾魚市場	幡豆郡西尾町	昭和8年	3.0	5.5	○	9	
	幡豆魚市場	同 幡豆町	明治43年	0.2	2.4		14	
	魚市場	同上	昭和2年	1.0	1.6			29
	金藤魚市場	同 一色町	明治43年		2.7		12	
	丸栄魚市場	同上	明治44年		2.3		19	13
	下村魚市場	同上	明治43年		2.4		8	
	柴崎魚市場	同上	明治43年		4.8		68	
	寺津魚市場	同 寺津町	明治43年		0.8		8	
	御馬魚市場	同 御津町	大正2年		1.0		12	
	三谷魚鳥	宝飯郡三谷町	明治22年	6.5	92.0		94	30
	丸二海産魚市場	同 形原村	大正7年	7.2	48.3		70	25
	豊橋魚市場	豊橋市	大正13年	60.0	76.5	◎	150	
	丸一豊橋水産市場	同上	大正11年	10.0	6.6	◎	57	
	魚市場	渥美郡福江町	昭和2年		0.5		15	
青果兼業	中央市場	名古屋市	明治43年	30.0	788.9	◎	78	242
	津島市場	海部郡津島町	大正9年	10.0	15.4	◎		64
	犬山市場	丹羽郡犬山町	昭和7年大正2年	1.0	1.8		50	
	半田市場	知多郡半田町		2.0	29.2		70	170
	池正市場	同 野間村	大正4年	0.1	1.2		10	
	西三市場	碧海郡刈谷町	大正12年	5.0	11.2		135	
	挙母市場	西加茂郡挙母町	大正3年	1.0	6.2		40	13

資料：商工省商務局『全国食料品卸売市場概況調査』（昭和12年）101～105、113～115頁。『昭和十二年度 全国魚市場要覧』（全国漁業組合連合会、昭和14年）42～45頁で補完。

注：青果兼業市場の仲買人数、買出人数は魚類部門の人数。資本金が空白なのは個人経営、あるのは会社経営。産地の項目で◎は県外産が多い、○は県外産もある、無印は県内産のみ。

れた一宮市 (大正 10 年市制) は 1 市場のままだが、岡崎市 (大正 5 年市制) は 2 か所に増え (後述)、産地拠点市場の宝飯郡三谷町は 2 か所が 1 か所になっている。

　組織形態は株式会社 19、合資会社 2、任意組合 2、個人 12 か所で、法人化が進んでいる。取扱高が最高水準にあった大正 9 年 (表 5-4) と比べるとほとんど変わっていない。というより、この間、昭和恐慌で大幅に下落したのが回復したのである。県外産を扱っているのは、都市市場か鉄道沿線の市場であり、名古屋市や豊橋市では県外産が主体になっている。

　販売手数料は 10 ～ 13 %、仲買人への歩戻しは 4 ～ 7 % が多い。大きな市場を除くと仲買人、小座人、買出人 (小売商、飲食業者等) の区別が明確ではなく、仲買人しかいない市場もある。大正中期と比べるとその人数は市場によって増減がある[58]。

　岡崎市では大正 10 年に第一岡崎魚市場 (羽根町、資本金 5 万円) が開市し、岡崎魚 (株) (唐沢町、資本金 3.5 万円) との 2 社体制となった。岡崎魚の取扱高は第一次大戦中に急増し、大正 5 年の 17 万円が大正末・昭和初期には 50 万円を上回った。昭和恐慌で急落し、昭和 9 年にはやや回復して 37 万円になった。仲買人、小座人の人数は大きく変化し、大正 5 年は 76 人と 36 人であったが、昭和 9 年は 55 人と 88 人になった。明治後期は 65 人と 3 人であったから、小座人が急増して仲買人との階層分化が進んでいる。販売手数料は 13 % で、9 % を仲買人に、4.5 % を小座人に歩戻しする。第一岡崎魚市場の登場で、販売手数料、歩戻しを 1 % づつ下げて第一岡崎魚市場と同一にした。第一岡崎魚市場の取扱高は大正末には 9 万円となったが、その後漸減し、昭和 9 年は 5 万円となった。仲買人、小座人の人数は 32 人と 9 人で小座人が少ない[59]。

2) 豊橋魚市場の停滞

　中央卸売市場法は昭和 4 年から地方都市にも適用されたので、豊橋市も指定された。県は、名古屋市は既存市場の統合が難しいとして途中で手を引き、1 地区 1 市場である豊橋市なら開設容易とみて市に準備を指令した (昭和 6 年)。建設費予算を計上し、業者の収容も近隣市場の合併も順調に進むとみられたが、仲買人が当市場は全てせり売りをしており、変革の必要はないと反対したため頓挫した。相変わらず仲買人の発言力は強い。後述するように実際には 1 地区 2 市場となっており、統合が必要なことも原因したのではなかろうか。

　豊橋市の水産物の移入先は熱田、名古屋が減少し、九州・山口、それに次いで東海、北陸が多い。東シナ海の底曳網物、とくにねり製品原料用が大きく伸びた。豊橋名産のちくわの原料が三河湾のハゼ等から周年大量供給される東シナ海の底曳網物に切り替わったのである。他に自動車で舞阪 (浜名湖)、西浦、形原 (以上、宝飯郡) から搬入された。移出先は東海道沿線を主とし、大阪と東京に至る。

　豊橋魚市場の取扱高は大正末・昭和初期の 100 ～ 110 万円が、昭和恐慌により昭和 7 年には 61 万円に激減した。その後、徐々に回復して 100 万円台に戻すのは昭和 14 年のことである[60]。

　表 5-5 によれば、豊橋市には (株) 豊橋魚市場 (魚町、資本金 60 万円) の他に丸一豊橋水産市場 (関屋町、資本金 10 万円、大正 11 年開業となっている) があり、丸一豊橋水産市場は塩干魚専門市場で、煮干し、塩干イワシ、塩サケ・マス、サンマ、サバ等を扱ってい

た。仲買人数、取扱高でも前者が多い。豊橋魚市場の販売手数料は 13％、仲買人への歩戻しは 7.2％、丸一豊橋水産市場の販売手数料は 10％で、仲買人に 5％、荷主に 1％の歩戻しがあった[61]。鮮魚市場に比べ、塩干魚市場は販売手数料、歩戻しが低い。

第 4 節　戦時体制下の鮮魚の配給統制

1. 名古屋市における水産物の配給統制
1) 水産物の配給統制

　昭和 12 年の日中戦争以後、漁業統制が始まるが、水産物統制は昭和 15 年の公定価格の設定以降である。それまでの間、軍需インフレの中で魚価は暴騰し、昭和 11 年を 100 とすると、12 年 107、13 年 137、14 年 166、15 年 212 となった。昭和 15 年 9 月に鮮魚介 77 品目の公定価格が設定され、16 年 9 月に 200 品目が追加された。これで市場に出回る主要な鮮魚介には公定価格が適用された。

　昭和 16 年になると生鮮食料品の需給統制に向かった。4 月に鮮魚介配給統制規則が公布され、集荷は農林大臣が主要な陸揚げ地を指定、そこに出荷統制組合を組織し、計画出荷をする、配給は大臣が主要な消費地を指定、関係業者で配給統制協会を組織し、一元的荷受け・配給を行なう、地方長官も所轄管内で同様な措置をとることができる、末端配給機構についての指導は地方長官に任せる、とした。9 月に農林省は中央卸売市場機構の改革として仲買人制度の廃止を決めた。仲買人は荷受け会社に参加させるか、小売商団体等の仕入れ業務に従事させる、とした。昭和 16 年 7 月に愛知県鮮魚介配給統制規則が制定された。

　大臣指定の陸揚げ地は三谷町と形原町の 2 町、知事指定の陸揚げ地は碧海郡大浜町、知多郡豊浜町、幡豆郡一色町の 3 町となった。指定陸揚げ地の水揚げ量が全体の水揚げ量に占める割合は、大臣指定が 9.4％、知事指定が 7.3％で、圧倒的に指定地以外の水揚げが多く、需給統制から外れている（昭和 16 年度）[62]。

　大臣指定の消費地域は名古屋市とその周辺、荷受け・配給機関として熱田魚市場魚問屋合同事務所、中央市場中央水産（株）、名古屋水産市場（株）（塩干品市場であるが、鮮魚も扱うので参加）、下之一色魚市場（下之一色漁協）の 4 市場と大手荷主（後述）で中京地区魚類配給統制協会（熱田魚市場内に本部）を設立した[63]。

　それに先立ち、昭和 15 年 8 月に商工省から、営業費は 2 割程度節減、利益金は 3 割程度低減、低物価政策に要する費用として販売高の最高 1％を開設者に納付すること、販売手数料は最高 6％とすることの通牒があった。これを受けて、熱田魚市場の 5 問屋は取扱高実績をもって新会社の出資割合と販売手数料の配分割合とすることを申し合わせ、昭和 16 年 3 月に魚問屋合同事務所を開設した。販売手数料収入の 3 割は 5 者に平等分配、7 割は昭和 12 〜 14 年の取扱高に応じて、大森魚問屋 26.65％、島本魚問屋 21.68％、尾三水産 17.90％、石原魚問屋 17.62％、小貝魚問屋 16.15％の割合で配分することにした。

　中京地区魚類配給統制協会が設立されたのは昭和 16 年 5 月で、協会経費として 4 市場取扱高の 0.6％、地区外に配荷するものの 1％を徴収した。協会に支部（＝ 4 市場）と分室を

設けた。分室には日本水産 (株)、(株) 林兼商店、全国漁業組合連合会、中京鮮魚運搬船統制組合といった大手荷主が入った。鮮魚介配給統制規則で大手荷主は事業ができなくなったので、過渡的に協会に配属させ、集荷取扱高の 0.6％を協会が払う形をとった。だが、11月に日本水産、林兼商店に委任していた業務 (分室) は廃止した。

併せて 4 市場で販売手数料の配分比率を申し合わせた。販売手数料の全額を協会に持ち寄り、納付金の 1％は各市場で保管し、5％から協会経費を差し引いて熱田魚市場魚問屋合同事務所 63.0％、中央水産 21.1％、下之一色魚市場 12.0％、名古屋水産市場 3.9％の割合で配分することにした。

4 市場の合同については、監督官庁の方針は鮮魚と塩干魚との合同であったが、業者間では合同の是非をめぐって意見が分かれた。両者を分ける意見は、塩干魚は主に乾物屋が扱っていて、魚屋は扱っていない、末端配給においても配給者が異なる、卸売人が合同しても専門的に分割しなければならず、強いて合同する必要はない、協会が一括して総合配給すればよい、というものである。昭和 17 年 1 月に水産物配給統制規則が制定され、鮮魚と塩干魚が異なる法規で規制されたので、合同話は様子見となった[64]。

鮮魚介配給統制規則は当初期待したほどの効果を示さなかった。出荷統制の不徹底、生産部門及び末端配給機構の未整備、価格統制の不備によって幾多の混乱が生じ、地方都市への流出、料理屋や飲食業者の産地買い出しによって大都市市場への入荷は逐次減少した。半田商工会議所は鮮魚介の配給が不円滑だとして、その理由を小売人・大口消費者の産地買付け、産地と消費地の価格差が小さく、運賃がかかる遠方からの入荷がないこと、海水浴客の産地での購買をあげ、産地での売買を禁止するか、産地でも公定価格を守るよう厳重に取締ることを意見している[65]。

愛知県水産課等による消費地配給統制についての意見は、魚類配給統制協会は指図だけで、実際は各市場が営利的立場で闇取引、業務用への横流しをしており、支障が生じている、末端配給では消費者は抱き合わせ等闇取引により高値で購入させられている、配給機構は旧態然としていて、小売人から消費者に渡る経路は全然なく、主婦が「一日中食料品ノ買出シニ東奔西走家庭ヲ顧ル暇ナド少シモナイ」状態に置かれている、と問題点を指摘している[66]。

昭和 17 年 1 月に水産物配給統制規則が公布され、食用向け水産加工品の配給統制が始まった。これで全水産物の配給統制機構は整備され、2 月には魚類末端配給機構整備要綱によって六大都市では 1 配給地域 1 店舗とする企業整備が行われた。名古屋市では約 500 戸、ないし 1,000 戸ごとに販売所を設置し、生活必需品をそこに集めて販売する共同販売制がとられた[67]。かくして配給統制機構は完成したが、完成した瞬間から崩れ始めた。昭和 19 年 8 月には絶対的な品不足と戦時インフレに対応して公定価格の大幅改定を行なうとともに六大都市では価格操作ができるようにした。

昭和 19 年 11 月に水産物配給統制規則が制定され、旧鮮魚介配給統制規則と旧水産物配給統制規則を一本にし、指定陸揚げ地の統制機関による計画出荷を取りやめ、地方長官が統制機関に出荷の指示を行なうようにした。出荷統制機関として県水産業会 (18 年 3 月制定の水産業団体法で愛知県漁連等が統合されてできた) が指定された。荷受け・配給機関は統制会社令（19 年 4 月閣議決定）により 7 月に中京地区魚類配給統制協会は水産加工品の荷

受け・配給機関と合同して名古屋魚類統制（株）（資本金600万円）となった[68]。

2）名古屋市、豊橋市における水産物流通の逼迫

　名古屋市への鮮魚入荷量は昭和12～17年は2～3万トンを維持したが、18、19年は1.7万トンに低下し、20年は0.4万トンへと激減した[69]。

　制規直前の昭和14年9月から1年間の各市場の取扱高をみると、熱田魚市場が最大で15,600トン・620万円であった。種類は惣菜類（ブリ、カツオ、イワシ、アジ、サバ、サンマ、カレイ、タラ、サケ・マス、タチウオ等）、「潰し物」（ニベ、グチ、サメ等）、「大物」（マグロ、カジキ）の3品目が中心で、「上物」（タイ、イサキ、サワラ、スズキ）、タコ・イカ類が続く。二番手の中央水産は6,800トン・445万円で、品目としては惣菜類、「大物」が突出して高く、次いで「上物」、タコ・イカ、エビ・カニが続く。これらは熱田魚市場と肩を並べる。中央水産では「潰し物」の取扱いがない。下之一色魚市場は2,000トン・102万円で、産地拠点市場であるだけに惣菜類、「大物」、タコ・イカに偏っている[70]。

　昭和11年末と16年10月の熱田魚市場の状況を比較してみよう。卸売人は5業者で変わりないが、買出人（旧仲買人と小座人）は1,500人から1,305人（うち1,200人は熱田魚市場買出人組合員、105人は名古屋蒲鉾竹輪工業組合員）に減った。価格形成はせり売りから公定価格による販売となった。入荷先は以前と変わらないが、販売先は従来と比べ、東は岡崎、西は岐阜、南は蟹江、知多半島横須賀付近、北は多治見、瀬戸までと範囲が狭くなった。公定価格の設定により輸送費が充分確保できず、遠隔地からの入荷、遠隔地への販売が減少した。市場の定休日は月1～2回から2回に増えた（昭和に入ってから月毎の定休日が設けられた）。代金決済は出荷者に対しては即時払いは同じだが、販売代金の回収は月1回から2回に増えた。仲買人制度を廃止したことから販売手数料を6％に下げ、うち1％を納付金とした。配給ルートは荷主から中京地区魚類配給統制協会を通して熱田魚市場、中央市場、下之一色魚市場、名古屋水産市場に配分し、そこで買出人団体に売られ、さらに買出人の間で配分され、消費者に渡るようになった。買出人団体は市内向け92、郊外向け4、その他ねり製品原料向けが組織された[71]。

　豊橋市では昭和16年6月に豊橋魚類配給統制協会（会長が市長、副会長が豊橋魚市場社長）ができ、豊橋魚市場（株）もその傘下に入った。仲買人115人、小座人120人によるせり売りはなくなり、昭和17年2月から買出人118人は豊橋鮮魚商小売商業組合を組織し、ねり製品業者は豊橋蒲鉾竹輪工業組合を結成した。昭和20年6月の大空襲により魚市場は灰燼と化した[72]。

2．名古屋市の中央卸売市場問題の再燃

　名古屋市では、昭和8年に再び中央卸売市場開設の気運が高まった。大正13年に市会で可決された計画案は業界の猛反対で頓挫したが、他の六大都市では開設に向けて動いていた。市内の青果市場では近郊農民の販売手数料の引き上げ反対運動、小売商（仲買人はいない）の歩戻し増額要求運動が起こっていた。そうした状況変化と昭和恐慌を受けて昭和8年に中央卸売市場計画案が作成された。以前との大きな違いは分場を設けたことで、本場は中

区米野町で、青果、塩干魚、乾物、鶏卵、鳥類、獣肉を扱い、分場は熱田魚市場とし、そこでは鮮魚を扱うとした。収容すべき市場は下之一色魚市場を除く青果、魚鳥市場10市場とした。だが、熱田魚市場らの反対運動も再燃し、昭和9年に市会は中央卸売市場建設のための調査費を否決して、またしても計画は遷延された。反対理由は、中央卸売市場を開設すると価格が高騰する（移転費、設備費、交通費の増額が価格に跳ね返る）、既存市場の閉鎖で失業者を出し、周辺の衰退を招く、既存市場で充分に円滑な配給ができる、というものであった。

　昭和13年に市会議長名で中央卸売市場建設についての意見書が市長に提出された。目的は、六大都市では名古屋市だけが中央卸売市場がない、私設市場は鉄道引き込み線、水運との連絡施設を欠くものが多い、その他の施設も不完全である、場所が狭隘で交通の妨げとなっている、集荷配給の確実公正を期しがたい、として公設市場の設置と施設整備を目指したのである。

　昭和15年に臨時委員会が設置され、17年4月に委員会から答申が出された。答申が遅れたのは、この間、公定価格の設定、青果物・鮮魚介配給統制規則の制定と荷受け機関の一元化が進められ、中央卸売市場への対応ができなかったからである。答申の内容は、中央卸売市場ではなく、県食品市場規則に基づく卸売市場とする、市場は北部、中部、南部の3か所に新設する、卸売業者は既存業者を合同して青果と魚類それぞれ単一の卸売会社とする、市は卸売会社に出資し、経営に参画する、というものであった。中央卸売市場法に依らなかったのは、同法は自由経済下で制定されたもので、統制経済下では相応しくないと考えられたからである。

　開設者は名古屋市とし、北部、中部、南部の3か所が青果と塩干魚を扱い、南部はそれに加えて鮮魚も扱う。取扱い見込み高は、水産物でいえば鮮魚は42,000トン・1,230万円、塩干魚は北部が2,400トン・240万円、中部が8,400トン・840万円、南部が1,200トン・120万円とした。算定根拠は明らかではないが、実態より相当多くを見込んでいる。この卸売市場建設計画は、昭和17年8月に市会で反対論もなく可決された。この頃には、既に荷受け・配給機関が一元化されており、企業合同についても検討されていて反対の余地はなくなった。

　その後、市長の諮問機関の答申に基づき市は中部が鮮魚を扱う、南部は後回しにして北部と中部の用地取得を進める、北部は市外の西枇杷町（実現せず）、中部は熱田区西町（後、西町の一部が川並町になる）とした。大正11年に検討を始めた中央卸売市場問題は、2度の否決を経て、昭和20年に名古屋市卸売市場として実現をみた。この間、根拠法が替わり、分場を設けること、本場と分場の立地、取扱い品目はめぐるしく変化した。中部市場は、鉄道引き込み線があり、水運の便が良く、また地主が少なく、入手し易いことで選ばれ、民家、農林省営林局、名古屋市第二高等女学校の敷地を買収し、建設資材が不足しているので既存の建物を利用した。昭和20年3月、名古屋市卸売市場中部市場が許可され、配給統制会社の名古屋青果物統制（株）と名古屋魚類統制（株）が入場した。既存の市場（水産物では熱田魚市場、中央市場、名古屋水産市場）は廃止となった。だが、施設の大部分は既に空襲によって喪われていた。復旧の見通しのないまま終戦を迎えた[73]。北部市場と南部市場

の建設計画も進捗しないままで終わった。

第5節　要約

1) 各時期のまとめ
(1) 明治期の鮮魚流通の拡大と魚市場の近代化

　日清・日露戦争を経て県下の魚市場数は増加した。内容的には明治中期に大きな変化があった。漁業では打瀬網やまき網の発展があり、水産物流通は汽船の就航、鉄道の開通によって流通圏が拡大し、流通量が大きく増加した。熱田魚市場では、人馬、荷車による集散から買廻船・押送船による集荷、鉄道での集散へと比重が移った。買廻船は幕末期に出現し、熱田魚市場からの仕込み金によって急成長したが、貸付金の累積と焦げ付きが魚問屋を疲弊させる一因となった。豊橋市の魚市場も鉄道による集散が多くなった。魚問屋は仲買人からの要求にさらされ、その利害を組み入れながら運営するようになった。

　魚市場の経営では、明治初期の株仲間の解散によって魚問屋は藩の保護を失い、過当競争が起こると疲弊した。熱田魚市場では明治18年の同業組合準則を機に問屋、仲買人、小座人が同業組合を結成し、市場秩序の制度化・近代化を進めた。地方魚市場では規模が小さいほど仲買人、小座人が未分化で、取引形態も旧慣を引きずっていた。

(2) 明治末・大正期の魚市場の発展

　この時期に氷の使用、冷蔵貨車の登場、魚類運搬船の動力化で供給力が高まり、日露戦後の都市の形成、第一次大戦中の魚価の急騰によって魚市場は増加し、取扱高は飛躍的に高まった。九州・山口方面からの底曳網物の鉄道入荷が増加し、ねり製品製造が発達した。県外産の割合が高くなった。問屋の法人化が進展した。

　明治42年に県市場取締規則が制定されたのを契機に名古屋市では市内に分散していた食品問屋を集合し、かつ鮮魚小売商を入居させた中央市場(株)が設立された。市中唯一の総合市場であり、鮮魚小売商も入居させて熱田魚市場と競合しながら差別化した。豊橋市では仲買人が問屋市場を開設し、既存市場と激しい競争を起こしたが、両者疲弊して合併に至る。代金決済の期間が短縮した。仲買人と小座人がともに増え、階層分化が進行した。

(3) 昭和恐慌による魚市場の停滞と回復

　昭和恐慌によって魚市場の取扱高は激減し、魚市場も淘汰された。昭和恐慌からの回復は長引いた。熱田魚市場では、東シナ海の底曳網物、北陸の定置物等の入荷が増えた、大手水産会社が特定の問屋と結びついて販売網を構築した、鉄道による入荷が中心となり、買廻船による入荷のウェイトは低下した。近距離ではトラックによる集荷、出荷が増加した。名古屋市と豊橋市で中央卸売市場開設問題が起こったが、どちらも市場業者の反対で挫折した。

(4) 戦時体制下の鮮魚の配給統制

　戦時体制下に入っても軍需インフレで魚市場の取扱高は飛躍的に高まり、統制が及ぶまで続いた。昭和16年までに公定価格の設定、一元的出荷機関・荷受け機関が設立されて、仲買人制度は廃止された。名古屋市を中心とする中京地区が大臣指定消費地となり、水産物で

は既存の4市場が連合して配給統制機関となった。漁業生産の減少、輸送手段の不足、配給統制の不備により市場入荷量は急速に減少した。懸案であった名古屋市中央卸売市場問題が再燃し、県食品市場規則に基づく市営の総合卸売市場として統合移転が進められ、配給統制会社として青果と水産物の2社が入場した。開場したものの戦禍によりなす術もなく終戦となった。

2) 項目別整理
(1) 鮮魚流通圏の2類型と展開

　愛知県の鮮魚流通は、伊勢湾－熱田魚市場を核とする流通圏と三河湾－東海道線を核とする流通圏の2つがある。前者は知多半島南部からは買廻船・押送船によって運搬され、外海性魚類、釣り漁獲物も多かった。知多半島北部からは陸送で、内湾性魚介類、エビ類を主体とした。名古屋市近郊の下之一色は名古屋市への鮮魚供給基地となった。熱田魚市場は鮮魚の一大消費地であると同時に集散拠点であった。市場規模の拡大とともに県外からの入荷が過半を占めるようになり、とくに東シナ海の底曳網物が多くなった。転送先は隣接する東海3県が中心で、大正後半以降、地方市場への産地直送が増えると転送量は停滞した。後者の三河湾流通圏は東海道線沿線上の消費地・豊橋と産地・三谷を拠点とした。内湾性の魚介類、エビ類が主体だが、三谷は打瀬網の集積地であるばかりでなく、地元外船の水揚げも多く、鉄道駅の設置運動も起こった。豊橋市は鉄道による輸送割合が高く、移入量、移出量がともに多い消費地であるが、魚市場を経由しないものも多い。移入はとくに東シナ海の底曳網物が増えて魚市場も県外産が主となり、移出では三河湾の高価格魚は大都市へ、中・低価格魚は内陸部へ送られた。

(2) 魚市場の近代化

　魚市場の近代化の指標はさまざま考えられる。熱田魚市場では、明治18年の愛知県同業組合準則を契機に同業組合が結成され、規約で問屋－仲買人－小座人の役割、市場内取引、委託品のせり売り、荷主(主に魚類運搬船)への貸金禁止、仲卸の禁止等が決められた。荷主への貸金の禁止は問屋が商人資本から商業資本＝手数料商人へ、荷主優遇から買受人優遇へ転換する兆しであった。仲買人となる要件は鮮魚取扱いの経験と信用を重視したものから、取扱高、保証機能を重視したものへと変化した。豊橋の魚市場では荷主の要求よりも仲買人の要求を受け入れている。

　魚市場の近代化は、運搬手段の発達と鉄道引き込み線の敷設、製氷冷蔵事業の兼営、問屋の法人化、仲買人組合の結成と信用保証機能の強化、休市日数の増加、開場時間の短縮等でも徐々に進んだ。荷主への代金支払いは明治期には即日現金渡しか為替送金となったが、仲買人からの回収は年2回の期末清算から月毎の清算で一部は期末に持ち越すものから全て月毎に清算するもの、月2回清算へと期間が短縮された。地方魚市場の近代化は名古屋の魚市場に一周遅れで進行した。

(3) 市場業者の階層分化

　大きな魚市場では市場業者は問屋(卸売人)、仲買人、小座人(仲買人の名義で売買参加権を有する小売商)で構成された。青果市場には仲買人が、小規模市場や漁業組合共同販売

所では小座人がいない[74]。仲買人も小売商、料理屋、ねり製品加工等を兼業する者が多い。仲買人は小座人に販売するのではなく（市場には仲買人の店舗はない）、仕入れた魚は小売りするか、自家用とする。付属する小座人の購買代金を代払いする点で小座人と区別される。問屋にしてみれば代払いする仲買人がいることで、煩雑さや金融リスクが回避でき、多くの小座人を取引に参加させることができる。名称はともかく仲卸機能をもたない仲買人制度で、仲買人そのものがいない青果市場の影響を受けている。大正期には自分では購入せず、小座人への名義貸し（問屋から受け取る歩戻しと小座人に渡す歩戻しの差額を享受）に依存する金融業者のような仲買人が出現した。ちなみに愛知県の魚市場には精算会社はない。小座人の人数は多く、販売ロットは小さく買い易くなっている。市場外には小座人になれない零細な行商もいた。

　中小規模の市場では仲買人と小座人の区分が曖昧、あるいは小座人を欠いたり、仲買人になる要件が緩かった。また、地方市場のなかには問屋－仲買人－小座人の順に取引が行われる場合もあって、愛知県では全ての魚市場で仲買人が仲卸機能を有さなかったわけではない。

　小売商であっても売買に参加するのは愛知県に留まらない。「小売人ニシテ直接問屋ヨリ買受ケヲ為スモノ少カラス。此場合ニ於テモ其ノ名義ハ必ス仲買人ノ名義ヲ借ルヲ常例トス。此種ノ小売人ハ又之ヲ小座（コザ）ト称シ熱田魚市場ノ如キ其数少カラス。全ク事実上ノ仲買人兼小売人ナリ」[75]。九州の魚市場では仲買人の名義で取引に参加する小仲買人、仲買人附属買子と称する者は一般的にみられた（大正末）。小仲買人と買出人としての小売商は区別されていたり（熊本海産）、「小売商人ハ小仲買人トナルカ又ハ仲買人トナリ買受ケサルヘカラス」（佐世保市場）という市場もあった。小仲買人の人数については仲買人1人につき3人とする別府市魚市場、全体で20人とする熊本海産、仲買人1人で最大30人に名義を貸している長崎魚類共同販売所もある[76]。

　第二次大戦後になって愛知県の魚市場も卸売人－仲買人－小売商といった商取引（業務用需要のため売買参加人制度も設けられた）に変わっている。

注

1) 農商務省農務局『水産事項特別調査　上巻』（明治27年）395、423頁。
2) 『愛知県史　下巻』（愛知県、大正3年）
3) 嶋本信太郎編「熱田魚市場」（明治38年頃、国文学研究資料館祭魚洞文庫所蔵）、『名古屋市史産業編』（名古屋市役所、大正4年）100～106頁。
4) 仲買人という呼び名は全国的に共通しているが、小売人については小売人、棒手、行商、小座等の呼び名があり、売買参加権を持つことも珍しくない。愛知県では小座人と呼び、特定の仲買人に付属して、仲買人の名義で売買に参加した（問屋への支払いは仲買人が代払いする）。
5) 新修名古屋市史資料編編集委員会『新修名古屋市史　資料編近代1』（名古屋市、平成18年）480、481頁、前掲『愛知県史　下巻』60～62頁。
6) 前掲「熱田魚市場」、「熱田魚鳥生鯖問屋組合規約」（明治19年4月30日）農商務省水産局『重要魚市場調査』（生産調査会、大正元年）252～257頁所収。
7) 前掲『新修名古屋市史　資料編近代1』479～481頁、前掲「熱田魚市場」。
8) 「愛知県魚鳥業鮮　組合規約」前掲『重要魚市場調査』257～268頁所収。
9) 前掲「熱田魚市場」。
10) 「明治二十四年九月十二日　漁業者総代、仲買商小売商総代、問屋」前掲「熱田魚市場」所収。
11) 旗手勲「明治・大正期の豊橋魚市場　上」『愛

知大学経済論集　第126号』(1991年7月)6頁。
12) 同上、6～8、10～12頁、『豊橋魚かし』(豊橋魚市場、昭和28年) 29～32頁。
13) 前掲「明治・大正期の豊橋魚市場　上」14、32頁、「豊橋魚鳥株式会社」豊橋市史編集委員会『豊橋市史　第8巻』(豊橋市、昭和54年)635～643頁所収。
14)「魚市場魚介類集散及価格調査」(愛知県公文書館所蔵、明治40年)
15) 前掲「明治・大正期の豊橋魚市場　上」39～41、53頁、『第二回水産博覧会審査報告　第4巻』(農商務省水産局、明治32年)109頁、農商務大臣官房博覧会課『第二回関西府県連合会水産共進会審査復命書』(明治41年)423～426頁。
16) 前掲『愛知県史　下巻』58～60頁。
17) 同上、63頁。
18) 農商務省水産局『魚市場ニ関スル調査』(生産調査会、明治44年)33頁、前掲『重要魚市場調査』308～319頁、前掲『愛知県史　下巻』62～63頁。
19) 前掲『魚市場ニ関スル調査』33頁、前掲『愛知県史　下巻』68～69頁、『一宮市史　下巻』(一宮市役所、昭和14年)157～158頁。
20) 前掲『魚市場ニ関スル調査』33頁、前掲『愛知県史　下巻』62～65頁。明治前の魚問屋については、松田憲治「知多郡亀崎村梶川権左衛門の肴問屋営業とその展開－梶川家文書の紹介を兼ねて－」『愛知県史研究　第19号』(平成27年3月)がある。
21) 前掲『愛知県史　下巻』70～71頁、『碧南の水産業』(市史編纂会、昭和59年)27頁。
22) 前掲『愛知県史　下巻』71～72頁。
23) 同上、72頁。
24) 農商務省水産局『魚市場ニ関スル庁府県令』(明治44年)27～31頁、原田政美『近代日本市場史の研究』(そしえて、1991年)101頁、『中央卸売市場関係法規及道府県食品市場規則』(商工省商務局、昭和6年)123～129頁。
25) 磯貝浩「魚市場法実施の急務」『水産界　第418号』(大正6年7月)69～71頁、『楊城縉紳集　昭和申戌』(珊瑚社、昭和9年)216～217頁。
26) 卸売市場制度五十年史編さん委員会『卸売市場制度五十年史　第1巻本編Ⅰ』(食品需給研究センター、昭和54年)812～817頁。
27) 小出保治『名古屋市中央卸売市場史』(名古屋市、昭和44年)25～54頁、『京都市中央卸売市場誌』(京都市、昭和2年)84～86頁。
28)『港湾と鉄道との関係調書　第1編(大正10年11月編)』(鉄道省運輸局、1922年)65～66頁。
29) 鉄道省運輸局『主要貨物府県別発着数量表』(大正7年度)31～34頁、『昭和二年度内地水産業之概要』(農林省水産局、昭和4年)51頁。
30) 奥川政吉「熱田魚市場」『大日本水産会報　第334号』(明治43年7月)18～22頁、名古屋商業会議所編『名古屋商工案内』(大正4年)40～41頁、『魚類蔬菜果物卸売市場調査』(名古屋市役所勧業課、大正13年)69～71頁。
31) 前掲『重要魚市場調査』95頁。
32)『愛知県水産調査』(大正4年か、水産庁中央水産研究所所蔵)、前掲『魚類蔬菜果物卸売市場調査』68～69、71頁。
33)『愛知県水産要覧』(愛知県水産試験場、大正12年)111～119頁。
34) 名古屋商業会議所編『名古屋商工案内』(各年次)。
35) 前掲『愛知県水産調査』103、111、126～127頁。
36) 前掲『魚類蔬菜果物卸売市場調査』68、72～80頁。
37) 前掲『愛知県史　下巻』73～74頁、中部飲食料新聞社名古屋文化センター編『名古屋乾栄会百年史』(名古屋乾栄会、平成4年)70～71頁。
38) 前掲『重要魚市場調査』92～93頁、『名古屋市に於ける生鮮食料品の配給状況』(名古屋市産業部市場課、昭和11年)104～105頁。
39) 前掲『重要魚市場調査』95頁。
40) 前掲『近代日本市場史の研究』104頁
41) 服部直吉編『実業の名古屋』(一誠社、大正2年)138～139頁。
42) 前掲『魚類蔬菜果物卸売市場調査』13～14、23～31、39～44頁。
43)『名古屋市中央市場水産物協同組合創立三十五周年記念　魚・さかな・サカナ』(昭和63年)20、22頁。
44) 前掲『名古屋商工案内』(大正3年、4年、6年)
45) 前掲『魚類蔬菜果物卸売市場調査』14～18頁。
46) 旗手勲「明治・大正期の豊橋魚市場(中)」『愛知大学経済論集　第127号』(1991年12月)11、13～16、24、33頁、『今昔俺らが魚がし』(豊橋魚市場、昭和10年)21～25頁。
47) 大森修『豊橋財界史』(豊橋文化協会、昭和48年)93～97頁。
48) 旗手勲「明治・大正期の豊橋魚市場(下)」『愛知大学経済論集第129～131合併号』(1993年2月)4、8～9、33～40、55、65～66頁、豊橋商業会議所『豊橋商工案内　大正二年版』頁なし、豊橋市史編集委員会『豊橋市史　第

4巻』(豊橋市、昭和62年)687頁。
49)『大正昭和名古屋市史　第3巻』(名古屋市役所、昭和29年)368～369頁。
50) 帝国水産会『魚市場ニ関スル調査』(昭和11年)168～177頁、『産業の名古屋』(名古屋市役所産業部庶務課、昭和13年)33～34頁。
51) 前掲『大正昭和名古屋市史　第3巻』365頁。
52) 山夕魚鳥は淡水魚市場で、アユ、鴨、マス、ハエ等を扱う。仲買人は20人いたが、いずれも魚商及び料理屋で、仲買人というより買出人であった。前掲『魚市場ニ関スル調査』215～217頁。
53) 前掲『名古屋市に於ける生鮮食料品の配給状況』28～29、37、93頁。
54) 前掲『魚市場ニ関スル調査』183～204頁。
55) 前掲『名古屋市に於ける生鮮食料品の配給状況』48～49頁。
56) 前掲『魚市場ニ関スル調査』183～204頁。
57) 前掲『名古屋市に於ける生鮮食料品の配給状況』15～17、35、41、86～87、92～93頁、愛知県教育会編『郷土研究　愛知県地誌』(川瀬書店、昭和11年)809頁。
58) 大正中期は前掲『水産市場取引案内』31～38頁を参照した。
59)『岡崎商業会議所統計年報　大正五年』、『岡崎商工会議所統計年報　昭和四年、七年』。
60) 前掲『魚市場ニ関スル調査』204～215頁、前掲『今昔俺らが魚がし』32頁、前掲『豊橋魚かし』38、43～46頁、『市場年鑑　昭和8年』(中央市場新聞出版社、昭和8年)5頁、『同昭和12年度』(同社、昭和11年)4頁、豊橋市役所『豊橋市産業要覧』(豊橋市、昭和5年)67頁、豊橋市役所『産業の豊橋』(豊橋市、昭和10年)12頁、前掲『郷土研究　愛知県地誌』815頁、『漁獲物配給状況調査報告書　第一輯』(帝国水産会、昭和14年)47頁、前掲『豊橋市史　第4巻』689頁。
61) 商工省商務局『全国食料品卸売市場概況調査』(昭和12年)101頁。
62)『魚介類の生産出荷配給に関する実情調査』(帝国水産会、昭和18年)27～29頁。
63)『昭和十七年度統計表』(東京魚市場株式会社)229～231頁、名古屋南部史刊行会『名古屋南部史』(名古屋南部史刊行会、昭和27年)724～725頁。
64) 前掲『魚介類の生産出荷配給に関する実情調査』132～139頁。
65)『生鮮食料品ノ配給ニ関スル各地商工会議所調査並意見』(日本商工会議所、昭和16年)96頁。
66) 前掲『魚介類の生産出荷配給に関する実情調査』116～132頁。
67)『鮮魚小売業の再編成』(水産経済研究所、昭和17年)43～44頁。
68) 卸売市場制度五十年史編さん委員会『卸売市場制度五十年史　第3巻本編Ⅲ』(食品需給研究センター、昭和54年)296～297頁。
69) 昭和17年の名古屋市の入荷量は、熱田魚市場が16,900トン(鮮魚99%)、中央水産が9,900トン(鮮魚86%、塩干魚他14%)、名古屋水産市場が9,300トン(鮮魚13%、塩干魚他87%)、下之一色漁協が4,600トン(鮮魚99%)、合計40,700トン(鮮魚76%、塩干魚他24%)であった(本文とは異なる)。前掲『昭和十七年度　統計表』頁なし。
70)『水産食糧問題参考資料　利用・配給　下巻』(水産食糧問題協議会、昭和17年)421～425頁。
71)『支那事変下に於ける名古屋地方商取引事情の変遷』(名古屋商業会議所、昭和17年)69～73頁。
72) 前掲『豊橋市史　第4巻』689頁、前掲『豊橋魚かし』46～49頁。
73) 前掲『名古屋市中央卸売市場史』55～59、63～74、91～108頁、卸売市場制度五十年史編さん委員会『卸売市場制度五十年史　第2巻本編Ⅱ』(食品需給研究センター、昭和54年)884～885頁、前掲『卸売市場制度　五十年史　第3巻本編Ⅲ』289～290頁。
74) 明治末の枇杷島市場は、「現今青物問屋業組合員三十二名・・・荷主　委託貨物ヲ一定ノ口銭・・・ヲ得テ、小売業者又ハ一般ノ需要者ニ、雑売若クハ相対売ヲ以テ売渡サシムルガ為メ、他ノ市場ニ於ケルガ如ク、仲買人幹旋人等ヲ介スルノ要ナク、其ノ取引頗ル簡便ナリ」であった。前掲『愛知県史　下巻』66頁。
75) 前掲『重要魚市場調査』12頁。
76)『全国主要都市ニ於ケル食料品配給及市場情況　其ノ四九州及四国地方』(商工省商務局、大正15年)107、119、132，211頁。

第 6 章
愛知県における鮮魚の産地流通と漁業組合共販の発展過程

三谷魚市場と打瀬網漁船 (昭和 2 年)
『三谷漁協のあゆみ』(三谷漁業協同組合、昭和 62 年)

第6章

愛知県における鮮魚の産地流通と漁業組合共販の発展過程

はじめに

　愛知県における近代の鮮魚の産地流通の発展過程を拠点市場と漁業組合、または漁業協同組合（以下、漁協という）の共同販売（以下、組合共販という）に焦点をあてて考察する。本章でいう組合共販は産地での魚市場経営を指す（共同出荷等は除く）。拠点市場は漁業地であり、他地域の漁獲物も集荷する市場で、名古屋市に隣接する愛知郡下之一色魚市場（後、名古屋市に編入）と東海道線沿線に位置し、鉄道輸送に便利な宝飯郡三谷魚市場の2つがある。前者は伊勢湾の、後者は三河湾の拠点市場である。

　組合共販は漁業者の共同販売から始めた知多半島南部・離島（以下、知多南部という）と後発の知多半島北部（以下、知多北部という）や西三河、水産加工品の組合共販が主体の東三河の3地域に分けられる。また、上記以外の産地魚市場（以下、民営市場という）と相互に比較することで、各々の特徴を明らかにしたい。

　時期区分は、漁業の発展、鮮魚の運搬手段の発達、組合共販をめぐる制度改正を基準に以下の4期に分ける。第1期は明治中・後期で、拠点市場と組合共販が形成される時期、第2期は明治末・大正期で、拠点市場と組合共販が発展する時期、第3期は戦時体制までの昭和戦前期で、昭和恐慌により魚価が暴落し、産地流通が停滞する時期、第4期は戦時体制期で、産地市場も水産物統制機構に組み込まれる時期、である。

　本章で注目するのは、①魚商人から組合共販へ移行する過程での両者の対抗関係、魚商人の再編成、組合共販の運転資金や漁業者負債の借換資金の調達といった創業期の問題、②組合共販、拠点市場、民営市場における販売手数料、漁業者・仲買人への歩戻し（奨励金を含む）、代金決済方法の比較、③産地市場の市場業者の構成、である。これらは本章の最後で整理を試みる。

第1節　明治中・後期：拠点市場と漁業組合共販の形成

1. 拠点市場の形成
(1) 愛知郡下之一色村
　拠点市場として下之一色魚市場は未だ形成されない。名古屋に隣接する下之一色村には、

安政年間(1854～59年)に魚問屋ができたが、売掛金の回収難で継続出来ず、興亡を繰り返してきた。明治15、16年に村営で問屋業を始めたが、間もなく閉鎖された。明治35、36年頃、名古屋から資本家を招いて問屋を開いたが、漁業者と魚商人との対立が続き、41年に漁業組合が共販所を開設して転機を迎える。

明治24年の時点では村内に小規模魚市場が2か所あり、取扱高は両者合わせても0.4万円に過ぎない(前章表5-1)。明治42年の組合共販の取扱高は15.8万円(前章表5-2)となり、拠点市場として台頭する。

(2) 宝飯郡三谷町

三谷町は打瀬網漁業の発祥地であり、集積地でもあって漁獲高が多い。藩政期に中浜区(集落)の魚商人43人が共同市場を設けたが、幕末になって個人経営の2問屋に替わり、彼らが区に公納金を納めていた。明治4年に新しく問屋が出現して競争が高まった。明治15年に中浜区は魚問屋4軒を買い受けて区営魚市場とした。時は松方デフレ期であり、その影響が考えられる。同時期に下之一色では村営市場としており、地区あげての対応が模索されたといえる。一方、同年には三谷漁港(第一次)が完成し、明治22年に東海道線が開通し、三谷の近くでは蒲郡駅ができた。明治22年に豊橋の市制施行、27年に三谷の町制施行があって三谷は鮮魚の集散拠点となり、県下最大の水揚げ港となった。明治24年の魚市場は資本金2,000円、取扱高1.2万円、仲買人60人であった(前章表5-1)。取扱高は多いが、未だ突出しているわけではない。

明治32年に17年間続いた区営から三谷魚鳥(株)(資本金3万円、600株)に衣替えした。同年に公布された商法に基づいて法人化したといわれる(同年に町内に別の魚市場、隣りの形原町にも魚市場が開設した)。株主は中浜区民の258人で、1戸1株を割り当てた。その際、三谷魚鳥と中浜区と交わした契約書には、取扱高の0.5％を中浜区に納付する、株主は仲買人になることができる、株主が小売りをする場合は資金を貸与する、とあって共同体的性格を引き継いでいる。

取引は仲買人、小座人(特定の仲買人に付属して仲買人名義で売買に参加する小売商)が立ち会う。販売手数料(問屋口銭)は地元船は10.5％、地元外船は12％、塩干品はどちらも10％。そのうち鮮魚、塩干魚とも6％を仲買人に歩戻しする。荷主へは販売直後に支払うが、遠方からの送荷については為替送金をする。送荷には通常指し値(指定価格以上での販売を委託)がついており、指し値以上で売れなかったら荷主と相談して対処する。この市場は主に面売り(外観で目利きをして売買)とし、尾数売りでは2％の込目(流通過程の目減り分を予め増量する)、目方売りでは3％の風袋引き(容器分を引く)が習慣である。

会社と仲買人との代金決済は月2回で、購入額の7割を納入し、残りは6月末、12月末の決算期に清算する。当時は、前章でみたようにこうした決済方法は一般的であった。清算できなければ保証人を立てるか担保を入れ、そうしなければ取引停止となる。滞納金には利子がつく。反対に仲買人の中には予め身元保証金を提供して会社から金利をつけてもらうこともある。

問屋の開業は区内では許されない。仲買人となるには会社の株主であって承諾を得たうえ仲買事務所に加入金を納付する。小座人となるには仲買人の承認を得、毎年仲買事務所へ納

金する。

　取扱品は三河湾産が主で、和歌山、三重、静岡からの入荷が次ぐ。東京、京都、大阪等へ移出するものが過半を占める。残りは塩干品とともに付近で消費される。

　同じ明治 32 年に西区と北区の有志が三谷水産 (株)(資本金 2 万円) を創立した (北区に立地)。中浜区の魚市場が好成績であることに刺激されたのである。以後、両者が競合、対立する。地区対立でもあって、中浜区では「西北区ニ対抗魚市場ノ出現セル当時仲買人ノ相互取引ハ言フニ不及、西北区民トノ結婚、使用人ノ雇用迄厳禁ヲサレ」た。漁船数では西・北区が圧倒的に多かったので、三谷魚鳥は地元外船の誘致、仲買人の育成に努めた。

　三谷水産の場合、仲買人になるには会社と同業者の承諾が必要で、会社は保証人もしくは保証金、担保物件を求めた。代金支払い方法は三谷魚鳥の場合と同じだが、前もって支払い残高 3 割相当分の保証金、担保物件を提供させている。三谷魚鳥と違い、共同体的性格がない。

　日の出頃より午後 10 時頃まで開場し、鮮魚介、鳥類を扱う。大部分は午前 7 時前後に取引される。販売手数料は 12％、仲買人への歩戻しは 5.5％、押送船・買廻船には 7 〜 10％の歩戻しを与える。地元漁船については会社の収入 6.5％のうち 1％を漁業者の積立金とする[1]。三谷魚鳥に比べると地元漁業者への積立金を考慮しても販売手数料は高く、歩戻しは低い。

　図 6-1 は三谷中浜区営及び三谷魚鳥 (株) の売上高と販売収入 (歩戻しを差し引いた純収

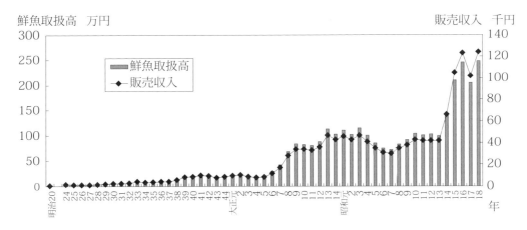

図 6-1　三谷中浜区営、三谷魚鳥（株）、三谷漁協の鮮魚取扱高と販売収入の推移

資料：『三谷漁協のあゆみ』（三谷漁業協同組合、昭和 62 年）38、4 〜 42、46 頁。
注 1：明治 32 年まで中浜区営、33 年から三谷魚鳥（株）、昭和 14 年から三谷漁協。明治 32 年〜大正 13 年は三谷水産（株）と競合。
注 2：販売収入は販売手数料から歩戻し等を引いた純収入

入) の推移を示したものである (年 2 期分を合算した)。明治期の取扱高は日清戦争後に増加し始め、日露戦後に急増して 20 万円台になった。明治 32 年に三谷水産が設立されて競合したものの取扱高は減ることもなく増加した。販売収入は取扱高の 4％余りで推移している。

　前章表 5-3 で明治 39 年の取扱高をみると、三谷魚鳥が 14.9 万円、三谷水産が 5 万円と大きな差がある。漁場、取扱魚種、出荷先はいくらか異なる。三谷魚鳥はエビ、タイ、ヒラメ・

カレイ、イカ、タコ、ブリ、サメを取扱い、外海性魚種(渥美外海、伊勢湾、志摩方面)も多く(貝類は扱わない)、地元外船の水揚げが多いことを物語っている。送付先は東京・横浜、京都、大津、熱田、岐阜、駿遠、長野等である。三谷水産はクルマエビ、イカ、ハモ、赤エビ、エソ、貝類等内湾及び渥美外海の魚介類が中心であり、ほとんどが地元船の水揚げである。京都、東京、熱田、地方各地へ送っている[2]。遠隔地への出荷は貨車頼みである。

2. 漁業組合共販の始まり

　組合共販が登場してくるのは明治36年に沿海地区107組合が設立された以降になる。それ以前でも漁業者の共販の試みがあった。漁業者による共販は、消費地から離れ、魚商人が支配していた知多南部で始まった。

(1) 知多郡師崎町(明治27年町制、39年大井村合併)

　師崎町は師崎浦、片名、大井地区からなり、後にそれぞれに漁業組合ができる。師崎浦では、魚商人に利益を壟断されたので、漁業者が明治24年に海産組を組織し、競争入札を導入した。海産組は押送船業者の横暴を制し、伊勢地方に行われていた共販に範をとったもので愛知県の共販事業の嚆矢となった。販売手数料は購買者から徴収した。常設仲買人(8人)は4％、他村仲買人は6％とした。海産組が誕生して仲買人の間で競争が生じ、価格が安定した。他村漁業者の漁獲物の販売も行い、その販売手数料は積み立てた。取扱高は明治25年度の1.3万円が29年度は9.1万円と著しく増加したが、積立金に関し紛擾があり、31年に東西の2組に分裂した。販売手数料を常設仲買人は3％に、他村仲買人は4％に引き下げた。明治38年に2か所の共販所を統合し、43年に海産組の事業を漁業組合に移した。明治末の販売手数料は、販売者は0.5％、常設仲買人は1.5％、他村仲買人は4％となり、以前に比べて販売側からも徴収するようになり、常設仲買人の販売手数料がさらに下った[3]。歩戻しはないが、購買高に応じて賞与金が交付された。

　大井地区では、明治31年に主な漁業者が大井共算商業組合を組織し、魚市場を開設した。目的は「第一漁業者ノ弊習ヲ改善スルト共ニ凶年ノ資ヲ貯蓄スルコト、第二漁獲物仲買人ニ任意買収セラルルノ迂愚ヲ免カルルニアリ」。明治34年には大井海産事務所と改称し、業務を拡張した。漁業組合の設立とともに明治36年に組合経営に移管した。共販に関する組合規約をみると、①組合員は共販所にその漁獲物を販売するものとする。販売額の10％を組合に預け、組合は1％を組合経費とし、残り9％は年末に各組合員に戻す。販売代金は翌日支払う。②仲買人は常に購買する定仲買人と臨時に購買する普通仲買人に分ける。仲買人になるには保証人2人が必要。販売手数料は定仲買人は1.5％、普通仲買人は4％とする。仲買人は購買代金と販売手数料を翌日、組合に納入する、となっている[4]。この例でも販売手数料は漁業者、仲買人双方から徴収しているし、仲買人の方が負担が重い。しかも仲買人の代金支払いは翌日となっている。運営資金のために販売代金の9％が組合に預けられた。

　明治39年における3地区の取扱高は、師崎東西市場は86トン、33,300円、大井漁業組合共販所は191トン、13,460円、片名浦漁業組合共販所は40トン、4,919円であった(前章表5-3)[5]。

(2) 知多郡篠島村

従来、漁業者は仲買人と直接取引をしてきたが、不利不便として明治30年に篠島村海産同盟入札場を創設し、競争入札とした。当初、漁業者側は仲買人が結託して魚価を引き下げる、仲買人は競争入札では魚価が高騰するとして相互不信を募らせた。仲介人の調停によって実施に至り、好成績を収めるようになった。明治36年に漁業組合が設立されると、同盟入札場の事業、財産を継承した。「共同販売所設立迄ハ常ニ紛争絶ヘザリキ。斯クシテ共同販売設立セラレシガ之レ迄漁夫ハ前貸ニヨリテ業ヲナセシ為仲買人ヨリ返済ヲ迫マラレテ同所設立ノ邪魔ニ遇ヒシモ一村ノ負債額八百円ニ上リタレバ四人（組合幹部－引用者）ノ連帯責任ニテ八百円ヲ借入レ漁夫ニ融通シタリ…遂ニ設立ス」[6]。組合共販の開設にあたっては仲買人による仕込み金を楯とした妨害があり、組合幹部は資金を調達して組合からの融資に借り換えさせている。漁業組合規約では、組合員は漁獲物を共販所で販売すること、購買者は組合の承認を得る、売買はすべて競争入札とする、販売手数料として双方から1％、ないし1.5％を徴収する、組合員は販売した日から4日以内に販売代金の受け取りを共販所に申し出る、購買者を甲種（常時購買者）と乙種（魚目網漁獲物、タコ、イワシ、海藻、肥料その他製造原料を購買する者）に分け、前者は保証金5円、保証人2人以上、後者は保証金3円、保証人1人以上をつける、購買者は代金を3日以内に払い込む、期日を過ぎると保証金から控除し、その補填をするまでは購買を停止する、と規定している。販売手数料を双方から徴収していること、購買代金は3日以内に、販売代金は4日以内に支払う（短期決済で、購買者が先）としたこと、保証金は極めて低額（短期決済のため支払額が少ない）なこと、が特徴となっている。

　明治39年の取扱高は73,540円で、師崎町3地区より多い（前章表5-3）。明治末では販売手数料は販売高の1％を双方から徴収し、他に組合員から特別税（村税支払いの資金とする）として1％を徴収する、購買者に対しては奨励金を交付する、となっている[7]。以前と比べると購買側への配慮が窺える。

(3) 知多郡日間賀島村

　明治28年に日間賀島村西里海産組と東里海産組が設立された。組合員の互選で選出した役員が競売をし、仲買人が相場を左右するのを防いだ。明治29年の取扱高は西里海産組1.3万円、東里海産組1.1万円であった[8]。その後、組合共販に事業が引き継がれ、明治39年は西海産物共販所は62トン、27,360円、東海産物共販所は53トン、25,030円となった[9]。

(4) 知多郡豊浜村（明治39年町制）

　明治36年に須佐地区で押送船業者の専横に対抗して豊浜水産(株)が設立された。漁業組合の事業として始めるはずであったが、資金が足りず、株式会社とした。会社経営だが地区の漁業者は必ず漁獲物をこの会社に出荷するという口約束があり、実質は組合共販であった[10]。

(5) 幡豆郡佐久島村

　佐久島は三河湾に浮かぶ離島である。明治31年に漁業者が申合規約を作り、共販所を開設した。準備金として日掛け貯金制度を設け、また、代表者が資金を調達した。しかし、漁業者の中にはこの事業の利便性を理解せず、仲買人の反発もあって度々紛擾が起り、あるいは販売代金の回収難で興亡が繰り返された。明治40年に漁業組合がこの事業を開始してか

らは順調となった[11]。

　以上の事例をまとめよう。

　①共同販売は、漁業組合が設立される以前の明治24年に知多南部で始まった。知多南部は、主要出荷先の熱田魚市場とは距離が離れていて輸送は押送船や買廻船に依存していた。競争入札による共販は伊勢地方から伝搬し、周辺地域へ短期間のうちに普及した。その目的は魚商人による専横を退けて価格の上昇を図ることであり、魚商人との間で激しい対立を生んだ。共販所設置にあたって漁業者は魚商人の仕込み支配下にあったので、そこから脱出するための負債償還資金と共販事業の設備資金、運転資金の調達が必要で、有志や組合幹部が資金を調達することもあった。明治36年に漁業組合が設立されると有志による共販事業は組合経営に移された。共販の経験がないので、試行錯誤のうえ、魚商人を仲買人として編成し、競売することになった。共販を実施した結果、組合出荷の増加、価格の上昇に繋がった。漁業者、仲買人はともに地元と地元外を区別している。

　②共販の販売手数料は歩戻しがないかあるいは少ない、営利目的ではないことから低水準に留められた。そして、当初は購買側負担であったが、次第に販売・購買双方から徴収され、しかも販売側の負担が少なかった。運転資金を確保するため、販売代金の回収期限を非常に短くし、回収してから販売者に支払う体制をとったり、販売代金の一部の支払いを留保し、組合の運転資金に利用した。

　③共販所は仲買人の人数は少なく、小座人はいない。仲買人も産地仲買人(押送船業者)、製造業者、地元向け小売商が混在し、地元か地元外か、常時購買か臨時購買か等で販売手数料、身元保証要件に差をつけている。共販は組合員は全量を共販に出荷することを原則にしたが、仲買人との直接取引(相対売り)や他の市場出荷が続く場合もあった。

　明治41年の組合共販は知多郡の八幡浜、新知、養父(以上、知多北部)、大井、片名浦、篠島村(以上、知多南部)、幡豆郡の佐久島村、宝飯郡の西浦村(以上、西三河)の8か所であった[12]。明治末になると組合共販は知多北部、西三河にも広がり始めた。

第2節　明治末・大正期：拠点市場と組合共販の発展

1. 拠点市場の発展
1) 下之一色における共販体制の確立

　愛知郡下之一色村(大正6年に町制)は新川に面し、下流に行けば名古屋港に出る。同地を根拠とする買廻船もある。村には東海道が通り、名古屋市街地へ通じる。最寄りの鉄道駅は関西線は八田駅、東海道線は熱田駅で、そこから貨物を搬入する。大正2年に下之一色電車軌道が敷設され、名古屋市街とつながった。小売人は道路、電車を利用して市内を行商した。

　下之一色村では明治41年に魚問屋が廃業すると、後継問屋がまとまらず、魚商組合が魚問屋を開業したが、利益にならないとして地元漁獲物の取扱いを拒絶した。漁業者は販路に窮し、これに対抗すべく漁業組合が共販を実施した。以後、17か月にわたって激しい競争

となった。共倒れを心配して郡長、村長らの斡旋で地元漁獲物は漁業組合の共販所が、地元外漁獲物は漁業組合、魚商組合、買付業者組合(新鮮社)の3者によって設立した匿名組合・三盛社(資本金5万円)が扱うこととなった。明治44年に漁業組合と三盛社は県市場取締規則に基づいて市場開設を出願し、翌年に許可された。この結果、2つの市場が並立する下之一色魚市場が発足した[13]。

　三盛社の仲買人は20人、小座人は500人、この他に遠隔地の荷を買付け、当市場で相対売りをする者(新鮮社)がいる。入荷先は主として下関、三河、伊勢、北陸、九州で、委託品が6割、新鮮社の買付品が4割であった。開市時間は午前4時～9時、午後3時～6時の2回で、名古屋市内への販売のため開市時間が早い。取引は受託品はせり売り、買付品は相対売りで、せり売りでは符牒が使われた。販売手数料はせり売りは10%、相対売りは7%で、仲買人への歩戻しは4%、仲買人から小座人への歩戻しは1.5%であった。代金決済は仲買人は月2回、小座人は月締めが多い。取扱高は第一次大戦中は50万円を上回ったが、大正10～12年は30万円前後に低下した[14]。

　一方、組合共販は明治41年に始まり、43年度までは非常に利益が高かったが、組合役員が直接販売にあたるため業務遂行が甚だ困難だったことから44年は仲買人による競売制度に変更し、仲買人へ2.5%を歩戻しすることにした。共販を実施するにあたって、「理事者は一命を賭してまで組合の為め奮闘する覚悟を以て之に当った」。漁獲物の販売代金を迅速かつ正確に支払い、販売手数料を低率にして組合員の信用を得た。営業資金を貧窮している組合員から集めることができず、かといって政府低利資金の借入れは手続きが煩雑だったので地区の信用組合に求め、組合員には信用組合への貯金を奨励して相互に連携した。

　共販所の規約は、組合員は共販所に出荷すること、売買は入札または競売とする、組合は総会で共販所の執行役員を選出する、組合は販売者から販売手数料として4%、相対売りは5%を徴収する、販売代金の受け取りを3日以内に申し出る、仲買人は保証金を納入し、保証人2人以上をつけて理事の承認を得る、購入代金は2日以内に払い込む、と定めている[15]。

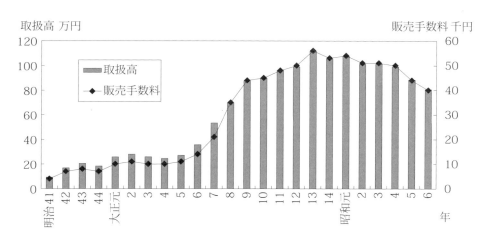

図6-2　下之一色漁業組合共同販売所の鮮魚取扱高と販売手数料の推移

資料：農林省経済更生部『漁村経済更生計画資料』(昭和8年) 46～47頁。

運転資金を確保するため販売代金を2日以内に回収して、3日以内に販売者に渡した。販売手数料は大正8年から5％に引き上げた。三盛社の場合に比べて、販売手数料と仲買人への歩戻し(組合規約に書いていないが2.5％)が低い、仲買人からの代金回収期限が短い。販売手数料は組合共販でも販売者から徴収している。

　明治41年〜昭和6年の共販所の取扱高をみると(図6-2)、明治41〜44年は25万円未満、大正元〜6年は25万円台であったが、7年、8年に急増し、9〜12年は一挙に80万円台、大正13〜昭和3年は100万円台に達した。三盛社と違い、昭和初期まで取扱高は伸長を続けた。その後、金融恐慌、昭和恐慌によって昭和4〜6年は80万円台に低下する。販売手数料は販売額に比例して伸長し、経費を引いた収益は安定的に確保した。漁業組合の共販事業は、収益金による漁業資金の融通、漁業者高利負債の償却、遭難救恤基金の積み立て、漁業の改良、漁港の修築等に役立った[16]。漁業組合は共販事業の開始と併行して明治43年から漁業資金の貸し付け事業を行い、当初は大いに利用されたが、組合員の高利負債(問屋からの仕込み金)が整理されて貸付金は少額となった。

2) 三谷魚市場の発展

　宝飯郡三谷町では、集落別に中浜区の三谷魚鳥(株)と西・北区の三谷水産(株)が対抗していたが、三谷魚鳥は大正9年に資本金を10万円に増資し、12年には子会社・三谷製氷(株)(資本金8万円)を設立する等、第一次大戦後も事業を拡大した。昭和2年には製氷能力を高めるとともに冷蔵事業を開始した。反対に三谷水産は戦後不況で取扱高は低下して大正13年に解散に追い込まれた。事業は三谷魚鳥が継承した。西・北区の仲買人も三谷魚鳥の仲買組合に加入した[17]。

　取扱いは地元漁船より地元外漁船の方がはるかに多く、昭和2年では地元漁船57万円、地元外漁船103万円であった。昭和初期の漁場は地元漁船も地元外漁船も三河湾及び伊勢湾と湾外の遠州灘や熊野灘が半々であった。三河湾内だけでなく、伊勢、紀伊方面から動力船で売りに来た。運搬船の動力化は大正後期、漁船の動力化は昭和初期に始まる。地元外から漁獲物が持ち込まれるのは三谷は東海道線沿いに立地し、輸送の便が良いからである。三谷からの出荷先は京浜が最も多く、豊橋、岡崎を含む三河が次ぎ、京阪神、静岡、名古屋、岐阜が続く。行商は岐阜、名古屋、浜松、近くは岡崎、豊橋方面に出かけた。

　前掲図6-1で三谷魚鳥の明治末・大正期の取扱高をみると、第一次大戦末には80万円に跳ね上がり、その後も増加して大正13年には三谷水産を吸収したことで100万円を突破した。販売収入は7、8千円から3万円余となり、大正末には4万円を超えた。

　大正5年頃の三谷魚鳥と三谷水産の仲買人は合わせて110人、小座人は75人で、取引方法は競売または掛け売りであった。販売手数料は12％、仲買人への歩戻しは7％となり、以前より引き上げた[18]。下之一色と比べると、仲買人が多く、小座人が少なく、出荷・製造向けが中心で、出荷先も広域に分散している。販売手数料と歩戻しも高い。

2．組合共販の発展
1) 組合共販の発展と事例

表6-1　漁業組合の共同販売事業（大正4年度、6年度）

漁業組合名	町村	組合員数	取扱高　万円	
			大正4年度	大正6年度
下之一色	愛知郡下之一色町	1,001	14.6	35.7
鍋田村	海部郡鍋田村	1,781		
名和	知多郡上野村	66	0.4	0.4
大田	同横須賀町	135	0.1	0.1
養父	同上	129	1.6	1.9
八幡浜	同八幡村	267	3.4	5.8
篠島村	同篠島村	349	5.7	6.6
日間賀島村	同日間賀島村	264	4.6	7.4
師崎浦	同師崎町	143	5.7	8.6
片名浦	同上	57	0.6	0.2
大井	同上	123	0.2	1.4
棚尾村	碧海郡棚尾村	92	0.8	1.2
大浜町	同大浜町	157	0.6	2.0
幡豆	幡豆郡幡豆村	76	0.2	
東幡豆	同上	121	1.7	
佐久島村	同佐久島村	93	0.9	
西浦村	宝飯郡西浦村	250	4.6	5.0
老津村	渥美郡老津村	423		1.3
大崎	同高師村	166	1.0	2.8

資料：『愛知県水産要覧』（愛知県水産組合連合会、大正8年）44～57頁、
「漁業組合状況調（大正四年度）」『愛知県水産組合連合会報第18号』（大正7年3月）77～79頁。
注：鍋田村漁業組合は乾ノリの販売、老津村漁業組合と大崎漁業組合は乾アサリの販売高。

　表6-1は大正4、6年度の組合共販を示したものである。大正6年度は、沿海地区漁業組合111のうち共販事業を行うのは愛知郡1、海部郡1、知多郡9、碧海郡2、幡豆郡3、宝飯郡1、渥美郡2の計19組合で、明治41年の8組合に比べると大幅に増加している[19]。19組合のうち1組合は乾ノリ(海部郡)、2組合は乾アサリ(渥美郡)の共販であり、鮮魚の共販は16組合である。地域的には知多南部に多いが、知多北部、西三河、東三河にも広がってきた。開設時期は明治40年代がほとんどである。取扱高を大正4年度と6年度を比べると、短期間のうちに大幅に増加し、倍増したケースもあって第一次大戦後半に魚価が急騰したことがわかる。

　明治末・大正期に組合共販が広がった一般的な理由は、①明治43年の漁業法改正で漁業組合は「組合員ノ漁業ニ関スル共同ノ施設ヲ為スヲ以テ目的トス」と規定され、翌44年の農商務省訓令に共同施設として共販が明記されたこと。②同じ明治43年に勧業銀行、農工銀行、北海道拓殖銀行の特殊銀行法改正で、漁業組合・同連合会に対する無担保融資、漁業権担保融資の途が開けた。もっとも特殊銀行による無担保融資は信用力の高い漁業組合に限られていた。また、翌44年から預金部資金による低利資金供給も上記特殊銀行を通じて漁業組合・同連合会の共同施設事業に融資されるようになったこと、である。

　以下、知多北部、西三河、東三河の事例を示す。

(1) 知多郡八幡村の八幡浜漁業組合(明治39年に新知村と合併)

明治36年に漁業組合が設立された頃は個人問屋が営業しており、漁業者は不利な立場であったので、41年に組合共販を開始した。隣接する新知漁業組合との連合であったが、明治44年に分離して単独の事業とした。仲買人の整理等弊害となる慣習を打破して盛況となった。組合は組合員の販売額の2割を保留し、毎年2期に払い戻す。これによって資金繰りを楽にした。取引は競争入札で、販売代金は販売者に即日支払う。販売手数料は9%で、うち2%は販売者に奨励金として、3%は購買者に歩戻しとして毎年2期に交付した。他にエビの直送販売も行った。エビは重要漁獲物で、従来、地元仲買人が組織する蝦社と取引してきたが、この団体が不払いや漁業者の利益を壟断することが甚しいので、直送を計画し、仲買人の妨害や未経験ゆえの困難を克服し、成功をみた。大正2年度に漁業組合資金3,000円を借り、共販事業資金に充当し、5年度には1,000円を借り、共同購買事業を始めた[20]。

(2) 知多郡横須賀町の養父漁業組合 (明治39年に養父村等と合併)

　明治41年から組合共販を開始した。漁獲物は隣接する横須賀町魚市場に出荷していたが、不便だし、漁利が地区外に流れることから事業を開始した。競争入札制度とした。組合は組合員の販売額の24%を保留し、毎年2期に払い戻す。販売手数料は8%で、1%を販売者に奨励金として、2%を購買者にそれぞれ毎年2期に分けて交付する。販売者には即日、代金を支払う。購買代金は月3回、回収する。共販所以外での販売については販売額の1%を組合に納入させる。大正2年度に漁業組合資金2,800円を借り、うち2,000円を漁業資金貸付事業に、800円を共販事業資金に充てた。大正5年度から購買事業を開始している[21]。

　養父漁業組合と八幡浜漁業組合は共販事業の開始年、販売額の一部を組合が留保したこと、販売手数料の率、販売・購買双方に年2回歩戻しをすること、預金部資金を借りて組合の共同事業を進めたこと等が共通しており、一緒に推進したことが窺われる。

(3) 幡豆郡吉田村の宮崎信用販売購買組合

　大正8年に産業組合として設立された。信用部と販売部があり、信用部は貯金の奨励と組合員への貸付事業を行った。従来、高利の事業資金に悩んでいたが、低利でしかも簡便に融資されるようになった。販売部では魚商人に利益を壟断されていた鮮魚の販売を行った。販売手数料は10%、うち5.7%を仲買人へ、0.7%を販売者に歩戻しし、0.75%を常雇人の給料に充て、残り2.85%を組合の純収入とした[22]。なお、吉田村には上記の産業組合の他、3つの漁業組合 (吉田、保定、宮崎)、2つの魚市場 (宮崎魚市場、冨好魚市場) がある。

(4) 渥美郡大崎村の大崎漁業組合 (明治39年に高師村となった)

　明治17年に申合規約によってアサリの共同販売を始めたが、生産額が少なく、みるべき成績を残していない。明治39年に漁業組合ができると、翌年から組合共販に移し、生アサリの販路を拡張した者には販売額の一部を奨励金として支給するようにして販売額を上げた。販売額の8%を組合が収受する。組合は串アサリ (乾アサリ) の製品検査を行い、優良品には賞与を与えた。アサリの増殖に取り組んだのは明治25年からで、大正2年度には漁業組合資金1,000円を借り、漁場整備を行った。借入金の償還にはアサリの販売手数料を充てた[23]。

　大正後期、渥美郡では老津村漁業組合が大崎漁業組合と同様、アサリの養殖と共販を、福江漁業組合はノリ養殖と鮮魚の共同販売を行っている。この他、三河乾海苔同業組合がノリ

の製品検査、共販等を行っている[24]。

2) 明治末・大正期の組合共販

明治末・大正期の産地市場では、組合共販を実施する組合が増え、取扱高も著しく伸長した。組合共販は知多北部、西三河、東三河にも拡大した。

①知多北部では八幡浜、養父漁業組合は大正2年度に低利の漁業組合資金を借り、漁業資金貸付事業や共販事業を始めた。漁業者に魚商人からの高利負債を償還させ、共販所出荷の条件を作った。また、販売額の一部を預かって営業資金に充てている。下之一色漁業組合も地区の信用組合から資金を借りて共販事業と漁業資金貸付事業を始め、拠点市場として成長していった。

②八幡浜、養父漁業組合の販売手数料は民営市場より低いが、販売者負担であり、販売、購買双方に歩戻しを年2回交付している。知多南部の組合共販の販売手数料より高く、しかも購買側に歩戻しを交付するようになった。下之一色漁業組合は併存する三盛社に比べると販売手数料は低く、歩戻しも行っている。すなわち、組合共販も競争力を持つために次第に立地条件や組合共販を始めた時期の違いを縮めていった。それは仲買人(購買側)の役割重視で共通している。

③西三河の宮崎信用販売購買組合は産業組合で、信用事業と鮮魚の共販を営む。信用事業で貯蓄を奨励しながら低利貸付事業を行い、魚商人の仕込み支配から脱却させるとともに漁業の拡大を図った。共販の販売手数料、仲買人への歩戻しは民営市場のそれよりわずかに低く、かつ漁業者への歩戻しがある点で共販らしさを残している。

④東三河の組合共販は水産加工品が中心で、実施時期も遅い。最初は大崎漁業組合のアサリ共販で、漁業組合資金を導入して漁場整備をするとともに、生アサリの販路拡張やアサリ製品の優秀品に賞与を与えることで、事業の拡大を図った。

第3節　昭和戦前期：拠点市場と組合共販の停滞

第一次大戦後の不況、金融恐慌、昭和恐慌に翻弄されて産地市場は全般的に停滞した。そうした中、大正14年に漁業共同施設奨励規則が制定され(預金部資金による低利融資に代わって)、国家財政による本格的な沿岸漁業保護助成策が始まった。昭和恐慌に対して、農山漁村経済更生計画による漁業共同施設関係奨励金が大幅に増額された。また、昭和8年の漁業法改正によって漁業組合・同連合会に出資制を認めて、共同施設事業の拡充が図られた。ただし、漁業組合が出資制をとり協同組合になるのは昭和10年以降のことになる。

1. 拠点市場の停滞
1) 下之一色魚市場(昭和12年に名古屋市に編入)

下之一色魚市場は、漁業組合の共販所(基金4.9万円)と匿名組合・三盛社(資本金15万円)の2本建てである。どちらも開設者は下之一色漁業組合であり、同じ建物内で営業している。

魚市場に製氷・冷蔵庫はなく、対岸の製氷工場を利用した。

共販所の取扱高 (前掲図6-2) は、大正末がピークで100万円を超えていたが、その後徐々に低下し、昭和恐慌期に急落する。昭和恐慌期以降の取扱高を共販所と三盛社の順に示すと、6年が81万円と33万円、7年が82万円と21万円、8年が92万円と25万円、9年が92万円と28万円、10年が96万円と27万円で、共販所が三盛社の3倍余高く、昭和恐慌期にも増加したのに三盛社は昭和恐慌期に減少し、回復が遅れた。

仲買人は下之一色町民の33人、うち共販所所属が30人、三盛社所属が20人で、ほとんどが両方に出入りする。仲買人は仲買人組合に加入している。仲買人組合は両者とも増員しない方針であった。小座人は776人で、下之一色魚商組合に加入している。他に家族雇いが492人いた(昭和8年)。

仲買人は保証人2人をつけ、保証金200円を共販所、または三盛社に供託する。小座人は仲買人に対し保証人2人をつける。仲買人は配下に10～70人の小座人を擁し、売買に参加させ、購買代金を代払いする。

開市は朝夕2回開くのが原則だが、1～5月は朝市(午前4時～7時)のみが多い。イワシやハゼ等の入荷が多い時期には夕市(午後3～6時)が開かれる。買受人はたいてい名古屋市内へ運ぶ関係上、早い時間に取引が始まり、早く終了する。年中休日なしである。

売買方法は両者とも委託品のせり売りで、小座人が多いことからせりの単位は小さい。共販所で扱うのは組合員の漁獲物の4分の1で、4分の3は組合員と仲買人・小座人とで相対売りされる(せり開始前に道路で立ち売り)。仲買人で三盛社を通さず集荷した魚(直荷引、買付品)は他の仲買人・小座人に相対売りをする、三盛社経由(委託品)と直荷引(買付品)の割合は三盛社経由がやや多い。

販売手数料は共販所は競売、相対ともに5％、三盛社は競売10％、相対7％である。出荷奨励金はない。歩戻しは共販所は仲買人へ2.5％、仲買人から小座人へ0.5％、三盛社は仲買人へ4％、仲買人から小座人へ1.5％で以前と変わっていない。三盛社も名古屋市の熱田魚市場、中央市場と比べれば販売手数料、仲買人や小座人への歩戻しは幾分低くして、集荷力を保った。例えば、中央市場の販売手数料は12％、仲買人への歩戻しは5％、小座人への歩戻しは2％前後であった。

代金決済は、共販所は組合員に即日支払い、三盛社は月締めで月末に送金、仲買人は共販所に月3回、三盛社に月2回支払い、月末に清算する。支払いは順調であった。仲買人の支払いは三盛社に対しては以前と同じだが、共販所に対しては2日以内から月3回に延びた。共販所の運営資金が充実し、金融機能を果たすようになったことによる。小座人は仲買人に即日支払いとしているが、多くは滞納した。相対売りは販売側が共販所、三盛社に申告し、即日、代金を受けとる。このように取引方法は仲買人の直荷引、相対売り、組合員による相対売りもあるが、その場合でも売買代金は共販所、三盛社を通す。

三盛社の集荷先は下関、九州・朝鮮、台湾、静岡・愛知、伊勢湾、伊勢・志摩、北海道・三陸、北陸と以前より広がった。供給先は名古屋市内が約8割で、他は小座人の店舗での販売。市街地への行商は以前は徒歩であったが、自転車が主となった。下之一色電車も多少利用する[25]。

2) 三谷魚市場

　前掲図6-1によって三谷魚鳥(株)の取扱高をみると、大正末・昭和初期が最大で100万円を超えたが、昭和恐慌期には70万円に落ち込み、その後反転して昭和10年には100万円を回復した。取扱高の推移は下之一色の組合共販とよく似ている。出資配当は16～18％に高まった。販売収入は4万円であったものが昭和恐慌で3万円に下がり、昭和10年には4万円台に戻している。

　大正13年に西・北区連合の三谷水産(株)が解散し、その業務一切を三谷魚鳥が継承した。また、昭和4年に長年の念願であった鉄道駅(東海道線三河三谷駅)を実現させた。これまで利用していた蒲郡駅とも近く、自前の駅を設けるだけの経済力を持った。新駅のための地元寄付金の過半が魚市場関係から集められた[26]。新駅の設置は鮮魚の出荷、行商の範囲を拡大し、スピードを早めた。水揚げ高の増加もあって三谷漁港の修築が進められ、昭和15年に完成した。

　昭和10年の三谷魚鳥の仲買人は94人、小座人は90人で大正初期と比べて仲買人が減り、小座人が増えた。昭和14年に三谷魚鳥は閉鎖して漁業組合と合同し、三谷漁協の共販となった[27]。

2. 産地魚市場と漁協・漁業組合の共販事業

　表6-2は昭和11・12年度の漁協・漁業組合の共販所をみたものである。計30組合は大正6年度（前掲表6-1）の19組合より大幅に増えている。民営市場から組合共販に変わったのは一部で、多くは表6-1に名前が出ていない漁村で始まった。特徴的には知多郡と幡豆郡が大きく増えた。取扱高を表6-1と比べると、多くが2、3倍に増えた。といっても増えたのは第一次大戦後で、その後、昭和恐慌期の低落と回復を経ている。

　取扱高は下之一色市場が突出して高く、他は40万円未満である。取引方法はせりと入札が相半ばする。販売手数料は10％以下で、知多南部の須佐、師崎浦、篠島村漁協は低く、また師崎浦、篠島村漁協は漁業者と仲買人双方から徴収している。仲買人への歩戻しは組合共販でも実施されるようになり、知多南部、知多北部の組合共販で行われていた販売者への歩戻し(出荷奨励金)は縮小した。

　一方、組合共販を実施していない組合も多い。昭和8年開催の水産事務協議会で愛知県の担当者は、昭和恐慌下にあって漁業組合が共販事業を実施していない理由として、漁獲量が少ない、組合の立地が販売に不適、既存の魚市場がある、資金不足、経営者がいないことをあげ、組合員は必ずしも不利不便を感じていない、と答えている[28]。

　以下、昭和戦前期の組合共販と民営市場の例を示そう。

(1) 知多郡豊浜町須佐漁業組合

　知多南部に位置する当組合の共販(昭和10年)は、販売手数料は漁業者から7％(3.5％は歩戻し、1％は市場経費、2％は組合利益、0.5％は漁港修築積立金)、仲買人から3％を徴収した。販売手数料は販売・購買双方とも以前より高くなった。販売者への歩戻しを差し引いても販売側の負担は購買側より高くなった。販売はせり売りで、仲買人から月2回集金して漁業者に支払った。漁獲物の出荷先は名古屋が5割、付近町村へ3割、他は阪神地

表6-2 昭和11・12年度の漁業組合・漁協の共同販売所

郡市	漁協・漁業組合名	開設年次	取扱高 万円		仲買人数	販売手数料%	歩戻し%	
			11年	12年			荷主	仲買
愛知郡	下之一色市場	大正元年	113.5	125.0	30	5、10	4	2.5
海部郡	飛島村漁協	大正6年	6.8	10.1	5			
〃	鍋田村海苔共同販売所	大正4年	10.3	31.7	4	8.5		3
知多郡	名和漁協		2.1					
〃	太田漁協		6.6					
〃	新知漁協	昭和3年	6.9	16.1	17	10	2.5	2.5
〃	八幡浜漁業組合	明治36年	0.5	28.9	23	9	2	3
〃	養父漁業組合	明治41年	5.7	13.0	18	8		2
〃	旭漁協		0.5					
〃	常滑町魚市場	大正15年	8.8	9.9	17			
〃	西ノ口・榎戸漁業組合	大正13年	7.5	15.0	19	10	1	3.5
〃	苅谷漁協	昭和3年	4.6	4.1	19	7	1	2.5
〃	中洲漁業組合	昭和2年	4.3	6.2	50			
〃	須佐漁協	大正15年	26.6	29.3	50	3	1	2.2
〃	師崎浦漁協	昭和2年	19.0	19.3	9	0.5、5.5		1.5
〃	篠島村漁協	明治36年	19.0	21.7	21	2、1.5		
〃	日間賀東・西漁協	昭和2年	13.8	15.6	15			
碧海郡	大浜漁協		13.8					
〃	志貴崎漁協		4.1					
幡豆郡	寺津平坂漁協		1.4					
〃	栄生漁協		0.1					
〃	味沢漁協		0.6					
〃	一色漁協	大正15年	30.3	39.0	72	10		6.5
〃	吉田漁協		9.7					
〃	宮崎信用販売購買組合	大正8年	3.5		31	10		5.7
〃	佐久島村漁協		4.7					
宝飯郡	西浦村漁業組合	昭和7年	8.3	9.0	30	10		
豊橋市	大崎漁協		5.1					
渥美郡	杉山漁協		2.4					

資料：『愛知県水産要覧』(愛知県、昭和12年)、『昭和十二年度 全国魚市場要覧』(全国漁業組合連合会、昭和14年) 40～43頁、商工省商務局『全国食料品卸売市場概況調査』(昭和12年) 101～105頁。
注：販売手数料が2つあるのは、下之一色市場は共販所と三盛社、師崎浦と篠島村漁協は 荷主、購買者双方から徴収。

方である[29]。

(2) 宝飯郡西浦村(昭和19年町制)

　西三河に位置する西浦村では明治16年に個人魚問屋が開設され、38年に西浦村漁業組合の共販所となった。取扱高は明治末から大正期にかけて大きく伸びた。地元漁船の地元水揚げは4分の1で、他は近くの三谷、形原の魚市場に出荷した。せりは1日1、2回行われ、取扱高の10％を販売手数料とし、うち6％を仲買人へ歩戻しした。仲買人は25人で、出荷先は東京、豊橋、名古屋、岡崎等で、近距離の出荷には自動車が使われた。出荷者は5日以内に請求し、仲買人は月末に購入高の6割を納付し、年2回の決算期に清算する。組合共販なのに販売手数料、仲買人への歩戻しが高く、購買代金の延べ払いを認める等仲買人

を優遇している。三谷、形原魚市場と競合する中で地元水揚げを確保し、かつ仲買人を集めるためにとられた措置といえる。

　組合規約では組合員は共販所に漁獲物を販売する、購買者は保証人2人以上が必要、本市場で購入して他市場に売却する購買者には引き渡さないことができる、と定めている[30]。しかし、実際には全量を組合共販に出荷するという条項は空文化している。

(3) 宝飯郡形原町 (大正13年町制)

　西浦村、三谷町に隣接する形原町は三河湾の主要漁業地の1つで、魚市場は明治32年に丸二海産 (合資) が設立され (同年には三谷町で2つの魚市場会社が設立された)、大正7年に株式会社となった。取扱高は明治39年の12万円 (前章表5-3) が大正8年には30万円 (前章表5-4) になった。その後は大きく変動しながらも昭和11年は48万円余となった。販売手数料は11％で、うち7％を仲買人 (85人) へ歩戻しした。西浦村より販売手数料、歩戻しは少し高い。

　漁獲高の8割が地元水揚げで、2割は三谷に水揚げされた。反対に近傍の西浦、幡豆、吉田、遠くは伊勢方面から入港し、三谷に流れた部分を補完した。漁獲物の販売は、道路の整備に伴って自動車が便利となり、浜松、豊橋、岡崎、名古屋等比較的近距離の市場へは自動車によって直送するようになった[31]。

第4節　戦時体制下の組合共販の拡大と出荷統制

1. 拠点市場と組合共販の拡大

　昭和12年以降、各府県の漁業組合連合会が結成され、13年10月には全国漁業組合連合会が誕生した。漁業組合の系統組織は完成したが、間もなくそれは国家の統制機関となった。共同販売、共同購買事業は燃油・資材及び鮮魚介の配給統制機関に転換した。

　水産物の配給統制が始まるまで、組合共販はさらに拡大した。その要因は、①戦時統制下で漁業用燃油・資材は水産物の出荷量 (計画) に応じて組合に配給されることから組合共販が増えた。②昭和13年の漁業法改正と産業組合中央金庫法の改正によって漁協・同連合会は信用事業を営むことができるようになり、共販にかかる施設整備や運転資金の確保がし易くなったこと、である。

　拠点市場の下之一色町 (昭和12年から名古屋市に編入) では昭和13年4月に漁業組合が漁協となり、買付が禁止されて15年9月には市場機構を改革して三盛社の業務を継承し、これを併合した。昭和9〜13年の取扱高は92万円から106万円へと増加し、熱田魚市場、中央市場と並ぶ名古屋市の主要魚市場となった。鮮魚介の内容も特色があり、惣菜類が中心で、それに大物 (マグロ、カジキ)、タコ・イカが続く。他の市場と異なり、エビ・カニ、貝類、「潰し物」がない[32]。

　一方、宝飯郡三谷町では昭和16年6月に三谷魚鳥 (株) は閉鎖し、漁業組合と合同し、三谷漁協の魚市場となった。同年8月に出荷統制組合の結成で仲買人組合は解散した。三谷魚鳥、三谷漁協の取扱高 (前掲図6-1) は、昭和14年から急増し、鮮魚介統制が始まる

16年には245万円を記録した。量の増加ではなく、単価の上昇による。統制が始まると取扱高は停滞した。

表6-3は、昭和13、16年度の漁業組合・漁協の共販事業を示したものである。共販事業

表6-3 昭和13年度と16年度の漁協の共同販売事業

市町村	組合名	取扱高 万円		市郡町村	組合名	取扱高 万円	
		昭13	昭16			昭13	昭16
名古屋市	下之一色漁協	109.9	326.1	碧海郡旭村	志貴崎漁協	4.4	1.2
豊橋市	大崎漁協	10.0	14.2	同棚尾村	棚尾組合	0.3	0.6
半田市	亀崎漁協	2.7	16.9	同依佐美村	小垣江組合	0.2	0
海部郡蟹江町	蟹江町漁協	8.0	20.7	幡豆郡寺津町	寺津平坂漁協	2.1	8.3
同飛島村	飛島村漁協	15.7	14.7	同一色町	味沢漁協	0.2	0.7
知多郡上野村	名和漁協	5.6	0.2	同上	一色漁協	46.4	83.7
同上	荒尾組合	5.3	2.9	同上	衣崎漁協	7.7	10.8
同横須賀町	太田漁協	6.0	7.1	同吉田町	吉田漁協	12.8	14.8
同上	高横須賀漁協	2.3	2.4	同幡豆町	東幡豆漁協	3.3	17.6
同上	養父組合	3.0	4.3	同上	幡豆漁協	0.5	13.6
同八幡町	新知漁協	10.8	10.6	同佐久島村	佐久島村漁協	7.2	14.5
同上	八幡浜漁協	0.3	26.7	宝飯郡西浦村	西浦村漁協	8.4	18.6
同旭村	旭漁協	5.8	8.9	渥美郡老津村	老津村漁協	6.2	10.0
同鬼崎村	鬼崎漁協	14.0	27.1	同福江町	小中山漁協	0.3	18.3
同常滑町	常滑漁協	9.0	14.5	同杉山村	杉山漁協	0.6	3.9
同西浦町	西浦町苅谷漁協	0.4	9.5	伊良湖岬村	土田浜組合	0	-
同上	西浦漁協	5.5	1.1	葉栗郡北方村	木曽川組合	0.5	1.0
同武豊町	武豊浦漁協	0.4	2.8				
同豊浜町	中洲漁協	7.6	25.0	昭和16年度に現れた主な共販実施漁協			
同上	須佐漁協	32.2	80.4				
同師崎町	師崎浦漁協	19.7	43.0	海部郡鍋島村	鍋島村漁協		30.0
同上	片名浦組合	0.4	3.8	幡豆郡一色町	栄生漁協		18.1
同上	大井組合	4.9	17.7	宝飯郡形原町	形原漁協		131.4
同篠島村	篠島村漁協	25.9	48.7	同三谷町	三谷漁協		245.4
日間賀島村	日間賀東漁協	11.5	20.2	同前芝村	前芝漁協		11.9
同上	日間賀西漁協	8.6	9.9	同御馬村	御馬漁協		12.1
碧海郡大浜町	大浜漁協	36.5	84.8	豊橋市	牟呂漁協		20.9

資料：『昭和13年度末 漁業組合及漁業組合連合会概況』（愛知県）、昭和16年度の取扱高は『昭和16年度末 漁業組合及漁業組合連合会概況』（愛知県）による。
注：共販事業実施組合は昭和13年度末は44、昭和16年度末は74。

には共販所経営だけでなく、共同出荷・販売を含んでおり、以前の共販所と比較する場合には注意を要する。昭和13年度では133組合（内水面組合を含む）のうち44組合（漁協34、漁業組合8)が共販を実施している。地域差が大きく、知多郡、幡豆郡、碧海郡は実施割合が高く、反対に実施割合が低い地域はノリ養殖地帯（宝飯郡、豊橋市）、イワシ加工地域（渥美郡）、都市部（名古屋市、豊橋市、半田市）である。実施割合が高い地域では民営市場から漁協経営への移管があった。

昭和16年度になると組合数は127に減ったが、共販実施組合は74と急増し、しかもす

べてが漁協経営となっている。共販実施率が低かった東三河の宝飯郡、豊橋市、渥美郡で顕著に高まっている。それは水産加工品の共同出荷・共販がカウントされたことを意味する。

両年度の取扱高を比較すると、ほとんどが大幅に増やした(減らしたのは7、8組合)。また、昭和16年度に共販実施組合として現れた組合のうち宝飯郡形原町、三谷町の2漁協はともに取扱高が100万円を超える。

別の資料でみると、昭和15年度の共販を営む漁協は、名古屋市2、海部郡3、知多郡24、碧海郡4、幡豆郡10、宝飯郡11、豊橋市3、渥美郡12、それに内水面漁協の木曽川漁協の計70組合である。うち19組合は水産加工品のみの取扱いで、魚介類を取扱うのは51組合であった。

名古屋市の下之一色漁協の取扱高は県下最大で、名古屋市街地への供給基地となっている。地元産、地元外産が半数づつである。海部郡には干潟・汽水域の漁獲物を取扱う蟹江町とノリ共販の飛鳥村、鍋島村がある。

知多郡は共販実施組合が最も多い。とくに知多南部では師崎町の3漁協、豊浜町の2漁協、日間賀島村の2漁協、篠島村の1漁協は全て共販所を開設している。その取扱高は地元漁獲高全てを取扱う所から半分程度の所までと分かれる。知多郡でも伊勢湾奥部の組合はノリ共販組合である。

西三河では、碧海郡・幡豆郡で取扱高が多いのは大浜漁協で、全部が地元漁獲物である。幡豆郡一色町には4か所の民営市場があったが、すべてが漁協共販所に替わっている。宝飯郡で最大は三谷町漁協で、地元漁獲高の5倍を取り扱う一大集散地である。形原漁協も多いが、地元漁獲物の取扱いが主である。西浦村漁協は両者と競合する。

東三河では渥美郡は12組合と多いが、半数は1万円未満と零細であり、最大の赤羽根漁協の品目は煮干しである。福江町では4漁協が共販事業をしている。豊橋市と宝飯郡南部はノリの共販、豊橋市の大崎漁協はアサリとその加工品の共販である[33]。

2. 水産物の出荷統制

日中戦争以後、戦時統制が敷かれ、水産物については昭和15年に鮮魚介の公定価格が設定され、16年4月に鮮魚介配給統制規則が公布された。集荷は農林大臣が主要な陸揚げ地・集荷場を指定、そこに出荷統制組合を組織し、計画出荷をする。配給は大臣が主要な消費地域・市場を指定、関係業者で配給統制協会を組織し、一元的荷受け・配給を行う(前章で述べた)。知事も所轄管内で大臣と同様な措置をとることができる、とした。ただし、5トン未満の漁船には水揚げ地を指定せず、10貫未満の漁獲は指定集荷場に搬入しなくてもよい。7月に愛知県鮮魚介配給統制規則が制定された[34]。

大臣指定の陸揚げ地(集荷場)は愛知県は三谷町(三谷漁協魚市場)と形原町(形原漁協魚市場)、知事指定の陸揚げ地(集荷場)は豊浜町(中州漁協共販所、須佐漁協共販所)、大浜町(間平市場)、一色町(一色漁協共販所、栄生漁協共販所、柴崎魚市場、生田魚市場、下村魚市場)の3町(8か所)となった。指定陸揚げ地の水揚げ量が全体に占める割合は、昭和16年度の場合(全体が36,900トン)、大臣指定が9.4％、知事指定が7.3％で、ほとんどが指定地外である[35]。愛知県には沖合・遠洋漁業地がなく、また、指定地には渥美郡

が含まれていないし、知多郡も豊浜町だけであることによる。大臣指定の昭和15年度の取扱高は三谷漁協110万円、形原漁協109万円でほぼ等しい。仕向先は県内向けが3分の2を占める。販売手数料は仲買人制度を廃止したので、5％とする方針(農林省)であった。出荷統制組合として三谷鮮魚介出荷統制組合、形原鮮魚介出荷統制組合が組織された。産地では売買取引はせず、消費地価格からの逆算で価格を決定し、荷主への支払いは委託販売後となる。ただし、即日支払いでなくては荷主が困るので内金が払われた。

　昭和17年1月に水産物配給統制規則が公布され、水産加工品の出荷配給統制が始まった。これで全水産物の配給統制機構は整備されたが、整備された瞬間から崩壊し始めた。品質を無視した公定価格の設定、産地価格と消費地価格の差が小さく、運賃が嵩む大都市への出荷が減少した。原料魚と加工品の価格差も小さく、水産加工も減少した。

　鮮魚介の出荷・配給統制について愛知県水産課等は多くの問題点を指摘している。公定価格については、不合理な魚種、価格未設定の魚種があり、抱き合わせで販売している、マイワシの陸揚げ地価格で消費地に出荷すると欠損が生じる、同一魚種でも地域によって価格が違うので、消費地では低価格の産地のものは価格を引き上げている。出荷統制については、出荷統制組合は生産者団体、仲買人、市場開設者等で組織されるため内部が不統一で、鮮魚介配給統制規則で廃業した仲買人が出荷組合を組織し、利益主義による恣意的な出荷をしている、消費地の小売人、大口消費者の産地買付が横行している、輸送機関・輸送資材の不足で輸送に困難が生じている等である[36]。

　その後、配給統制の手直しが重ねられ、昭和19年11月には水産物配給統制規則が制定され、指定陸揚げ地の統制機関による計画出荷は取りやめ、地域毎に出荷統制機関を創設し、地方長官が出荷指示を行なうようにした。出荷機関は愛知県水産業会とした。これより先、昭和18年3月に水産業団体法が公布され、漁業団体の統合が推進され、愛知県では127の漁業組合・漁協は97の漁業会に再編された。県レベルでは愛知県水産業会が発足し、出荷統制を担うようになった[37]。

第5節　要約

1) 各時期のまとめ
(1) 明治中・後期の拠点市場と組合共販の形成

　漁業の発達、水産物輸送の近代化、都市人口の増加と消費地市場の拡大を背景に、産地では商人支配から脱却して共販が始まり、集散に便利な産地で拠点市場が形成された。

　漁業者による共販は魚商人(とくに押送船・買廻船)の専横に対抗して知多南部で始まり、全面的せり販売の導入、仲買人へ歩戻しをせず、その分販売手数料を引き下げる、販売手数料を販売・購買双方に負担させる、運営資金が乏しいので短期の代金回収を行った。明治36年に漁業組合が設立されると順次、組合共販に移行した。三河湾の宝飯郡三谷町は打瀬網の隆盛を背景に集落(地区)が魚市場を経営するようになり、他地区の漁船の水揚げを増やし、東海道線の開通を契機に拠点市場として台頭した。

(2) 明治末・大正期の拠点市場と組合共販の拡大

　氷の使用、買廻船の動力化、冷蔵貨車の普及で輸送力が強まり、日露戦後の都市の形成、第一次大戦後半の魚価の急騰によって魚市場・組合共販が増加し、その取扱高は飛躍的に高まった。政策面では漁業法の改正によって漁業組合の経済事業が認められ、政府系銀行と政府資金による漁業組合への融資の途が開けた。低利資金を導入し、魚商人支配を脱した組合共販所の開設が進んだ。組合共販は知多北部、西三河に広がり、東三河では水産加工品の共販が始まった。

　名古屋市に近い愛知郡下之一色村では魚商人の個人経営から地元漁獲物を扱う漁業組合の共販所と地元外漁獲物を扱う漁業組合と魚商人が共同経営する魚市場の２本建てで拠点市場が形成された。

(3) 昭和戦前期の産地市場と組合共販の停滞

　第一次大戦後の不況、金融恐慌に続く昭和恐慌によって産地魚市場の取扱高は落ち込み、その回復は遅れた。冷蔵貨車で遠隔地から大量に運ばれてくる漁獲物との価格競合で、沿岸漁業主体の愛知県は産地市場、組合共販ともに苦境に立たされた。近距離への輸送はトラックが利用された。漁業政策は、沿岸漁業の保護育成策がとられ、漁業共同施設奨励規則の公布、昭和恐慌期の農山漁村経済更生計画の推進、漁業法改正で漁業組合の出資制度が認められ、共販事業に取り組む組合が増えた。

(4) 戦時体制下の組合共販の拡大と出荷統制

　戦時体制下で漁業用資材の確保のため共同購買事業が一挙に拡大したのと連動して共販事業、とくに水産加工品の共販事業が進捗した。民営市場の漁協共販への移行もあった。拠点市場の下之一色魚市場、三谷魚市場とも漁協経営となった。戦時インフレの中で鮮魚介の価格は需給統制が始まるまで高騰し、漁協共販の取扱高は飛躍的に高まった。昭和16年以降、鮮魚介、水産加工品の公定価格の設定、一元的出荷機関・荷受け機関が設立される過程で、漁協の共販事業は協同組合色を喪い、出荷統制機関となった。出荷統制地として三谷、形原、豊浜、大浜、一色が指定された。

2) 項目別整理

（1）組合共販の開設をめぐって

　漁業者、漁業組合の共販は明治中後期に伊勢地方から伝搬して知多南部で始まり、明治末・大正期には知多北部、西三河に拡大し、昭和恐慌前後にも増えて、戦時統制下では水産加工品、民営市場からの移管で急増した。愛知県の組合共販の実施率は全国的にも高い。

　組合共販を始めるには施設設備、運転資金、漁業者の仕込み負債の借換資金が必要で、明治中・後期までは有志の出資や組合幹部の犠牲的精神の下で調達されたが、明治末・大正期以降は政府系金融機関、政府の低利資金が利用できるようになり、昭和恐慌期には共販事業は補助対象となった。運転資金が不足する初期には販売代金を短期間で回収し、回収してから販売者に代金を支払う方法をとったり、組合が販売額の一部を期末まで利用することもあった。その後、出資金や積立金が充実し、販売手数料を引き上げると、販売金の留保はなくなり、仲買人からの代金回収期間を長くした。

組合共販を開設するには魚商人・民営魚市場による激しい抵抗と対立を招くことがあった。買廻船、仲買人の専横に対抗して組合共販を立ち上げ、直売を試みたこともあったが長続きせず、仲買人の機能・役割に依存せざるを得なかった。魚商人にとっても集荷や仕込み金の負担が減るだけに仲買人として受け入れられるなら組合共販を受容する余地もあった。

　組合共販は競争関係を作り出すことで魚価を向上させ、併行して低利資金の貸付事業を始めることによって、魚商人の仕込み支配から脱出し、漁業収入の安定、漁業投資の拡大につながった。組合員には組合共販への全量出荷を求めたが、他市場への出荷は漁業の発達や流通合理化の結果であって止めることはできない。それに対応して取引条件を他市場なみに揃え、かつ他市場への水揚げ分に対しても販売手数料を賦課するようになった。

　一方、組合共販が拡大したといっても、共販を実施していない組合も多く、その理由は、既存の魚市場が近くにある、共販にかけるだけの漁獲がない、販売に不利な立地、職員の不足等であった。

　戦時統制期の前後にも組合共販は水産加工品、民営からの移管で増えたが、大きな対立には至っていない。昭和恐慌で魚市場経営が困難となり、共同化による合理化が求められ、他方、組合共販は共同施設に対する補助があったからである。水産加工品（とくにノリと煮干し）は問屋による買付か問屋または組合による入札会で取引されてきた。製品検査・製品の規格化が進むと、製品、買受人を一堂に集めた組合共販が伸長した。

(2) 組合共販の運営

　産地市場の販売手数料、仲買人への歩戻し、代金決済について知多南部の組合共販、知多北部と西三河の組合共販、拠点市場を比較しよう。

　知多南部の組合共販は、販売手数料が最も低く、かつ販売・購買双方が負担し、仲買人への歩戻しはなかった。販売手数料は地元漁業者か、地元外漁業者か、仲買人は常時買受けか否かによって差を設けている。

　販売手数料を販売・購買双方から徴収した愛知県の青果市場（青果市場は仲買人がいない）では、次第に販売側負担が大きくなり、昭和恐慌期には全額販売側の負担となり、購買側へは歩戻しをするようになった。知多南部の組合共販も次第に他地区の組合共販のそれに近づき、販売手数料の引き上げ、販売側の負担が購買側の負担を上回るようになった。組合共販であっても明治末には販売側優位はほとんどなくなった。

　販売手数料を購買側負担、あるいは販売・購買双方が負担する例として。明治44年刊の「魚市場ニ関スル調査」は秋田・能代、下関、門司の市場をあげている[38]。知多南部の組合共販が販売・購買双方が負担するようになったのは、共販を始めた時期が早く、近くに競合する魚市場がなく、青果市場の方式を取り入れたことによると推察される。

　明治末・大正期に組合共販が普及する知多北部、西三河では、販売手数料、歩戻し、代金決済（とくに回収）期限は知多南部の組合共販と民営市場の中間にあった。販売手数料は8〜10%で、販売側負担であり、仲買人への歩戻しもついた。西三河の西浦村漁業組合は近くにある民営の形原魚市場、三谷魚市場との競争環境のなかで取引条件を合わせるように、販売手数料、仲買人への歩戻しを高くし、販売側への歩戻しをなくしている。代金決済は販売側には5日以内と遅く、仲買人からの回収は月末に6割、残りは期末としている。三谷

魚市場は販売側には即日支払い、仲買人からの回収は月2回で7割、残りを期末にしていて、組合共販が歩調を合わせている。それでも西浦村漁業組合の漁獲高の半分以上が隣接する形原魚市場や三谷魚市場に流れた。

拠点市場の下之一色は組合共販と組合と魚商人の共同市場・三盛社の2本建てであるが、両者の販売手数料、歩戻しは組合共販と民営市場のそれを代表する。すなわち、組合共販は販売手数料4％（後5％）、仲買人への歩戻し2.5％、小座人への歩戻し0.5％なのに対し、三盛社は10％、4％、1.5％である（どちらも販売側への歩戻しはない）。三盛社にしても販売手数料、歩戻しは名古屋市の魚市場に比べて低く、遠隔地からの集荷に努めている。

(3) 産地市場の市場業者

組合共販では受託品の競争入札かせり売りが行われた。買受人は少数の仲買人だけで、保証として保証人を求め、保証金は零細な仲買人が多いこと、売買代金を短期間に徴収するので少額となっている。仲買人になるための要件は緩い。

拠点市場では取扱高も多いので、仲買人の他、小座人もおり、その人数も多い。仲買人となるには保証人と保証金を必要とし、さらに同業組合を作って相互保証と人数制限をしている。小座人の人数に制限はないが、小座人の代払い機能だけの仲買人はいない。三谷魚市場の場合は、株主は区民で、収益金の一部は区に提供される、株主が仲買人になることができ、小座人には資金を貸与する等、共同体的運営方法をとっている。

注

1) 『三谷漁協のあゆみ』（三谷漁業協同組合、昭和62年）20～22、26頁、竹内金六編『今昔之三谷』（今昔之三谷刊行会、昭和4年）123～124頁。
2) 「魚市場魚介類集散及価格調査」（明治40年、愛知県公文書館所蔵）
3) 『愛知県水産要覧』（愛知県水産組合連合会、大正8年）74～75頁、『第二回水産博覧会審査報告　第4巻』（農商務省水産局、明治32年）112頁、「師崎町に於ける漁獲物共同販売事業」『尾三水産会報　第29号』（明治38年10月）34～37頁、「県下ニ於ケル優良漁業組合」『愛知県水産組合連合会報　第2号』（大正4年1月）31～32頁、「本県に於ける優良漁業組合」『愛知県水産組合連合会報　第18号』（大正7年3月）61～64頁、農商務省水産局『漁業組合範例（第二次）』（大正3年）116頁。
4) 農商務大臣官房博覧会課『第二回関西府県連合水産共進会審査復命書』（明治41年）499～502頁。
5) 前掲「魚市場魚介類集散及価格調査」
6) 前掲『愛知県水産要覧』67～68頁、農商務省水産局『漁業組合範例』（明治42年）100～101頁、引用は「篠島漁業組合」『愛知県水産調査』（大正5年か、水産庁中央水産研究所所蔵）27～28頁。
7) 内務省調査局『地方改良事績　全』（駸々堂、大正元年）381～384頁、前掲『愛知県水産要覧』68頁、前掲「本県に於ける優良漁業組合」52～56頁。
8) 前掲『第二回水産博覧会審査報告　第4巻』112～113頁。
9) 前掲「魚市場魚介類集散及価格調査」
10) 「豊濱水産株式会社の事業」『尾三水産会報　第29号』（明治38年10月）26～28頁。
11) 前掲『愛知県水産要覧』78頁、前掲「本県に於ける優良漁業組合」64～68頁。
12) 『許可及免許漁業水産関係諸組合調査表』（農商務省水産局、明治42年）70頁。同書では愛知県の組合共販は多いとして16組合をあげているが、そのうち渥美郡の8組合については確認がとれず、本文では除外した。
13) 前掲「県下ニ於ケル優良漁業組合」18～19頁、新修名古屋市史編集委員会編『新修名古屋市史　第5巻』（名古屋市、平成12年）590頁、前掲『漁業組合範例（第二次）』106～107頁、前掲『愛知県水産要覧』59～60頁。

14)『水産市場取引案内』(水産新報社、大正7年)、『魚類蔬菜果物卸売市場調査』(名古屋市役所勧業課、大正13年)105～109頁。
15) 森敬作「共同販売事業に就て」『愛知県水産組合連合会報　第26号』(大正8年12月)33～35頁。森は下之一色漁業組合の理事。粟谷協二「愛知郡下之一色漁業組合の発展」『尾三水産会報告　第52号』(明治45年1月)33～35頁。
16) 農林省経済更生部『経済更生計画資料第7号　漁村経済更生計画資料』(昭和8年)46～47頁、平井生「下の一色村漁業組合の共同販売に就いて組合員諸君に望む」『尾三水産会報告　第44号』(明治43年1月)11～13頁。
17) 前掲『三谷漁協のあゆみ』22～23頁、『宝飯郡之水産』(宝飯郡水産会、大正12年)31頁。
18) 前掲『水産市場取引案内』35頁、前掲『今昔之三谷』124～132頁。
19) と、さ生「漁業組合の情況について」『愛知県水産組合連合会報　第7号』(大正5年1月)37～43頁。
20) 前掲『愛知県水産要覧』65頁、前掲「本県に於ける優良漁業組合」48～52頁。
21) 前掲『愛知県水産要覧』71頁、前掲「本県に於ける優良漁業組合」56～60頁、前掲『漁業組合範例(第二次)』112～113頁、野田兼一編『愛知之水産』(大正11年)73頁。
22) 千葉県販購連調査部『全国に於ける産業組合の特殊事業』(帝国地方行政学会、昭和9年)486～490頁。
23) 前掲「本県に於ける優良漁業組合」68～71頁、『大崎漁業協同組合史』(同組合、昭和49年)47～49頁。
24)『愛知県渥美郡水産要覧』(大正11年)11～14頁。
25) 農商務省水産局『魚市場ニ関スル調査』(生産調査会、明治44年)241～259頁、前掲『経済更生計画資料第7号　漁村経済更生計画資料』42～45頁、『名古屋市に於ける生鮮食料品の配給情況』(名古屋市役所勧業課、昭和11年)36、87、92頁。
26) 明治41年の鉄道院総裁に宛てた停車場新設の請願書では、最大の貨物は鮮魚及び水産加工品として上で、「紀・勢・尾・志等ノ各方面ヨリ輸入シタル鮮魚ノ如キニ在テハ当町魚商ノ手ヲ経テ蒲郡停車場ニ輸送スルニ全速度ヲ以テスルモ尚一時間ヲ費サザルヲ得ズシテ、為ニ汽車ノ積載ニ遅延ヲ生ジ、就中最モ高価ニシテ多額ニ上レル車蝦ノ如キハ往々腐敗ニ陥リ多大ノ損失ヲ醸スニ至ル」と新駅の必要性を強調している。前掲『今昔之三谷』173～174頁。
27) 前掲『三谷漁協のあゆみ』23～24頁。『三谷の水産　附水産動物の研究』(愛知県宝飯郡三谷尋常高等小学校、昭和10年)19～23頁。
28)『昭和八年十一月開催　水産事務協議会要録』(農林省水産局)30頁。
29) 水産講習所漁撈学科3年加藤幸夫「調査報告書」(昭和10年、東京海洋大学図書館所蔵)
30) 蒲郡市史編さん事業実行委員会『蒲郡市史　本文編3近代編・民俗編』(蒲郡市、平成18年)246頁、前掲「魚市場魚介類集散及価格調査」、前掲「本県に於ける優良漁業組合」71～73頁、前掲『漁業組合範例』106～107頁。
31) 前掲『蒲郡市史　本文編3近代編・民俗編』246頁、蒲郡市誌編纂委員会・蒲郡市教育委員会『蒲郡市誌　資料編』(蒲郡市、昭和51年)656頁。
32) 新修名古屋市史資料編編集委員会編『新修名古屋市史　資料編近代3』(名古屋市、平成26年)755頁、『水産食糧問題参考資料　利用・配給下巻』(水産食糧問題協議会、昭和17年)421～425頁。
33) 全国漁業組合聯合会編『全国漁業組合綜覧』(水産経済研究所、昭和17年)72～77頁。
34) 山口県の場合、県指定は陸揚げ地24町村、集荷場37か所、消費地域6地域、消費市場33か所に及び、隅々まで配給統制網が張り巡らされたが、愛知県では県指定は陸揚げ地3町のみで、府県によって取組み方は大きく異なる。全国購買販売組合連合会編『山口県に於ける海産食料品の需給状況』(同連合会、昭和17年)1～6頁。
35)『魚介類の生産出荷配給に関する実情調査』(帝国水産会、昭和18年)27～29頁。
36) 同上、116～132頁。
37) 卸売市場制度五十年史編さん委員会『卸売市場制度五十年史　第3巻本編Ⅲ』(食品需給研究センター、昭和54年)296～297頁。
38) 秋田能代魚類では鮮魚の販売手数料は販売側から7％、購買側から5％を徴収し、販売側には2％、購買側には1.5％を歩戻しする。下関の東・西市場、門司市場、田浦市場では100匁につき仲買人から29銭を取り立て、3銭を市場の純収入、26銭を荷主に渡す。仲買人は買子から30銭を徴収する。前掲『魚市場ニ関スル調査』37、39、41頁。

第 7 章
塩干魚市場の展開と経営
－名古屋水産市場（株）の事例－

塩干魚卸・名古屋水産市場㈱（昭和 14 年）
㈱中部飲食料新聞社他編『中部の食品業界百年史』（中部食料品問屋連盟他、昭和 56 年）

第7章

塩干魚市場の展開と経営
－名古屋水産市場(株)の事例－

はじめに

　乾物は魚、肉、海藻、野菜、果物等を乾燥して保存性を高めた食品のことだが、植物性の乾燥品のみをさす場合もある（海藻ではノリ、コンブ、テングサ等）。他方、魚介類は塩蔵を含めて塩干魚と呼ぶ。前者を取扱うのが乾物商、後者を取扱うのが塩干魚商で、発展系譜が異なる。しかし、明治期になると新商品の登場もあって両者の境界は漠然となり、取扱い品目、所属組合等で重複することもあった。本章では塩干魚を中心とする水産加工品を塩干魚、取扱い業者を塩干魚商と呼ぶ。

　塩干魚は保存性があることから卸売流通は生鮮品流通と異なり、問屋流通が多い、流通圏が広い、出荷・販売調整ができる、品目毎に産地、取引方法、販売先が異なる、委託品の指し値販売、買付－相対販売が多い、塩干魚は鮮魚介と比べてそれほど専門的技術を要しないことから種々の市場が取扱うといった特徴がある。

　塩干魚市場は青果あるいは鮮魚介との兼業が多く、専業市場は極めて少なく、あっても大都市に限られる。専業の塩干魚市場といえるのは、東京・日本橋四日市市場、大阪・靱塩干魚鰹節市場、京都・西納屋市場、名古屋・名古屋水産市場(株)位である[1]。塩干魚専業市場も品目毎に取扱うことから問屋集合の形態をとることが多く、個別経営や品目毎の需給動向、水産加工との関連等は見えにくい。その点、名古屋水産市場は大正4年に複数の問屋を統合してできた株式会社であり、塩干魚全体と品目毎の需給動向、営業の実態、経営動向を窺うことができる。その取扱高は熱田魚市場のそれに匹敵し、名古屋市の塩干魚流通の大部分を取扱い、中京地区の集散拠点となっている。

　今回、その事業報告書(一部)が入手できたので、塩干業の需給動向、営業及び経営動向を読み解いていきたい。事業報告書は、名古屋水産市場（株）の24回(昭和元年度下半期)、27回(昭和3年度上半期)～55回(昭和17年度下半期)と名古屋水産物(株)の1回(昭和18年3～6月)と2回(昭和18年7～12月)で、戦時体制期を含む昭和戦前期である。したがって、名古屋水産市場が設立された大正4年度以降昭和初期までの事業報告書は入手していない。事業報告書の記述は、昭和4年度までは品目別動向だけであったが、その後は営業全体の動向にも触れるようになった。昭和恐慌以降、政治経済の動向と切り離せな

くなったのであろう。
　名古屋水産市場の取扱い品目のうちノリについては県産品が多く、名古屋水産市場が共販市を開いているのでその取扱い状況についてもふれる。
　なお、上半期(前期、前半期ともいう)と下半期(後期、後半期ともいう)は昭和13年度までは4〜9月、10〜3月であるが、昭和14年からは1〜6月、7〜12月に変わっている。
　時期区分は名古屋水産市場が創立され、第一次大戦好況によって企業成長を遂げた大正期、場外問屋と合同して北海産物、乾物、ノリ、果実部門を分社化した昭和恐慌期、戦時体制下での水産物統制期の3期とする。最後に、塩干魚流通が戦後どのように再編されたのかについて簡単にふれる。

第1節　名古屋水産市場(株)の創立と取引

1. 明治期の塩干魚流通と名古屋水産市場の創立
1) 明治期の名古屋市における塩干魚流通
　愛知県統計書によると、明治17年の名古屋区(22年に名古屋市となる)の乾物卸商は31人、仲買商1人、小売商38人であり、22年に名古屋乾物組合ができる。一部は市街地に、多くは美濃との街道筋に立地していた。
　明治4年の林屋正三「名越各業独案内」(舞鶴図書館所蔵)で塩干魚・乾物商をみると、「生鯖上商」は西区船入町の4人、「生鯖商売」は6人、「魚鳥干物問屋」は2人、「乾物商売」は5人の名前が出ている。「生鯖(いさば)」とは塩干魚問屋を指す。船入町の塩干魚問屋は規模が大きく、後、合同して名古屋水産市場(株)を設立する。他の塩干魚・乾物問屋は名古屋地区に分散している[2]。
　「乾物商売」5軒のうち3軒が「近江屋」を名乗り、その後も「近江屋」を名乗る問屋が増え、乾物問屋の代名詞のようになった。また、明治23年に乾物商18軒によって名古屋乾栄会が組織され、交互に入札会を開いているが、その中に森川姓が4人おり、森川一族がその後の名古屋乾物業界で隠然たる勢力を持った。その一部は主な仕入れ先である大阪・靱に進出している。取扱い商品はシイタケ、かんぴょう、ノリ等で大阪から仕入れることが多かった[3]。名古屋水産市場は乾物部門があり、場外有力問屋と合同して子会社を設立することになる。

2) 名古屋水産市場の創立
　慶長年間(1596〜1614年)に後の名古屋市西区船入町(ふないりちょう)(現中村区名駅南(めいえき))にあたる場所へ熱田の魚商人4人が移住して魚菜の売買を始めた。市場の組織、取引方法等は熱田魚市場と同じであった。明治維新までこの塩干魚問屋は、創始者の清水太左衛門、見田七右衛門、岩間勘兵衛、吉田佐助の4軒に限定されていた。その後、吉田佐助は堀部勝四郎に家業を譲った。見田と堀部は名古屋商業会議所の創立発起人で、見田は県会議員、堀部は市会議員、衆議院議員になる等政財界の要人となったが、本業の問屋業がなおざりになった。明

治24年に濃尾大地震が一帯を襲い、休業が相次いだ。明治26年に仲買人等が相携えて名古屋水産(合資)(資本金3.6万円)を設立し、清水太左衛門の営業を継承した。翌27年に名古屋海産(株)(資本金1.5万円)、30年に匿名組合・見田清商店、40年に愛知水産(株)(資本金5万円)が発足した。堀部勝四郎商店は(株)堀部魚問屋(資本金2万円)となった。明治41年、名古屋水産と名古屋海産が合併して名古屋水産(株)(資本金25万円)となり、見田清商店は店主が伊藤清助に替わり、大正元年に見田水産(株)(資本金5万円)となった。問屋は代替わりに加え、暖簾分け等で変転が著しく、フォローするのが難しい。ただ、日清・日露戦後に塩干魚問屋の増加、法人化が進んだことは確かである。

　明治42年の愛知県市場取締規則の公布を機に43年3月に船入町の名古屋水産、愛知水産、堀部魚問屋、伊藤清助と果物問屋3人の計7人が市場開設許可を申請した。船入町の450坪と300坪を市場区域とし、海産物、乾物、缶詰、漬物、果実、青物を取扱う名古屋魚河岸市場(後の名古屋水産市場)の名前で申請した。

　県市場取締規則の公布を機に明治43年に西区西柳町に鮮魚介を主体とした中央市場(株)(第5章)、船入町に塩干魚を主体とした名古屋水産市場が相次いで設立されたのである。両者はともに名古屋駅前に立地する。中央市場はいくらか塩干魚も扱い、名古屋水産市場はいくらか鮮魚も扱って、それぞれ品揃えに努めている。大正元年9月に市場許可が出たが、取扱い商品として認められたのは塩干魚介とミカンだけであった。従来、食料品全般を取扱っていたことを陳情し、大正7年に鳥類、青果、その他食品一切が許可され、10年には鮮魚の取扱いも許可された[4]。

　上記の7問屋は、「競争頗ル盛ニシテ事実仕切リタル以上ノ金額ヲ荷主ニ送金シ専ラ生産地方面荷主ノ歓心ヲ買フニ勉メタル結果、所謂友倒レノ苦境ニ陥リタル為メニ一同鳩首協議ヲ重ネ」[5]、衛生設備、市場設備の改善が必要だし、県の慫慂もあって合併することになり、大正4年4月、名古屋水産市場(株)(資本金100万円)を設立した。有力問屋を統合した会社で、資本金は在来の塩干魚問屋と比べれば突出して高い。大正6年5月に市場取締規則に適応した建築も完成(二階建ての本店と大きな倉庫)し、業務を開始した[6]。

　名古屋水産市場(株)の定款は、「当会社ハ市場ヲ開設シ生魚介、乾塩魚介類、鳥類、青果物、諸肥料、其他食料品一切ノ委託販売及ビ自ラ売買問屋業ヲ為シ、又ハ貨物ヲ担保トシ荷為替、立替金、貸付金ヲ為シ、之レニ関スル一切ノ業務ヲ営ムヲ以テ目的」とした[7]。名古屋水産市場は6か所の売り場で構成され、問屋時代の名残りを留めていた。

2. 明治末・大正期の塩干魚流通と名古屋水産市場
1) 明治末・大正期の塩干魚流通

　明治末頃の船入町の塩干魚問屋4軒は、カツオ節、スルメ、煮干し、乾魚、海藻類を取扱い、毎月15日と大祭日を除いて毎日午前6時～午後11時の間、店を開いた。取引方法は委託品のせり売りで、取引は問屋と仲買人・小座人(仲買人名義で取引に参加する小売商、代金は仲買人に支払う)とで行なう。販売手数料は10％で、歩戻しは仲買人に5％(海藻類は1～2％)、仲買人から小座人への歩戻しは2～3％が多い。但し、10貫目毎に乾物は500匁、塩干魚は1貫目の込目(こみめ)(流通過程で生じる目減り相当分の増量)が慣例で、商品には容器を

付けさせた。荷主がいれば即金で支払い、遠方からの荷は多くは指し値がついており、指し値以下の場合は仲買人と問屋に値段をつけさせ、荷主に通知する。荷主が承知すればそれで引き渡し、否なら取り消して3日間のうちに改めてせり売りにする。送金は銀行為替か郵便為替を使う。問屋と仲買人は月2回決済し、延滞すると利子が付く。それで期末の6月と12月に全額を清算する。仲買人と小座人との決済は契約次第で一定していない。問屋は名古屋魚河岸海産物同業組合、仲買人は名古屋水産物同業組合(後の名古屋水産業組合)を組織している。仲買人120人、小座人約20人であった。熱田魚市場に比べると、小座人が非常に少ない。

　店員は徒弟制が敷かれていた。10歳前後で丁稚となり、17、18歳で元服して手代となり、年季を努め終えると番頭となって主家から家財道具、資本金、顧客を与えられて独立(別家)を許される。進歩的な店では6か月の見習い店員(高等小学校卒業以上)、2年間の準店員、8年間の正店員、その後別家とした。店員の手当は給料と仕着せ(年2回)、毎月の小遣いで、給料は正店員1年目で年間50円、8年目で180円であった[8]。

　取扱高は明治43年135万円、44年160万円、大正元年160万円、2年169万円、3年157万円、4年139万円と伸び悩んでいたが、5年から200万円を超えるようになった。主な要因は市場整備が進んで名古屋水産市場が設立されたことと第一次大戦好況による価格の高騰である。

　塩干魚の名古屋市の移出入量をみると、大正3年は移入が鉄道8,410トン、船舶2,100トン、8年は9,410トン、1,034トン、移出は3年は5,240トン、100トン、8年は5,120トン、110トンであった。両年間の変化は小さい。輸送は鉄道が主で、鉄道の割合がさらに高まった。特に移出に関してはほとんどが鉄道である。三重、和歌山の移出入の一部と北海道の大部分は船舶だが、他は鉄道便である。市内消費量は移出入量の差5,000トン前後となる。

　大正8年の入荷先は、三重、静岡、富山、石川、福井、新潟、兵庫等、仕向け地は岐阜、三重、長野、県内である。明治末が東海地方に限られていたのと比べると、移入先が大きく広がり、中京圏の集散地としての性格が強まった[9]。

2) 大正後期の名古屋水産市場

　大正12年頃の名古屋水産市場をみると、鮮魚、塩干魚の卸売は直営だが、果物は問屋3軒に委託している。日々出入りするのは荷主20～30人、仲買人148人、小座人54人であった。明治末に比べ、仲買人、小座人とも相当増えている。仲買人、小座人で産地から直荷引きする者も少なくなかった。

　入荷先はカツオ節なら三重、高知、静岡、茨城、沖縄、鹿児島、台湾、煮干しは山口、千葉、静岡、三重、愛知、長崎、兵庫、朝鮮、塩サケ・マスは樺太、北海道、カムチャッカ、スルメは北海道、青森、岩手、塩サバは福井、石川、朝鮮、ちくわは青森、岩手、丸干しは三重、福井、石川、千葉、富山等とさらに広がった。

　名古屋水産市場規定によると、取引は仲買人・小座人との間で相対またはせり売りとする、取引には符牒が使われた。小座人の購入額は全体の1割程度と少ない。販売手数料は

塩干魚 10％、ミカン 19％、青果物その他 7％で、仲買人への歩戻しは塩干魚 5％、ミカン 12％であった[10]。

仲買人の期日前の支払いには金利(奨励金)が、延滞には利子(違約金)がつく。仲買人と小座人との決済も月 2 回となった[11]。

市場は毎日午前 6 時～午後 11 時まで営業した。午前 6 時頃から取引が始まり、10 時頃に終わる。保存性があることから予め搬入され、倉庫や物置、売り場の片隅に積み置かれることが多い。名古屋市内外の冷蔵庫に保管中のものは売買開始前に市場に搬入され、あるいは見本取引もあった。ノリの入札は午前 10 時頃に始まり、午後に及んだ。休日は月末である[12]。前述の明治末・大正期の営業方法とあまり変わっていない。

大正 10 ～ 12 年の取扱高は、塩干魚が 510 万円前後、果物は 15 ～ 25 万円、鮮魚は 5 万円であった[13]。大正 5 年が 200 万円になったことは前述したが、第一次大戦後半から戦後にかけて取扱高は飛躍的に高まった。

大正 12 年に中央卸売市場法が公布され、名古屋市でも中央卸売市場建設を計画した。名古屋市が西柳町の中央市場(株)と船入町の名古屋水産市場(株)を合併して中央卸売市場の足がかりとする、場所は中区米野町が予定された。当時、名古屋市には 11 の卸売市場があり、77 の問屋と 470 余の仲買人がいたが、旧守派の反対で計画は潰れてしまった。

第 2 節　昭和恐慌期における名古屋水産市場(株)の再編

1. 名古屋水産市場の組織と取引方法
1) 組織と取引方法

昭和に入ると名古屋水産市場の付近に食品業者も集まってきて船入町一帯は食品問屋街になった[14]。

名古屋市の塩干魚の移入と移出状況をみると、大正 13 年が 17,900 トンと 8,200 トン、昭和 4 年が 13,300 トンと 4,500 トン、8 年が 13,700 トンと 2,300 トンであった。移入は大正末から昭和初期にかけて大幅に減少したが、昭和恐慌期には落ちていない。移出は大正末をピークとして以来減少を続けた。名古屋市の生産量はほとんどないので、転送量の減少ということであり、名古屋市の集散機能の低下を物語っている。塩干魚移出入の減少は鮮魚介消費の増加の裏返しで、この間、遠隔地からの鮮魚介移入が急増する。

移入量と移出量の差(市内消費分)は 9,700 トン、8,800 トン、11,300 トンで推移しており、大正中期に比べるとほぼ倍増したが、その後停滞した。この間、人口は 67 万人から 99 万人に増えたので、1 人あたり消費量はいくらか増えた後、減少に転じた。運輸手段は、移入は鉄道が大部分を占め、次いで船舶が多いが、移出は自動車が過半数を占め、次いで鉄道となった[15]。小口荷物の運搬手段として大八車に替わってリヤカーや自転車が使われるようになった。

名古屋水産物市場は昭和恐慌期に有力な場外問屋と合同して 4 部門が愛知北海物産(株)(昭和 8 年)、名古屋乾物(株)(昭和 9 年)、愛知海苔販売(株)(昭和 10 年)、名古屋果物(株)

(昭和10年)として分社化した。

　表7-1は昭和10年の名古屋水産市場及び子会社の概要を示したものである。立地は西区

表7-1　名古屋水産市場と子会社の概要（昭和10年）

大正13年	位置	西区船入町2丁目と4丁目の10か所				
	面積	敷地974坪（社有地619坪）、建物786坪（社有491坪）				
昭和10年	位置	西区船入町2～4丁目の12か所				
	面積	敷地1,178坪、売り場530坪				
営業部		一般塩干部	北海産物部	乾物部	乾海苔部	果物部
分社後の名称		名古屋水産市場（株）	愛知北海物産（株）	名古屋乾物（株）	愛知海苔販売（株）	名古屋果物（株）
設立年月		大正元年	昭和8年	昭和9年	昭和10年	昭和10年
資本金		100万円	50万円	30万円	50万円	5万円
代表者		福原新太郎	伴野鉦三郎	伴野釘三郎	堀田与八	福原新太郎
取扱商品		塩干魚、カツオ節、鮮魚、缶詰	イカ・タラ製品、塩サケ・マス	椎茸、かんぴょう、海藻、缶詰	ノリ	
従業員		72人	20人	28人		
買受人	仲買人	177人	144人		99人	
	小座人	82人	58人		30人	
	買出人	-	-	650人	-	50人
販売手数料		10%	8%	7%		
歩戻し		5%	3%	3%		
取引高		389万円	119万円	161万円	5万円	4万円
込目		カツオ節とスルメは1%、その他塩干魚介藻は10%				

資料：大正13年は『魚類蔬菜果物卸売市場調査』（名古屋市役所勧業課、大正13年）145頁、
　　　その他は昭和10年で『名古屋市に於ける生鮮食料品の配給状況』（名古屋市産業部市場課、昭和11年）。

船入町で同じだが、分社化したことで敷地面積が拡大している。本体の名古屋水産市場は塩干魚、カツオ節、鮮魚、海藻、その他食料品の問屋業務を営むとともに市場貨物を担保とした金融業を営む。従業員、買受人(仲買人、小座人)も多い。場内には場外の有力問屋と合併した4社がある。このうち愛知北海物産と愛知海苔販売はせり売りだが、名古屋乾物と名古屋果物は買出人への定価販売または相対売りであった。取扱高は名古屋水産市場が断然高く、名古屋乾物、愛知北海物産がそれに次ぐ。愛知海苔販売、名古屋果物は少ない。ただ、愛知海苔販売は昭和10年に分社化したばかりなので低いが、名古屋水産市場の前年度下半期はノリ55万円余を売り上げており、相当な取扱高である。

　名古屋水産市場の売り場は第1部から第3部までに分かれ、問屋時代の商号で営業している。大きな倉庫を有する。荒巻サケその他が一時に入荷する場合、市内の冷蔵庫は限られているので、近郊の冷蔵庫も利用した[16]。

　出荷者は産地問屋が多い。とくに北海産物は函館、小樽等の海産物問屋から出荷されるが、特異なのは日魯漁業(株)で、露領、北洋のサケ・マスを独占的に塩蔵、缶詰に製造し、その内地販売は函館水産販売(株)(資本金50万円)に委ね、一方、各消費地には問屋を指定(特約店)して出荷販売を統制したことである。日魯漁業は冷蔵船隊を保有し、国内主要港に冷

蔵庫が整備されると、自社製品だけを扱う有力問屋を組織化し、全国販売網の強化に乗り出した。それが、昭和2年に函館の塩サケ・マスを扱う大手海産物問屋が結成した匿名組合・日魯組で、全国の塩干魚問屋を日魯組の専属買受人とした。昭和4年はマスが大漁で、価格が低下して思惑買いをした日魯組の組合員は大損失を蒙った。これを救済するために昭和5年に函館水産販売(株)を設立し、日魯漁業の塩蔵品全ての国内販売権を与えた。後には日魯漁業製品以外も取扱うようになった[17]。名古屋市では買受人を愛知北海物産(株)のみとした。

乾物は概ね、買付によって荷引されるが、買付先は産地問屋または集散地の大阪の問屋等であった。問屋はカツオ節製造資金の融資(販売委託を条件とした仕込み)を行った。

入荷の大部分は名古屋駅に到着し、指定運送会社が市場に搬入する。三重、和歌山等から自動車で輸送されることもある。自動車の利用が増えて市場が面している堀川運河を利用して動力船で搬入することが減った。堀川運河は干潮時には船舶の航行が不可能になり、不便となった。

名古屋水産市場、愛知北海物産、愛知海苔販売にはそれぞれ仲買人、小座人がいて上記3社の仲買人は延べ420人になるが、実数は238人で、複数の会社に出入りする。設立当初に比べ人数は倍増した。仲買人は名古屋水産業組合に属し、5年以上小座人であった者等に資格が与えられる。仲買人は会社に身元保証金800円、保証人2人を差し出す。仲買人と小座人は市内及び近郊に店舗を構え、卸、小売りを営なむ他、仲買人の一部は他の市場へ転送する。名古屋水産市場には市外各地から買い出しに来る仲買人、小座人がいる。北海産部の仲買人、小座人は愛知、三重、岐阜3県から集まった。乾海苔部の小座人は東京市、大阪市等からも来た。乾海苔部では買受人は主にノリ専門の仲買人・小座人で大量取引をして小売商に転売するか、他地方に送った[18]。

売買は主に委託販売で、せり売りされるが、指し値があり、相対売りもある。カツオ節、北海産物、その他の買付品は主として相対売りである。ノリは取引単位が大きいと入札、小口のものはせり売りであった。

販売手数料は10%、ノリは8%。仲買人への歩戻しは5%(ノリ、北海産物、缶詰は3%)、仲買人から小座人への歩戻しは2%(北海産物はなし)であった。

名古屋水産市場は名古屋市の塩干魚移入量の8割を扱う。取扱高の6割は市内で消化され、4割は県内、県外各地へ転送される。東海道線は大垣駅、豊橋駅まで、関西線は山田駅(三重県)まで、中央線は長野駅まで送られる。仲買人が東京、大阪両市場へ出荷することもある[19]。

2) 組織改革

昭和恐慌に対して名古屋水産市場は組織改革を実施した。昭和5年度上半期は、「本社ハ此受難期ニ処シ鋭意事業ノ統制ト経営ノ合理化ニ力ヲ致シ、他面価格ノ下落取扱高ノ減退ニ因ル収益減ヲ補フベク口銭率ノ増加ト経費ノ節約及各地ヨリノ集荷ニ極力意ヲ注」いだ[20]。昭和7年度上半期は、「社務ニ於テハ極力経費ノ節約ヲ計ルト共ニ事務ノ刷新ヲ加エ鋭意集荷ニ努力シタ」。同下半期は、「当会社ハ昨年九月以来陣容ヲ整備シ内容ノ刷新ヲ断行シテ鋭意業績ノ好転ヲ精進シタ」。

このように、販売手数料の引き上げ、経営の合理化、経費の節約、事務の刷新、陣容の整備、集荷努力を行っている。収益の低下で、役員賞与金や株式配当を下げ、営業経費では給料、支払利息は増加したが、通信印刷費、家賃借地料、雑費は削減している。事務の刷新は、大福帳から近代的会計制度への全面移行、陣容の整備とは創業メンバー2人が合併後は競合する商売をしないという約束を破り、自営店のため会社への精勤を怠ったことで解任されたことを指す。また、場外問屋と合同して4部門を分社化することを指しているようである。

　この機構改革を行ったのは、昭和恐慌で倒産した明治銀行の西区支店長であった伴野釘三郎で、彼を常務として招き、会計業務、組織改革を実施し、昭和恐慌を乗り切るには企業合同による合理化が不可欠として場外問屋と合同して北海産物部、乾物部、乾乾海苔部、果物部を分社化した。

2. 名古屋水産市場からの分社
1) 愛知北海産(株)の設立

　昭和7年の海産物問屋の上位4社は名古屋水産市場の他、(合)大彦商店(小島町、資本金8万円)、(株)棚橋商店(西柳町、資本金10万円)、中央水産(株)(西柳町、鮮魚、青果、塩干魚を扱う総合市場、第5章)で、いずれも納屋橋、柳橋を中心とした地区にあった。北海産物をめぐる競合もあって名古屋水産市場、大彦商店、棚橋商店は合併を協議した。その折、日魯漁業(株)とその販売機関の函館水産販売(株)から3社が合併するなら日魯製品の塩サケ・マスについて愛知、三重、岐阜、滋賀(一部)の一手販売権を与えるといわれ、昭和8年9月に愛知北海産(株)(資本金50万円)が誕生した。社長は伴野釘三郎、専務は野田鉦三郎(大彦商店、次期社長)、常務は棚橋徳七(棚橋商店)、相談役は堀田与八。この時から大彦商店は缶詰、その他の食料品を扱い、愛知北海産が塩サケ・マスの販売を独占することになった[21]。

　分社前の名古屋水産市場の塩サケ・マスの取扱いは価格の安い塩マスの取扱いが中心であった。昭和8年度上半期では塩マスは10貫あたり11円84銭で、入荷が71,236円であるのに対し、塩サケは14円67銭、24,316円であった。価格は漁獲量の多少で大きく変動し、サケとマスが同一水準になることもあった(マスの漁獲は1年毎に豊凶を繰り返し、不漁年に価格は大幅上昇する)。価格は昭和恐慌期には購買力の低下もあって惨落し、昭和8年頃に回復する。塩マスの上半期の10貫あたりの平均価格は、昭和4年11円60銭、5年7円75銭、6年6円82銭、7年7円18銭、8年11円84銭と変化した。マスは択捉、朝鮮、根室、露領・カムチャッカ産(年次により産地が大きく変化する)が、サケはカムチャッカ産が多い。

2) 名古屋乾物(株)の設立

　昭和恐慌期にあって乾物部も変わりつつあった。乾物類は大阪方面から仕入れていたが、直接産地へ出張して仕入れることを計画するようになった。企業合同については(合名)森川弥兵衛商店(西区江川町)、(合名)中村金助商店(西区東柳町)、(合名)森川弥六商店(西区花車町)、(合名)佐竹豊一商店(西区船入町)、駒田萬治郎商店(西区船入町)の賛同

を得たが、このうち森川弥六商店が乾物商「近江屋」本家の暖簾を守るとして抜けたので5者により昭和9年9月に名古屋乾物(株)(船入町、資本金6,000株、30万円)を設立した。名古屋水産市場が1,500株、問屋4軒が4,500株を所有し、問屋4軒の営業権を新会社に譲渡する、将来も競合する商品の問屋・卸をしない、4軒以外に持ち株の分割譲渡をしない契約をした。場外問屋4軒の業界に占める位置は上位6位以内に入り、資本金でいうと2～5万円に属していた。そこへ資本金30万円の名古屋乾物が設立されたのであるから、名古屋乾物の独走状態となった。社長は森川弥兵衛、常務が中村金助、取締役が駒田萬次郎と佐竹豊一が就いた。営業形態は名古屋水産市場と同じく早朝6時から営業(多くは住み込み)した。業界では珍しくオート三輪車を持っていた。場外問屋4軒のうち駒田と佐竹は店(業態は違う)を残しており、名古屋乾物の仕事が疎かになって重役を解任される。資本金は昭和12年に23万7,500円に減資した。

　名古屋乾物の従業員は35人で、給与は一般会社なみであった。内部は総務部と営業部に分かれ、第1営業部は乾物(かんぴょう、寒天、ワカメ、コンブ)、第2営業部はノリ、椎茸、第3営業部は缶詰、瓶詰、食料品を扱った[22]。ノリは次に述べる愛知海苔販売(株)でも扱うが、名古屋乾物は仕入れと販売、愛知海苔販売は入札会の開催が主業務である。

3) 愛知海苔販売(株)の設立
　名古屋水産市場は昭和4年10月に乾海苔部を新設した。伊勢湾、三河湾のノリが前途有望であるとみて知多郡や海部郡等の生産者に出荷を要請、他方、県下、北勢、静岡、東京等のノリ商人に呼びかけて市場内に市を開設した。出荷者は伊勢湾奥部(三重県側を含む)から三河湾(東三河を除く)に広がり、昭和10年に取扱高が75万円に達したので名古屋水産市場(6,000株)、仲買人(3,000株)、ノリ生産者(1,000株、50人出資)によって愛知海苔販売(株)(資本金1万株、50万円)を設立した。社長は堀田与八。

　名古屋乾海苔問屋組合(名古屋乾物も属していた)は東海乾海苔問屋組合を組織して入札会を開いていた。名古屋水産市場でも乾海苔部を創設して愛知乾海苔問屋組合を組織して入札会を開くようになった。

3. ノリの生産・販売と名古屋水産市場乾海苔部の営業
1) 愛知県のノリの生産と販売

　愛知県のノリ養殖は明治末から大正初期にかけて県内各地に種浜の移植が行われて発達した。愛知県のノリ生産額は第一次大戦後は70～90万円であったが、昭和4年から100万円の大台に乗った。昭和恐慌期は停滞するが、10年から上昇に転じ、12年から200万円台になった。全国順位も明治30年～大正4年は5～7位、大正7年～昭和3年は3～5位、昭和6～15年は2～3位と上昇を続けた。昭和10年の生産高1億2,900万枚のうち県内消費が34%で、東京へ18%、大阪へ14%、静岡へ10%、三重へ7%、岐阜へ5%が出荷されている。

　愛知県では昭和3年から全国に先駆けて県水産会に検査を委嘱して、製品の改善、規格の統一に努め、併せて製品名も「愛知海苔」に統一した。名古屋水産市場がノリの取扱いを

始めたのは、こうしたノリの生産が急増し、製品の規格化がなされた時期にあたる。一方、名古屋水産市場乾海苔部の取扱高は昭和4～8年度しか分からないが、6年度までは20万円前後であったが、7年度、8年度に急増し、8年度下半期は53万円となっている。三重県産も含むが、生産量全体に占める割合も相当高くなった[23]。

ノリの流通を振り返っておくと、明治中期における名古屋のノリ専門問屋は3軒だけ(明治後期からノリ問屋が台頭)で、他は乾物商や青果商が扱っていた。主に仕入れていた東京、大阪では大手ノリ問屋がおり、ノリ問屋組合が結成されていたことからすると遅れていた。愛知県の共同販売は、明治39年に生産者、販売業者によって設立された三河海苔改良組合(後の三河海苔同業組合)が最初である。大正期に入ると伊勢湾奥部でもノリ養殖が広がり、漁業組合の共同販売も始まり、問屋も大正10年頃に尾張乾海苔問屋組合、名古屋乾海苔問屋組合を結成し、その組合員が各漁業組合が開く入札会に参加するようになった。

当時は、東京湾・大森産のノリが主力で長期出張して仕入れ、名古屋近郊のノリ生産地(桑名、赤須賀、飛島)にも入札に出かけた。知多では4か所ほど(上野、横須賀、八幡、新知、旭)で入札会が開かれたので、尾張乾海苔問屋組合の約20人(半数は名古屋市)が入札に出かけた。生産量が増えると入札会場は集会場や公会堂が利用された。

こうした中で名古屋水産市場が乾海苔部を設け、市内及び鍋田方面からノリを集荷し、市内のノリ商人を集めて愛知乾海苔問屋組合を結成し、組合員による入札会を開いた。

一方、名古屋乾海苔問屋組合(乾物問屋の組合)は大正11年に17人で結成された。ノリ専門問屋の森川富蔵が組長となり、組合員が相互にノリを持ち寄って入札会を開き、また、名古屋近郊のノリ産地へ入札(桑名、赤須賀、鍋田、飛島)に出かけた。従来、ノリは東京湾産が大半を占めていたが、大正時代には三河湾、伊勢湾のノリに重点を置くようになった。乾物のなかでは最大の取引品目となった。乾物商の中には西区禰宣町から西区船入町に転出する者もいた。

名古屋乾海苔問屋組合は、昭和9年に東海乾海苔問屋組合連合会(三河乾海苔問屋組合、知多乾海苔問屋組合、伊勢乾海苔問屋組合、南勢乾海苔問屋組合、名古屋乾海苔問屋組合)を組織し、入札会を開いた。商業組合法(昭和7年公布)によって昭和10年には名古屋乾海苔卸商業組合となった。組合員は31人に増えた。さらに全国組織の全国乾海苔問屋組合(後の全国乾海苔問屋組合連合会)が結成され、全国流通網が形成された。同年、名古屋におけるノリの入札会も統一され、名古屋水産市場乾海苔部が分離独立して愛知海苔販売(株)となった[24]。

愛知海苔販売の集荷範囲は名古屋市、海部郡、知多郡で、各地区に共同販売所が設けられ、入札権をもった問屋が共同販売所をまわって入札する。船入町の倉庫に集められたノリを入札する方が多い[25]。

入荷品は屋内に積み重ねて置かれ、売買に際し、一部を見本に取り出して各漁業組合の等級別に入札(2万枚以上)、またはせり(2万枚未満)が行なわれる。問屋が買受人毎に仕分け、入札終了後、大部分は運搬業者の手で買受人の店舗、または買受人が指定する仕向け先へ送る。代金回収は仲買人、小座人とも月2回、支払保証として仲買人は保証人2人を必要とした(身元保証金はない)。販売手数料は7％で、仲買人への歩戻しは3％であった[26]。乾

海苔部の時代に比べ、販売手数料は1％下がっている。

2) 名古屋水産市場乾海苔部の営業

　昭和4～9年度の名古屋水産市場乾海苔部の営業活動をみていこう。ノリの出荷は12～4月、需要は行楽シーズンや祭日に高いので、下半期を中心とするが、一部上半期にかかる。

　昭和4年度下半期：「海苔ハ今期ヨリ初メテ海苔市ヲ開始シ、十二月二十三日第一回ノ入札市ヲ行ヒ、爾来期末マデニ七回ノ開市（一潮毎に開かれる－引用者）アリ。逐次出品組合モ拡張サレタルガ、本年ハ甚ダシキ不作ニテ例年ノ三分作見当ニテ従テ相場モ五、七割方ノ高値ヲ示」した。

　昭和5年度下半期：「前期ニ於テ出品組合数当初六ヶ組合ナリシモ漸次拡張サレ終末迄ニ十ヶ組合トナリ、知多郡及築港（名古屋港ロ－引用者）並海部郡ノ一部ノミニ過ギザリシモ、当期ニ於テハ碧海、幡豆、宝飯、渥美ト殆ンド全県下ノ生産組合ヨリ出品ヲ見、其組合数二十ヲ超ユルニ至リ、進ンデ三重県下ノ北勢、南勢方面ヨリモ逐次委託ヲ受ケ、一市ノ数量最高二百四十万枚ト云フ記録ヲ示シタ」。初年度の出品組合数は6組合から始まって10組合に広がったが、伊勢湾奥部に限られていた。今年度は全県下から20を超える組合から出品があり、さらに三重県側からの出品もあった。「一月ニ入リ大暴風ニ災サレ各産地ノ浜ニ大被害ヲ蒙リタル為メ当初ノ豊作見越ヲ裏切リ、之ニ加エテ財界不況ニ依ル安値ノ為メ出品組合ノ増加ト数量ノ激増ヲ見ツツモ取扱金額ニ著大ナル増加ヲ示サズ」。

　昭和6年度下半期：「当期ニ入リ第三年ヲ迎ヘタル乾海苔部ハ益々委託組合ノ増加ヲ来シ愛知県下各生産組合ノ大半ハ委託出品ヲ見ルト共ニ更ニ三重県ハ北勢、南勢方面ニ迄拡張セラレ委託組合数三十二ヲ算シ、一市ノ枚数実ニ三百五十万枚ヲ超ユルニ至レリ。当期ニ於ケル海苔作柄ハ・・・当初ノ豊作時期ヲ裏切リ採取減ノ止ムナキニ至リタルモ財界不況ニ押サレ好値ヲ見ズシテ終レリ」。

　昭和7年度下半期：当初は「爾三年来ニナキ豊作ヲ伝エタルニモ不拘、東京湾一帯ノ作柄不良ナリシ為メ東西大手筋ノ買進ミハ市況一段ト強調ヲ呈シ、更ニ海部郡鍋田、飛島ノ両組合モ一月ニ至リ当社へ販売ヲ委託セシ為乾海苔部取扱高ハ一層ノ激増ヲ見、毎市多数ノ買方蝟集シ盛況ヲ呈シタル処二月ニ入リ・・・一転シテ尾張部及三河ノ一部ハ極端ナル採取減ヲ示シ・・・大局的ニ観タル愛知県本年度ノ海苔作柄ハ採取数量ニ於テハ前年ノ不作ヨリモ更ニ減少ヲ示シタルモ好値ノ為メ辛フジテ前年ト大差ナキ生産金額タリシ」。

　昭和8年度下半期：「知多並海部郡一帯ニ亘ル作柄ハ東京、三河同様ニ何レモ稀ニ見ル豊作ニテ・・・(8回の市で)出廻数量四千五百万枚ニ達スル盛況ヲ呈シ、之ヲ前年同期ノ二千五百万枚ニ比較シテ実ニ二千万枚ノ出廻増加ヲ見タルモ（価格は低下）」。入札会への出品数量は前年度の2,500万枚から今年度の4,500万枚に急増している。

　昭和9年度の販売状況に異変が起こった。上半期は、「取扱高ニ於テ乾海苔部創立以来ノ大記録ヲ示シ生海苔ヲ終リタルガ・・・囲品時代ニ入ルヤ豊作ニ依ル在荷過多ニ加工財界不良ハ如何ニ格安ト雖モ其消化力乏シク併セテ農村ノ困窮ハ夏秋祭リノ中止トナリ、更ニ関西方面ノ水害ハ愈々業界不振ニ拍車ヲ加エテ囲品ノ低落ヲ招来シ、手持筋ハ何レモ相当ノ損害ヲ蒙リツツ売逃ゲヲ焦ル状態ニテ全ク暗澹裡ニ当期ヲ終レリ」。仕入れたノリはそのままで

は湿気を帯び、変色するので、乾燥器(焙炉)で乾燥(火入れ)して保管する。囲品時代とはオフシーズンのことで、同業者取引(交換会)が非常に多い。生産者、産地、時期によって品質が異なり、相場の変動が激しいので投機性を帯びる。他に消費者向けの小売り、すし屋への販売もある。

昭和9年度下半期：各産地の作柄は様々で、価格は乱調であった。「二月ニ入ルヤ愛知県下ニ於ケル主流産地ノ知多、海部、碧海、幡豆ノ各郡及南勢方面ヨリ踵ヲ次イデ集荷シ、一潮一千二百万枚ノ記録的数字ヲ示スニ至リタルモ、本年度各浜ノ採取状態ハ当初伝ヘラレタル豊作説ヲ裏切リ何レモ採取捗々シカラズ・・・前年同期ノ四千五百八十万枚ニ比シ二百五十万枚ノ取扱減トナリ、売上ニ於テ五十五万余円ヲ示シ二万三千余円ノ増加ニ過ギザリシ」。

以上から、出品する漁業組合数が名古屋近郊だけであったのが全県下及び三重県側にも広がっていったこと、取扱高が急増したこと、作柄は漁期中でも大きく変化し、価格も変動するので、多分に投機性を帯びること、また、全国的な作況、とくに最大のノリ産地である東京湾の豊凶が名古屋での入札に影響を及ぼすこと、価格は都市、農村の需要状況によって大きく左右され、昭和恐慌による窮迫や自然災害等による祭の中止や買い控えが強く影響したこと、がわかる。乾海苔部も入札会を開くだけでなく、自らも売買を行ったと見られる。

第3節　昭和戦前期の名古屋水産市場(株)の経営

1) 経営動向

図7-1は名古屋水産市場(株)及び名古屋水産物(株)の売上高と総収入を示したものである。戦時統制期までの経営状況をみると、資本金は100万円(2万株)、払込済み60万

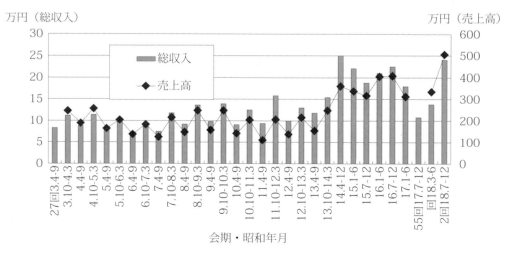

図7-1　名古屋水産市場及び名古屋水産物の売上高と総収入

資料：名古屋水産市場(株)(27～55回)及び名古屋水産物(株)(1～2回)の事業報告書
注：昭和14年と18年に期間が6か月ではない会期がある。

円であるのは変わらない。昭和2年3月の株主は323人で、大株主はいない（最大は705株）。名古屋市を中心とした愛知県人で占められている。ちなみに昭和17年末の株主は270人で、大株主がいない（最大は900株）ことは同じで、上位株主は全て役員であった。取締役副社長（社長は欠員）の野田鉦三郎は大彦商店（西区小島町）の店主で、愛知北海物産の創設メンバーである。

　一見して売上高と総収入は比例している。売上高に占める総収入の割合は4%台であったのが昭和恐慌期に5%位に高まった、上半期が低く、下半期が高い、昭和恐慌期に大きく落ち込み、昭和7年度後期から回復に向かうことがわかる。途中、北海産物は昭和8年度下半期から、乾物は昭和9年度下半期から、ノリは10年度下半期から業務を移譲したので、その期の売上高、総収入の伸びが前年同期より鈍るか、減少しているが、分社を含めれば伸びている。

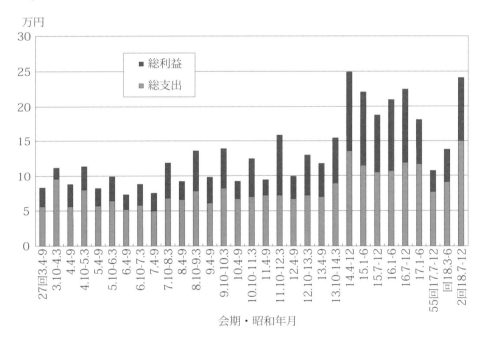

図7-2　名古屋水産市場及び名古屋水産物の経営収支

資料：名古屋水産市場（株）（27～55回）及び名古屋水産物（株）（1～2回）の事業報告書
注：昭和14年と18年に期間が6か月ではない会期がある。当期総収入＝当期総支出＋当期総利益

　図7-2は名古屋水産市場及び名古屋水産物の総収入、総支出、総利益を示したものである（総収入＝総支出＋総利益）。総収入の内訳は販売手数料（歩戻しを引いた純収入）が中心で、総支出は給料、営業費、支払利息等である。総収入、総支出、総利益とも昭和恐慌期に萎縮しているが、赤字経営に陥ることなく、安定的業種である。総収入に占める総利益の割合は3～5割と高い。また、総収入は上半期は少なく、下半期は高くなるのに、総支出は固定的なので、総利益は上半期で低く、下半期で高い。

　株主配当は5～10%（年率）と手堅い。時期別には大正末は10%であったが昭和に入ると7～8%となり、昭和恐慌によって5～6%（昭和5年度上半期～9年度上半期）に低

下した。昭和7年度上半期だけはゼロ配当となった。その後は6～8％に回復している。

取扱いの多い品目は年次によって変わるが、昭和8年度(395万円)はノリ、ちくわ(かまぼこは別で少ない)、カツオ節の3品が50万円前後で特に高く、次いで削り節、塩サンマが20万円台、生節、塩サバ、丸干し、煮干し、桜干し、チリメンジャコ、干物は10万円台、塩サケ・マスと田作が10万円弱である。

それぞれの産地はカツオ節は薩摩、近海、三陸、ノリは県内、ちくわは青森、塩釜、石巻、気仙沼、函館、塩サバは山陰、北陸、塩サンマは三陸、静岡、和歌山、スルメは松前と南部産、イワシ類は煮干しは播州、常陸、九十九里浜、チリメンジャコは土佐、伊予、近海、駿遠、田作は正月用品で紀州、九州、イカナゴは播州、淡路が多い。なお、缶詰はカツオ、マグロ類である。

こうしてみると意外に県外産が多い。昭和10年度上半期では県内産13％、県外産87％であった(ノリの取扱いが増える下半期は県内産の割合が高くなる)。ねり製品、とくにちくわは県内生産も多いが、入荷品は東北・北海道産、原料魚もタラとサメで県内産とは製造、流通、原料魚が異なる。愛知県のちくわ生産は全国1位で、その製造地は名古屋市と豊橋市、それに底曳網が集積する宝飯郡形原町・西浦村(現蒲郡市)が多く、原料魚も県内産から東シナ海底曳網物に変化した。

大正末から昭和初期にかけて底曳網漁業が発達し、ねり製品原料を底曳網物に切り換えることでかまぼこ製造業は季節的少量生産から周年大量生産へ、贈答用・祝儀用から惣菜用へと脱皮し、近代的食品産業となった。この場合、東シナ海の底曳網物は名古屋にかまぼこ製造を勃興させ、豊橋名物ちくわの原料転換をもたらした。一方、北海道・東北では底曳網漁業の著しい発展で、かまぼこ、ちくわの生産も急増したが、原料からして低価格品であった。名古屋のかまぼこは熱田魚市場で、豊橋のちくわは東海道沿線で売られ、名古屋水産市場は北海道・東北産の廉価なちくわを扱ったのである[27]。

図7-3は昭和恐慌期の塩干魚の価格の推移を示したものである。継続的に価格が示された

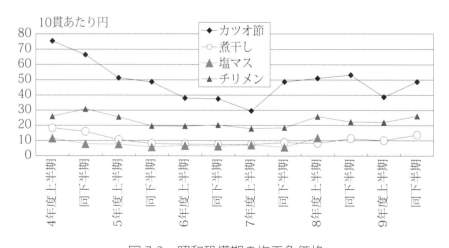

図7-3　昭和恐慌期の塩干魚価格

資料：名古屋水産市場（株）「各会期事業報告書」より作成。

品目は4品目と少ないし、好不漁による影響もあるが、昭和恐慌期の価格下落は共通している。昭和4年度下半期あたりから下降が始まり、7年度上半期あたりを底値として徐々に回復に向かう。しかし、少なくとも9年度までは以前の水準を回復していない。価格の下落幅は品目によって異なり、カツオ節は6割、煮干しは5割、チリメンは4割、塩マスは3割の低下であった。

戦時統制期以前の各期の経営動向をみていこう。昭和3年度までは不況で売上高は低迷していた(事業報告書は昭和3年度までは個別品目の需給動向だけで、全体の動向には触れていない)。

昭和4年度上半期は、「財界ハ前年来ノ不況ヲ受ケテ萎縮沈衰裡ニ浜口内閣ノ出現ニ伴ヒ緊縮節約ヲ高唱サレ国民全体之ニ共鳴シテ都市山村ヲ挙ゲテ消費ノ減退ニツトメツツ」あった。下半期は、「財界ハ引続キ不景気ノ裡ニ推移シ、国内的ニハ浜口内閣ノ緊縮政策ノ徹底、並ニ金解禁ノ断行アリ。国際的ニハ昨秋米国証券ノ恐慌等アリテ世界的不景気ハ一層深刻トナリ、需要ノ減退ハ益々諸物価ノ下落ヲ促シ、当社ノ取扱品ニ於テモ一二品種ヲ除キ殆ンド二三割方暴落ヲ来タシタ」。

昭和5年度上半期は、不況が深刻の度を増し、消費が冷え込み、価格の低落で利益が減少した。食料品の価格は他に先駆けて最も甚だしく落下した。「本社ハ此ノ受難期ニ処シ鋭意事業ノ統制ト経営ノ合理化ニ力ヲ致シ、他面価格ノ下落取扱高ノ減退ニ因ル収益減ヲ補フベク前年同期ニ比シ取扱数量ニ於テ三割九分六厘ノ増加ヲ見タルモ、金額ニ於テ一割三分六厘ノ減退ヲ来シ」た。下半期は、「水産物価格ノ惨落ハ実ニ未曾有ニシテ・・・前年同期ニ比シ少キハ三割、多キハ五割ノ暴落ヲ示スニ至レリ。然シテ取扱個数ハ・・・三割強ヲ増加シタルモ取引金額ハ・・・約二割強ノ減退」となった。

昭和6年度上半期は、「漁獲不振ノ為メ入荷数量ニ幾分ノ減少ヲ示シタルト財界不況ニ因ル価格低落トノ為メ其ノ取引金額」は低位にとどまった。下半期も金輸出再禁止、満州国の建設で景気好転の兆しがあったが、他方、中部地方の銀行破綻が相次ぎ、業界の受けた打撃は甚だしく、売上高も前年同期と比べ1割強減少した。

昭和7年度上半期は、救済資金の投下、低金利政策、円安＝輸出促進で、物価が高騰する気配が現れ、「我業界モ当社入荷個数一箇当リ平均値ハ漸ク九月ニ至リ若干ノ高値ヲ・・・見タルモ売上金額ニ於テ・・・九分三厘強ノ減少ヲ見タ」。下半期は売上高が前年同期を大幅に上回り、不況からの脱出が明確となった。

昭和8年度上半期は、「本春以来一般ニ不漁ニシテ大自然ニ恵マレサル事甚ダシカリシガ、物価ノ騰貴ニ因ル好影響ハ口銭収入ノ増加」となった。下半期は、軍需工業の殷盛とインフレ政策により「事業界ニ生気ヲ与ヘ各会社ノ内容ハ良化シ、事業界亦一般ニ好調振リヲ示スニ到ル」。取扱高は「前年同期ニ比シ・・・金額ニテ参十弐万円ノ増加ヲ示ス。且ツ当期ハ北海産物ハ商ヒヲ別会社トナシタル関係上実際増加額ハ金五拾六万余円トナリ、又利益ニ於テモ嘗テナキ純益ヲ収メ得タ」。

昭和9年度上半期は、一般購買力が減退するなか、漁業は「一般的ニ不漁ヲ告ゲ予期ニ反スル必然的ノ閑散ヲ持続シ、委託品ノ獲集ニ大ニ努メタリシガ、結局売上高ニ於テ昨年ヨリ約拾萬円・・・ヲ増加セシガ・・・買付品ノ見込ミ立タズ、該利益ノ計上スルヲ得ザリ

シ」となった。下半期は、「当期間ヲ通ジテ概ネ不漁ヲ持続シ、加フルニ昨年九月ノ暴風雨ハ人気ヲ一層萎縮セシメ秋祭ノ中止又ハ正月用品ノ節約等塩干魚ノ売上ニ至大ノ影響ヲ与ヘタリ」。

　昭和10年度上半期は、生糸の暴騰、米価の騰貴、軍需品関係の活況で農村、都市とも活気を帯び、食品業界にも反映した。「本期中ハ大体不漁ニ終始シ出荷不良ニシテ・・・時恰モ夏枯期ノ閑散ヲ免レズ。不漁ノ結果ハ諸品共昂騰ヲ促シ、閑散ニハ冷蔵庫ノ利用ニヨリ商品ノ需要均衡ヲ計リ・・・売上増加ヲ見タリ」。下半期は、「当期間ヲ通シ漁事ハ一般不漁ニシテ商品ノ蒐集ニ相当ノ困難ヲ感シタルガ、一同最善ノ努力ヲ致シ前年同期ニ比シ劣ラサル成果ヲ収メ得タ・・・。元来食料品ハ日常生活必需品ナルガ故出廻リ数量ノ減少ハ直ニ価格ニ好影響ヲ及ホシ大体ニ於テニ、三割方ノ昂騰トナリ、総売上金高ハ弐百四萬壱千余円ヲ計上ス」。今期に乾海苔部を分社化したので、その分を除くと対前年同期比12万円の増額となった。

昭和11年度上半期は、「低金利政策ノ持続ト軍需工業ノ殷盛トハ財界ニ好影響ヲ与ヘ、加フルニ農産物ノ豊作ハ一層期待ヲ深カラシム。然レドモ我ガ業界ハ所謂夏枯レ季節ニ相当シ、・・・結局平凡裡ニ経過シタリ」。下半期は、「久シキ低金利ト膨大ナル政府予算ノ財政的支柱ニ拠リ輸出並ニ軍需工業ハ・・・一段ト活況ヲ呈シ、一般物価ハ・・・頓ニ昂騰歩調ヲ辿リ、物資ノ移動特ニ活気ヲ帯ブルニ到レリ」。しかし、「水産業界ハ概シテ豊漁ヲ持続シ相場ハ是レカ為メ一部ノ商品ヲ除キ前年ニ比シ寧ロ下落スルノ状態ニシテ市価ハ一般商品ニ逆行スルノ珍現象ヲ示セリ」。

昭和11年度の名古屋水産市場の取扱高は、塩

表7-2　名古屋水産市場の貸借対照表

昭和	4年3月	7年3月	11年3月	15年12月
資　産				
株金払込未済金	400,000	400,000	400,000	400,000
地所家屋什器	273,846	281,918	291,724	285,730
営業市場権	35,833	35,833	34,000	34,000
有価証券	-	-	208,500	212,075
受取手形	46,601	43,449	23,965	2,950
仮払金	13,972	15,187	14,175	7,9136
貸付金	69,832	87,447	121,000	91,009
未決済・商品勘定	53,059	51,960	6,806	89,376
銀行預金	20,861	57,828	261,142	224,585
委託品立替金	103,233	128,202	53,610	35,687
仲買売掛金	393,268	408,267	360,350	568,365
現金	9,141	3,828	1,260	4,022
その他	1,000	53	334	50
合計	1,420,646	1,513,970	1,776,865	1,955,762
負債・資本				
資本金	1,000,000	1,000,000	1,000,000	1,000,000
各種積立金	125,605	137,236	165,673	188,843
仲買人身元保証金	117,855	68,851	76,488	146,302
諸預かり金	22,335	41,172	157,831	283,727
支払手形	100,000	158,714	50,000	150,000
支払未済仕切金	-	38,307	12,627	16,319
借受金	-	-	7,794	5,507
借入金	10,140	13,755	231,636	34,020
前期繰越金	23,055	23,923	17,026	27,623
当期利益金	16,451	30,015	55,353	82,076
その他	7,205	2,004	2,436	21,344
合計	1,420,640	1,513,970	1,776,865	1,955,762

資料：名古屋水産市場株式会社「第28回、第34回、第42回、第50期事業報告書」。
注：単位は円、四捨五入した。

干魚 416.4 万円、鮮魚 33.9 万円、果実 4.6 万円、乾物 110.4 万円、その他 55.9 万円、計 621.1 万円であった[28]。

2) 財務状況

　表 7-2 は、昭和戦前期 4 時点における名古屋水産市場の貸借対照表をまとめたものである。昭和 4 年 3 月末から 7 年 3 月末までは昭和恐慌期に突入した時期、その後 11 年 3 月末までは 4 部門を分社化し、昭和恐慌の打撃から回復した時期、15 年 12 月末までは統制前で軍需インフレによって事業が大きく拡大する時期である。資本金 100 万円、払込済み 60 万円は変わらず、地所家屋什器、営業市場権も変化が小さい。

　昭和恐慌からの回復過程での分社化は有価証券が急増したことに現れている。資産 (負債・資本) 合計は順次増加し、当期利益金は大幅に増加し、各種積立金も堅調に積み上がっている。当社は商業会社らしく流動資産、流動負債が多い。それが昭和恐慌からの回復期に大きく動いている。流動資産では委託品立替金と仲買掛売金が減り、銀行預金と貸付金が増え、流動負債では諸預かり金と借入金が増え、支払手形が減っている。借入金の一時的増加は分社化に伴う有価証券の取得目的であったとみられる。

第 4 節　戦時統制下の名古屋水産市場 (株)

1. 塩干魚の統制と統制団体
1) 名古屋水産市場の動向

　表 7-3 は昭和 14 年の名古屋水産物市場の組織を示したものである。昭和 10 年頃 (表 7-1) と比べると、名古屋乾物と名古屋果物 (名古屋果実問屋に改組) が減資したこと、各社

表 7-3　名古屋水産市場と子会社の概要 (昭和 14 年)

		名古屋水産市場 (株)	愛知北海物産 (株)	名古屋乾物 (株)	愛知海苔販売 (株)	(株) 名古屋果実問屋
位置：船入町		4丁目	2丁目	3丁目	3丁目	3丁目
事務所		56坪	23坪	21坪	10坪	5坪
倉庫など		434坪	108坪	159坪	88坪	10坪
資本金		100万円	50万円	23.75万円	50万円	2万円
代表者		伴野釘三郎	野田鉦三郎	森川弥兵衛	堀田弥八	堀田弥八
従業員		69人	21人	30人	6人	4人
買受人	仲買人	160人	147人	-	100人	-
	小座人	90人	58人	-	30人	-
	買出人	-	-	730	-	60
14年度売上高		451.9万円	206.1万円	126.5万円	164.7万円	5.9万円
関係組合		名古屋水産業組合	名古屋水産業組合	名古屋乾海苔組合	愛知乾海苔組合	

資料：中部飲食料新聞社・食料ジャーナル社・名古屋文化センター編『中部の食品業界百年史』
(名古屋市食料品問屋連盟・愛知海苔問屋協同組合・名古屋乾栄会、昭和 56 年) 154 頁。

の取扱高は名古屋乾物が減少した以外、大幅に増加している。とくに愛知海苔販売の伸長が著しい。愛知北海物産の売上高も著しく増加し、その結果、子会社4社の売上高合計は親会社の452万円を上回るようになった。

戦時統制期の変化をみるために、昭和11年末と16年10月の名古屋水産市場の取引状況を比べてみよう。①昭和16年9月に仲買人制度が廃止され、仲買人140人がいなくなった。小座人(買出人)は338人から347人に少し増えた。②仕入れ先は内地一円、朝鮮、樺太、台湾、南洋、北洋であるのは同じだが、販売先は市内、県内、岐阜、三重、長野から市内、県内、岐阜へと縮小した。③価格は公定価格が設定されるまでに1.8〜2.0倍、高騰した。④利益率は統制下で卸は5％、小売りは20％と想定された。⑤定休日は月1回から月2回と四大節、正月3日間に増え、1日平均営業時間は10時間から8時間に短縮した。

配給については仲買人制度が廃止されたので市場から配荷所を通して小売商に流れるようになった。従来の仲買人は小売商となったり、廃業して配荷所の主任になったりした。仲買人の名古屋水産業組合、小座人の名古屋水産小売業組合は解散し、昭和16年9月に名古屋塩干魚小売商業組合となった[29]。

2) 塩干魚の統制

塩干魚の公定価格は昭和15年4月に塩サケ・マス、乾ノリ、焼ノリ、8月に158品目、9月にコンブ、佃煮、11月に冷凍魚介類、16年12月に水産缶詰に設定された。中央卸売市場における過去3年間の平均価格より2割安で、元卸、卸、小売りの価格が決められた。種類、品質、大小、形に関係なく一律に貫匁あたりいくらと決められた。

塩干魚の市場入荷量は昭和16年以降、激減した。主な原因は公定価格が不適正なことにあった。原料魚価格は鮮魚介との差が小さく、製品価格は鮮魚介の価格より安く見積もったため、水産加工自体が急速に萎縮した。

ノリの公定価格は制定当初は卸売と小売りの2本建てで生産者価格は定めていなかった。そのため問屋が産地から仕入れる際に自由裁量の余地があった。配給統制が決まってから(昭和17年4〜5月)価格は生産者、統制機関(全国海苔配給統制組合)、卸売、小売りの4段階となった。併せて検査規格を全国統一し、等級別価格とした。黒ノリ、混ノリは1〜4等級に分けられ、例えば黒ノリ1等品の1,000枚あたりの価格は37円37銭、38円67銭、41円、45円となった[30]。

昭和17年1月に水産物配給統制規則が公布され、水産加工品の配給統制が決まった。鮮魚介の配給統制より遅れたのは、鮮魚介の確保が優先され、労力、資材を費やしてまで塩干魚を製造するのは国家経済上、無駄であると解釈されて疎遠にされてきたこと(時局が逼迫すると非常食用として塩干魚が重視されるようになった)、鮮魚介は魚屋が取扱うが、塩干魚はそれほどの専門的技術を要しないことから様々な小売商が取扱っており、統制機構の統一が困難なこと、公定価格実施以来、塩干魚は保存性があるので闇取引、再加工して公定価格適用を逃れる等の不正取引が横行したこと、による[31]。

水産物配給統制規則は、中央で統制するもの(塩サケ・マス、焼ちくわ、乾ノリ、寒天、イカ製品、コンブ、カツオ節類、削り節、タラ製品等大臣指定の10品目)と府県において

統制するその他の塩干魚に分けた。品目別統制団体として塩サケ・マスは日本鮭鱒配給(株)、乾ノリは全国海苔配給統制組合、焼ノリは日本乾海苔加工工業組合連合会、カツオ節は全国鰹節類統制組合、塩干魚・コンブ・イカ製品等は日本海産物配給(株)等が設立された。地域別、月別配給計画を立て、大臣の承認を得て配給を行う。

3) 荷受け機関としての名古屋水産物荷受組合

　水産物配給統制規則により六大都市所在の各府県に指定荷受け機関が設けられた。消費地域内の水産加工品は全てこの荷受け機関の手を経ることになった（但し、水産ねり製品で地元府県内で生産され、地元府県内で消費するものは除く）。農林省は昭和17年8月に愛知県の指定消費地は名古屋市と西春日井郡西枇杷町、指定荷受け機関は名古屋水産物荷受組合とした。荷受組合の事務所は名古屋水産市場内(船入町3丁目)に置かれた。参加したのは名古屋水産市場(株)、愛知北海物産(株)、中央水産(株)(西柳町、資本金20万円)、日本水産(株)(中区松重町、9,350万円)、名古屋海産物(株)(西区花車町、10万円)、(合資)三米商店(西柳町)、(合名)玉鍵商店(東区大曽根町、5万円)、愛知県昆布荷受組合(中区千早町)、全国鰹節類統制組合愛知支所(船入町)等13の会社・団体である[32)]。

　荷受組合は指定地域以外の県内に配給できる。中央統制品は扱わない。資本金500万円の4分の1が払込みで、出資割当ては名古屋水産市場が80％、日本水産と林兼商店が5％、旧仲買人と場外業者6人が15％で、出資配当は6％を想定した。取扱高は1,500万円、手数料収入は77.5万円(約5％)を想定した[33)]。

　組合長は名古屋水産市場の伴野釘三郎が、副組合長は愛知北海物産の伴野鉦三郎が就いた。荷受組合は配荷所を市内10区、枇杷島市場等の5青果市場、地方配荷所1か所、計16か所を設けた。

　荷受組合は昭和18年3月に統制会社の名古屋水産物(株)となった。

4) 品目別統制
(1) 塩サケ・マスの統制

　塩サケ・マスは昭和16年6月に北洋漁業者の日魯漁業(株)とその一手販売業者の函館水産販売(株)によって日本鮭鱒配給(株)(資本金300万円)が設立され、一元的集荷・配給網を築いた。全国を10ブロック及び六大都市に分けて各地区内の配給機関を通じて配給計画に基づいて配給を行う。名古屋では愛知北海物産(株)が配給機関である[34)]。
(2) 乾物の統制

　名古屋乾物(株)が取扱う保存食品の乾物類、缶詰、瓶詰は軍需食料品となり、需要が増加した。第2営業部長が退職し、常務取締役の中村金助も引退して創業以来続いた企業合同色が失われ、社長森川弥兵衛の個人商店のようになり、大阪市場とのつながりが唯一の頼りとなった。大阪では昭和6年に大阪市中央卸売市場が開設されると同時に乾物業界も一丸となって大阪乾物(株)を設立した。名古屋出身の森川一族が社長を務め、名古屋乾物に取締役、監査役を派遣した。大阪乾物は産地開発(凍豆腐、ノリ)で成功したので、名古屋乾物も産地開発として長野県で寒天、三重県でヒジキとフノリ、青森県でアワビとテングサ

の生産を始めたが成功しなかった。その他、朝鮮、樺太、北海道、青森、九州に主張所を開設した。

名古屋乾物も日本寒天統制 (株)、愛知県乾物配給 (株)、愛知県海苔統制 (株)、愛知県澱粉配給 (株)、愛知県瓶詰配給組合等の設立に参加した。乾物問屋としての営業は完全に停止した。従業員も応召、または徴用されたり、統制会社・組合に出向した[35]。

(3) 缶詰の統制

缶詰は昭和16年12月に公定価格が決定され、17年2月に日本缶詰統制 (株) が設立された。その統制下で名古屋市缶詰臨時配給組合（13店）が作られ、食料品問屋はその機能を失って事実上解体した。名古屋乾物、大彦商店、愛知北海物産、玉鍵商店も臨時配給組合に参加した。昭和19年に愛知県缶詰配給組合となったが、一般家庭に配給される缶詰はほとんどなくなった。

(4) ノリの統制

ノリの価格は昭和14年始めから漸騰、15年春には2倍となった。昭和15年4月から12月にかけて各種ノリ製品に公定価格が設定された。昭和15年に全国乾海苔問屋組合を改組して全国乾海苔問屋組合連合会が結成され、東海地方からは三河、西三河、知多、北勢、南勢の卸商業組合や問屋組合が参加した。昭和17年1月には水産物配給統制規則に基づき生産者団体 (全漁連、関係地方漁連)、産地ノリ問屋、朝鮮海苔販売 (株) によって全国海苔配給統制組合 (出資金100万円) が結成された。中央指令に基づき府県単位の荷受け組合へ渡す。荷受け組合は卸商業組合、加工業機関、その他へ配給する。事務所は全国6か所に置き、中京地区は名古屋市西区船入町に置かれた[36]。愛知県海苔統制組合が設立され、県下のノリ問屋が配給業務を担当した。昭和19年に愛知県海苔統制 (株) に改組された[37]。

昭和17年度の愛知県のノリの集荷は48組合、黒ノリ1億6,956万枚、青ノリ3,376万枚、県内への配給量は乾ノリ9,028万枚、加工用3,216万枚、計1億2,244万枚で、それ以外は11府県に配分された。年間1人あたりの配給量は人口割と消費実績に基づいて行われ、愛知県の配給は全国3番目に多く、黒ノリ・混ノリ28枚、加工ノリ10枚であった[38]。

昭和19、20年になると養殖資材、労働力不足でノリ生産は最悪の状態になり、愛知海苔販売も問屋機能を失った。

2. 名古屋水産市場及び名古屋水産物の経営と再編

1) 名古屋水産市場の経営動向

前掲図7-1で戦時体制下の名古屋水産市場と名古屋水産物の売上高と総収入をみていこう。名古屋水産市場の売上高、総収入は昭和14年から急に高まり、16年まで高い水準を示した。売上高は半年間で400万円に達し、総収入も過去最高の20万円を超えた。昭和17年に入ると統制の実施で急落する。昭和18年3月に中央水産、名古屋水産市場の子会社、統制団体も加わって名古屋水産物 (株) となるが、取扱高、総収入は最高水準を回復した（その後は不明）。

前掲図7-2で総収入、総支出、総利益の関係をみると、昭和14年から総収入が急増し、総支出の増加が緩やかだったため総利益は著しく増加し、利益率は4～5割に高まった。

戦時統制が塩干魚に及ぶまでの期間、最高益を享受したのである。昭和17年に入って統制が始まると総利益は低下するが、統制機関となると再び高利益をあげるようになった。

戦時体制に入ると名古屋水産市場の株主配当は年率7～8%となり、昭和15年度下半期～17年度上半期は10%に上昇した。名古屋水産物(資本金は130万円で全額払い込み)になると、第1回(18年3～6月)は6%。第2回(18年7～12月)は7%に落ちた。

戦時統制期の経営状況を各期の「事業報告書」でみよう。

昭和12年度上半期は、「本年度夏季漁ハ概シテ順調ニ経過スベキモノトシ、昨年来一般的昂騰物価ニ追随シツツアリシガ、期央偶々北支事変勃発ニ因リ市場入荷数量ハ頓ニ減少シ未曾有ノ閑散状態ヲ呈シ」、売上高はいくらか減少した。下半期は、「昨年ハ全国的不漁ニ終始シ入荷著シク減少シ需給ノ均衡ヲ失ヒ、剰ヘ近来財政的膨張或ハ時局実需ノ旺盛等物価ハ益々騰貴シツツアルノ時機ニモ拘ラズ、売上高ハ是レニ逆行シ常ニ前年ニ及バズ・・・甚ダ悲観状態ニ置カレタリシガ、偶々本年ニ入リ鰮ノ大漁トナリ是レ等加工品ノ出荷漸ク増加シ」、売上高は前年同期を上回った。

昭和13年度上半期は、国家総動員の進展により労働力・漁船の減少、運輸不足等の影響に加えて天候異常が漁獲に影響し、雨天が多くて加工品の生産が減少した。「当社扱商品ノ出回リ状態又著シク不活発ニシテ需給ノ均衡ヲ失シ、市価ハ常ニ騰貴ヲ持続セリ」。「荷物ノ減少ハ市価ノ騰貴ニ依リテ緩和セラレ・・・夏枯季節ノ閑散期ノ業績トシテ近来ニナキ好成績ヲ収メ」た。下半期も「我ガ社ハ常ニ国策ニ順応シテ水産物ノ蒐集ニ努メ配給ノ円滑ニカヲ致シ、為メニ今期ノ業績ハ頓ニ向上」した。

昭和14年(期間は4～12月と変則的)は、「戦時体制ハ漸次強化セラルルモ需給ノ均衡整ハズ、諸物価ハ益々騰貴ノ趨勢ヲ持続セリ・・・当社ハ常ニ低物価政策ニ順応シ委託ヲ主トシ買付ケヲ避ケ市価ノ抑制ニ努力セシガ・・・市場相場ハ一般ニ漸騰状態ニシテ」、売上高も大きく伸びた。

昭和15年度上半期の売上高は前年同期に比べ100万円を超す増加ぶりであった。下半期は統制が強化され、8月21日に生鮮食料品配給価格統制要綱の実施を命じられ、「当社ハ直ニ八月二十三日ヨリ率先シテ販売手数料ヲ引下ゲ込目(目減りを考慮した増量－引用者)、荷扱料ノ全廃ヲナシ、又仲買戻リ歩金(仲買人への歩戻し－引用者)ノ全廃ヲモ実施セリ」。次いで8、9月の塩干魚と鮮魚介の公定価格設定等により、価格の相当の引き下げを行った。一般に手持ち品の打撃が甚大であるが、同社は早くからこれを予期していたので公定価格実施の影響はなかった。しかし、塩干魚の公定価格は種々の矛盾があり、生産地と消費地の価格が同一なこと、鮮魚に比べて価格が低位にあって製造不能に陥った。こうしたことから市場の入荷に異変が生じた。「当社ハ意ヲ決シ県民食料確保ノ重要性ニ鑑ミ断然利害ヲ超越シ犠牲ヲ顧ミズ社員ヲ督励シテ集荷ニ是レ努メ、遂ニ前年ニ比シ四割以上ノ入荷増ヲ獲得」した。集荷量が前年比4割以上も高まったのは、対象期間が6か月ではなく9か月になったことが大きな要因とみられれる。

昭和16年度上半期は、鮮魚介配給統制規則が公布され、消費地(名古屋を中心とした中京圏)には荷受けの一元的統制機関として中京地区魚類配給統制協会が設立され、名古屋水産市場も加入した。加工品は未だ統制されていないが、産地公定価格との価格差が小さいこ

とから販売手数料をとらず、運賃を負担することがあった。「食糧市場ノ責務遂行上犠牲的配給ヲ余儀ナクセラルル窮状ナリシガ、社員ヲ督励シ売上高ノ増加ヲ以テ其ノ損失ヲ補フベク一同不断ノ努力ノ結果」、売上高が大幅に増加した。下半期は、農林省の指示で仲買人の廃止、塩干魚の公定価格の改定に伴い「我ガ市場ハ直ニ販売機構ノ大改革ヲ断行シ、創業以来踏襲シ来タレル仲買制度ヲ廃シテ買出人制度ニ改ム。即チ市内十区及地方部ハ市場内ニ又市内青果市場ニモ配荷所ヲ設置シ、過去ノ実績ヲ基準トスル比例ニテ之レニ配荷シ、各配荷所ニ配荷人ヲ配シテ末端配給ヲ扱ハシムルコトト」した。昭和16年度下半期に自由取引から公定価格に基づく配給制度へと転換した。資材の統制強化で漁業生産の減少は避けがたく、公定価格の設定で製造不能に陥るものもあり、さらに輸送力の不足で集荷が困難となるなか、同社は社員を各方面に派遣し集荷に専念した結果、売上高は前年同期に比べて大幅に増加した。

昭和17年度上半期は、低物価政策に基づき塩干魚の公定価格が先に設定され、原料の生鮮魚介に対する設定が一年遅れたことで原料高製品安のとなり、製造不能に陥った。市場から姿を消すものもあって数度改定を上申したが実現しなかった。太平洋戦争突入とともにその影響は一層深刻となった。集荷に万全を尽くしたが、売上高は前年同期を下回った。下半期には昭和17年1月に制定された水産物配給統制規則に基づき名古屋水産物荷受組合が結成され(8月)、一元的配給をすることになった。この組合は初期には出荷統制の不備、公定価格の矛盾等で充分な成績を収められなかった。

2) 名古屋水産物(株)の設立と経営

昭和18年3月に名古屋水産物(株)が設立され、名古屋水産物荷受組合の業務一切を継承した。名古屋水産市場は資本金100万円、株主270人であったが、名古屋水産物では130万円、369人に増えた。役員もいくらか交替した。最大の株主となったのは新たに株主となった中央水産(株)の社長で、名古屋水産物では監査役に就任した。株主で増えたのは子会社の愛知北海物産(株)、名古屋乾物(株)や名古屋市以外の市場・統制組合である一宮海陸物産(株)、半田市場(株)、海部郡魚類配給統制組合等であった。名古屋水産物は4月に指定荷受け機関に指定された。

第一期(昭和18年3～6月の4か月)の成績は、総収入13.8万円、総支出9.1万円、総利益は4.7万円であって、6％の配当をしている。「大東亜戦争ハ決戦態勢ニ入リ国ヲ挙ケテ必勝ノ信念ヲ以テ邁進スル秋、吾々食糧品配給ノ業務ニ携ハルモノノ責務モ亦重大ナリ。茲ニ於テ当社ハ重責完遂ノ為メ凡ユル犠牲ヲ不顧一意集荷ニ専念致シタルモ創立尚日浅ク、而カモ取扱品中ニハ出荷統制完備セザルモノアリ、又公定価格ニ矛盾スルモノアリテ所期ノ実績ヲ収メ得サリシ」[39)]となった。

第2期(昭和18年7～12月)は総収入24.0万円、総支出14.9万円、総利益9.1万円で、7％の配当が行われた。「此ノ時ニ当リ食糧品ノ集荷ト配給ニ携ハル我ガ社ハ其ノ任務ノ重大ナルヲ痛感シ、常ニ県市当局ノ御指導ニ従ヒ、凡ユル犠牲ヲ不顧只管責務ノ完遂ニ専念セシガ、取扱品中ニハ尚ホ出荷統制ノ完備セザルモノ及ビ公定価格ノ矛盾スルモノアリ。特ニ時局下生産ト輸送ノ隘陋ハ脱ガルベカラズシテ所期ノ実績ヲ収メ得ザリシハ誠ニ遺憾トスル所ナリ

ガ、幸ニシテ鮭鱒、焼竹輪、削節、昆布、鰯等(中央統制品目-引用者)ハ完全ナル統制下ニ置カレ、又県内産鰮煮干製品ハ県令ニ基キ統制出荷ノ実施ヲ見テ左ノ業績ヲ収メ得タルハ欣幸トスル所ナリ」[40]。

なお、中央卸売市場法に基づく名古屋市中央卸売市場の建設は2度の挫折を経て、戦時統制に適した愛知県食品市場規則に基づく北部、中部、南部の3市場を建設することになり、そのうち中部市場が昭和20年3月に開場した（熱田区西町）。

それに先立ち、昭和19年4月に生鮮食料品の配給統制会社を設立することが閣議決定され、名古屋市では市内の11の卸売市場が合同して荷受け機関の名古屋魚類統制(株)と名古屋青果物(株)が設立された（7月）。名古屋水産物も名古屋魚類統制に統合され、代表者の伴野釘三郎は名古屋魚類統制の理事となった。2社は上記の名古屋市卸売市場に入場したが、空襲で市場は焼け野原となり、事業は休業状態のまま終戦を迎えた。

おわりに

1）各時期のまとめ
(1) 明治末・大正期の塩干魚流通と名古屋水産市場の創立

江戸時代以来、名古屋駅前の西区船入町には塩干魚問屋が集結しており、激しい集荷競争を展開し、共倒れの危機にあった。明治42年の愛知県市場取締規則の公布を機に有力塩干魚問屋4軒と果物問屋が市場開設を申請し、大正元年に許可を得た。その後、施設の整備を進めて大正4年に名古屋水産市場(株)を創立した。取扱い品目も当初は塩干魚、ミカンだけであったが、次第に食料品全般に広げた。会社の営業部は、一般塩干部、北海産物部、乾物部、乾海苔部、果物部に分かれている。取引には仲買人、小座人を対象とした委託品のせり売り、入札、買付品の相対売り等があった。せり売りには指し値委託も多い。小座人は少数で取引高も少ない。仲買人は自分の店舗を持って卸、小売りをする他、なかには産地買付、他市場への転送を行う者もいた。こうした点で鮮魚市場とは大きく異なる。第一次大戦期に価格が高騰して取扱高が伸長した。

(2) 昭和戦前期の塩干魚流通の再編

昭和恐慌期になると、不況克服のため、名古屋水産市場は、①元銀行員を招聘して問屋仕法から会社仕法へと業務改革を行った。②場外問屋と合同して北海物産(株)、名古屋乾物(株)、愛知海苔販売(株)、名古屋果物(株)を分社化した。北海物産は日魯漁業系から塩サケ・マスの独占販売権を得た。名古屋乾物も愛知海苔販売も業界最大手となった。

名古屋水産市場は名古屋市の塩干魚移入高の8割を扱い、その6割は市内で消費されるが、4割は県内外に転送する集散拠点市場である。買受人は市内在住者が多いが、市外各地からの買出人もいた。

主要取扱い品は、ノリ、ちくわ、カツオ節、削り節、生り節、塩サンマ、塩サバ、塩サケ・マス、丸干し、煮干し等で、県内産の割合は低く、大半が全国各地、遠くは北海道、露領、樺太、朝鮮、台湾からも集められた。県外出荷は東京・大阪と中部圏(岐阜、長野、三重、

静岡)である。運搬手段は鉄道が主で、近距離はトラックが活用された。昭和恐慌を脱して昭和10年頃から需要が増加した。

ノリの取扱いは昭和4年から始め、10年には生産者、仲買人の出資を得て分社化している。愛知県のノリの産地は三河湾奥部、伊勢湾奥部で、大正期以降、漁業組合が共同入札会を開くようになり、名古屋水産市場も入札会に参加するとともに自ら集荷して入札会を開き、出荷組合数、集荷数量を増やしていった。

営業では定休日が月1回から2回に増え、営業時間も10時間ほどに短縮され、従業員は徒弟制から店員制に替わり、月給は一般会社なみとなった。近距離では荷車に替わってリヤカーや自転車が使われるようになった。

(3) 戦時統制下の塩干魚流通

戦時統制下にあっても公定価格が設定される昭和15年まで塩干魚の価格は急騰した。昭和16年には仲買人制度が廃止となり、17年には水産物配給統制規則が制定されて、各品目毎に統制団体が結成され、消費地における荷受け機関として名古屋水産市場と場外問屋とが名古屋水産物荷受組合を作り、市内、青果市場に配荷所を設けた。昭和18年には中央水産(株)、子会社等の出資を得て名古屋水産物(株)となった。

国家総動員体制で労働力、資材、運輸の不足により水産加工は衰退し、塩干魚に不利な公定価格の設定もあって、戦局の悪化とともに次第に集荷・配給が困難になった。昭和19年に名古屋水産物は統制会社・名古屋魚類統制(株)に統合され、20年には名古屋市卸売市場に入場したが、実績をみないまま、敗戦となった。

2) 戦後の塩干魚流通
1) 塩干魚の卸売機関

昭和22年に荷受け機関の複数制がとられ、水産関係では6社が許可された。その中に戦前の名古屋水産市場(株)の関係者によって設立された名古屋海産市場(株)があり、塩干魚を扱った。名古屋魚類統制(株)は閉鎖機関に指定されて、分解していった。昭和24年4月に名古屋市卸売市場は名古屋市中央卸売市場に改編された。

昭和23年10月以降、塩干魚の公定価格が撤廃されていき、25年4月に統制が全面的に撤廃されると、卸売人は淘汰されて3社にまで減少するが、名古屋海産市場は継続している。名古屋海産市場は冷凍、鮮魚、塩干の3部門に分かれ、塩干部門はさらに前先物(アジの開き、塩サバ、切り身等)、かれ物部(イカナゴ、煮干し、田作、チリメン等)、北海部(サケ・マス、魚卵等)、煉製品(ちくわ、はんぺん、かまぼこ等)に分かれている。なお、当初の塩干部門の仲買人は22人であったが、昭和44年には41人に増えている[41]。

昭和30年度の中央卸売市場の水産加工品取扱高(約34,000トン)の内訳は、輸送手段は国鉄が圧倒的に多く、それにトラックが次ぐ。船舶による入荷は少ない。主な品目は、ちくわ、塩マス、スルメ、丸干し、塩サンマ、煮干し、塩サケ、塩サバ、出荷地は北海道が最大で、愛知、青森、静岡、三重が続く。県産品は全体の1割に過ぎず、その品目はチリメンジャコ、煮干し、塩サバ等であった[42]。

(2) 塩干魚商

名古屋乾物(株)は、戦後も取扱う商品がなく、休業状態が続いた。昭和21年9月に企業再編整備法の指定を受け、再建団体となった。戦時中に拡大した出張所や生産地の工場を整理し、昭和24年3月に新生名古屋乾物(株)として再スタートを切った。朝鮮戦争特需で業績が拡大し、昭和27年に名古屋市中央卸売市場に準荷受機関として出店した(現(株)メイカン)。戦前、長らく乾物商の中心地であった船入町は、名古屋海産市場や名古屋乾物が中央卸売市場に入場するようになって、往年の活気を失った[43]。

　昭和22年10月に乾ノリ、焼ノリを含む10品目の統制が解除され、ノリ業界も活気を取り戻した。愛知海苔販売(株)は問屋50人余からなる愛知海苔問屋組合を結成し、名古屋市、海部郡地区を対象としたノリの入札市を再開した。

　昭和25年には愛知海苔販売を愛知海苔乾物(株)に改組し、中央卸売市場への進出を図った。船入町の本社とともにノリの入札・卸売を始めた。昭和29年に愛知県漁連のノリ共販所が熱田に完成すると、愛知海苔乾物の入札市にとって替わり、翌30年に愛知海苔乾物は解散した。愛知海苔問屋組合は解散し、愛知県海苔問屋協同組合となって県漁連共販に買受人として参加するようになった[44]。

注

1) 農商務省水産局『重要魚市場調査』(生産調査会、大正元年)7頁。
2) 中部飲食料新聞社・食料ジャーナル社・名古屋文化センター編『中部の食品業界百年史』(中部食料品問屋連盟・愛知海苔問屋協同組合・名古屋乾栄会、昭和56年)54～56頁。
3) 前掲『中部の食品業界百年史』59～65頁。
4) 前掲『中部の食品業界百年史』67～68、106～108頁、帝国水産会『魚市場ニ関スル調査』(昭和11年)218頁。
5) 原田政美『近代日本市場史の研究』(そしえて、1991年)105頁。
6) 名古屋商業会議所編『名古屋商工案内』(名古屋商工会議所、大正6年)42～43頁。
7) 『魚類蔬菜果物卸売市場調査』(名古屋市役所勧業課、大正13年)153～154頁。
8) 前掲『中部の食品業界百年史』126～127、132～133頁。
9) 『港湾と鉄道との関係調査書 第1編(大正10年11月編)』(鉄道省運輸局、1922年)67、68頁。
10) 前掲『魚類蔬菜果物卸売市場調査』157～160頁。
11) 前掲『中部の食料品業界百年史』112～113頁。
12) 名古屋商業会議所編『名古屋商工案内』(大正4年)41～43頁、前掲『魚類蔬菜果物卸売市場調査』145～153頁。
13) 前掲『魚類蔬菜果物卸売市場調査』152頁。
14) 中部飲食料新聞社名古屋文化センター編『名古屋乾栄会百年史』(名古屋乾栄会、平成4年)77頁。
15) 『大正昭和名古屋市史 第3巻』(名古屋市役所、昭和29年)368～369頁。
16) 『名古屋市に於ける生鮮食料品の配給状況』(名古屋市産業部市場課、昭和11年)15～16、18、33頁。
17) 岡本信男編『日魯漁業経営史 第1巻』(水産社、昭和46年)262～266頁。函館水産販売(株)については、高宇『戦間期日本の水産物流通』(日本経済評論社、2009年)が詳しい。
18) 前掲『名古屋市に於ける生鮮食料品の配給状況』34、50、65頁。
19) 前掲『魚市場ニ関スル調査』217～240頁、前掲『名古屋市に於ける生鮮食料品の配給状況』76～77、82～83、92～94頁。
20) 「第参拾壱回事業報告書」(名古屋水産市場株式会社)。以下、名古屋水産市場の事業報告書は省略する。
21) 前掲『中部の食品業界百年史』150～151頁。
22) 『メイカン五十年史』(昭和60年、(株)メイカン)14～19頁。
23) 『愛知県特殊産業の由来 上巻』(愛知県教育会、昭和16年)13、16～17頁。
24) 前掲『名古屋乾栄会百年史』72、80頁。
25) 前掲『中部の食品業界百年史』203～205、210頁。
26) 前掲『名古屋市に於ける生鮮食料品の配給状況』

27) 吉木武一『以西底曳漁業経営史論』(九州大学出版会、1980年)321、324頁。昭和5年度下半期では、「本品(ちくわ－引用者)ハ近年頓ニ需要ノ増加ヲ見テ入荷数量ハ逐年累増ヲ示シツツアリ」、10月入荷の青森産に続いて「十一月ニ入リテ近年入荷ヲ見ザリシ塩釜物モ初メテ取引セラレ、・・・十二月ニ入リテハ原料トスル鱈、鮫類ノ不漁ニ依リ出廻リ捗々シカラザリシモ財界不況ニ押サレ」青森産、塩釜産、石巻産とも価格は低迷した。なお、ちくわの入荷量は29.1万円なのに対し、かまぼこ類は1.5万円と少ない。
28)『産業の名古屋』(昭和13年、名古屋市役所産業部庶務課)33頁。
29)『支那事変下に於ける名古屋地方商取引事業の変遷』(昭和17年、名古屋商工会議所)73～77頁。
30)『水産経済年報 第二輯』(水産経済研究所、昭和18年)360～361頁。
31)『水産経済年報 第一輯 昭和十七年上半期版』(水産経済研究所、昭和17年)299～301頁。
32)『企業整備後の名古屋商工案内』(名古屋商工会議所、昭和18年)297～298頁。
33) 前掲『水産経済年報 第二輯』281頁。
34) 前掲『水産経済年報 第一輯 昭和十七年上半期版』302～303頁。『水産物配給統制規則の解説』(水産経済研究所、昭和17年)47～49頁。
35)『日本水産煉製品年鑑』(全国蒲鉾工業組合連合会、昭和17年)300～302頁。
36) 前掲『水産物配給統制規則の解説』63～65頁。
37) 前掲『メイカン五十年史』24～27頁。
38) 宮下章『海苔の歴史』(全国海苔問屋協同組合連合会、昭和45年)1023～1025頁。
39)「第壱回事業報告書」(名古屋水産物株式会社)
40)「第弐回事業報告書」(名古屋水産物株式会社)
41) 卸売市場制度史五十年史編さん委員会編『卸売市場制度史五十年史 第3巻本編Ⅲ』(食品需給研究センター、昭和54年)297～310頁。
42)『愛知県水産現況 昭和30年度』121～123頁。
43) 前掲『メイカン五十年史』29、31～32頁。
44) 前掲『名古屋乾栄会百年史』91～92、96、101～102頁。

著者紹介

片岡千賀之（かたおかちかし）

1945年	愛知県生まれ
1977年	京都大学大学院農学研究科博士課程修了
1977〜92年	鹿児島大学水産学部講師及び助教授
1992〜2011年	長崎大学水産学部教授
	現在、長崎大学名誉教授
	農学博士
	専門：海洋社会科学、水産史

〒852-8521　長崎県西彼杵郡長与町吉無田郷1488-37
E-mail:kataoka@nagasaki-u.ac.jp

主要著書

単著『南洋の日本人漁業』(1991年、同文舘出版)
西日本文化協会編『福岡県史　通史編　近代産業経済(二)』(2000年、福岡県)、水産業を担当
長崎市史編さん委員会編『新長崎市史　第3巻近代編、第4巻現代編』(2014年、2013年、長崎市)、水産業を担当
愛知県史編さん委員会編『愛知県史　通史編6近代1、通史編7近代2、通史編8近代3』(2017年、2019年、愛知県)、水産業を担当
単著『近代における地域漁業の形成と展開』(2010年、九州大学出版会)
単著『長崎県漁業の近現代史』(2011年、長崎文献社)
単著『西海漁業史と長崎県』(2015年、長崎文献社)
伊藤康宏・片岡千賀之・小岩信竹・中居裕編著『帝国日本の漁業と漁業政策』(2016年、北斗書房)

イワシと愛知の水産史

発　行　日	2019年11月30日
著　　　者	片岡千賀之
発　行　人	山本義樹
発　行　所	有限会社　北斗書房
	〒132-0024　東京都江戸川区一之江8-3-2
	TEL　03-3674-5241　FAX　03-3674-5244
	URL　http://www.gyokyo.co.jp
印　　　刷	モリモト印刷株式会社

c 2019　KATAOKA　Chikashi,Printed in Japan
ISBN978-4-89290-050-1 C0062

◇無断転載・複写
◇定価は表紙に表示してあります。
◇落丁・乱丁本は発行所宛お送り下さい。送料小社負担にてお取り替えいたします。

片岡千賀之の好評既刊本

長崎県漁業の近現代史

第1章　明治38年の長崎県水産業経済調査
第2章・第3章　戦前・戦後の長崎県のイカ釣り漁業の展開
第4章・第5章　戦前・戦後のあんこう網漁業の発展
第6章　五島・小値賀におけるアワビ漁業の変遷
第7章　戦後における長崎魚市場の発展
第8章・第9章　戦後の以西底曳網漁業の展開

定価 2,600円(税別)
ISBN978-4-88851-169-8
■B5判並製　■298頁

西海漁業史と長崎県

第1章　明治期の長崎県の捕鯨業
第2章　漁船動力化後の沿岸まき網漁業の展開
第3章　長崎県におけるイワシ缶詰製造の変転
第4章　戦前における汽船トロール漁業の発達と経営
第5章　戦前における以西底曳網漁業の発達と経営
第6章　戦前の東シナ海・黄海における底魚漁業の発達と政策対応
第7章　戦後の以西漁業の秩序形成
第8章　北東アジアにおける漁業秩序の変遷と今日

定価 3,200円（税別）
ISBN978-4-88851-233-6
■B5判並製　■354頁

株式会社　長崎文献社

〒850-0057　長崎市大黒町 3-1-5F
TEL:095-823-5247 FAX:095-823-5252